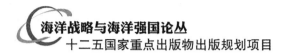
海洋战略与海洋强国论丛
十二五国家重点出版物出版规划项目

China Goes to Sea

中国走向海洋

[美] 安德鲁·S.埃里克森 莱尔·J.戈尔茨坦

卡恩斯·洛德 主编

董绍峰 姜代超 译

海洋出版社

2015年·北京

图书在版编目（CIP）数据

中国走向海洋／（美）埃里克森（Erickson，A. S.）等主编；
董绍峰，姜代超译. —北京：海洋出版社，2015.6
（海洋战略与海洋强国论丛）
书名原文：CHINA GOES TO SEA
ISBN 978 - 7 -5027 -9162 -9

Ⅰ. ①中⋯ Ⅱ. ①埃⋯ ②董⋯ ③姜⋯ Ⅲ. ①海洋战
略 – 研究 – 中国 Ⅳ. ①P74

中国版本图书馆 CIP 数据核字（2015）第 111329 号

图字：01 - 2012 - 5306

声明：本书绪论及各章节中的观点仅代表作者个人观点，绝不代表中华人
民共和国或美国政府任何组织的任何官方政策或评价。该书以学术自由为
原则编译成册；除了作者本人外，不得认为该书相关人员（包括编辑、其
他论文作者以及翻译人员）以任何方式同意任何观点。

责任编辑：高朝君　唱学静
责任印制：赵麟苏

海洋出版社 出版发行

http://www. oceanpress. com. cn
北京市海淀区大慧寺路 8 号　邮编：100081
北京画中画印刷有限公司印刷　新华书店经销
2015 年 6 月第 1 版　2015 年 6 月北京第 1 次印刷
开本：787 mm×1092 mm　1/16　印张：26.25
字数：460 千字　定价：80.00 元
发行部：62132549　邮购部：68038093　总编室：62114335
海洋版图书印、装错误可随时退换

前　言

位于北京西长安街延长线上，在中国军事革命博物馆西侧，坐落着一座著名的纪念性建筑——中华世纪坛。用 2008 年第 29 届奥林匹克运动会组委会的话说，中华世纪坛的设计是为了"在 21 世纪中国出现新机遇、新挑战、新希望的时候，振奋民族精神，表达对未来的期盼之情。"[1]奥林匹克运动会组委会还称："拥有五千年文明史的中国正处于伟大的复兴时代，而且作为拥有更加壮丽未来的中国将屹立在世界的东方。"许多人赞同这一评价，至少认同其可能性，但是，中国崛起的特点是什么？中国将如何实现崛起？中国的崛起对世界意味着什么？

作为符合这样一个伟大民族历史意义的建筑——中华世纪坛(也称为爱国精神的大圣坛)是一个标志性景点，也为回答上述问题提供了线索。在巨大的日晷下面是一些历史展览，全方位展示了中华民族从新石器时代到公元 2000 年的文明史。从南门入口处，"地面渐渐升高，表示中华民族的崛起"。圣火广场占地面积 960 平方米，象征中国幅员辽阔的 960 万平方千米的国土。圣火广场两侧有两道流水缓缓而下，象征中华民族的母亲河——长江和黄河，也是中华民族文明的摇篮。一幅雕刻的"中华故土地图"展示了包括台湾和中国拥有主权的其他近海岛屿的全域地图，尽管没有大海环绕，但也能尽显其全貌。

对中华世纪坛一直以来引起热烈争论的说法使得其对时代和国土的划分更加引人注意，在有些中国人看来，中华世纪坛的设计相对缺少水的元素，这就更加强调了中国是一个陆地大国的传统概念。然而，据说中国国家海洋局专门对中华世纪坛缺少足够水元素的设计提出了批评意见。恰恰就是从中华世纪坛开始建设的那个年代，中国就以前所未有且不可思议的快速步伐迈向海洋。再过若干年，当中国崛起，会有象征中国已经走向海洋的确认吗？

对那些为该书的成功出版做出贡献、提出宝贵建议并献上精美作品的人，我们深表谢意，他们是肯·艾伦、丹尼斯·布拉斯科、扎·伊恩·丛、约翰·科比特、彼得·达顿、托比·迈耶·方、M. 泰勒·弗雷韦尔、乔治·吉尔堡艾、约翰·哈藤道夫、李楠、亚历山大·利布曼、威廉·默里、斯蒂芬·普拉特、迈克尔·索恩伊和大为·杨。克里斯托弗·洛宾逊认真仔细，为本书提供并制作了详细的地图。海军学会出版社的工作人员，包括苏珊·科拉多、汤姆·卡特勒、乔治·基廷、克里斯·翁鲁比亚、马拉·特拉威克和朱迪·海斯，也一如既往地为本书的出版做出了贡献，他们是非常好的合作伙伴。

本书的所有观点纯属作者或编者的个人看法，不代表美国海军或任何美国政府机构的官方解释和观点。如有任何差错均由编者个人负责。尽管在本书终稿送交出版社之前认真核对了每个数据的真实性，但所有图表说明、定义、边界、海洋主权主张的解释仍可能会出现不一致的情况，甚至在某些情况下还会有不同。本书中所有陈述均属非官方行为，而且只用于学术目的，所以读者必须极其审视解读。

本书提出的一些概念从未经过官方定义，也未用肯定方式由中国军方或中国政府的其他机构向外界准确描述过，一个主要的例子是关于在西太平洋的"岛链"概念。刘华清将军在其回忆录中有类似描述，然而，中国的学者对此概念有各种不同的解释。其他的例子还包括中国的各种海洋主张，例如：南海的海洋主张问题，其准确的自然特性仍在争论中，因此，这样的概念应以实义解释，而不应该引申或者过度诠释。

注释：

1. 除特别说明，本段及后两段中的数据均出自 2008 年第 29 届北京奥林匹克运动会组委会编写的《中华世纪坛世界艺术馆》，2008 年第 29 届北京奥林匹克运动会组委会的官方网址是：http://en.beijing2008.cn/spectators/beijing/tourism/list/n214068432.shtml.

目　次

绪论：中国走向海洋的前景

·················· 安德鲁·S. 埃里克森　莱尔·J. 戈尔茨坦（1）

第一部分　前现代时期

波斯：多民族的海军强国·············· 格雷戈里·吉尔伯特（23）

斯巴达的海洋时代·················· 拜里·斯特劳斯（50）

古罗马主宰地中海 ·················· 阿瑟·M. 埃克斯坦（78）

奥斯曼海上强国和地中海世界的衰落·············· 雅各布·格里基尔（105）

第二部分　现代时期

法国：海洋帝国，大陆承诺·············· 詹姆斯·普里查德（131）

俄罗斯帝国：两种海洋变革模式 ·············· 雅各布·W. 基普（150）

德意志帝国：大陆巨头，全球梦想 ·············· 霍尔格·H. 赫尔维格（173）

苏联：超级大国海军的兴衰·············· 米兰·维戈（199）

第三部分　中国之海上转型

中国明朝之航海历史变迁 ·············· 安德鲁·R. 威尔逊（230）

清朝统治下中国海洋政策的疏忽与低谷 ·········· 布鲁斯·A. 埃勒曼（266）

政治挂帅而非内行当家：冷战时期的中国海上力量

·················· 伯纳德·D. 科尔（292）

第四部分：不同人眼中的中国

坚强的基础：当代中国的造船技术

················ 加布里埃尔·柯林斯 迈克尔·格拉布(314)

今日中国海军：展望远海················· 埃里克·麦克瓦顿(340)

中国探索大国崛起 ······· 安德鲁·S. 埃里克森 莱尔·J. 戈尔茨坦(364)

中国与海上转型·································· 卡恩斯·洛德(383)

索引·· (408)

地图

公元前 490 年前后的波斯帝国 ·················· 22

公元前 431 年前后的斯巴达联盟 ·················· 49

公元前 395 年前后的斯巴达联盟 ·················· 64

公元 14 年前后的古罗马帝国 ·················· 77

公元 1570 年前后的奥斯曼帝国 ·················· 104

1755 年前后的法兰西帝国 ·················· 130

1939 年前后的法兰西帝国 ·················· 142

1914 年前后的俄罗斯帝国 ·················· 149

1914 年前后的德意志帝国 ·················· 172

1916 年前后的德国北部和北海 ·················· 190

1937—1977 年间的苏联海军：海外基地、其他修理厂和出入点 ·········· 198

1405—1433 年间郑和下西洋 ·················· 228

16 世纪 40 年代到 80 年代期间中国明代及倭寇袭击 ·················· 242

1360—1683 年间的明朝海军作战行动 ·················· 247

中国清朝，1911 ·················· 264

中国清朝期间及前后时期的海军作战行动 ·················· 280

1894 年 9 月第一次中日战争中的海军作战区域 ·················· 285

1985 年前后冷战时期的中华人民共和国 ·················· 290

1950 年前后的中国沿海海军态势 ·················· 296

2009 年前后的中国海上燃油供应线 ·················· 312

1999—2006 年间中国造船厂建造总吨位(空载排水量)的地区分布 ······ 320

1999—2006 年间各地船只建造占总吨位(空载排水量)的百分比示意图······
·················· 321

中国人民解放军船队、资产、院校及其他机构，2009 年 ·················· 337

绪论：中国走向海洋的前景

■ 安德鲁·S. 埃里克森[①]　莱尔·J. 戈尔茨坦[②]

人们已经注意到"当前以及将来欧洲国家和亚洲国家对海权重要性的认识迥然不同"[1]，这也反映了与 600 年前截然相反的历史发展趋势。在过去的 600 年里，中国是逐渐从海洋中退出，而欧洲海军扩大的影响却遍布全球。[2]现在，美国海军的数量在逐渐减少，欧洲国家海军力量也在大幅削弱，而亚洲的许多国家却在优先发展海军，中国海军的崛起和美国海军力量的相对减弱是在大分歧环境中的中心动态力。[3]

在现代历史中，中国一直是一个主要陆地国家，支配着众多与其大陆接壤的小国。但是中国将重心转向海洋已成为无可争辩的事实，这一点通过中国在全球造船市场上的势力不断扩大、海上商船贸易的增多、海洋资源和矿产的广泛开发利用、捕鱼船队的增加以及其现代化海军兵力增加的事实得以证实。然而，尽管中国取得这些成就，但世人仍然对中国成为一个真正的海洋强国的潜能持怀疑态度。北京仍然需要为其造船厂引进最关

① 安德鲁·S. 埃里克森博士，美国海军战争学院战略研究部副教授，中国海洋问题研究所（CMSI）的创始人之一，哈佛大学费尔班克中国研究中心的副研究员以及中美关系公共知识分子计划（2008—2011 年）国家委员会的成员。埃里克森之前是科学应用国际公司（SAIC）的中文翻译和技术分析师。他还曾在美国驻中国大使馆、美国驻香港领事馆、美国参议院及白宫工作过。他精通汉语和日语，游历过亚洲很多地方。埃里克森获得普林斯顿大学国际关系和比较政治学硕士和博士学位，并以优异成绩从阿默斯特大学获得历史与政治学学士学位。他的研究集中于东亚国防外交政策和技术问题，他撰写的文章广泛发表于"Orbis""Journal of Strategic Studies"和"Joint Force Quarterly"等期刊上。埃里克森是海军学会出版社出版的系列丛书的主要编者和供稿人："China Goes to Sea"（2009）、"China's Energy Strategy"（2008）、"China's Future Nuclear Submarine Force"（2007）以及海军军事学院纽波特论文集"China's Nuclear Modernization"。

② 莱尔·J. 戈尔茨坦博士，美国罗德岛纽波特海军战争学院战略研究部副教授，美国海军战争学院中国海洋问题研究所所长，精通汉语和俄语。他于 2001 年在普林斯顿大学获得博士学位，在约翰·霍普金斯大学获硕士学位。戈尔茨坦博士还曾就职于国防部长办公室。戈尔茨坦教授主要研究中国和俄罗斯问题。他对中国的国防政策，尤其是海军发展方面有着较深入的研究，其文章发表在"China Quarterly""International Security""Jane's Intelligence Review""Journal of Strategic Studies"。戈尔茨坦教授的第一部关于中国核战略问题研究的专著 2005 年由斯坦福大学出版社出版。

键的分组件，海洋管理仍然面临严峻挑战，至少迄今，海军对形成重要的远海兵力投送能力热情不高。

本书主要对中国海洋发展前景进行综合评价，途径是将一些重要的地缘政治现象置于更大的世界历史背景下进行分析。前提是人们认可地理位置的重要性，而且还要准确地研究地理位置是如何重要并且在何种情况下重要。阿兰·沃奇曼说，"地理位置的确影响到决策者的选择，呈现出机会和限制并存"，但是地理位置"又不能决定一个国家的战略意图或政策"[4]。我们用"海上力量"和"海权"这样的术语不仅指一个国家的海军力量，而且还指支撑这个国家的贸易和船运业的力量。海权本身不是最终目标，而是一个国家的贸易手段和安全资源。中国在历史上几乎不是仅有的一个陆地国家试图通过加强海权而改变其战略，而且，中国也不总是一个陆地国家，恰恰相反，与造船和航海技术有关的水密隔舱、舵、罗盘都是发源于中国。

本书分别对这些重要观点进行了分析和研究。关于中国的许多文章和著作都是在孤立地研究和审视这个国家，而中国的历史和文化在某种程度上很具独特性，建立知识保护机制实际上是阻碍了外界对中国当前发展趋势的了解。从历史上看，中国一直深受外国宗教、意识形态和社会政治模式的影响。另外，进行比较性研究的必要性通过当前正在中国进行的宏观历史比较得以凸显，而且潜在地影响到了北京的政策制定。关于中国当前且具影响力的研究在本书的倒数第二章中进行了全面阐述。最后，在对历史进行比较性研究时，记录事件之间的主要表述性差异很有必要，分析这些事件的差异如同分析其相似性，同样具有重要意义。比较历史学是研究国际政治和战略的有效方法，当前很多研究的创作灵感都是得益于这些方法。[5]

然而，如果没有直接和深入了解中国海洋发展本身难以捉摸的现象，那么当前的研究工作就不会很完善，缺少对一个特定主体的直接了解，他所进行比较就会产生不成熟且不合适的类似幻觉。本书的编辑们很清楚，历史的相似性如果被错误地利用，那么就会导致对确定的事物产生错觉，而且有时判断会导致严重错误。[6]经验丰富的国际关系观察者认为，历史从来不会以同样的方式重复。为了避免历史类比的错误应用，比较涉及范围很广，但是在本书的第二部分用大量的分析进行平衡，也就是对中国历史的和现代的海洋发展进行了分析研究，这些分析详细回顾了中国海权的鼎盛时期（如明代郑和下西洋）和低谷（如毛泽东时期的"文化大革命"）。本书的第二部分重点强调了在中国的历史长河中不仅仅在当代中国进行海上转型。一些研究新中国问题的资深专家学者提供的详细资料成为本书比较分析的核心部分。本书的主要投稿者包括历史学家、政治学者、行业顾问以及汉学家，还有许多现役和退休的海军军官，他们是人才财富的代表，他们通过对各种学科的研究取得了很好的成果，但必须强调的是本书所阐述的观点均为作者和编辑的个人所言，既不代表任何官方的方针政策，也不是美国海军或任何其他美国政府机构的评述。

作为对国外海上转型的比较基础，本书还仔细研究了古代世界上几个试图转型的案例，这几个案例可以证实对中国海洋发展前景的阐述。格雷戈里·吉尔伯特对波斯案例的阐述，古波斯最初视海洋为"障碍"，但是通过对海洋的开发，其主要财政资源随之雄厚，因此，建立起"世界历史上第一支真正的海军"。相反，巴里·斯特劳斯对斯巴达在海洋方面所作所为的阐述，说明斯巴达选择海洋是有疑问的，这违背了一个严厉、内向、自大、保守的陆地强国的意愿。像波斯一样，罗马见证了其转向海洋所取得的巨大成功，阿瑟·M.埃克斯坦将其成功描述为"惊人"。然而，埃克斯坦还得出结论称："罗马的海上转型很长一个时期是表面的，而最初是在很大压力下进行的。"贾库巴·格里吉尔在评价奥斯曼帝国在海上转型中所作的努力时，提出："奥斯曼历史上最惊人的事实是奥斯曼海军的快速崛起，他们的努力成功了，而且打败了地中海主要的海洋强国——威尼斯。"这一案例显示出一个大陆国家成为海洋强国的做法，与典型的欧洲海洋强国形成鲜明的对比。

在近代，作为向大西洋及大西洋以外海域转移的海军竞争中心，有些主要陆地国家积极推进其海上转型，然而，所取得的成效却很有限。据詹姆斯·普里查德称："法国的海上转型付出很大努力，而成效甚微，最终导致彻底失败。"因此，他得出结论，对北京来说，这也许意味着某些关键战略选择，"很显然，法国可以是一个陆地国家，或是一个海洋国家，但不会既是一个陆地国家，又是一个海洋国家。"在其他章节中，本书阐述了中国发展海洋战略的更深含义，霍尔格·H.赫尔维格对艾尔弗雷德·冯·提尔皮茨关于建立一支"坚如磐石"的舰队倡议的思考，表达了德国渴望建立象征工业进步的海军，这一倡议是积极而进步的，而且也会在全球显示其军事力量存在，同时能够阻止英国切断德国的海上交通线。但是，他极力反对"首先建立海军，然后再谋划其战略"的想法，这一战略对德国带来灾难性后果。在讨论俄罗斯在第一次世界大战前的海洋发展战略时，雅各布·W. 基普断言，"这与马汉的海权论相违背，由国有民用海上需求而演变，俄罗斯不得不由指导一个陆地大国的专制政治国家建立和形成其海军力量"，但是，这样会带来复杂的结果。对于当代中国来说，最后一个极其相关案例涉及苏联在冷战时期试图运用海上力量扭转乾坤，但是当时俄罗斯的地理位置极其不利于其海洋战略。正如米兰·维戈所论述，中国是否会信奉苏联的最终观点，即"任何想成为世界强国的国家，就必须要成为海洋强国"，北京是否找到了如同克里姆林宫瑟基·高施科夫海军上将的海军典型代表。这些历史案例提供了足够的经验教训，中国战略家们目前正在研究这些经验教训，因为他们正在讨论中国海权的未来蓝图。

本书的第三部分"中国之海上转型"研究了中国欲成为更强大的海洋大国的想法。安德鲁·R. 威尔逊叙述了"随着1433年郑和下西洋，明朝政府做出一系列决策，决定退出海洋，从进攻性海军至上主义向防御性大陆中心论转变"。正如布鲁斯·A. 埃勒曼所论证的那样，清代，中国最初重点放在稳定北部和西部的大陆边疆局势，后来，除其国内出现政治问题外，突然在亚洲受到来自蒸蒸日上的英国、法国和日本海军力量的威胁，最终只好决定从国外购买舰船。但是，当时中国既没有可靠的基础设施，也没有专业海军人员能有效操纵这些舰船，因此最终导致灾难性后果。在清代，"中国在海上遭受失败的原因是清廷决定在第一次鸦片战争后不再对其海军进行现代化和西洋化发展"。伯纳德·科尔叙述道，在冷战时期，中国海军的发展受到了美国在东亚海上统治地位的制约，以及后来国内政策的崩溃和与苏联关系恶化的制约。中国军队和人民"认为中国人民解放军海军的主要使命是支援陆军作战，北京关注的海上力量是防御性的"。

纵观邓小平时代乃至以后，中国最终是否克服了历史性困难而取得持久性的海上发展呢？不管中国将继续面临何种挑战，本书有三个章节提及的内容说明中国确实已取得海上发展。在他们对中国的造船业和其他水产业的回顾中，加布里埃尔·柯林斯和迈克尔·格拉布称："中国目前的海上转型很大程度上是因为极为动态的海洋贸易领域的发展，反过来也会形成有利于海军发展的很大协力优势。"因此，这为海上转型提供了可靠依据，而在本书研究的其他章节中缺少这样的依据。在本章中，关于中国人民解放军海军的发展现状，美国海军已退休的海军少将埃里克·麦克维登认为："在过去的十几年里，中国极大地推进了海军现代化建设，而且继续向前推进，使海军部队真正成为一支能作战的现代化海军。"在中国政府授意的历史性研究文章"大国崛起"中，安德鲁·S. 埃里克森和莱尔·J. 戈尔茨坦建议中国学习其他国家海洋开发的历史经验："主要结论是市场和国际贸易的基本价值是作为国家发展和国力提高的推动因素。"最后，在他的结束章节中，卡恩斯·洛德提供了大量能够影响海上转型成功或失败因素的观点。对于中国的真正含义是尽管中国正在取得巨大甚至在某些方面是空前的进步，但是进行海上转型是一个很难而且变化莫测的过程，迄今还没有一个近代陆地国家全部完成这个艰难的转型过程："［波斯和罗马］这两个国家除外，历史记载还没有对哪个试图进行海上转型的国家有益。"

关于海上转型的某些关键问题会在每个章节的事件研究中发现核心的理性思路。

（1）什么因素影响着一个陆地国家决定发展重要的海军和海上力量？

（2）这一决定的战略目标是什么？

（3）实现这一决定的政治或政府的程序是什么？

（4）目光远大的政治或军事领导层有多么重要？

（5）大陆主义支持者的战略素养阻碍实现这一决定至何种程度？如何克服这一障碍？

（6）经济或贸易因素推动海上转型至何种程度？

（7）一个转型中的国家如何理解和评价陆上和海上力量之间的平衡？

（8）一个处于海上转型中的国家将面临哪些障碍？如何克服这些障碍？

（9）海上转型如何随着时间的推移而进行？

（10）敌对国采用何种战略来对付海上转型中的国家？哪些战略最成功？

这些问题将会在主题讨论和分析框架内的系列历史事件研究中进行仔细研究。

了解本书未涉及的内容也很重要，这不是对海洋国家的总体论述，因此，读者可能会很惊讶地发现本书很少讨论传统的海洋国家：葡萄牙、荷兰、英国、日本和美国[7]等。尽管这些国家有些相关的发展趋势，但选择研究的焦点还是放在陆地国家著名的陆上战略发展，波斯、斯巴达、罗马、奥斯曼帝国、德国、法国和俄罗斯等都非常适合这样的研究，而且可以作为有用的试验案例，从中研究试图进行海上转型的程序。作为广泛比较分析的一部分，在探索古代经验及非欧洲案例过程中，本书试图超越坚固的新基础，从而增加对更多大陆国家常规战略的研究。第二部分的章节主要研究中国海洋发展的内容，直接瞄准综合研究中国现代海洋历史。不幸的是，由于篇幅的限制，还是有些缺憾，本书未能详细讨论宋代和元代建立起来的中国海权基础。然而，相对详细地介绍了中国海权在关键的明代时期的发展情况，而明代海权在其他的案例中是作为一个真正海洋强国进行相反转型的有趣实例。本书阐述的清朝和冷战时期的案例更适合常规模式的海权研究。本书的最后三章非常详细地描述了当今中国正在进行海上转型的实际进程，包括贸易、军事和知识等方面。

为了便于在后续章节进一步比较和分析中国当代的发展，该绪论概括论述了北京关于中国未来发展方向和在发展进程中海权的作用的激烈辩论。

一、中国是陆地国家还是海洋国家?

众所周知，从明代开始以及后来的朝代中，中国浪费了其最初的海洋资源潜力，暴露了其宏观历史部分的悲剧性错误，以下内容很好地诠释了这一点：

> 中国海洋事业的发展，曾有过郑和七下西洋的辉煌历史，但其后封建统治者闭关锁国束缚了中华民族面向海洋的开拓进取精神，特别是明、清两代厉行禁海达 400 多年，致使中华民族再次错过由海洋文明引发的发展机遇。因此，西方列强用他们的坚船利炮从海上敲开了中国封建统治者封闭已久的国门，随后中国数次遭到来自海上的入侵，使中华民族历尽劫难，饱尝屈辱。美丽而富饶的大海带来的却是悲伤和眼泪。[8]

毫无疑问，中国的"百年国耻"恰是当前推动北京进行海上转型的伟大动力。1995 年，中国军事科学院一位研究员辩论道，与西方国家相反，"中国的地缘战略思想的特点是陆权"，十多年来，随着中国国力的加强以及开放程度的大幅提高，在中国出现了关于中国是向着海洋还是陆地发展的争论。很多分析人士以及官员第一次主张中国已经成为一个海洋大国，而且应该继续优先发展海洋。

然而，很难确定这一观点能否很快被大多数民众所接受，而且能否会成为制定国家政策和军事战略的决定性推定因素。尽管大陆主义思想派倡导者接受了海权"意识"和海洋发展的需要，但是，他们仍然坚持中国必须接受这样的看法，那就是中国的历史和地缘战略条件使得中国必定是一个大陆国家。介于这两个观点之间，有些分析人士认为中国既是一个海洋国家，也是一个大陆国家，因此，就必须实施其相应的发展战略。考虑到中国在大陆和海洋两方面以及更广阔的世界所面临的双重挑战和机遇，北京的战略选择在未来几十年里将变得更加敏锐。

（一）海洋派

正如所料，中国人民解放军海军领导层是中国成为海洋大国的坚强支持者。海军司令员吴胜利上将和海军政治委员胡彦林上将在中国共产党中央委员会官方杂志上撰文回顾了中国两个世纪的海洋史，中国因为缺乏海军力量，受到西方列强"坚船利炮"的灾难性攻击，他们写道："海军强则海权兴，海权兴则国家兴。"

此外，中国海上力量的发展能够解决台湾问题，台湾问题"事关我国安全与发展大局，实现祖国的完全统一，是中华民族的根本利益所在，是我们党的三大历史任务之一，维护祖国统一，是我军的神圣使命。一支强大的人民海军，是震慑'台独'分裂势力、维护祖国统一的重要力量"[9]。然而，吴胜利司令员和胡彦林政委认为除统一台湾外，海军的使命还包括："为了保护正常的渔业生产、海洋资源开发、海洋调查和科学实验等安全，保护海上交通运输和能源战略资源通道的安全，确保国家行使毗邻区、大陆架、专属经济区的管辖权，有效维护国家海洋权益，必须建立一支强大海军。"[10]

中国分析人士普遍认为中国既面临来自海上的挑战，也面临着机遇：

> 正如民主革命先驱孙中山先生所指出的，在世界发展大趋势下，一个国家的兴衰常常是依赖于海洋而不是陆地，海上力量是一个国家取得成功的重要依托。当前，世界人口快速增加，而土地资源却日渐减少，环境污染也越来越严重，因此，各个国家纷纷将目光投向海洋，海洋的战略地位和作用愈显重要，海洋权益的矛盾与争夺日趋激烈，21世纪乃是海洋的世纪，面对海洋世纪的呼唤，中华民族复兴的愿望从未如此强烈，与海洋的联系日趋密切。[11]

1978年改革开放以来，中国越来越依赖于海洋，[12]北京航空航天大学战略研究中心张文木教授称："海军关乎中国的海权，海权关乎中国的未来发展。"[13]"没有海权的大国，其发展是没有前途的。"[14]张文木教授承认海上力量资源随着时间的推移而发展，"从军事史来说，制海权曾是造就古今大国兴衰的重要杠杆之一。在21世纪的今天，建立在卫星信息监控技术和导弹远距离精确打击与准确拦截技术上的制海权，仍是国家兴衰的决定性杠杆"。[15]张认为："随着近年来中国航天航空事业的大步前进，目前的中国已是飞龙在天,但对于未来的中国而言,这还远远不够;中国还需要在西太平洋区域潜龙在渊,非此中国则不能实现整个中华民族的伟大复兴。"[16]这一主题通过两位中国人民解放军海军军官的激烈争论得到答复,他们争论的焦点是海洋大国在经济上更强大,而在军事上比陆权国更不易受攻击。[17]

全国政协委员、国家海洋局原局长张登义强调了"建设海洋强国"[18]的必要性。中国人民解放军海军大校徐起基于该主题强调称:"国家的长期繁荣昌盛,中华民族的生存发展和伟大复兴,将越来越依赖于海洋。"[19]徐起还称:"历史上的世界大国争霸,无不将目光集中于海洋,并不遗余力地展开海上地缘战略争夺。"[20]

在一部已经编入中国海军院校教学大纲的主要海军历史著作[21]中,海军副司令员丁一平中将和他的合作执笔人写道:"为了维护国家主权,抵御外来侵略,我们必须建立强大的海军,以巩固国防和维护海洋权益。"[22]

上述每个人的观点似乎都体现了中国海军的快速发展是最需要的,并且是需要优先发展。早在1997年,中国海军学术研究所所长写道:"建立中国的海洋战略已经成为我们头等重要的任务。"[23]2001年,时任海军装备部部长的郑明将军强调指出:"中国人民解放军必须加速其部队的现代化建设,从而能够尽早从海洋大国变成海洋强国。"[24]另一篇文章用尖锐的语言阐述了这个问题:"中国在21世纪所面临的海洋战略环境是严峻的,如果听任这种不利海上局势继续恶化,如果我们继续在沿海遭到这种恶劣环境的包围,我们如何谈中国的崛起?中国海军力量怎能得到提高?中国的海洋权益怎能得到保护?一支近海海军怎能赢得与其他海军力量博弈的胜利?或者又有何权利谈论成为世界强国或执行亚太战略,更不用说全球战略?"[25]张文木认为中国目前的海权实践远没有达到追求"海洋权力"的阶段[26]。

如果上述观点适用于今日,那么如何使用强大的中国人民解放军海军?关于此问题的观点很多,在中国人民解放军海军出版的《当代海军》杂志上,有一篇文章列出了一些可能的威胁,如"渔业纠纷、大陆架争议、岛礁争夺、海底资源归属、海洋调查矛盾以及对海上反恐等争议"[27]。中国海权支持者有一种强烈的意识,中国必须拥有独立的军事力量来维护日益增加的海洋利益。近日的一篇文章认为,因为海洋是"今后国家生存与发展的生命线",因此,中国"不做霸主,但也不能让霸主来主宰我们的海洋"[28]。

维护贸易和经济发展是中国海权支持者的主题。根据上海师范大学国际问题研究所所长倪乐雄的观点"在过去的十几年里,海外贸易成为我们经济结构中更加重要的一部分，'海上生命线'的作用越来越重要，建立强大海军很有必要"[29]，两位后勤指挥学院专家坚持认为："海军是一个国家保护和发展其海外贸易的必要投资，[30]国家的海外贸易需要强大海军的支持，这种相互的积极作用是海上力量发展的基本原则。"[31]中国人民解放军海军发展的基本原则得到海军指挥学院战略教学与研究办公室副主任冯梁中将[32]的赞成。许多分析人士强调中国沿岸经济发展的战略中心东移，[33]保护海上能源是中国发展海上力量的另一个主要原因。张文木坚信中国必须控制其海上的石油供应："我们必须加快海军建设，对此要早做准备，不然我国通过正常的国际经济活动而迅速扩大了的包括能源利益在内的全部经济利益，将会在因准备不足而可能出现的军事失利中迅速丧失殆尽。"[34]

维护领海主权一直是一个重要主题，中国军事科学院出版的一本杂志发表文章呼吁，中国需要建立一支强大的海军来保卫其6900余个岛屿，这些岛屿"是国家主权的象征，是划定国家领海和专属经济区的法律依据"，世界各濒海国家围绕岛屿归属问题展开了激烈的斗争，在许多情况下，甚至达到"每岛必争，寸海必夺"[35]。根据这一观点，海军指挥学院的分析人士主张，中国必须在南沙群岛和西沙群岛修筑防御工事作为前沿部署的阵地。[36]

（二）大陆派

中国日益增多的海权派面临人数众多且地位稳固的"大陆主义者"阵列的挑战，然而，这些大陆主义者坚持认为中国的地缘政治局势相对稳定，他们担心与其他大国在陆域发生军事冲突，而且坚信这是中国国内发展所面临的关键挑战，应在海陆之间重新划分优先发展顺序。这一思想派最可见的代表是叶自成，一位北京大学国际关系方面的学者。[37]作为他正在研究的国家教育部资助的重大理论攻关课题的一部分，"中国和平发展国际环境的研究：中国和平发展的地缘政治环境"，叶自成专门向中央政府呼吁"集中发展陆上空间"，"而非向海外军事扩张"。当有些海权论支持者可能会否定后者时，叶却坚信中国选择的"陆权"发展战略将"大大降低两个大国因竞争海上优势而迎头相撞的可能性"[38]。航空母舰渗透在海权和陆权的争论中，海权派支持者提倡中国的海洋建设，而陆权派支持者通常是反对的，叶先生也不例外：他对中国为打造一支"蓝水海军"而建造舰船并发挥其作用深表疑虑，他主张发展精确打击能力，因此使中国对航母的建设投资减少。[39]

叶先生坚持认为："在现阶段，我们必须将建造陆权国家作为我们的中心任务。晚清强大的海军并没有转化为中国强大的海权，主要原因在于晚清的政治、经济、军事制度跟不上海军军力的发展。"[40]

总而言之，叶自成主张：

> 一种是那些海陆兼具的国家，在以海权为主、陆权为主或者海陆平衡之间做出选择时易出现较大的争论和分歧，尽管产生过不少所谓海陆平衡发展的观点，但真正能平衡发展的很少；二是那些本来是海洋属性的国家，由于受到海洋空间的局限，想改变其海洋属性而成为海陆权都强大的国家。……俄罗斯、日本和美国的历史告诉人们，人类在一定程度上可以克服自然形态形成的制约，但这有一个界限，超出这个界限，就会遭遇失败。[41]

叶先生对中国蒙耻世纪的解释与中国海洋理论家的解释大相径庭："中国近代之所以遭受西方列强侵略和凌辱，虽然海权落后是一个主要原因，但它首先是由于中国陆权的相对衰败引起的，这才是导致西方列强不仅能海战海胜，而且陆战陆胜。"更广义地讲："中国的历史文化传统、中国的国情决定了中国过去长时期是一个陆权大国，今后也只能以陆权大国为基本战略取向。"[42]在与美国汉学家罗伯特·罗斯相类似的争论中，[43]叶先生断言："中国的陆权发展战略有助于缓解中国崛起与美国战略的矛盾，中美地缘政治的战略特性决定了中美之间可以避免战略性对决的悲剧。"[44]

用类似思路，冯昭奎主张：

> 在今后，陆地而非海洋，仍然是财富的主要源泉，仍然是中国人民赖以生存的最主要空间和谋求发展的最主要场所。从这个角度上来说，我们固然需要努力增强海上力量，捍卫我们的海洋权益，但不能因为需要把目光投向海洋，而忽略了更有效地保护和利用自己国土上的资源。[45]

在这样的格局下，美国得以掌握当今海洋竞争的绝对优势，而北京"无意，也没有这个能力去挑战美国的海洋霸权"[46]。

（三）"陆海统筹"派

有些中国分析人士建议采取"海陆统筹"的全方位选择，即同时发展海权和陆权。北京大学李义虎教授似乎非常全面而彻底地研究了该思想派系的知识基础。李教授解释："中国是一个海陆度值高，兼具陆地大国和濒海大国双重身份的地缘政治实体。"这种双重性赋予中国以独立性和地缘政治的灵活性，然而，中国的双重身份也会带来危险。一方面，"就最大限度整合地缘政治的潜力和权力而言，中国具备世界大国的天赋条件。另一方面，中国又有受限于地缘政治极大制约的一面，如果海陆二分的情况不能得到改变，就会被地缘政治的惯性所驱使陷入被迫招架的地步"。为了充分利用中国的这一地位，"我们必须以海陆统筹的全方位思维取代重陆轻海的传统单一思维……[中国人民解放军海军]不能仅仅满足于近海防御，而必须从近海防御转向远洋防卫；其行动能力也不能仅仅受限于第一岛链之内，而应该突进到第一岛链之外"。李教授认为新的战略态势首先需要的是"保持强大的陆权，其次是发展强大的海权；但在一定时期，发展强大的海权可放在更优先的地位"[47]。

李义虎相信中国能够避免"地处欧亚大陆的东部边缘，使中国既不像19世纪的普鲁士和奥地利那样被限制在陆地国家的包围之中，或者像俄、德那样为寻找出海口而苦斗，从而招致缺乏陆权的有力支撑"[48]。然而，李教授警告道：

> 作为海陆兼备的大国，中国在问鼎大陆心脏腹地和向太平洋纵深发展的时候，始终面临一个典型的"历史困境"：优先发展陆权，会引起俄、印等大陆国家的不安全感；优先发展海权，会导致美、日等海洋国家的疑虑（同样的难题曾困扰过历史上海陆兼备的地缘政治大国：法国、德国和苏联。它们的对外战略一直在大陆和海洋两个方向徘徊，以至于顾此失彼，在不同的地缘政治角逐中都归于失败）。[49]

关于其他流派，在这个领域的思想很广泛，有些支持海陆统筹的人士提醒要警惕过分强调海权，"目前围绕建造航母而产生的陆海地位之争，对海洋的重要性有所强调，完全不必置疑，需要防止的只是对海洋和海军地位的无限拔高倾向，那就可能走向另一极端"[50]。

有些军事分析人士也主张陆海平衡发展，10年前，中国军事科学院原副院长糜振玉中将写道："中国是一个陆海兼顾的国家，有两方面的需求和机遇，而且也在这两个方面面临安全挑战，由于历史上中国重陆轻海的发展理念，中国需要加强全民的海洋意识，发展海上经济，并且加强其海上安保力量。"[51]同样，在《当代海军》杂志上刊登的一篇文章建议道："作为一个陆海复合国家，中国既不能舍弃海洋，也不能忽视陆地。"[52]关于这一点，海军司令员吴胜利将军也向中央政府呼吁，要"研究并制定国家海洋安全战略"[53]。

就像本书所研究的其他陆地大国一样，中国在海洋发展方面所面临的两难问题为这些争论提供了依据。在改善军人福利待遇和工资以吸引并保留有技术能力的军人来操作其武器系统的同时，中国的能力投资和资源竞争因素包括发展和采办新型高科技武器系统以及保证中国边境（尤其是信奉伊斯兰教原教旨主义的复活和美国在中亚的存在）的安全需要，以及维护国内安定的需要，部分解决中国的一些社会问题（例如：收入不平均问题、失业问题、社会安全网问题、环境保护问题等）。尽管这些问题中的一些与海军或者与军队没有直接关系，但是这些问题确实显现出对中国大量（但还是有限）资源的竞争，并引起高层领导的关注。

相反，中国可能会决定以武力维护其海上贸易和能源进口的安全，除非中国想永久依赖美国海军的善意，有时中国似乎不情愿这样做。由中国人民解放军海军少将杨毅主持的一项重要研究项目已经开始，这项研究得到了像中央国家安全领导小组具有影响力官员的支持，该项研究强调了保证中国海上交通线安全的重要性。[54]其他促进中国人民解放军海军发展的因素包括长期存在争论的台湾问题和强大的日本海上自卫队的潜在挑战等。

二、中国的海洋战略发展趋势

正当学术派和军方分析人士之间激烈争论的同时，在领导层的声明、国家媒体的说明及官方文件中似乎都反映出中国政府高层日益改变的海洋观。近些年来，中国政府增加了其海军及海警力量，建立了不断扩大的海上监视和安全网络，签署了各种国际公约并通过了相关的国家法律。

中国高层领导做出的声明似乎越来越聚焦于国家的海洋利益，前中国人民解放军海军政委杨怀庆说："邓小平同志曾明确指出，海洋不是护城河。中国要富强，必须面向世界，必须走向海洋。江泽民同志进一步提出了寓海洋国土观、海洋经济观和海洋安全观于一体的新海洋观，强调要从战略的高度认识海洋，要增强全民族的海洋观念，要保卫国家的海洋权益。"[55]正如1995年江泽民主席在海南岛视察海军部队时所说："开发和利用海洋，对于我国的长远发展将具有越来越重要的意义。我们一定要从战略的高度认识海洋，增强全民族的海洋意识。"[56]江主席在1999年一次对海军部队的讲话中指出："人民海军肩负着保卫国家领海主权和维护国家海洋权益的神圣使命。"[57]

时任国家主席和军委主席的胡锦涛提出了中国逐渐成为海洋强国的概念。2004 年在军委的一次讲话中，胡锦涛主席阐述了"军队的历史使命"，指出中国人民解放军必须"保卫国家利益安全，捍卫国家主权"以确保党和国家的发展。[58]依照后来《解放军报》上刊登的一篇文章称，军队的历史使命还应包括维护海洋权益。为了适应新世纪新阶段形势任务的新变化，胡主席提出了关于新世纪新阶段我军历史使命的重要论述，"进一步丰富和拓展了军队历史使命的基本内容。这一重要论述，要求我军不仅要关注国家生存利益，还要关注国家发展利益；不仅要维护国家领土、领海、领空安全，还要维护电磁空间、太空、海洋和其他方面的国家安全"[59]。2006 年12 月 27 日，胡锦涛强调，我国是一个海洋大国，[60]在捍卫国家主权和安全，维护我国海洋权益中，海军的地位重要，使命光荣。我们必须要扎实搞好军事斗争准备，确保随时有效遂行任务。[61]

五年计划是对国家总体优先发展的权威性阐述，鉴于中国的《十五规划纲要》概述了中国需要"加强海洋资源调查、开发、保护和管理"，以及"利用和管理海洋，维护我们的海洋权益"。《十一五规划纲要》涵盖了"保护和开发海洋资源"的全部内容，要求中国"加强海岛保护，改善海域的划界，规范海洋利用秩序，集中开发专属经济区、大陆架和国际海底资源"[62]。

中国白皮书反映出越来越重视海洋的发展。1998 年中国发布的《海洋项目白皮书》，确定了"可持续海洋发展战略"以"维护新的国际海洋秩序和国家海洋权益"，并改进海洋资源的管理。[63]《中国国防白皮书》提供了越来越多的关于海军问题的详细信息：2000 年的中国国防白皮书间接提到"海洋权益"是"边防"的一部分；[64]根据 2002 年的《中国国防白皮书》，将"采取有效防御和行政措施以保卫国家安全和维护海洋权益"列入"中国国防的目标与任务"中；[65]在 2006 年的《中国国防白皮书》中不仅仅提到了中国的海洋利益，还解释了如何维护海洋利益。文中还说明了中国"要加强边防和沿海防御、管理和控制，并建立一支现代化边防和沿海防御力量"。中国颁布了"相关的法律法令，并依照国际法和惯例，修改了其边防和沿海防御政策和规章"。在一份从未发布的声明中指出，海军"逐渐取得近海防御作战的战略纵深发展，并提高综合海上作战和核反击能力"[66]。纵览邓小平时代对海洋发展支持的记载，中国转向海洋的新势头不可低估。

三、中国是在驶向战略逆境吗?

人们经常会夸大中国的独特性,而且,一些老套的东西阻碍了学者和分析人士预见未来国际制度变化,几个世纪来衰败的惯性导致许多人对中国的海权前景持怀疑态度。

本书采用比较法,从某一方面来说,可能支持了这一怀疑态度。本书所描述从陆地国家向海洋国家转变的所有案例均以失败而告终。不管是奥斯曼舰队向印度洋投送兵力失败,还是德国获得海权声誉的灾难,还是苏联的野心在 1991 年暴露出其"纸牌屋"的脆弱性,这些陆地大国在从陆地国家向海洋国家转变的过程中似乎都遇到了不可逾越的困难。在这种情况下,中国迈向海洋其本身就是驶往战略逆境——中国在成为海洋国家的征程中会面临巨大障碍,包括物质和知识两方面。

然而,本书不是对中国新海洋战略的怀疑,实际上,仔细解读本书所提供的案例,就会发现中国和其他历史大国在向海洋大国转变过程中的不同之处。中国拥有很强的海洋贸易发展劲头,而且追溯到近代时期就会发现中国拥有稳固的海洋历史传统,而且还认识到与周边大陆接壤国家的稳定关系将是发展海洋强国的先决条件[67]。考虑到东海沿海地区的安全、其贸易航线和棘手的台湾问题等,以及一些关键的国家利益问题,这些都会促进中国的海洋发展战略。

由于中国的海洋发展是一个复杂的现象,因此,读者应该对本书所给出的案例做出自己相对合理的判断,这样,该书就能起到很有价值的启发性作用,为未来几代的战略家提供大量数据以及分析意见和观点。

中国成为海洋大国的发展进程(或许在这方面有失败)会在 21 世纪的壮丽史诗中对宏观政治现象起到推波助澜的作用,而且有可能打破自"二战"以来一直持续至今的东亚力量平衡。最近,经济学家开始认真考虑中国的经济可能会有一天超过美国,尽管考虑到本书列举的许多限制条件,中国或许还不可能控制世界海洋,但是判断中国在未来重做世界海洋霸主的可能性并非为时过早。

注释:

本文中的观点仅为作者个人见解,并不代表美国海军或美国政府任何其他组织的政策和分析。作者感谢伊恩·丛对本文以及其他几篇文章的审定工作。

1. Paul Kennedy, "The Rise and Fall of Navies," International Herald Tribune, 5 April

2007, http：//www. iht. com/articles/2007/04/05/opinion/edkennedy. php.

2. 同上。

3. 参见，如：Robert D. Kaplan, "America's Elegant Decline," Atlantic Monthly (November 2007), http：//www. theatlantic. com/doc/prem/200711/america – decline；G. John Ikenberry, "The Rise of China and the Future of the West：Can the Liberal System Survive?" Foreign Affairs (January/February 2008)：23 – 37.

4. Alan M. Wachman, Why Taiwan? Geostrategic Rationales for China's Territorial Integrity (Stanford, CA：Stanford University Press, 2007), 41.

5. 在国际关系领域，有：Paul M. Kennedy, The Rise and Fall of the Great Powers：Economic Change and Military Conflict from 1500 to 2000 (New York：Vintage Books, 1989)；John J. Mearsheimer, The Tragedy of Great Power Politics (New York：Norton, 2001)；Peter J. Katzenstein, A World of Regions：Asia and Europe in the American Imperium (Ithaca, NY：Cornell University Press, 2005)；John Ikenberry, After Victory：Institutions, Strategic Restraint, and the Rebuilding of Order after Major Wars (Princeton, NJ：Princeton University Press, 2001)；Hendrik Spruyt, The Sovereign State and Its Competitors：An Analysis of Systems Change (Princeton, NJ：Princeton University Press, 1994)；Stephen M. Walt, The Origins of Alliances (Ithaca, NY：Cornell University Press, 1987)；Jack L. Snyder, Myths of Empire：Domestic Politics and International Ambition (Ithaca, NY：Cornell University Press, 1991)；William C. Wohlforth, The Elusive Balance：Power and Perceptions during the Cold War (Ithaca, NY：Cornell University Press, 1993)；Niall Ferguson, Empire：The Rise and Demise of the British World Order and the Lessons for Global Power (New York：Basic Books, 2003). 该方法在中国的研究领域产生共鸣，例如，Thomas J. Christensen, Useful Adversaries：Grand Strategy, Domestic Mobilization, and Sino – American Conflict, 1947—1958 (Princeton, NJ：Princeton University Press, 1996)；and Mingxin Pei, From Reform to Revolution：The Demise of Communism in China and the Soviet Union (Cambridge, MA：Harvard University Press, 1996).

6. Yuen Foong Khong, Analogies at War：Korea, Munich, Dien Bien Phu, and the Vietnam Decisions of 1965 (Princeton, NJ：Princeton University Press, 1992).

7. 有些人争论称，美国是一个成功从陆地国家转向海洋国家的案例，而且最终成为世界海军强国。的确，美国直到19世纪末20世纪初在罗斯福总统的大白舰队建设计划下才成为海军大国。事实是美国最初在陆地上向西发展；在1812年战争中，英国人烧掉华盛顿特区；而且美国独立战争的大部分战斗也都是在陆上展开。实际上，美国支持中国的对外开放政策原因之一就是认识到中国缺少与日本和俄罗斯相抗衡的海军力量和兵力投送能力。然而，不像该书所研究的其他陆地国家，美国拥有坚强的国内造船业和海外海上贸易，使其成为独立的国家。另外，由于拥有独特的大陆边界，美国不是一个传统的大陆国家，因为美国不会面临来自陆地的威胁。同样，葡萄牙和荷兰也不是传统的大陆国家，尽管它们拥有非平凡的大陆边界。因此，美国作为一个日渐成熟的国家，在地缘战略优势方面不会遇到像本书所研究的那些困扰真正大陆国家的难以选择的问题。同样，仔细研究美国海军发展进程不会对阐明本书的中心问题有何特别的指导性意义。然而，在某种程度上该问题在埃里克森和戈尔茨坦编著的《中国研究大国崛起》一书中关于"美国"一节中有研究。

8. 李兵，海军英豪：人民海军英模荟萃，北京：海潮出版社，2003，1.

9. 吴胜利，胡彦林，"锻造适应我军历史使命要求的强大人民海军"，求实，2007，(14). http://www.qsjournal.com.cn/qs/20070716/GB/qs^459^0^10.htm，OSC# CPP2007071710027.

10. 同上。

11. 李兵，海军英豪：人民海军英模荟萃，1 – 3.

12. 徐立凡，"三大现实挑战要求中国从海洋大国成为海洋强国"，华夏时报，2005. www.china.com.cn/chinese/zhuanti/zhxxy/913118.htm.

13. 姚文怀，"建设强大海军 维护我国海洋战略利益"，国防，2007 (7)：1 – 2.

14. 张文木，"经济全球化与中国海权"，战略与管理，2003，(1)：96.

15. 张文木，"现代中国需要新的海权观"，环球时报，2007. http://www.people.com.cn/GB/paper68/，OSC# CPP20070201455002.

16. 同上。

17. 郝廷兵，杨志荣，海上力量与中华民族的伟大复兴，北京：国防大学出版社，2005：30 – 33.

18. 张登义，"管好用好海洋，建设海洋强国"，求实，2001，(11)：48.

19. 中国军事科学由中国人民解放军军事科学院出版发行。除非另有说明，本段所有引文均引自：徐起，"21世纪初海上地缘战略与中国海军的发展"，中国军事科学，2004，(4)：75 – 81。由安德鲁·S.埃里克森和莱尔鲁·J.戈尔茨坦翻译，发表在 Naval War College Review 59，no. 4（2006 年秋季）.

20. 同上。

21. Chin Chien – li, "A Core Figure in the Communisty Party of China's Fight with Taiwan—A Profile of Vice Admiral Ding Yiping, First Deputy Commander of the PLA Navy," Chien Shao [Frontline], 194 (1 – 30 April 2007)：58 – 62, OSC#CPP20070418710009.

22. 丁一平，李洛荣，龚连娣，世界海军史，北京：海潮出版社，2000：429.

23. PLAN Senior Colonels Yan Youqiang and Chen Rongxing, "on Maritime Strategy and the Marine Environment," [China Military Science], 2 (May 1997)：81 – 92, OSC# FTS19971010001256.

24. Wang Cho – chung, "PRC Generals Call for Reinforcing Actual Strength of Navy," 中国时报，2001 – 03 – 26. OSC# CPP20010326000046.

25. 谢值军，"21世纪亚洲海洋：群雄争霸，中国怎么办？"军事文摘，2001：20 – 22.

OSC# CPP20010305000214.

26. 张文木，"现代中国需要新的海权观"，环球时报，2007 – 01 – 12. http：//www. people. com. cn/GB/paper68/，OSC# CPP20070201455002.

27. 刘江平，追月，"21 世纪经略海洋：中国海军将何去何从"，当代海军，2007：6 – 9. OSC# CPP20070628436012.

28. 展华云，"经略海洋——叩响大战略之门"，当代海军，2007：17 – 19. OSC# CPP2007 0626436011.

29. Chiang Hsun，"China's New Strategy to Strengthen Its Maritime Awareness,"亚洲周刊 [Asiaweek]，2006 – 06 – 11，38 – 40. OSC# CPP20060609715028.

30. 就这一论点的类似争论，参见：何家成，邹芳，赖志军，"国际军事安全形势及我国的国防发展战略"，军事经济研究，2005，（1）：12.

31. 朗丹阳，刘分良，"海陆之争的历史检视"，中国军事科学，2007（1）：46.

32. 冯梁，张晓林，"论和平时期海军的战略运用"，中国军事科学，2001（3）：78.

33. 展华云，"海上安全环境对战略的影响与虎视"，当代海军，2007（8）：10.

34. 张文木，"中国能源安全与政策选择"，世界经济与政治，2003（5）：11 – 16，FBIS # CPP20030528000169.

35. 高新生，"岛屿与新世纪中国海防建设"，国防，2006（11）：45 – 47.

36. 刘一建，"中国未来的海军建设战略"，战略与管理，1999（5）：98.

37. 关于中国为什么发展陆权大国，叶自成的争论观点参见：叶自成，陆权发展与大国兴衰：地缘政治环境与中国和平发展的地缘战略选择，北京：新星出版社，2007. [该书属于国家教育部重大理论攻关课题项目（国家教育部重大理论攻关课题）及其他两个项目]

38. 叶自成，"中国的和平发展：陆权的回归与发展"，世界经济与政治，2007：23 – 31. OSC# CPP20070323329001.

39. 叶自成，"中国海权须从属于陆权"，国际先驱导报，2007. OSC# CPP20070302455003.

40. 叶自成，"从大历史观看地缘政治"，现代国际关系，2007. OSC# CPP20070712455001.

41. 同上。

42. 叶自成，"中国的和平发展：陆权的回归与发展"，世界经济与政治，2007：23 – 31. OSC# CPP20070323329001.

43. Robert S. Ross. The Geography of the Peace：East Asia in the Twenty – first Century. International Security 23, no. 4 (Spring 1999)：81 – 118.

44. 叶自成，中国的和平发展。

45. 冯昭奎，"中国崛起不能只靠走向海洋"，环球时报，2007 – 03 – 23. http：//www. people. com. cn/GB/paper68/，OSC# CPP20070402455001.

46. 同上。

47. 李义虎，"从海陆二分到海陆统筹——对中国海陆关系的再审视"，现代国际关系，

2007, 1 – 7. OSC# CPP20070911329003.

48. 同上。

49. 同上。

50. 程亚文,"欧洲大陆是中国利益中心",环球时报,2007. OSC# CPP20071211587001.
一系列的观点,如:冯梁、段廷志. Characteristics of China's Sea Geostrategic Security
and Sea Security Strategy in the New Century. Wang Shumei, Shi Jiazhu, Xu Mingshan.
中国军事科学,2007:22 – 29;王淑梅,石家铸,徐明善,"履行军队历史使命,树立
科学海权观",中国军事科学,2007:145 – 146;张炜,"国家海上安全理论探要",
中国军事科学,2007:84 – 91.

51. Lt. Gen. Mi Zhenyu, "A Reflection on Geographic Strategy," China Military Science (February 1998): 6 – 14, OSC#FTS19980616000728.

52. Zhan, "Strategic Use of the Seas".

53. 刘文英,吴胜利司令员在第十届全国人大第五次会议上审议"政府工作报告"时强
调:"制定国家海洋安全战略,加大军事设施保护力度",人民海军,2007:2.

54. 杨毅,国家安全战略研究,北京:国防大学出版社,2007:274, 289, 323 – 324. 关
于中国海洋开发的重要性,参见 276, 292, 294 – 295。

55. 杨怀庆,"指导人民海军建设的强大思想武器",求实,2000(15):26. OSC#
CPP20000816000070. 类例观点:Zhan, "Strategic Use of theSeas," 19。

56. 焦永科,"弘扬海洋文化,发展海洋经济",中国海洋报,1407,国家海洋局海洋发
展战略研究所,http://www. soa. gov. cn/hyjww/hyzl/2007/03/20/1174354271537153.
htm;"名人论海洋——中国领导人对海军建设的指示". 国家海洋局网站,http://
www. soa. gov. cn/zhanlue/hh/index. html; gongxue. cn/guofangshichuang/ShowArticle.
asp? ArticleID = 7086.

57. 新华社消息,1999 年 5 月 27 日。

58. "Earnestly Step Up Ability Building within CPC organizations of Armed Forces," 解放军报,
2004,http://www. chinamil. com. cn/site1/xwpdxw/2004 – 12/13/content_ 86435. htm.

59. 刘明福,程钢,孙学富,"人民军队历史使命的又一次与时俱进",解放军报,2005:
6. 另参见 Yang, Research on National Security Strategy, 323.

60. 一份中国国家期刊将"海洋大国"解释为中国拥有大面积海域、经济利益和
"海洋权利"。秦皇,"航母与国家健康指数",环球人物,2007:48. OSC#CPP
20070326332003.

61. 丁玉宝,郭益科,周根山,胡锦涛在会见海军第一次党代表会代表时强调:按照革
命化现代化正规化相统一的规则,锻造适应我军历史使命要求的强大人民海军,人
民海军,2006,1.

62. 新华社消息,2001 年 3 月 15 日。

63. 新华社消息,1998 年 5 月 28 日。

64. 新华社消息，2000 年 10 月 16 日。

65. 新华社消息，2002 年 11 月 9 日。

66. 参见：《2006 年国防白皮书》，中华人民共和国国务院新闻办公室，2006 - 12 - 29. http：//www. fas. org/nuke/guide/china/doctrine/wp2006. html.

67. 关于最后一点，参见 Jakub Grygiel, Great Powers and Geopolitical Change（Baltimore, MD：Johns Hopkins University Press, 2006）, 169 - 170；M. Taylor Fravel, Strong Borders, Secure Nation：Cooperation and Conflict in China's Territorial Disputes（Princeton, NJ：Princeton University Press, 2008）.

第一部分

前现代时期

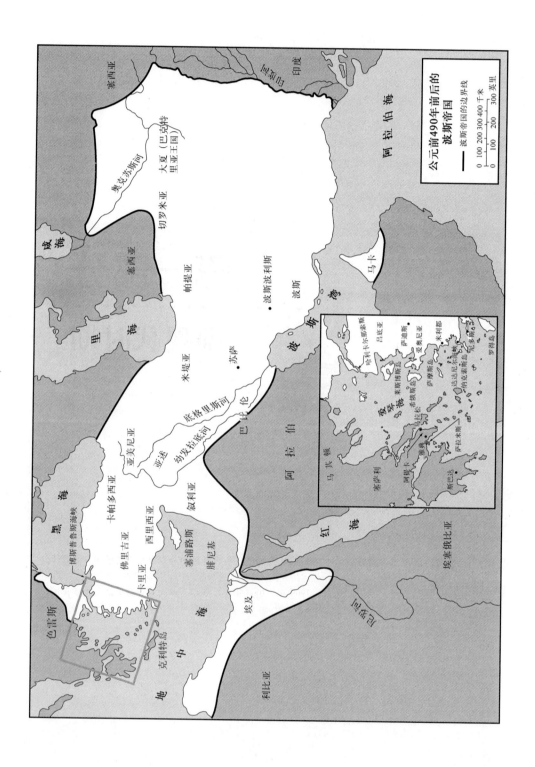

公元前490年前后的
波斯帝国

波斯帝国的边界线

0 100 200 300 400 千米
0   100   200   300 英里

阿拉伯海

莱西亚

昆都吉

印度

奥克苏斯河

大夏（巴克特里亚王国）

切罗米亚

咸海

塞西亚

帕提亚

里海

马卡

波斯波利斯

波斯

米提亚

苏萨

波斯湾

底格里斯河

亚尼亚

巴比伦

幼发拉底河

亚述

卡帕多西亚

亚美尼亚

阿拉伯

黑海

博斯普鲁斯海峡

佛里吉亚

西里西亚

叙利亚

卡里吉亚

塞浦路斯

色雷斯

腓尼基

红海

埃塞俄比亚

昆那边

卡里特亚

地中海

埃及

克里特岛

利比亚

哈利卡尔那索斯

吕底亚

萨迪斯

爱奥尼亚

米利都

罗德岛

莱斯博斯岛

萨摩斯岛

达达尼尔海峡

纳克索斯岛

爱琴海

马其顿

塞浦利

萨拉米斯岛

马拉松

雅典

斯巴达

拉松

斯巴达

波斯：多民族的海军强国

■ 格雷戈里·吉尔伯特①

> 我接受过全方位的训练：作为骑手，我是一名好骑手；作为弓箭手，我是一名好弓箭手，无论是在地上还是在马上；作为枪兵，我是一名好枪兵，无论是在地上还是在马上。
>
> ——大流士一世[1]

在其位于吕斯塔姆（Naqs‑i Rustam）的纪念碑上，波斯"万王之王"大流士如是说。[2]这句典型的皇家铭文确立了古代波斯的王权意识，展现出这位波斯国王的杰出军事才能及其英武、神圣的帝王形象。与此相反的是，这种意识形态并未反映出波斯王国变革的本性，因为虽然在传统观念里波斯帝国是一个陆上强国，但是它在公元前550—前490年间经历过一次海洋变革。从那时起，波斯成为了一流的海洋强国。毫无疑问，波斯帝国强烈渴望成为世界历史上第一个真正强大的海洋国家。

　　尽管在有文字可考的波斯历史中鲜有证据可以证明波斯人具有海运传

---

① 格雷戈里·吉尔伯特博士于1984年和1988年在阿德雷德大学获得工学学士学位和硕士学位。他曾在澳大利亚国防部（海军）工作了11年，任海军设计工程师。在此期间，他曾为鹦鹉岛船厂、花园岛船厂、新型潜艇项目（科林斯级）、船舶工程设计理事会以及海军支援司令部设计分队工作。之后，他在1996—2004年担任国防顾问，专门研究海军系统。与此同时，他还从事了人文科学领域里的第二职业，并于1996年、1999年、2004年先后获得了澳大利亚新英格兰大学古代历史学学士学位以及澳大利亚麦克奈利大学的硕士和博士学位。他的研究范围很广，包括战争考古学和人类学、埃及古物学、国际关系–中东、海上战略以及海军历史等。他作为考古学家与在埃及的国际团队一起挖掘了赫勒万、耶拉孔波利斯、普托斯、塞易斯的遗址。2000—2004年，他在埃及指挥了"吉夫特地区探险"（普托斯）。目前，他是英国杜汉姆大学的研究员和澳大利亚国立大学的访问学者。吉尔伯特博士著有"Weapon""Warriors and Warfare in Early Egypt"（牛津大学，2004年）和"Ancient Egyptian Sea Power and the Origin of Maritime Forces"（待出版），他目前的研究课题是古代波斯海权。他向许多期刊投过稿，所涉猎的题材很广泛，并且编辑出版了"Australian Naval Personalities：Lives from the Australian Dictionary of Biography"（海权中心，2006年）一书。自2005年初开始，他致力于澳大利亚海上战略的发展，在位于澳大利亚堪培拉的海权中心对海军历史做更加深入的研究。

统或掌握了航海技能，但是我们可以从现存的其他历史文献和考古遗迹推想波斯海军力量的兴起。[3]本章对这种可说明波斯海洋变革性质的证据加以解析，以便于我们更好地理解古代波斯帝国发展成为令人生畏的海洋强国的过程及原因。

一、波斯帝国的前身

波斯帝国是由多个古代近东帝国发展而来的。至少从公元前 1100 年起，这些古老帝国就不断发展壮大，最终有效控制了文明世界的许多地方。新亚述帝国（公元前 883—前 612）以武力有效控制与其相邻的各主要王国。亚述人将军事恐吓当做政治武器，连年发动战争，其目的是征收贡税和获得更多附属国。如果这些新的附属国不愿纳贡或有任何抗拒之举，那么等待它们的将是严酷的暴力。亚述人也以此来威慑其任何有可能谋反的附属国。[4]亚述帝国会将国内的叛逆臣民流放，从而加强这种心理战的威慑力，最为人所熟知的一个例证是一群犹太人被放逐到巴比伦。[5]全盛时期的新亚述帝国包括美索不达米亚、叙利亚、腓尼基和埃及（短期）以及安纳托利亚（现代土耳其）和波斯（现代伊朗）的大部分高地。亚述的各个附属国很快演变为亚述帝国的省份，其统治者变身为亚述总督，并由中央集权的行政机构定期向亚述国王述职。

亚述帝国原本是一个以地处美索不达米亚北部的城市阿舒尔为中心的内陆王国，后逐步发展为一个以陆地为根基的军事强国。它与古代近东地区所有其他帝国一样，热衷于开疆拓土，缺乏有效利用海洋所必需的海上生存能力和航海技能。尽管如此，波斯海军力量可能源自于亚述统治者与东部地中海居民——特别是腓尼基人和埃及人之间的相互影响。

腓尼基人占领了叙利亚—巴勒斯坦海岸的一条狭长地带，其中的很大一部分现已成为黎巴嫩海岸线。虽然腓尼基人有着共同的语言和文化传统，但是腓尼基并非由单一城邦组成，它包括地中海地区的很多沿海城邦和贸易聚居地，各城邦自我管理并拥有自己的商船航线。经过沿叙利亚—巴勒斯坦海岸一系列速战速决的战役，亚述军队将各腓尼基城邦合并为亚述帝国，期间几乎没有遭到什么军事抵抗。最初，亚述人乐于让各腓尼基城邦保留相对的政治自主权，从而使他们能利用腓尼基人在海上贸易方面的专长，获得他们所需要的商品。实际上，历代亚述国王都将腓尼基的海上贸易当做自身商业力量的主要源泉。有时，一个或几个腓尼基城邦也会起来反抗亚述人的统治，但亚述国王会立即派兵平定叛乱，并任命亚述人为其总督去直接治理。

　　一方面，腓尼基人的运输船只继续在整个地中海地区进行海上贸易，为亚述帝国提供资金支持；另一方面，亚述帝国从各腓尼基城邦招募专业人员为帝国服务，其中包括为遍布地中海东岸及亚述帝国核心地带的各项帝国工程征用腓尼基的水手作为熟练工人。亚述帝国利用腓尼基人的运输船只运送亚述军队，在地中海沿岸发起多场战役（公元前 734 年以后）。[6]虽然亚述人的扩张并未延伸至塞浦路斯或爱琴海的岛屿，但不难看出，他们在埃及打仗时所依靠的就是腓尼基人的运输船只。也有证据表明，腓尼基人的运输船只和水手被用来将亚述的出征部队运送至位于波斯湾的埃兰古国附近。[7]显然，用船来运送军队和给养是亚述人的一个优势，尽管他们可能并没有充分理解海上环境所赐予他们的天时地利。他们的战略仍然以陆地为基础。亚述人也利用腓尼基的水手和运输船只沿幼发拉底河和底格里斯河进行海上贸易。[8]

　　埃及人与叙利亚—巴勒斯坦的临海城邦久有往来，他们在这一地区同亚述人争夺霸权。与埃及人的冲突最终促使亚述人于公元前 674 年首次经陆路穿越西奈半岛，入侵埃及。[9]在随后的历次战役中，他们烧毁了埃及首都孟菲斯，占领了北方诸省，还平定了几次叛乱。[10]但是，亚述人无法完全主宰埃及。和腓尼基人一样，埃及人也具有悠久的海运传统和充沛的海军资源。[11]在海上能否有所作为在很大程度上取决于能否控制埃及，亚述人对这一点似乎并不明白。因此，尽管他们打赢了一系列战役并占领了埃及的许多城市，但他们无法巩固对埃及的统治。亚述人不得不依靠其埃及封臣之一——尼罗河三角洲西部的古埃及城市塞伊斯的亲王来帮助他们镇压埃及其他地方发生的抵抗，但该策略最终导致塞伊斯的实力迅速增强。公元前 664 年，塞伊斯的统治者普萨美提克一世终于将亚述人赶出埃及并自封为埃及国王。

　　自此，土生土长的第 26 代塞伊斯君王们开始统治埃及，直到公元前 525 年埃及被波斯人占领。[12]塞伊斯王朝致力于恢复昔日埃及在古代近东的势力，其核心是加强埃及与希腊和腓尼基的贸易联系，同时发展埃及的海军力量。埃及的历代君王招募小亚细亚的爱奥尼亚人和卡里亚人当雇佣兵，并将他们的战船纳入埃及海军。[13]塞伊斯王朝的埃及人是"希腊人的朋友"。[14]国王普萨美提克一世（公元前 664—前 610 年）有能力沿叙利亚—巴勒斯坦海岸向内地投送埃及军队，与巴比伦人交战（当时的主要近东帝国）。普萨美提克的继任者——努卡二世（公元前 610—前 595 年）采用带有撞角的战船（很可能是对排桨海船）组成一只船队，航行于地中海和红海。另外，他还着手修建一条连通尼罗河与红海的运河，并且发起对非洲海岸的探险。国王阿普里埃斯（公元前589—前570年）继续反对巴比伦帝国，频频与塞浦路斯和腓尼基交战，其船队在战争中发挥了重要作用。据史料记载，国王雅赫摩斯（公元前570—前526年）是首位征服塞浦路斯的外国人，他使塞浦路斯沦为埃及的附属国。[15]他还打败了企图入侵埃及的巴比伦人。赛勒斯二世（公元前559—前530年）成为波斯国王以后，波斯迅速崛起，这引起了埃及人的恐慌。为了应对这一日益加剧的波斯威胁，这位塞伊斯王朝的国王缔结了一个大联盟，以保卫包括埃及、吕底亚王国的克罗伊斯（位于安纳托利亚，现为土耳其的一部分）、斯巴达（位于希腊）以及巴比伦王国在内的东地中海地区。[16]

亚述人被赶出埃及时，亚述帝国已日渐衰落。到公元前512年，亚述帝国已因内乱频发而土崩瓦解，但作为其竞争对手的米堤亚王国（伊朗西北部）却得到了巩固和加强。美索不达米亚的大部分地区、叙利亚和腓尼基都并入了巴比伦君王们所建立的新帝国。尽管有许多王国起来反抗巴比伦人的统治，但是它们不久就被巴比伦人以与亚述人一样的手段征服了。面对屠杀、毁灭和流放，苟活下来的君主们很快接受了被巴比伦人主宰的命运。巴比伦人也利用腓尼基人的海运资源来支撑他们的帝国，而腓尼基人很可能也像其在亚述帝国的统治下那样拥有半自治权，尽管在这一点上证据不足。在北方，米堤亚人继承了亚述帝国的遗产，建立起他们自己的米堤亚帝国。埃及人一直小心提防着这个古代近东的最强大帝国，后来他们改变了策略，从反对亚述人转变为反对巴比伦人，同时谋求与吕底亚王国和希腊城邦结成联盟。

这段概述中需要注意的几个要点是：虽然亚述帝国和巴比伦帝国通常奉行以陆地为基础的战略，但它们都利用腓尼基城邦的海运资源，以帮助实现他们帝国的目标；而且从传统上说，埃及人与这些近东帝国对抗所依靠的就是行使制海权。这两个因素有效地影响了在公元前6世纪的最后25年里开始的波斯海洋变革。

二、陆基帝国的建立

相对而言，公元前560年以前的波斯王国仍是一个无关紧要的国家，包含多个由农民和游牧民组成的部族，[17]其首都是波斯波利斯（现名为塔赫特詹姆希德，靠近伊朗西南部城邦设拉子）。虽然波斯人是米堤亚帝国的臣民，但他们与米堤亚人是近亲关系，也继承了伊朗人的语言和文化传统。因此，赛勒斯能够统一他所管辖的各波斯部落，同时掌握米堤亚军队的最高指挥权。[18]当时，他的军事才能和政治智慧也使他在米堤亚人以及其他伊朗臣民中赢得了众多仰慕者和支持者。

公元前553年—前550年间，赛勒斯成功篡夺米堤亚王权，并通过一场场速决战制服了帝国内部的反对者；而其支持者，无论是米堤亚人还是波斯人，则保住了他们在这个新创建的波斯帝国中的社会地位。[19]起初，赛勒斯政权能够利用米堤亚人和亚述人在治理国家方面所取得的宝贵经验，而且其兵力组成也效仿他们，强调精锐骑兵、弓箭手和枪兵的作用，并按需征召枪兵作为补充。[20]然而，赛勒斯并不满足于巩固这个新兴帝国。在征服了伊朗高原之后，他挥师讨伐吕底亚国王克罗伊斯，并在另一次战役中迅速占领了安纳托利亚大部分地区。[21]由于萨迪斯（现为土耳其的撒尔塔）已处于波斯控制之下，爱奥尼亚希腊人以及土耳其地中海沿岸本土居民（佛里吉亚人、卡里亚人和利西亚人）感到自身安全没有保障，急于寻求与波斯国王的和解。作为波斯帝国内的半自治城邦，本土爱奥尼亚希腊人被允许保留一些政治控制权。近海希腊城邦，如希俄斯、米蒂利尼、萨摩斯，并未感受到威胁，因为波斯人没有海军，无力将其陆军投送到地中海上。[22]当时，赛勒斯把进攻矛头转向巴比伦帝国——亚述帝国的另一个后继者。公元前539年，赛勒斯打败巴比伦人并进入巴比伦城，但不是作为征服者而是作为救世主巴比伦太阳神马杜克进入该城，至少他自己是这样宣传的。[23]

这引起我们对波斯人帝国观的思考。波斯人的帝国观与亚述人和巴比伦人的观念明显不同。波斯"已知世界"的每个城市或地区都被唯心地描述为要么是"真理"王国（由波斯的王中王所统治），要么是黑暗和混乱之地。大流士称其权利为"善的力量"，以此表明他的理想。正如其碑文所言："我将许多已经犯下的罪恶变成了善举。两国交战之时，百姓互相残杀，是阿胡-玛兹达的恩典助我平定战乱，使百姓免遭涂炭，人人安居乐业。"[24]

波斯帝国的这一宽仁形象是如何成为现实的呢？尽管有证据证明波斯帝国采取了强有力的统治措施并行使了行政管辖权，但也有许多实例表明，被征服民族的传统政治和文化结构并未因波斯统治而发生改变。波斯的臣民享有很大程度的自制权，特别是他们被允许继续敬奉他们自己的神灵。相较于亚述人的蓄意恐吓，波斯人的统治是宽容的，只要波斯臣民不挑战波斯人的治国方略或管理决策，其他都不是问题。

除了在西方征战，赛勒斯还攻打了位于伊朗东北部、阿富汗和中亚（现为土耳其斯坦）地区的巴克特里亚（大夏）王国和塞西亚王国。[25] 这些战事主要依靠轻骑兵，其中包括小规模战斗和机动，并非消耗战。就是在这其中的一次战役中，有一支波斯军队被消灭，国王赛勒斯阵亡（公元前530年）。[26] 在不到20年的时间里，赛勒斯统治下的波斯王国已发展壮大，其领土包括整个伊朗高原、阿富汗以及中亚、安纳托利亚、美索不达米亚、叙利亚、巴勒斯坦的许多地区，还有阿拉伯半岛的部分地区。波斯帝国的治国理念是合作与秩序。波斯国王是"万王之王"，不是专横暴君。赛勒斯确实配得上其碑文中的"大帝"称谓。

到赛勒斯国王驾崩之时，波斯帝国已通过贯彻以陆地为基础的军事战略实现了领土扩张。该战略不同于亚述帝国、巴比伦帝国和米堤亚帝国此前所采用的种种战略。若要开疆拓土，就必须在边境上大量屯兵。显然，随着时间的推移，这种扩张方式将无以为继。[27] 除非改变战略，否则波斯帝国最终会像被吹爆的气球一样垮掉。

当波斯军队首次抵达波斯湾、地中海和黑海海域时，他们视这片海域为其前进路上的障碍。然而，习惯采用合作方式的波斯人又想到另外一种可能性。他们很快就认识到这些海上疆界根本不是障碍，而是交通主干道，他们可借此调动军队，决胜千里。除了传统的陆基战略，他们还逐渐发展出一种新的海上战略，作为最有效的帝国持续扩张手段，并以不同方式对帝国周边事态产生影响。

三、海上联盟

赛勒斯无力掌控爱奥尼亚各近海希腊城邦并非偶然。面对波斯的崛起，埃及、吕底亚、斯巴达和巴比伦的最初反应是结成联盟。[28] 然而，正如我们所看到的，吕底亚最先屈服于波斯的陆上兵力，巴比伦紧随其后。与此同时，斯巴达人因受爱琴海的庇护而迅速采取了闭关锁国的策略。由于腓尼基城邦被并入波斯帝国，古代近东地区的整块大陆都被波斯人牢牢控制，埃及再次被孤立起来。在这种情况下，埃及将目光转向了爱奥尼亚的希腊城邦和爱琴群岛，希望与之结成新的海上联盟，以对抗波斯在东地中海地区的扩张和影响。

虽然海上贸易在地中海历史上长期占据重要地位，但有充分证据可以证明，爱奥尼亚希腊城邦与埃及之间在赛伊斯王朝时期存在商贸往来，尤其是在埃及国王雅赫摩斯统治时期。雅赫摩斯国王对埃及境内的希腊人很关照，给予希俄斯岛、提奥斯、福西亚、克拉左美尼、罗得岛、克尼多斯、哈利卡那苏斯、法塞利斯、米蒂利尼、埃伊那岛、萨摩斯岛、米利都等重要的希腊城邦以优惠待遇。[29]在古埃及遗址上考古发掘中出土的希腊进口陶器残片也证实了这些贸易联系的存在。[30]这些证据增强了这个反波斯联盟的海上贸易同盟性质，也凸显出该联盟潜在的财富来源。萨摩斯岛的暴君波利克拉特斯成为雅赫摩斯国王的亲密朋友，借助于埃及的支持，他在爱奥尼亚本土以及与波斯交好的爱琴群岛之间成功发起一系列战役，打败了希腊人。[31]波利克拉特斯缴获了一支由100艘战船（一种桨帆并用的海船[32]）组成的船队，外加1000名弓箭手。据史料记载，波利克拉特斯曾在爱奥尼亚海滨米利都附近海域的一次海战中打败了一支敌方船队。[33]

关于这种给古代海战带来变革的单层甲板大帆船（有三层桨座的战船）开发的时机和起因，史学界存在一些争议。[34]似乎有证据证明，其发展经历了一个漫长的酝酿过程。在此期间，人们把起推进作用的三层桨座和运输大型货物所需的加长船体（近40米）组合在一起。在东地中海上，海盗和商队都是采用一种桨帆并用的战船来冲撞、捕获或撞沉海上其他船只。这一新的撞击战术主要得益于桨帆并用战船速度快、机动性强且坚固耐用。不久以后，一种小型双桨座战船——两排桨海船出现了。腓尼基人的两排桨海船可追溯到公元前702年，在尼尼微的宫殿里发现的亚述浮雕上可见其身影。[35]然而，到了公元前6世纪中期，人们在实践中发现，设有三层桨座的狭长战船比小型两排桨战船和桨帆并用的战船速度更快，机动性也更强。因此，针对撞船战术的最佳解决方案，即三层桨座战船，逐渐形成了。[36]

虽然技术上的微小进步的确使三层桨座战船的性能得到逐步改进，但是至少在200年的时间里，这种船一直是标准的战船。船上配170名桨手，排成三列，相互错开，各人划各人的桨。船上还有1名船长、15名水手和14名士兵，共计200人。该型战船经常搭载多达40名陆战队员，用于强行登上其他船只，或用作部分登陆部队。[37]每艘战船的最高航速为9节（最高航速的航行时间为30分钟），远距离航行的平均速度为6节。[38]其轻型结构和有限的存储空间（尤其是贮水舱不够大）意味着该型战船每晚需在坡度平缓的海滩靠岸，以便解决船员的食宿问题。这种三层桨座战船只能在天气晴好时出航，因其在波浪起伏的海面上或者不利的气候条件下航行不稳，屡屡导致整个船队在暴风雨中沉入大海。

就目前的用途而言，重要的是，三层桨座战船的建造、维护以及船员培养是一项资源密集型产业。在公元前6世纪，各海上城邦（如腓尼基或希腊）很多时候没有能力经营一支由桨帆并用战船或两排桨战船组成的固定船队，更不要说由三层桨座战船组成的船队了。实际上，重要且富裕的城邦只公费提供一两艘战船，需要时用商船充当战船，以弥补海军常设兵力的不足。只有像埃及那样资源丰沛的王国才有能力发展大型船队，并帮助其海上盟国们发展自己的海军。波利克拉特斯的萨摩斯岛海军的兴起就是这种埃及援助的一个主要例证。[39]腓尼基城邦和东希腊城邦可能已各自建造和装备了几艘三层桨座战船，然而，这种能横跨地中海投送兵力的大型三层桨座战船船队得以建立，归根结底是因为波斯国王给予了关键性的财政支持。

四、海基帝国

波斯帝国从一个以陆地为基础的国家转变为一个海洋强国，其转型可追溯至康比斯国王最初当政时期。如前所述，到公元前530年，波斯帝国的西部边境受到埃及、萨摩斯岛以及其他近海希腊城邦之间海上联盟的威胁。[40]实质上，东地中海地区的海上贸易，西起利比亚东到黑海，都是由波斯的敌人掌控着。腓尼基人被有效地排除在这一利润丰厚的贸易之外，而埃及人占领塞浦路斯就是在他们这一侧打开了缺口，因此整个亚述—巴勒斯坦海岸线很容易遭到埃及人及其同盟者的突然袭击。历史经验也证明了单用地面部队是难以侵入埃及的，若不利用尼罗河以运送兵力和给养，则不可能攻克埃及。康比斯肯定已征求过其腓尼基臣民的建议，或许也询问了那些想在波斯统治下受益的希腊和埃及叛国者们。[41]波斯帝国所需要的是大型船队，包括史上最先进的战船——三层桨座战船。这只船队要能够控制东地中海水域并横跨该水域投送兵力，以帮助波斯人在其对手的国土上战胜对手。这的确是一次革命性的转变。最先利用自己所掌握的财力、人力、物力去实现波斯帝国海洋变革的是康比斯国王。这场变革具有双重意义，因为它一方面建立了世界历史上第一只真正意义上的海军，另一方面它发展和完善了海军战略的许多基本理念。[42]公元前490年，希（腊）波（斯）战争的爆发使我们更清楚地看到了这场变革的广度以及波斯重大战略的改变。在不到50年的时间里，波斯海军几乎执行过现代海军所能承担的一切任务。[43]波斯海军的指挥官们见证了在某些情况下动用海军的优势所在，但就海军的利用而言，他们也受到了种种限制。[44]

希罗多德（希腊历史学家）说，正是波斯国王与埃及国王之间发生的一场与婚姻有关的纠纷导致康比斯国王于公元前525年入侵埃及。[45]如此微不足道的起因下往往隐藏着真正的原因。既然如此，其真正原因肯定与波斯的威望、埃及影响的广度以及东地中海地区的海上贸易控制有关。为入侵埃及，波斯大约需要 5 年时间做计划和准备，其中也包括波斯海军自身的组建。[46]腓尼基人"已经自愿加入波斯军队，而且整个波斯海军都依靠他们"[47]。据从米蒂利尼（爱琴海莱斯博斯岛上的一个城邦）驶往埃及孟菲斯的一艘波斯信使船上的航海日志记载，有一些希腊三层桨座战船也加入了波斯海军。[48]欧洛台被任命为萨迪斯（古吕底亚王国）的总督和波斯安那托利亚诸省的最高指挥官，其目的就是在该地区重新施加波斯权威。[49]欧洛台利用计谋有效肃清了萨摩斯岛上波利克拉特斯的势力，并将萨摩斯岛的海上力量从反波斯海上联盟中剔除。然后，波斯人设法攻克了塞浦路斯，迫使爱奥尼亚希腊人保持中立或站到波斯人这一边。这些举措摧毁了反波斯海上联盟的北部，结果令埃及陷入孤立境地。

通过占领加沙并与西奈半岛上的阿拉伯人结盟，康比斯牢牢控制了进入埃及的陆上通道。之后，他挥师穿越西奈沙漠，向驻守尼罗河口的埃及人发起进攻。埃及军队，包括卡里亚和希腊雇佣军，在贝鲁西亚战败，退守设在孟菲斯（古埃及首都，靠近开罗）的大本营，却又被康比斯成功包围。[50]或许可以假设埃及人至少在海上对波斯军队进行了抵抗，可是历史文献中几乎没有提到过埃及海军。后世的一位权威人士指出，由于康比斯包围了贝鲁西亚，埃及人才得以一度封锁了进入埃及的道路。[51]这可能就是他们用以阻止波斯军队由陆路进攻埃及的一个初步措施。当波斯的海军和陆军在贝鲁西亚相遇时，海军必定会与陆军协作，继续沿尼罗河并肩战斗。历史上有一位名叫吴迦荷瑞斯尼的埃及人，其塑像上的铭文记述了他如何指挥先后由雅赫摩斯一世和普萨美提克三世掌控的埃及船队（由此可证明埃及船队的存在）。这支埃及船队落入波斯人之手后，他仍然指挥该船队（这也表明船队继续存在）。[52]尽管吴迦荷瑞斯尼后来成为康比斯国王的亲信，但是没有确凿的证据表明他所领导的埃及海军有意背弃普萨美提克三世。

征服埃及之后，康比斯国王希望波斯帝国向西、南两个方向扩展。昔兰尼和巴卡的利比亚人和希腊人不战而降，他们做出这样的决定可能是因为波斯海军已出现在北非海岸。据说，康比斯想把波斯帝国的触角向西延伸得更远，占领腓尼基的殖民地迦太基（今突尼斯附近的古代城邦国家），但这次远征显然是被取消了，因为波斯海军中的腓尼基人不愿意在他们自己的殖民地上打仗。[53]然而，这种说法有可能是希腊人后来臆想的结果，因为波斯人根本没有必要占领迦太基。迦太基与腓尼基关系密切，它实际上是波斯的一个同盟国。

此时，波斯军队可能已收编了部分埃及海军，他们继续沿尼罗河向南征战，打败了统治尼罗河流域上游地区（即素罗维王国，位于现在的苏丹）的"埃塞俄比亚"各部落首领。虽然希罗多德认为康比斯对"埃塞俄比亚人"的征讨以彻底的失败而告终，但对波斯时期道吉纳提要塞的考古发现证实，康比斯有能力将其势力扩张到北部苏丹。[54]

公元前522年，康比斯国王被迫回波斯去平定叛乱，此前他一直居住在埃及。在返回波斯的途中，康比斯在叙利亚负伤，不久即死于坏疽。[55]康比斯的驾崩导致了巴尔迪亚和大流士之间的波斯王位继承人争夺战。巴尔迪亚想篡位，他自称是康比斯的兄弟，而大流士是一位战功卓著的将军，也是皇室的远亲。经过一场短暂而激烈的内战，大流士一世（公元前522—前486年）赢得王位。[56]尽管手握重权的萨迪斯总督欧洛台也曾奋起反抗波斯统治，但很快就被大流士镇压下去了。[57]大流士不仅重新掌控了其祖先所创建的波斯帝国的各个省份，而且赢得了"大王"的称号："大流士国王说：'这些国家是属于我的。阿胡拉·马兹达保佑我成为这些国家的君王：波斯、埃兰、巴比伦王国、亚述、阿拉伯半岛、埃及、吕底亚、爱奥尼亚、米堤亚、亚美尼亚、卡帕多西亚、帕提亚、德兰吉亚那、阿里亚、切罗米亚、大夏（即巴克特里亚王国）、索格底亚那、甘达拉、塞西亚、撒塔吉地亚、阿拉霍西亚、马卡等，总共23个国家。'"[58]

就保持波斯帝国的实力而言，在赛勒斯和康比斯的强大中央集权统治下建立起来的帝国行政区划制度是至关重要的。大流士国王是一位能力非凡的领袖，他不仅有卓越的组织才能，而且其精力几乎是无限的。他改革朝贡制度，创立新都城，促进海上贸易的发展，并多次组织从印度河到尼罗河的探险远征。[59]但是，大流士也同他的前辈一样热衷于领土扩张，眼下他也采取了在康比斯领导下取得如此成功的海上战略并做出适当调整。波斯帝国的主要设计者们的确曾建议大流士停止领土扩张，因为在帝国周边与塞西亚人和希腊人交战不仅风险巨大，而且带不来经济效益。[60]然而，在大流士看来，要保持波斯的声望就必须继续扩张领土，他认为海上兵力能够帮助他达到目的。

公元前519年，大流士进犯生活在里海（今土耳其斯坦）附近的塞西亚人，并成功利用波斯人的船只将他的部分军队调到塞西亚人的后面，以断其后路，迫使其投降。[61]这些船就是为波斯海军在里海作战而特意建造的。

公元前513年，大流士进犯生活在黑海北部沿海地区（今乌克兰）的欧洲塞西亚人，波斯海军也参战，古籍文献对此有更详细的记述。[62]"大流士正准备入侵塞西亚。他四处派出信史，命令其属国提供步兵、船只和其他物资，以架设一座横跨博斯普鲁斯海峡的桥梁。"[63]入侵兵力包括一支波斯大部队（约 70 000~150 000 人）和"600 艘随军战船"。[64]这支船队不可能是由三层桨座的战船组成的，因为那会使入侵兵力额外增加 120 000 人。该船队可能包括大约 400 艘三层桨座战船（40 000 人）和 400 艘商船。大流士挥师从陆上穿越色雷斯，但他也"命令爱奥尼亚人将波斯海军带入黑海，向多瑙河航行，在河上架桥并在那里等候他。因为波斯海军由爱奥尼亚、伊奥利亚人和达达尼尔希腊人指挥"[65]。因此，按照现代说法，波斯的侵略是一次海上联合行动。波斯陆军在他们建造的跨多瑙河大桥附近与波斯船队汇合，并在部队深入乌克兰境内进攻塞西亚人之前，利用这个机会重新部署兵力并补充给养。大流士首先命令希腊人离开波斯船队，加入侵略部队；但是，有一位爱奥尼亚将军使大流士认识到，让多瑙河上的波斯船队保留一股希腊兵力以保护他们的水上交通更为可取。面对波斯人的进攻，塞西亚人主动撤退，同时采取焦土策略，并利用骑射手展开初级游击战。两个月以后，人们发觉波斯对乌克兰的进攻显然是徒劳无益的，于是大流士决定将军队撤回多瑙河。随着波斯人的撤退，塞西亚人转守为攻。若非波斯海军以及多瑙河上的希腊船长们意志坚定，波斯的陆上兵力可能早已被塞西亚人消灭了。虽然波斯人没有打赢塞西亚战役，但是博斯普鲁斯海峡两岸以及色雷斯东部地区都纳入了波斯帝国的版图，并成为日后波斯入侵西方的垫脚石。[66]

公元前 499 年，波斯帝国被迫应对爱奥尼亚人的起义。这次起义是由爱奥尼亚古城——米利都的暴君阿利斯塔戈拉斯发动的。此人曾经代表大流士国王去占领爱琴海上的纳克索斯岛，却无功而返，为了让自己未来的人生更加精彩，他决定背叛波斯，去领导爱奥尼亚日益高涨的民主运动。阿利斯塔戈拉斯注意到自己在波斯朝廷的声望正在下滑，可为其所利用的只有波斯海军中归他指挥的那些东希腊战船。他说服了波斯"东希腊船队"（约 300 艘三层桨座战船）起义，一举使爱奥尼亚起义军掌握了制海权，并拒绝波斯人染指。[67]

这场冲突从公元前 499 年一直持续到公元前 493 年。在米利都附近的几个爱奥尼亚城邦的协助下，阿利斯塔戈拉斯推翻了许多专制君主的统治，改由人民当家做主。民主运动的日益高涨可能与波斯海军在东希腊海域的崛起有关联。由于波斯人建造的三层桨座战船和雇佣桨手越来越多，希腊社会中贫困阶层（例如那些划桨的人）的政治影响和势力也越来越大。然而，波斯人的愿望是拥有"永久的威力"，这往往意味着要维持现状；因此他们继续支持统治东希腊各城邦的专制君主们，尽管他们自己的政策促成了这些城邦中的社会和政治变革。

阿利斯塔戈拉斯知道波斯军队会计划再次征服爱奥尼亚人，于是他前往希腊本土，劝说那里的各个希腊城邦支持爱奥尼亚人造反。斯巴达人拒绝了他的要求，雅典人和埃瑞特里亚人同意派船支援。[68]他们加入一支爱奥尼亚人的队伍，在以弗所附近登陆，向波斯总督管辖地的首府——萨迪斯推进。波斯人已将其大部分军队派去围攻米利都，因此这种最初形式的"海上作战机动"使他们大吃一惊。波斯驻军是有能力退守萨迪斯要塞的，然而希腊人劫掠并彻底烧毁了萨迪斯城。由于波斯陆军再次取得主动权，希腊人撤向以弗所。遗憾的是，他们还未靠岸就被波斯人拦截并消灭了。[69]幸存下来的雅典人和埃瑞特里亚人逃到他们自己的船上，返回了希腊。

对于希腊人来说，火烧萨迪斯城是一场政治胜利。小亚细亚的大部分地区以及许多近海岛屿城邦摆脱波斯统治，参加了起义。这次起义蔓延到大多数东希腊城邦、爱琴海、赫勒斯庞特（达达尼尔海峡的古希腊名）、普罗庞提斯（马尔马拉海）和塞浦路斯。然而，波斯帝国不可能如此轻易就丧失了战斗力。在陆上，波斯人有能力集结大批军队，逐个夺回沿海城邦；但是，只要起义船队仍是该地区唯一的海军兵力，近海岛屿上各城邦就不会沦陷。然而，波斯人下决心要平定叛乱，他们将波斯海军中的腓尼基和埃及船队集合起来，逐步向西推移，最终彻底消灭了海上的叛军。随后，波斯军队又回到岸上，逐个收复了反叛的岛屿城邦。

当一支由600艘三层桨座战船组成的波斯船队接近米利都时，由363艘三层桨座战船组成的东希腊起义船队与之展开了对制海权的争夺。[70]由于害怕遭到波斯陆军的攻击，起义的东希腊船队不能沿大陆海岸停靠，于是他们在离米利都海岸不远的一个小岛上集结。公元前494年，东希腊船队与波斯船队在米利都展开"莱德岛海战"，前者大败。随后，米利都失守，起义首领被镇压，剩下的起义城邦也很快就被打败了。[71]为平息事态，波斯人撤掉了因滥用权力而激起爱奥尼亚人造反的专制君主，施行民主政治。[72]通过这样的安抚措施，波斯得以恢复对爱奥尼亚的统治，并迅速重建东希腊舰队，作为波斯海军的一部分。

接下来，大流士将注意力转向了大陆上的希腊人，特别是曾经参与火烧萨迪斯的雅典人和埃瑞特里亚人。大流士发起这些战役不仅是向雅典复仇，也是其现行战略的一部分，旨在实现波斯帝国在欧洲的扩张。"波斯人打算尽量多征服几座希腊的村镇和城市。"[73]公元前492年春，大流士国王派其女婿马多尼乌斯跟随一支海上联合部队，沿色雷斯海岸航行，收服该地区内的希腊城邦，并摧毁任何有可能谋反的城邦。公元前491年，波斯人花了很多时间为横跨爱琴海的联合海上战役做准备，其目的是确保雅典、斯巴达以及其他本土希腊城邦效忠于波斯帝国。[74]据说，波斯人的种种外交努力遭到雅典人和斯巴达人的拒绝，尽管其他许多希腊城邦和北部的希腊马其顿王国答应了波斯的要求，加入到波斯阵营——俗称"投降称臣"。与此同时，波斯海军和陆军在西里西亚集结（在安纳托利亚的南部海岸），共有600艘三层桨座战船（80 000 ~ 120 000人）和大约25 000名士兵，其中包括枪兵、弓箭手和骑兵，全部由两位波斯人——达提斯和阿尔塔弗涅斯指挥。[75]

公元前490年，波斯远征军从西里西亚起航，途经萨摩斯岛。他们沿着航线首先到达纳克索斯岛，早在公元前500年，此地曾抵抗过阿利斯塔哥拉斯指挥的波斯舰队。"纳克索斯岛人并未坚持抗击波斯人，而是躲进了深山老林里。"[76]波斯船队从一个岛屿驶向另一个岛屿，穿越爱琴海，冲破重重阻挠，只是在埃维厄岛上的埃瑞特里亚城（今埃维亚）遭到了顽强抵抗。波斯人采取的一个有效策略是保护得洛斯岛上的宗教圣地，并视其为东地中海地区新政权的象征。如此一来，波斯人的政策尽人皆知了：谁胆敢抵抗波斯人，就捣毁谁的神殿。[77]波斯船队现身爱琴海，逼近希腊本土，更多的希腊城邦见势倒向了波斯一方；甚至雅典内部主张寡头政治的少数派宁愿被波斯统治，也不愿接受雅典的民主政治。波斯人频频挑起希腊城邦间的内部纷争，试图以非武力手段达到自己的政治目的，而波斯船队则被有效地用作一个移动的标志，象征着波斯帝国的军事实力。

当然，远征雅典终止于著名的马拉松战役，一支主要由雅典城邦居民组成的队伍在战斗中打败了入侵的波斯大军。关于希腊人所取得的这场著名胜利，有几个要点需在此指出。[78]在战斗打响的当天，波斯船队的大部分船只正围绕阿提卡南部海岸一字排开，驶往雅典，因此很有可能是波斯人的策略促使雅典人贸然出击的。波斯人的策略是让部队在雅典城外登陆，占据更具威力的阵位。这一战术机动并未让波斯人如愿以偿，而其地面部队（留守马拉松海岸线地带的那些人）的失败导致其撤兵并返回小亚细亚。

为了让本土希腊人归入波斯帝国，大流士主要做过两次努力，入侵希腊只是他为此而采取的首次行动。大流士死后，其继任者——薛西斯一世

（公元前486—前465年）组织和领导了一支规模庞大的侵略部队，沿着东地中海地区的海岸线一路征战，途经色雷斯、马其顿、塞萨利以及中部希腊进入阿提卡。波斯海军为此次行动调集了地中海地区所有可动用的海军兵力，其中包括1380艘三层桨座战船（25 000多人）和1800艘辅助船，数量惊人。这些辅助船包括桨帆并用的战船、设有30个桨座的战船、其他轻型船、补给船以及马匹运输船。为了完成薛西斯的入侵计划，这些三层桨座战船被分成五支船队，即埃及船队（200艘船）、腓尼基船队（300艘船，含叙利亚人）、中央船队（330艘船，含塞浦路斯人、西里西亚人、潘菲利亚人和利西亚人）、东希腊船队（270艘船）和北方船队（280艘船，含伊奥利亚和赫勒斯庞特的希腊人和色雷斯人）。[79]

公元前480年，薛西斯的联合海上部队战胜了所有阻碍，占领并烧毁了雅典城。但是，波斯舰队在萨拉米斯战役中遭受重创，该战役或许是古代史上最著名的一场海战。[80]在此后的一年里，希腊境内残存的波斯陆军在布拉底战役中被歼灭殆尽；几乎是在同一时期，逗留在爱奥尼亚海域的波斯船队毁灭于米卡利战役。即使遭遇了这些挫折，希腊人（主要是雅典人）控制了爱琴海、爱奥尼亚和黑海，波斯海军仍设法在东地中海的大部分海域（靠近塞浦路斯、腓尼基和埃及）保留了制海权。[81]

波斯海军绝非元气大伤，但在遭受这些挫败之后，其在支持波斯政策方面行动更加谨慎了。波斯企图利用其政治影响和经济奖励挑起希腊城邦之间的内斗，从而有效防止任何一股势力在希腊世界占据统治地位。甚至在公元前4世纪晚期，著名的马其顿国王亚历山德拉大帝也只能沿陆路抵达波斯帝国，从陆上占领波斯的港口和码头，从而消灭波斯海上力量。[82]

赛勒斯大帝的成功得益于行之有效的大陆扩张政策，而斯康比斯国王和大流士大帝取得胜利则依靠了"将波斯海军用作海上联合部队一部分"的海上策略。大流士凭借其船队的威力抢占岛屿、海岸线和航道，以此扩张他的帝国。[83]只是在公元前479年薛西斯远征失败后，波斯帝国的重大战略才从扩张转变为遏制。

五、波斯海上力量的实质

行文至此，似乎公元前550—前490年发生的波斯海洋变革是波斯国王及其军事指挥官们的愿望使然。波斯海军并非只是波斯国王意旨的产物，但无论其意愿如何迫切，如果缺少几个关键条件，他都无法实现波斯帝国军事力量的转型。波斯的海洋变革或许是表明这些条件业已成熟的最初例证。波斯海上力量的发展得益于帝国行政管理能力的提高，得益于贡赋、皇家礼物和货币收入的增加，得益于海上贸易和交通工具的发展，也得益于执政方式的改良以及对公平和正义的信仰。

战船一直都是耗费巨资的，一个海洋强国所能建造的战船数量受限于国家定期拨款的数额。在本文所考察的这一历史时期，国家能够建造、维护和配备多少艘三层桨座战船也直接取决于其可获取资源的多寡。一个商业实力雄厚的腓尼基或希腊城邦能够负担得起 1~5 艘三层桨座战船的费用。最大的商业城邦，如科林斯或雅典，最多可保障 40 艘三层桨座战船。[84]在适当的情况下，像埃及那样的大君主国能供得起过 100 艘三层桨座战船。与此相反的是，由于波斯帝国的总督辖地规划有序，因此能够对资源进行合理分配，以供养其多支船队，总计数百艘三层桨座战船（虽然公元前 480 年薛西斯的船队拥有 1200 多艘三层桨座战船，但通常有 300~600 艘部署在东地中海地区）。这个数量是波斯帝国的任何一个对手都无法企及的。

公元前 500 年时的波斯帝国幅员辽阔——东起印度，西至色雷斯，南抵利比亚，北濒里海。[85]波斯的各个总督辖地都要向波斯王室缴纳贡赋，包括直接以"塔兰特"（货币单位，约等于 30 千克白银）支付税款，每年进献特色礼品以及服兵役（常设驻军和远征军）。大流士将波斯帝国重新划分为 20 个常设总督辖地，并对各辖地内部的税务行政进行改革。结果，波斯帝国每年的固定收入超过了 10 000 塔兰特，这还不包括各辖地所献礼品和所服徭役。[86]例如，腓尼基、巴勒斯坦人的叙利亚、塞浦路斯所属的第五辖地不仅每年纳贡 350 塔兰特，还供养着波斯海军的一支船队，约 300 艘三层桨座的战船。[87]正如一位学者指出的，"实际上，海军的组织基于这样一个朴素的原则：皇家政府负责造船（依靠征用劳力），纳贡的沿海居民（希腊人、卡里亚人、利西亚人、塞浦路斯人和腓尼基人）提供划桨手"[88]。若东地中海地区有战事，波斯海军可调动其一支或多支主力船队。[89]所以说，各总督辖地贡献了实施波斯海上战略所必需的各种资源。

此外，公元前 6 世纪中叶吕底亚发行金属货币引发金融革命，促进了贸易和经济投资。征服吕底亚之后，货币在整个波斯帝国，至少是在富裕阶层中，流通开来，基于波斯金达里克（古波斯之金币）的标准化货币也在历史上首次得到确立。尽管在波斯帝国金属货币并非日常普遍使用，但金融标准的创立有力推动了区际贸易和国际贸易的发展。[90]

在大流士时代，海上贸易和交通是波斯帝国经济发展的重要原动力。[91]我们知道，亚述人曾利用过腓尼基人的海事技能，他们的作用在波斯也很快得到了更大的发挥。腓尼基人继续在美索不达米亚水系运用其所掌握的航海技能，驾船将货物从腓尼基运到巴比伦尼亚。波斯湾内的古代贸易航线——沿南岸从美索不达米亚启程，经巴林至阿曼——以沿北航线分布的一系列波斯港口作为补给港。[92]在大流士的领导下，波斯湾贸易扩展到了印度洋、阿拉伯海和红海。[93]在大流士统治时期，连接红海和地中海的一条古老运河——苏伊士运河初次竣工，因而实现了波斯帝国东、西两部分之间的海运直航。由于红海北部的风向往往不适合航运，因此苏伊士运河的效用对于商船来说可能是有限的，但是这条运河的确方便了不依靠船帆为动力的海军舰船的调动，这些船只在需要时往返于地中海和红海之间。[94]

东地中海的海上交通历史悠久，至少可上溯五千年。地中海的地理位置意味着从海上运送旅客和货物要比陆路运输便捷得多。[95]在波斯统治下，腓尼基的海上贸易在地中海地区持续繁荣。考虑到迦太基的主导地位，大部分西地中海仍为腓尼基的内陆湖。甚至有迹象表明，大约在公元前500年，腓尼基人在意大利南部的卡拉布里亚海岸帮助建立了波斯的贸易殖民地。[96]埃及和塞浦路斯的海上贸易也在波斯的统治之下继续发展，尽管关于这一时期的明显证据更为罕见。居住在爱奥尼亚以及小亚细亚毗邻地区的东希腊人已经控制了东地中海地区的大部分海上贸易，贸易航线从位于黑海地区的希腊城邦延伸至埃及。然而，爱奥尼亚人的反叛以及希腊与波斯之间的战争实际上阻止了波斯人在这些地区的商贸活动。公元前479年以后，雅典人控制了爱琴海和黑海地区的海上贸易。考古证据也表明，雅典人有时可以主宰与波斯统治下的埃及之间的大部分海上贸易。[97]

波斯人对"真理"价值的笃信使他们在不经意间实现了对国家的良好治理，其特色是公平和正义。[98]"波斯统治所体现的契约关系已表露得再清楚不过了：以谦卑换取和谐，以示弱换取保护，以恭顺臣服换取世界秩序的福祉。"[99]波斯精英将宗教领袖琐罗亚斯德（波斯预言家，拜火教的创始人）的学说作为波斯帝国在古代近东地区实施这一新政的理论基础。[100]无需过分强调这一切与波斯帝国日常管理的实际关系，很明显，波斯代表了古代近东的一种新型帝国，这样的帝国会比以往更加依赖其国民心甘情愿的合作。

那么，波斯人究竟是如何实现其海洋变革的呢？在不到50年的时间里，波斯从一个没有海军的帝国转变成一个能够将1380艘战船和25 000多名船员投入战场的海洋强国。古典历史学家狄奥多罗斯·西库路斯这样描述薛西斯船队中的希腊战船："船员靠希腊人提供，战船靠国王供给。"[101]这句话简要说明了波斯海军为各主力船队所做的安排：国王的臣民充当船员，波斯人负责战船补给。[102]指挥权掌握在波斯人手中，还有波斯海军陆战队的支援，但是船员和桨手由帝国的沿海居民来供养。

这些大型船队中的战船是在波斯人的指导下由沿海居民（腓尼基人、埃及人、西里西亚人、塞浦路斯人以及希腊人）建造的。波斯为这些三层桨座的战船付出了黄金和白银，所用的造船材料由波斯人提供，并由波斯人招募劳动力来造船。当然，说到造船，波斯人实际上是管理者，可以对帝国各地的必要资源进行重新分配，以达到需要的成果。波斯帝国内不同地区所造的三层桨座战船之间略有差异，这证明各海洋民族设计和建造了具有自己民族特色的船。造船所需之原材料是从波斯境内许多地区运来的，各地区均为自己在造船中做出的特殊贡献而自豪。《圣经》里的先知以西结对在提尔（古代腓尼基的有名港口）建造的一艘战船所做的描述也完全符合为波斯海军而建造的其他船只：提尔人的船是用产自示尼珥的柏木、产自黎巴嫩的雪松木以及产自巴山的橡木建造的，用基提群岛出产的象牙做装饰，再配以埃及产的亚麻细布船帆。划桨手是西顿和亚瓦底（腓尼基城邦）的居民，船上军队来自波斯和另外两个地方（具体地名尚不明确）。[103]希腊历史学家希罗多德认为在萨拉米斯的那些希腊三层桨座战船比波斯的三层桨座战船吨位大，他还证实各船队内三层桨座战船之间航速差异明显。[104]

希罗多德列举了几个具体负责舰船补给的城邦，其中包括米蒂利尼、梅诺突斯、萨莫色雷斯、伊阿索斯。[105]作为熟练水手，水兵们（包括船长、领航员和舵手）通常来自那些需要为各艘三层桨座战船配备船员的城邦。划桨手的配备要困难得多，因为大多数桨手得是专业人员，能够在晃动着的轻型战船内保持节奏和平衡。如果波斯的各位地方总督从商船队中大量征募所需要的划桨手，则会导致海上贸易萎缩。波斯人很可能是按划桨手的操桨时间定期支付给他们薪水，直到公元前490年以后，其他海上大国才有财力实施这一薪酬制。当时，只有波斯帝国具有这种创造和培养海洋变革所需人才的机制。[106]

鉴于此，波斯海军可以被看做是由波斯国王掌控和指挥的一个象征着"为善的力量"的多国海军联合体。用现代术语来说，波斯海军就是公元前5世纪的"海上合股公司"。

六、波斯海军经历

波斯的海洋变革发生于公元前550—前490年，其意义非同寻常。波斯海军的发展以及海军力量的后续运用是现代海军兴起并在全球范围内行使制海权之漫漫长路上最初的几块踏脚石。波斯的海洋变革经历始终是一个自上而下的管理过程。波斯国王和他们的顾问以及高级指挥官们在其独特的宗教和文化背景所允许的范围内表现出了颇有远见又很务实的领导能力，因此他们能够直率地寻求并倾听其帝国内外各领域专家们的意见和建议。他们有着不可思议的辨别能力，不必借助任何专业学科的专业知识就能断定建议的好坏。他们采用最先进的技术（三层桨座的战船），对资源进行分配和管理，召集合适的人选实施正确的领导和激励，以实现他们的宏伟战略目标。波斯人的治国特色有利于波斯帝国所谋求的各种目标的实现，因此其影响也不仅仅局限于波斯海军。

这场海洋变革并未引起广大波斯民众的关注。占波斯帝国人口主体的农民继续产生微薄的盈余，这有助于保证辖地制度的实行，而且他们保留了以陆地为基础的传统和习俗。波斯帝国周边的临海城邦和市镇的居民很早就有航海传统，正是他们提供了海洋变革所必需的专业知识和专业人员。波斯人有目的地吸纳各种区域海洋文化的思想理念，这些海洋文化构成了波斯帝国的一个组成部分——不仅仅是腓尼基人、希腊人，甚至埃及人的海洋文化，也包括波斯湾（美索布达米亚南部、波斯的南部海岸、波斯湾南岸以及阿曼的沿海地区）、印度洋以及里海沿岸居民的海洋文化。[107] 在某种程度上，或许正是因为波斯人没有海运传统，波斯精英才不必去克服种种根深蒂固的保守观念或者去说服那些目光短浅的反对者们，从而为波斯海军的海洋变革选择最佳途径。在波斯帝国强有力的领导下，各种思想观念的相互影响以及这些海洋民族的通力合作造就了波斯海军，并且对海上事务进行了永久性的改革。

公元前 550—前 490 年间的波斯帝国海洋变革涉及了一个幅员辽阔的大陆性国家，这个国家采用切实可行的方法使用海上兵力，其中包括迅速构建大型船队，大批招募和培养船长、陆战队员、海员和桨手，大量征集造船材料、给养、劳工和资金并重新进行分配。这期间所应用的专业知识和经验来自于几乎所有生活在波斯统治下的水手，为此而采取的手段与其说是暴力或胁迫，不如说是合作与奖励。波斯人认为他们正充当着一股"为善的力量"，这种信念以及琐罗亚斯德学说在哲学理论上的支撑对于波斯海上力量的兴起产生了至关重要的影响。但最重要的是，古代波斯人理解海上作战的优势所在，也熟悉制海权的实际应用，这是他们能够实行海洋变革的主要原因。

注释：

1. 波斯国王及在位时间年表：

   赛勒斯二世（大帝）　　　　　　　　公元前 559—前 530 年

   康比斯二世　　　　　　　　　　　　公元前 530—前 522 年

   巴尔迪亚（篡位者）　　　　　　　　　　前 522 年

   大流士一世（大帝）　　　　　　　　公元前 522—前 486 年

   薛西斯一世　　　　　　　　　　　　公元前 486—前 465 年

2. 大流士墓（位于 Naqš－i Rustam，伊朗波斯波利斯以北 6 千米）上的第二篇碑铭，引自 P. Lecoq 所著的 Les inscriptions de la Perse achéménide（Paris：Gallimard，1997）。在 Pierre Briant 所著的 From Cyrus to Alexander：A History of the Persian Empire（Winona Lake，IN：Eisenbrauns，2002）中第 212 页和 Maria Brosius 所著的 The Persian Empire from Cyrus II to Artaxerxes I，LACTOR 16（Lundon：The London Association of Classical Teachers，2000）中第 64－65 页上可见碑铭全文。

3. 这些文本证据包括古希腊文献以及古代近东地区的无数碑铭题字。近来在阿契美尼德研究方面所开展的考古工作试图纠正希腊人对许多现存证据的偏见，本章秉承了这一亲波斯学派的观点。关于古波斯的一般论著包括：Lindsey Allen 所著的 The Persian Empire：A History（London：British Museum Press，2005）、Maria Brosius 所著的 The Persians：An Introduction（London：Routledge，2006）的第二章和 A. R. Burn 所著的 Persia and the Greeks：The Defence of the West，c. 546－478BC 第二版（London：Duckworth，1984）。强烈推荐 Briant 所著的 From Cyrus to Alexander.

4. John Boardman 等合作编辑的"The Cambridge Ancient History"一书第三卷第二部分（第二版，Cambridge，U. K.：Cambridge University Press，1992）中 A. K. Grayson 所著的"Assyrian civilization"，第 219－221 页.

5. 参见 the Biblical reference in 2 Kings 17：6，18：11.

6. P. Amiet，Art of the Ancient Near East（New York：H. N. Abrams，1980），图 105.

7. J. Reade，"Ideology and Propaganda in Assyrian Art."in M. T. Larsen，ed.，Power and Propaganda：A Symposium on Ancient Empires，Mesopotamia 7（Copenhagen：Akademisk Forlag，1979），330－332.

8. A. L. Trakadas. Skills as Tribute：Phoenician Sailors and Shipwrights in the Service of Neo－Assyria（Texas A&M University，1999），92－94.

9. 参见 Daniel D. Luckenbill 所著的"Ancient Records of Assyria and Babylonia"，Volume II—Historical Records of Assyria from Sargon to the End（Chicago：University of Chicago Press，1926）一书中的"Sendjirli Stele"，第 580 页。

10. John Taylor. "The Oxford History of Ancient Egypt" (Oxford: Oxford University Press, 2000), 358 – 359; Karol Mysliwiec, The Twilight of Ancient Egypt: First Millenium B. C. E. (Ithaca: Cornell University Press, 2000), 105 – 109.

11. Gregory P. Gilbert, Ancient Egyptian Seapower and the Origin of Riverine and Littoral Operations (Canberra: Sea Power Centre – Australia, 2008).

12. Shaw 编辑的 Oxford History of Ancient Egypt 一书中 Allan B. Lloyd 撰写的 "The Late Period (664 – 332BC)", 369 – 383。埃及第 26 代（塞伊斯）君王编年表（包括他们的在位时间）如下：

普萨美提克一世	公元前 664—前 610 年
努卡二世	公元前 610—前 595 年
普萨美提克二世	公元前 595—前 589 年
阿普里埃斯	公元前 589—前 570 年
雅赫摩斯	公元前 570—前 526 年
普萨美提克三世	公元前 526—前 525 年

13. Herodotus, 2.154.

14. 特别是在希罗多德所著的 "Histories" 第二卷中有许多实例，希罗多德将雅赫摩斯国王描绘成对希腊友善的人，第二卷 178 – 182.

15. Herodotus, 2.182.

16. Lloyd. "The Late Period." 382.

17. Briant. From Cyrus to Alexander, 18 – 19.

18. 同前，27 – 28。

19. 同前，31 – 35。

20. Kaveh Farrokh, Shadows in the Desert: Ancient Persia at War (Oxford: Osprey Publishing, 2007), 39 – 40.

21. Briant, From Cyrus to Alexander, 35 – 38.

22. Herodotus, 1.143; Thucydides, 1.13.6.

23. Briant, From Cyrus to Alexander, 40 – 49.

24. 波斯皇家碑铭——出自苏萨遗址的大流士碑铭，第五部分（DSe）001，被 Briant 在其所著的 "From Cyrus to Alexander" 中引用，第 166 页。索罗亚斯德教（拜火教）构成了波斯统治的基础，它将阿胡－玛兹达（上帝）当做唯一全能的神，象征着一切善良与诚实，其主要对手 "恶之神" 相当于基督教教义中的恶魔。参见 John R. Hinnells, Persian Mythology (London: Chancellor Press, 1997) 和 Mary Boyce. Zoroastrians: Their Religious Beliefs and Practices (London: Routledge, 2001).

25. Briant, From Cyrus to Alexander, 38 – 40, 49.

26. Herodotus, 1. 215.

27. 这种方式只适用于陆基领土扩张。必须在"平定了的"辖地上保留军队和警察，以维持秩序和防止叛乱。帝国所征兵员用于在紧急情况下补充遍布整个波斯帝国数量有限的精锐部队。Farrokh, Shadows in the Desert: Ancient Persia at War, 39 – 40.

28. Lloyd, "The Late Period." 382.

29. Herodotus, 1. 178 – 179.

30. 参见 R. M. Cook 和 Pierre Dupont 合著的 East Greek Pottery（London: Routledge, 1998），其中第 1 – 7 页上记载的一些埃及出土文物中有东希腊双耳陶瓶；第 142 – 145 页上也清楚说明了与黑海地区的贸易联系。关于希腊在埃及贸易的运作方式，也可参见 Astrid Moler, Archaic Greece（Oxford: Oxford University Press, 2000）。要了解公元前 490 年以前的海上贸易情况，参见 C. M. Reed, Maritime Traders in the Ancient Greek World（Cambridge, U. K.: Cambridge University Press, 2003), 69 – 74.

31. Herodotus, 3. 39 – 40.

32. 这种桨帆并用的战船是有 50 个桨的大型划船。

33. Herodotus, 3. 39; H. Sancisi – Weerdenburg 编辑的 Achaemenid History I（Leiden: Nederlands Instituut voor het Nabije Oosten, 1987）一书中 H. T. Wallinga 撰写的 "The Ancient Persian Navy and Its Predecessors", 61.

34. M. Amit, Athens and the Sea: A Study in Athenian Sea Power, Collection Latomus, Vol. 74（Brussels: Revue d'études Latines, 1968）; J. S. Morrison and R. T. Williams, Greek Oared Ships 900 – 322BC（Cambridge, U. K.: Cambridge University Press, 1968）; J. S. Morrison, J. F. Coates and N. B. Rankov, The Athenian Trireme: The History and Reconstruction of an Ancient Greek Warship（Cambridge, U. K.: Cambridge University Press, 2000）; Robert Gardiner, The Age of the Galley（London: Conway Maritime Press, 1995).

35. A. H. Lanyard, The Monuments of Nineveh I（London: John Murray, 1849), 71, reprinted in H. T. Wallinga, "The Ancestry of the Trireme 1200 – 525BC," in Gardiner, Age of the Galley, 36 – 48. In general, Wallinga is to be preferred to J. Morrison, "Introduction" and "The Trireme," in Gardiner, The Age of the Galley, 8 and 54 – 57. Wallinga's views are detailed in H. T. Wallinga, Ships and Sea – Power before the Great Persian War: The Ancestry of the Ancient Trireme（Leiden: E. J. Brill, 1993).

36. Hans van Wees, Greek Warfare: Myths and Realities（London: Duckworth, 2004), 203 – 209.

37. 在有关波斯的叙述中使用个别术语如"海军士兵"和"陆军士兵"往往令人产生误解。波斯军队中的精锐部队并不分"海军"和"陆军"，他们本质上是联合部队，在海上和陆上都能够作战。当我们在评判波斯人用船大量转移骑兵的能力时，这一点特别值得注意，而且其骑兵能够在岸上迅速展开跃进和战斗。

38. J. Morrison, "The Trireme," in Gardiner, Age of the Galley, 57 – 59; and J. Coates, "The Naval Architecture and Oar Systems of Ancient Galleys," in Gardiner, Age of the Galley, 127 –129.

39. Herodotus, 3.39; and Briant, From Cyrus to Alexander, 52.

40. Wallinga, "Ancient Persian Navy and its Predecessors," 66 –67.

41. Herodotus, 3.4. 被雇佣来当兵的腓尼基人从海上逃离埃及, 埃及的一艘三层桨座战船追赶并抓获了他们, 但是他们在答应帮助康比斯国王之前又逃跑了。

42. Contra George Cawkwell, The Greek Wars: The Failure of Persia (Oxford: Oxford University Press, 2005), 258: "Persians remained, navally speaking, unadventurous and inert." 不幸的是, Cawkwell 缺乏对海权理解和认识, 他似乎也错误地认为海军是用来 "统治海洋" 的, 而不是用来与陆上部队进行海上联合作战的。

43. Geoffrey Till, Seapower: A Guide to the 21st Century (London: Frank Cass, 2004).

44. Peter Green 和 Tom Holland 在他们分别在 The Greco – Persian Wars (Berkeley: University of California Press, 1996) 和 Persian Fire: The First World Empire and the Battle for the West (London: Little Brown, 2005) 中记述了希 (腊) 波 (斯)。Briant 在其所著的 From Cyrus to Alexander 中对波斯人的证据做了调查, 139 – 164 和 515 – 568。当然, 最佳资料来源还是 Herodotus 的名著 Histories。由 Robin Waterfield 翻译的这部名著 The Histories (Oxford: Oxford University Press, 1998) 比较常见。

45. Herodotus, 3.1 – 2.

46. 尽管没有足够的证据可证明波斯海军的形成, 但是有些资料提及了康比斯国王在埃及战役期间和之后所领导的海军。

47. Herodotus, 3.19.

48. 同前, 3.13。

49. Briant, From Cyrus to Alexander, 52.

50. Herodotus, 3.13.

51. Polyaenus, Stratagems of War, 7.9。参见 R. Shepherd 翻译的、Polyaenus 所著的 Stratagems of War (Chicago: Ares, reprinted 1974)。

52. Brosius, The Persian Empire from Cyrus II to Artaxerxes I, 15 – 17。Briant 观点是正确的, 他认为 "只有占领贝鲁西亚城或取得制海权才能进入埃及"。Briant, From Cyrus to Alexander, 54.

53. Herodotus, 3.17 和 19.

54. Briant, From Cyrus to Alexander, 55 和 Herodotus, 3.25。侵略军中的希腊部队在返回孟菲斯后乘船回家了。

55. Briant, From Cyrus to Alexander, 61.

56. Brosius 所著的 The Persian Empire from Cyrus II to Artaxerxes I 中对大流士的比索通铭文 (DB) 的翻译, 27 –40。关于那 19 次战斗, 参见 §52, 36。

57. Herodotus, 3. 126.

58. Brosius, The Persian Empire from Cyrus II to Artaxerxes I, §6, 30。与希腊文译本的波斯帝国贡榜做比较，它包括20个省（辖地）。Herodotus, 3. 89 – 97.

59. Briant, From Cyrus to Alexander, 137 – 140.

60. Herodotus, 4. 83. 波斯人过度扩张势力，企图征服欧洲大陆上的各个地区，这或许也是希腊人的传统。

61. 他在比索通山上的碑铭中颂扬他的胜利，山下的皇家之路从巴比伦通往埃克巴塔那（位于现在伊朗哈马丹）。参见 Brosius 所著的 The Persian Empire from Cyrus II to Artaxerxes I 一书中的比索通铭文，§74, 39。也可参见 Farrokh, Shadows in the Desert, 56 – 57。

62. Briant, From Cyrus to Alexander, 141 – 144；Farrokh, Shadows in the Desert, 57 – 59. 原始资料包括 Herodotus, The Histories, 4. 83 – 143。

63. Herodotus, The Histories, 4. 83.

64. Herodotus（希罗多德，希腊历史学家）认为入侵兵力是70万人（不包括船队），但这个数字似乎不大合理。也可参见 Farrokh, Shadows in the Desert, 58。

65. Herodotus, 4. 89.

66. Briant, From Cyrus to Alexander, 144.

67. Herodotus, 5. 35 – 36.

68. 雅典派出了20艘三层桨座的战船（约4000人），而埃瑞特里亚派出另外艘；Herodotus, 5. 97 – 99.

69. 关于火烧萨迪斯城，参见 Herodotus, 5. 99 – 103 以及 Briant, From Cyrus to Alexander, 148, 153 – 154.

70. "就海军方面而言，腓尼基人组成了反映最迅速的分遣队，并得到塞浦路斯人（已再次被征服）、西里西亚人和埃及人的支援。"Herodotus, 6. 6 and 9.

71. 与本章形成对比的是，Peter Green 认为这些战争看做是东、西方之间更大范围的传统冲突的一部分。他将"莱德岛海战"失败的后果描述为焚城、难民、年轻男女"被迫进宫当太监和婢女"。Green, The Greco – Persian Wars, 21 – 22.

72. 有趣的是，爱奥尼亚人造反后，波斯将军马多尼乌斯推翻了波斯统治下的东希腊专制君主，施行民主制度。Herodotus, 6. 43.

73. 同前，6. 44。

74. 同前，6. 47 – 49, 94 – 95。

75. 希罗多德（6. 95）所提到的600艘三层桨座战船有可能定员未满。更确切地说，有一部分战船可能临时用来运载军队和战马。关于这些船所载士兵的数量，现代人只能推测，虽然这些数字只涉及全副武装的部队，但波斯军队中装备着轻武器的大批士兵还包括船队的全体水手。有意思的是，希腊的原始资料只承认参战的装备着重武器的步兵（重装备步兵），几乎总是无视数量相当庞大的轻武器部队也参与其中。

参见 van Wees, Greek Warfare, 65.

76. Herodotus, 6. 96.

77. Briant, From Cyrus to Alexander, 159.

78. 关于这几个要点的内容，参见 Alan Lloyd, Marathon: The Crucial Battle that Created Western Democracy (London: Souvenir Press, 2005); Holland, Persian Fire, 171 – 201; Green, The Greco – Persian Wars, 30 – 40。遗憾的是，现有论著大都没有摆脱希腊资料的影响，尽管 Briant (From Cyrus to Alexander, 156 – 161) and Farrokh (Shadows in the Desert, 69 – 73) 已开始这样做了。

79. Herodotus, 7. 89 – 99。史学家对于薛西斯船队的规模有多种说法，但是这些数字是最合理的推测。

80. 对于希腊人的胜利，雅典的 Themistocles 发挥了极其重要的作用。他使雅典人从重装备步兵转变为颠簸于海上的水兵 "Themistocles"。Scott – Kilvert 所译的 Plutarch: The Rise and Fall of Athens (London: Penguin, 1960), 77 – 108, 81。有关这场战役的全面评述，参见 Barry Strauss, Salamis: The Greatest Naval Battle of the Ancient World, 480BC (New York: Simon & Schuster, 2004)。显然，波斯人并不热衷于集中兵力打决定性战役，其行为表明他们很愿意采用胁迫手段或使用海军，抑或二者并用，以实现其战略目标。

81. 公元前 479 年后，获胜的雅典人在许多方面经历了他们自己的海洋变革，这一变革往往带有波斯的文化特征和属性。公元前 431 年伯罗奔尼撒战争初期，雅典海军比波斯海军表现得更专业，其制度更严格，操作更规范，训练更有素，因此也更有效率。Amit, Athens and the Sea, 20 – 30.

82. 参见 Arrian, Anabasis, 2. 17 和 N. G. L. Hammond, Alexander the Great: King, Commander and Statesman (London: Bristol Press, 1980) 111 – 120, 了解腓尼基和埃及被征服的史实。雅典人试图利用一支小型专业船队打败波斯人，但是他们从未能在经济上战胜波斯帝国，因为波斯能够比雅典更迅速地重建并装备自己的船队。亚历山德拉大帝领导下的马其顿人决定摧毁波斯海军的基地，并以此控制东地中海地区。

83. Thucydides, 1. 16. 1.

84. 在公元前 15 世纪中叶雅典帝国最鼎盛时期，雅典的船队可从雅典属地以及联盟城邦征集到 200 艘装满贡品的三层桨座战船。

85. "大流士国王说：'这就是我所掌控王国，从偏远的塞西亚到埃塞俄比亚，从信德到萨迪斯。'" 在波斯波利斯城中发现的一篇碑铭，被 Brosius 引用在其所著的 The Persian Empire from Cyrus II to Artaxerxes 中，第一卷第 76 页。关于本章提及的地理位置，参见 J. Haywood, The Penguin Historical Atlas of Ancient Civilizations (London: Penguin, 2005).

86. Herodotus, 3. 89 – 97; Briant, From Cyrus to Alexander, 389 – 394.

87. Herodotus, 3. 91.

88. Briant, From Cyrus to Alexander, 405.

89. 波斯帝国在公元前480—前490年间幅员最为辽阔，当时地中海上的波斯海军包括一支埃及船队、一支腓尼基船队、一支中央船队（其水手包括塞浦路斯人、西里西亚人、潘菲利亚人和利西亚人）、一支东希腊船队（东希腊爱奥尼亚人和多里安人、卡里亚人以及爱琴海岛民）和北方船队（伊奥利亚人、达达尼尔海峡人和色雷斯人）。Herodotus, 6. 47 – 49, 94 – 95.

90. Briant, From Cyrus to Alexander, 406 – 410 和 Farrokh, Shadows in the Desert, 65 – 66.

91. Briant, From Cyrus to Alexander, 377 – 387 和 Farrokh, Shadows in the Desert, 66 – 67.

92. 直接证据来自亚历山德拉大帝的将军们，他们在公元前325 – 324年用5个月的时间从印度航行至苏萨。Arrian, Indica, 21 – 40; George F. Hourani, Arab Seafaring, exp. ed. (Princeton, NJ: Princeton University Press, 1995), 13 – 17; and Mark A. Smith, The Development of Maritime Trade between India and the West from c. 1000 to c. 120BC, MA thesis, Texas A&M University, 1995, 62 – 70.

93. Smith, Development of Maritime Trade, 26 – 53.

94. Brosius记录了在最早的红海运河附近发现的一块石碑上镌刻的铭文："大流士国王说：'我是波斯人，我借助波斯夺取了埃及。我下令开凿连接尼罗河（流经埃及）与红海（发源于波斯）的运河。后来这条运河就按照我的命令挖掘，如我所愿，海船通过这条运河从埃及来到波斯。'" Brosius, The Persian Empire from Cyrus II to Artaxerxes I, 47.

95. 从爱奥尼亚海岸到苏萨王宫，走陆路需要3个月的时间；Herodotus, 5. 50 – 54。忠实的信使若日夜兼程，即便不能将这个时间缩短三分之二，至少也会减少一半。然而，从苏萨到萨迪斯仍需大约30天的时间。参见 Xenophon, Cyropaedia, 8. 6. 17 – 18；见于由 W. Ambler 翻译的 Xenophon：The Education of Cyrus (Ithaca：Cornell University Press, 2001)。

96. 卡拉布里亚的艺术史学家提出了一种可能性，见 Nik Spatari, L'enigma Delle Arti Asittite：Nella Calabria Ultramediterranea (Mammolo, Italy：Museo Santa Barbara, 2003), 321.

97. Moller, Naukratis, 191. 然而，雅典贸易并非必然归因于"波斯统治在尼罗河口三角洲西部土崩瓦解"。

98. 例如，Hinnells, Persian Mythology, 48. Khshathra Vairya 是上帝力量、权威、统治和能力的化身。他代表上帝的统治，"以扶贫助弱和战胜一切邪恶的方式确立神的意志"。他的对手是治国无方、政治混乱、贪杯无度的大恶魔 Saura。

99. Holland, Persian Fire, 60.

100. 琐罗亚斯德是"第一个宣扬个体报应、地狱与天堂、肉体复苏、最后审判日以及灵与肉再结合的永生等宗教教义的人。由于犹太教、基督教和伊斯兰教的借鉴，这些教义成为许多人熟悉的宗教信仰"。Boyce, Zoroastrians, 29.

101. Diodorus Siculus, 11. 3. 7.

102. 只有几位学者详细论述过波斯海军（用英语）：Wallinga, "The Ancient Persian Navy and its Predecessors," 47 – 76; Wallinga, Ships and Sea – Power before the Great Persian War, 103 – 129; and, briefly, Farrokh, Shadows in the Desert, 66 – 67。Cawkwell 在其所著的 The Greek Wars, 255 – 273 一书中所表达的观点尚不确定。

103. 参见 the biblical reference in Ezekiel 27.

104. Herodotus, 8. 23, 60.

105. 同前, 3. 13 – 14, 5. 33, 8. 90, and 7. 99。关于伊阿索斯, 参见 Arrian, Anabasis 1. 9.

106. Wallinga, "The Ancient Persian Navy and its Predecessors," 70 – 71.

107. 虽然我们所掌握的资料表明西方人偏重于强调腓尼基人和希腊人的贡献，但是越来越多有关波斯帝国的考古证据显示，古代海上贸易的范围不仅仅局限于波斯湾、红海、阿拉伯海和印度洋地区。例如，参见 Daniel Potts, Persian Gulf in Antiquity, 网址 www. iranica. com/newsite/articles/ot_grp7/ot_pers_gulf_ant_200503223. html（2008 年 1 月 21 日登录）。关于里海沿岸居住的塞西亚人，几乎没有任何文献记载。例如，我们对居于海滨的 Dahistăn 人就了解得很少，而他们显然为薛西斯船队提供了塞西亚水手。I. M. Diakonoff 在其撰写的题为 "Media" 的论文中对此有所提及，该论文收录在 William B. Fisher 所编辑的 The Cambridge History of Iran 一书的第二卷：The Median and Achaemenian Periods（Cambridge, U. K. : Cambridge University Press, 1985），128。波斯帝国的许多滨海居民没有足够的证据可以证明他们过去的历史，这意味着他们的历史贡献仍未见记载，也没有受到应有的重视。

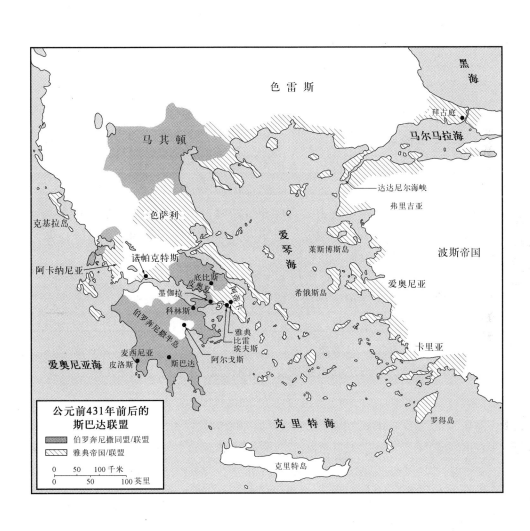

黑海

色雷斯

马其顿

拜占庭

马尔马拉海

色萨利

达达尼尔海峡

弗里吉亚

克基拉岛

诺帕克特斯

爱琴海

莱斯博斯岛

波斯帝国

阿卡纳尼亚

底比斯
皮奥夏

希俄斯岛

爱奥尼亚

墨伽拉

科林斯

阿蒂卡

雅典
比雷埃夫斯

卡里亚

伯罗奔尼撒半岛

爱奥尼亚海

麦西尼亚

皮洛斯

斯巴达

阿尔戈斯

罗得岛

克里特海

克里特岛

**公元前431年前后的
斯巴达联盟**

伯罗奔尼撒同盟/联盟

雅典帝国/联盟

0   50   100千米

0   50   100英里

斯巴达的海洋时代

■ 拜里·斯特劳斯①

　　雅典及其海上力量的兴衰是古代历史上最具戏剧性的故事之一，而正因为有了修昔底德，此故事才得以家喻户晓。在谈及海洋时，人们往往忽略了斯巴达，但它转瞬即逝的兴衰更令人瞩目。古希腊的陆上力量出类拔萃，斯巴达成为了一个海上强国，打败了东地中海的海上巨人雅典。然而，在十年内，斯巴达很快便失去了它所获得的海上帝国地位。失败固然令人失望，但它能留给后人很多思索。对研究海洋变革的历史学家来说，他们可从斯巴达案例中吸取很多经验教训。

　　在公元前431年伯罗奔尼撒战争爆发时，斯巴达仅有一支小小的海军。此时，雅典已拥有一个庞大的海外帝国，而斯巴达则领导着一个在很大程度上以陆地为主的军事联盟。到公元前404年战争结束时，斯巴达已取代雅典成为希腊海上霸主，但仅在十年后的公元前394年，斯巴达舰队在安纳托利亚西南部的一次海战中就被摧毁。尽管斯巴达海军尚存，并在随后的20

---

　　① 拜里·斯特劳斯博士是康奈尔大学历史学和古典文学教授，专业是古代历史、军事和海军历史。他撰写的很多著作、论文和评论文章被翻译成6种外文。他最新出版的作品名为"The Trojan War：A New History"（西蒙·舒斯特出版社，2006年），在此之前出版的"The battle of Salamis"
"the Naval Encounter that Saved Greece—and Western Civilization"（西蒙·舒斯特出版社，2004年）被"华盛顿邮报"评为2004年度最佳图书。他的其他作品包括"Fathers and Sons in Athens"（普林斯顿大学出版社，1993年）、"The Anatomy of Error：Ancient Military Disasters and Their Lessons for Modern Strategists"（与乔赛亚·奥伯合著；圣·马丁斯出版社，1990年）、"Athens after the Peloponnesian War"（康奈尔大学出版社，1986年）以及两本与他人合编的论文集："War and Democracy：A Comparative Study of the Korean War and the Peloponnesian War"（与戴维·麦卡恩合作；M. E. Sharpe 出版社，2001年）和"Hegemonic Rivalry：From Thucydides to the Nuclear Age"（与理查德·内德·勒博合作；西方视点出版社，1991年）。他目前正在撰写一部关于斯巴达克斯的书。斯特劳斯博士经常做客美国公共广播公司（PBS）、美国国家公共电台、历史频道和发现频道的访谈节目，并在《华盛顿邮报》和《洛杉矶时报》等报纸上开辟了专栏。他获得国家人文基金会、美国古典研究学院（在雅典）、德国学术交流服务处以及韩国基金会提供的助研资金，并被康奈尔大学授予克拉克杰出教学奖。他拥有康奈尔大学历史学学士学位以及耶鲁大学历史学硕士和博士学位，目前与家人住在纽约州伊萨卡市。

年里仍是一支重要的海上力量，但其海上帝国从此结束了。

斯巴达舰队的鼎盛时期（公元前411—前392年）虽然短暂，但却是决定性的。斯巴达海军既无精妙战术，也无悠久历史，但它却从一个拥有小型海军的陆地强国变成了一个拥有一支强大舰队的海上帝国。雅典一直认为斯巴达没有能力在海上对其发起挑战，更不用说取胜了，但斯巴达赢得了伯罗奔尼撒战争的胜利，拆散了雅典帝国，成就了自己的帝国梦，使自己的势力穿越爱琴海，并对自己以前的反雅典盟友波斯帝国进行了宣战。尽管斯巴达取得了如此多的成绩，但步伐太快，并最终导致了它的毁灭，但这也说明斯巴达不乏海洋野心。

斯巴达打败了雅典，也就意味着击败了希腊半岛上最大的海上霸主。斯巴达管理其帝国时毫无雅典几代人积累的各种策略和技术优势（如哲学家、历史学家、繁华的港口、船坞和船棚）以及民主活力。那么，斯巴达是如何击败雅典的呢？伟大的希腊历史学家修昔底德对此的回答是：在某种意义上斯巴达并没有打败雅典，而是雅典自己打败了自己。他写道："当雅典于公元前413年在西西里岛失去其大部分舰队和其他部队，且派别势力在雅典已占主导地位时，雅典还能够在公元前407年迎头痛击斯巴达以及后来的西西里岛人、几乎全部反水的以前盟友以及为伯罗奔尼撒海军提供资金的赛勒斯，而且时间长达三年。这表明他们并没有轻易屈服。导致其最终失败的是公元前404年的内部骚乱。"[1]这在某种程度上是对的。确实如此，如果雅典没有在西西里岛被重创，斯巴达也无法建立一支海军。此外，如果没有来自爱琴海和西西里岛的希腊盟友和波斯的帮助，斯巴达也无法维持其海上霸权。斯巴达海军力量只有很少一部分是自己的，大多数舰船和人员都是由其盟友提供的或雇佣的。尽管雅典也为自己提供了大量的海军舰艇，但它也需要盟军和雇佣的劳动力。更重要的是，斯巴达一贯精明，善于抓住机遇。只要机遇一到，它就毫不犹豫。它知道需要什么来击败雅典。[2]

对斯巴达进行认真评判有三个理由。其一，伯罗奔尼撒战争在海战方面给斯巴达上了一堂痛苦但有益的教育课；其二，雅典人教会了斯巴达人如何创新；其三，失败告诉他们：在10年伯罗奔尼撒战争（公元前431—前421年）期间，伯罗奔尼撒人抗击雅典的海军计划给自己带来了耻辱和失败。但正如希腊半岛所知的，斯巴达骨子里太看重荣誉，即使失败也无法使他们做出改变。[3]

此外，斯巴达社会也在变化之中。为了打好伯罗奔尼撒战争，斯巴达必须解决军事人员缺乏事宜。为此，斯巴达统治阶层别无选择，只得把一定程度的责权出让给大量低身份个人。斯巴达饥饿的年轻人看见了海上冒险的宝贵机会。于是，那些年老的卫兵被留下来应付希腊本土传统的步兵战斗，年轻人都去海上了。

然而，最重要的是斯巴达并不是人们所想象的"旱鸭子"。尽管它自己没有建立真正海军，也没有几艘船，但它从公元前6世纪中期就开始利用其盟友的船只进行了多次海外探险。而且，有证据表明，早在公元前5世纪70年代，斯巴达就有了自己的海军主义派别。

修昔底德强调了斯巴达陆地霸权的保守本质，并将它与雅典的有活力的海上霸权相比较。他写道："斯巴达人被证明是雅典人在地球上最适于开战的人。斯巴达人性格迟缓，活力不足，像只乌龟；而雅典人性格直爽，有进取心，像只兔子。事实证明像雅典这样的海上帝国可以充分利用这种巨大差异。"[4]但这只是个龟兔赛跑的寓言故事而已。雅典在西西里岛被击败之后，斯巴达这只乌龟花了10年时间才最终超过雅典这只兔子。

下面章节通过叙述和分析相结合的方式分三个阶段追溯了斯巴达海上强国的短暂兴衰史。这三个阶段分别为伯罗奔尼撒战争前（约公元前550—前432年）、伯罗奔尼撒战争期间（公元前431—前404年）和伯罗奔尼撒战争后的短暂兴衰期（公元前404—前371年）。

在继续分析之前，有必要提醒一点，即保密是斯巴达的公共政策。在国民的帮助下，斯巴达政府尽量使自己国家的内部信息不被斯巴达国土之外的外国人知道。考虑到恐惧可产生倍增作用，斯巴达人养成了一种强大的对外形象。他们交谈时言语简洁，平时说得少，写得也少。因而，有关斯巴达的学说总是比人们想象的要深奥。[5]

一、伯罗奔尼撒战争前的斯巴达

尽管希腊有数以百计的城邦，但斯巴达是独特的。它拥有较多的人口，算得上一个中等大小的城邦，而且更依赖于武装的市民。斯巴达社会建立在三种阶层的等级制度上。最底层为耕种土地且没有人身自由的农奴；最高层为享有充分自由和政治权力的斯巴达人；中间层为庇里阿西人，大意是"边区居民"，大部分居住在斯巴达领土的外围，拥有自由但没有政治权力。"拉西第蒙人"是指斯巴达人和庇里阿西人。我们不知道当时农奴的确切数量，但我们知道他们大大超过其他两个阶层的人口总和。[6]

斯巴达人是特权阶层，每人至少可以分配到最低量的土地。其中，有些人十分富有，拥有的土地大大超过最低量。每个斯巴达人必须交纳实物税，以支持成年男人和他们的同伴在一起吃饭的食堂。由于有了土地分配和农奴劳动，斯巴达的男人可以全身心地投入一项主要活动，即从军。除了从军，他们别无选择。

不过，这样做的结果使斯巴达面临一个永久性的内部安全问题。焦躁不安的农奴需要被监督，斯巴达需要一支训练有素的军队，为此，需要对其士兵进行培训、支持和颂扬。至于斯巴达人是热心公益的士兵还是被军事化的公民还有待讨论。无论何时，他们都十分关注战争。为了不鼓励消费，斯巴达没有发行硬币，其官方的"货币"是重而笨拙的铁签。因为他们认为外面的世界是腐败和堕落的，因此他们很少从事贸易，也很少允许外国人进入其领土，而且即使外国人被允许入境，也时而被驱逐出境。[7]

最重要的是，斯巴达男孩经历了一种独特的教育，即著名的"磨砺教育"。这种教育为希腊培育了至今为止最优秀的士兵。斯巴达女孩被训练成了坚强的母亲和妻子，勇于接受牺牲，并激励他们的男人。其结果是他们被铸就成了被称为希腊世界奇迹的军事机器。[8]

斯巴达从公元前550年左右开始用其军事力量建立其在希腊的领导地位和联盟网络。这个由伯罗奔尼撒半岛和希腊中部二十多个城邦组成的松散的联盟被现代学者称为伯罗奔尼撒联盟。对古人来说，伯罗奔尼撒联盟只是"拉西第蒙人和盟友"。此联盟中的每个城邦都要宣誓"与拉西第蒙人拥有共同的朋友和敌人，并跟随他们前往任何地方"。[9]作为回报，斯巴达人将保护这些城邦，使其免受外部威胁和内部暴乱。像斯巴达一样，大多数盟友都是寡头统治的城邦，思想保守，而且以农业为主。尽管也有些城邦（如科林斯）是商业中心，并且拥有海军，但伯罗奔尼撒联盟的主要实力还是步兵，尤其是斯巴达和底比斯的士兵。联盟的结构是非正式的。必要时，斯巴达会召集这些盟友，讨论重要的议题，尤其是战争问题。盟主斯巴达不收贡，联盟也没有常设的立法机关。

总体来说，斯巴达是一个保守的霸主，它的对外干预也只是为了防止突然出现的威胁，而且通常都是在经过多轮讨论后才决定的。斯巴达人担心，如果他们将士兵派往离国内太远的地方，国内的农奴会趁机造反。[10]

然而，斯巴达人还时不时地对海外扩张和海军事务感兴趣。例如，在公元前546年，斯巴达曾派遣一名大使乘坐一艘战船前往波斯参见赛勒斯大帝，要求赛勒斯大帝对希腊东部城邦（当今土耳其的爱奥尼亚海岸）采取不干预政策。赛勒斯没有同意，也许他知道斯巴达已经拒绝了希腊东部对军事援助的请求。然而，公元前524年，斯巴达人确实派遣了一支海上部队，向东前往萨摩斯岛，试图废黜其暴君波利克拉特斯。为此，科林斯提供了舰船，斯巴达仅提供了士兵。在围攻了40天后，斯巴达人承认失败，撤回本国。[11]公元前517年，在斯巴达国王克利奥米尼斯领导下的伯罗奔尼撒联盟成功地废黜了纳克索斯岛上的暴君莱格达米斯。一个古老的传说声称当时斯巴达控制爱琴海长达两年。[12]公元前512年左右，一支斯巴达海上远征军在阿提卡登陆，希望推翻雅典暴君庇西特拉图，但再次被击败。

在这些年里（约公元前550—前500年），作为陆上强国的斯巴达十分活跃。我们也许可以想象大多数斯巴达人倾向于大陆政策，即利用斯巴达的部队来维护其在希腊本土上的突出地位和安全，但也有倾向于海洋霸主的团体。这些团体具有将斯巴达势力向海外扩张的野心，甚至还想建立一支实质性的海军。我们也许可以猜想，与他们传统的苦行僧生活方式不同，斯巴达人也对财富感兴趣。总之，有些斯巴达人对公元前546年来自于希腊东部城市福凯亚的大使所穿的紫色斗篷有深刻印象；同时，国王克利奥米尼斯也被公元前499年希腊东部另一个大使进献的巨额贿赂所诱惑，至少克利奥米尼斯的女儿担心这一点。[13]

如果在斯巴达有倾向于海洋霸主的团体，那么早在公元前480—前479年波斯大侵略期间，此团体几乎取得了突破。人们之所以能记得斯巴达，通常是因为它于公元前480年在温泉关战役的英勇壮举以及公元前479年它在普拉提亚战役中对希腊步兵的卓越领导。事实上，斯巴达是希腊陆上和海上盟主。即使斯巴达只有16艘船，而雅典却有200艘船，但斯巴达是海上盟主这一事实无法改变。[14]

在公元前480年，尽管是雅典的地米斯托克利发号施令，但斯巴达人尤利比亚德是萨拉米斯岛希腊舰队的实际总司令。公元前479年，斯巴达国王利俄提基德二世与另一名雅典人桑西巴斯在米卡里战斗中共同指挥希腊部队，但斯巴达的一致意见（我们不知道利俄提基德是否也同意）是通过移居希腊本土的爱奥尼亚人来消除海外战争。然而，一年后，利俄提基德因被人控告受贿和腐败而被召回，在公元前479年普拉提亚陆地战中胜出的斯巴达大将军鲍桑尼亚摄政王取代他成为基地在拜占庭的希腊舰队的总司令。

鲍桑尼亚其实是海外扩张的倡导者。他领导着希腊城邦组成的海军部队防御着由波斯人掌握的安纳托利亚港口，然而，通过他在任期内发生的事情，斯巴达也暴露出了通往海上霸权的各种错误路线。首先，斯巴达需要有一位伟大的领袖（国王、摄政王或如莱塞德那样拥护国王的人）来为海洋派开路。在像斯巴达这样的保守政体中，创新总是令人怀疑的，所以要想取得成功，就必须得到上述人的保护。其次，鲍桑尼亚的结局暗示，政府可以通过杀头轻易地扼杀海洋派别的思想。鲍桑尼亚最终被召回，并因所谓的亲波斯行为被控告为叛国罪，因所谓的仿效波斯人吃穿奢侈而被控告贪污，并因对其他希腊城邦采取暴力行动而被控告为实施暴行。

第三个错误路线是斯巴达人在争取海上霸权过程中所表现的狂傲自大。斯巴达人是自豪的人。从孩提时代起，他们就被灌输要统治地球上的其他人类，包括其他希腊人。他们习惯于发号施令，用武力说话。虽然在战斗中也许需要狂傲自大这种品质，但它不是建立联盟的最佳工具。

鲍桑尼亚摄政王当时被宣判无罪。不久，斯巴达当局获得了足够的证据，证明他与波斯勾结策划农奴造反。鲍桑尼亚在试图逃亡时被捕，并被迫饿死。就在发生此事前不久，他刚接替另一位斯巴达人多尼斯担任舰队司令。不过，这太晚了。其他希腊人坚持雅典人当司令，所以海军盟主从斯巴达易手至雅典。雅典于公元前478—前477年在爱琴海的提洛岛成立了新的海军同盟，即今天所说的提洛同盟。许多斯巴达人松了一口气，因为他们不用再担心他们送出去的领导会像鲍桑尼亚一样成为"坏人"。[15]

但他们又改变主意了。在公元前475年举行的一次大会上，绝大多数斯巴达人差点通过了对雅典宣战以夺回海上指挥权的决议。煽动此事的是一群年轻人，他们在寻找机会增加斯巴达的公共财物和权力以及他们自己的私利。如果他们不反对长老会杰出的和尊贵的成员之一赫特马里特斯，他们也许会出人头地。赫特马里特斯的建议恰如其分地简洁："在海洋方面争论对斯巴达不利。"[16]也许这句话的潜在意思要比字面的表达丰富得多，但可以这么说，如果没有像鲍桑尼亚一样的人来捍卫海上战略，面对保守人士的反对，海洋战略将太脆弱，在政治上很难生存。

这种反对也是对的。海洋战略的政治和经济费用会很高。海军是昂贵的，而斯巴达人一直以自己的相对贫穷而自豪。斯巴达只有很少的船只，而且几乎没有任何造船能力。它的经济是农业和专制的，而它的公共财政十分落后。斯巴达如果想建立一支强大的海军，就需要给层次极其分明的斯巴达社会中的低下阶层作出很大让步。例如，斯巴达的海军港口加林的居民不是斯巴达人，而是庇里阿西人。斯巴达也许需要庇里阿西人和农奴去划船或在轻型海军部队服役。[17]要想维持一支海军的经费，斯巴达必须与更多的希腊城邦建立商务和贸易关系。

这种状况持续了几十年后才得以逆转。在雅典和斯巴达之间出现冷战继而发生真正交战（约公元前460—前445年的第一次伯罗奔尼撒战争）的长时间里，斯巴达一直没有建立起一支重要的海军。

二、伯罗奔尼撒战争期间的斯巴达[18]

雅典和斯巴达为在希腊争夺霸权而引起的冲突持续了100年，始于这两个城邦于公元前480—前479年领导希腊战胜波斯入侵后。雅典拒绝将它刚刚赢得的海上霸权从属于斯巴达的传统陆地霸权，这刺激了斯巴达的忧虑和嫉妒。在公元前431年前的约一个世纪里，斯巴达一直是希腊领土上占主导地位的陆地强国，而自公元前480年以来，雅典一直是希腊领土上占主导地位的海上强国。斯巴达和雅典在公元前431—前404年伯罗奔尼撒战争中的冲突是大象和鲸鱼（即陆上强国和海上强国）的典型冲突。雅典和其盟友的舰队统治着海洋，而斯巴达和其盟友主宰着陆地。没有一方能够抵达对方的中心，所以此战争延续了27年，几乎波及整个希腊半岛（包括安纳托利亚、意大利南部和西西里岛以及希腊的沿海城市）和波斯帝国。

公元前403年，在地中海东部，雅典拥有最好的海军。它的超级舰队至少有300艘战舰，必要时还可包括一些可以修复和下水的老舰船。雅典的盟友，如希俄斯、莱斯博斯和克基拉，可以提供大约100艘。雅典在比雷埃夫斯有一个良港，有大量的船坞和船棚等基础设施，并有经验丰富的造船工和设计师。它可以从希腊北部得到造船所需的原材料（如木材、柏油和沥青等）。雅典的财政资源也很充足，因为雅典的盟友或臣服的城市都交纳贡金，而不是以实物提供军事资源。

在此情况下，伯罗奔尼撒人无法与雅典竞争。在伯罗奔尼撒战争爆发时，伯罗奔尼撒海军只有大约100艘船只，且大多数来自于科林斯。与可远海航行的雅典人不同，斯巴达人缺乏海上经验，而且它的盟友也没法弥补此缺陷。以谨慎和温和著称的国王阿希达穆斯已意识到斯巴达再也无法保持其霸主地位了，除非他们能击败雅典海军或剥夺雅典帝国的财政来源。在缺少具有竞争力的舰队的情况下，伯罗奔尼撒人无法实现这两个目标中的任何一个。因此，斯巴达人注定要失败。尽管如此，但科林斯人坚信德尔斐和奥林匹亚（希腊主要的宗教圣地）的财政支助和对伯罗奔尼撒盟友所征的税款可以为舰队提供资金保障，并且只要胜利一次，雅典的雇佣军水手就会叛逃至伯罗奔尼撒人这边。阿希达穆斯把此当做特殊请求，并建议斯巴达不要与雅典作战，但斯巴达人对此置若罔闻。

在战争结束时，双方已经决定带着自己条件与对方见面。引人注目的是，被证明能够灵活地改变根本战略取向的是守旧的斯巴达人，而不是动态的和民主的雅典人。尽管要从头学起，但斯巴达随后还是建立了一支舰队，最终击败了过分扩张和分裂的雅典，并赢得了战争的胜利。一句话，斯巴达成为了一个海上强国。

伯罗奔尼撒战争可被方便地分为四个阶段，即阿希达穆斯战争阶段（公元前431—前421年）、尼西亚斯和平阶段（公元前421—前415年）、西西里岛远征阶段（公元前415—前413年）和爱奥尼亚战争或爱奥尼亚－狄西里亚战争阶段（公元前412—前404年）。[19]在阿希达穆斯战争期间，斯巴达也想过要进行海上远征，但从未认真地制订过一个成熟的海洋战略。公元前432年，斯巴达开始为战争做准备，但在造船方面或为海军募集资金方面几乎什么也没做。[20]斯巴达想用伯罗奔尼撒部队的陆地进攻来吓倒雅典人，而雅典人期望通过躲在可以连接雅典和比雷埃夫斯港的长长的城墙后来躲避进攻，并通过一系列的突然袭击来侵扰伯罗奔尼撒人。双方计划没有一个被验证很成功。[21]

虽然斯巴达的海上努力可能不足，但它还是生存了下来。例如，在战争的第二年，如上一年一样，雅典人再次突袭伯罗奔尼撒人，然而，他们虽未被吓倒，但惊讶地发现斯巴达人对伯罗奔尼撒半岛西部的雅典盟友札金索斯岛发动了海上袭击。虽然此次袭击未能成功，但这标志着伯罗奔尼撒人对阿提卡外的新进攻战略的开始。此战略的另一值得注意的方面是斯巴达开始求助于波斯，以共同对付雅典。尽管这次求助没有成功，而且雅典抓住并处决了斯巴达的使者，但这后来被证明为斯巴达的一关键获胜策略。

在公元前429年夏季，伯罗奔尼撒人对阿提卡之外的地区仍坚持他们的进攻战略，并对科林斯湾西北部的一雅典盟友阿卡纳尼亚实施了海上袭击。雅典海军立即派遣一分遣队从科林斯湾的一个基地出发。这支分遣队只要充分利用其与伯罗奔尼撒舰队相比的悬殊战术优势，就能够有效干预这些作战。雅典的基地是在科林斯海湾北岸的诺帕克特斯。在那里，雅典人建立了由反斯巴达农奴组成的殖民地。那里的雅典指挥官福米奥于公元前430年冬季曾被派往诺帕克特斯，以保护港口，并试图封锁科林斯湾。他于公元前429年在柯林斯湾的两次海战中战胜伯罗奔尼撒的大型舰队表明没有什么可以替代经验丰富和卓越的领导艺术，并重挫敌人的士气。因此，雅典完全能够对斯巴达和其盟友的周围海域进行有效控制。[22]

在阿希达穆斯战争的其余时间里，雅典人一直保持着海洋的控制权。

尽管如此，伯罗奔尼撒人仍从海上对雅典进行偶尔的大胆挑衅，但这通常被证明是战术失败。例如，就在公元前 429 年被福米奥第二次击败不久，伯罗奔尼撒人组织了一次从墨伽拉港对比雷埃夫斯的海上突袭。然而，在最后关头，由于害怕风险，他们转向了不那么重要的目标萨拉米斯岛屿，但在看到雅典海军部队后，他们随即匆忙逃离。两年后的公元前 427 年，伯罗奔尼撒人派遣了 42 艘三层船，在阿尔希达斯领导下支持莱斯博斯岛米蒂利尼镇的反雅典人民。只要正确领导，通过帮助米蒂利尼镇的叛乱和在小亚细亚半岛沿岸煽动新的叛乱，伯罗奔尼撒小舰队就可给雅典带去严重的麻烦，因为这可能会引起波斯的介入，使雅典人面临潜在的危险。阿尔希达斯确实在小亚细亚半岛登陆了，但当他听到雅典舰队在追赶他的消息时，他一路逃至伯罗奔尼撒半岛！[23]

此舰队还有一种可能的行动。当它返回到伯罗奔尼撒半岛并获得了 13 艘舰船的援助后，伯罗奔尼撒舰队一路向北，航行至克基拉，以干预那里的内战，分离雅典的一个重要盟友。他们轻松地击败了 60 艘克基拉舰船，因为后者船员素质很差，而且甚至出现了内讧。然而，随后出现的 12 艘雅典舰船以及阿尔希达斯的胆怯使得伯罗奔尼撒军队未能充分利用他们的成功。一天后，当听到 60 艘雅典救援船队正在途中时，伯罗奔尼撒军队撤出了战场。

在此舰队中有一名船长叫布拉西达斯。那时他还没有名气，但他想成为阿希达穆斯战争期间斯巴达最有进取心和最具创新性的陆军指挥官。此外，他还想在阿希达穆斯战争期间成为伯罗奔尼撒舰队中最难对付的角色。在公元前 425 年的春天，在德莫斯特尼斯的指挥下，雅典占领了伯罗奔尼撒半岛西南部的一个多岩石而无居民的海岬皮洛斯，并在上面构筑了防御工事。皮洛斯位于受西班牙控制的农奴居住区麦西尼亚。那里的城堡有可能是逃出农奴的避难所，因而对斯巴达构成了潜在的威胁。此外，由于它位于纳瓦里诺湾优良港口北部边缘，因而有额外的地理优势。

斯巴达人没等多长时间就在皮洛斯袭击了由 5 艘船和几百人组成的小股雅典部队。他们聚集了 60 艘船，以应对预期的雅典增援部队，并封锁位于斯法克蒂里亚岛纳瓦里诺湾的南北两个入海口。斯法克蒂里亚岛位于皮洛斯的正南，并沿此海湾西部向海一侧延伸。无论如何，他们在斯法克蒂里亚岛上留下了一支斯巴达步兵分遣队。同时，他们用地面部队和 43 艘舰船袭击了位于皮洛斯的堡垒。布拉西达斯故意使他的船搁浅，同时鼓励其他的船也这样，以便登陆。但是，雅典人坚守了两天阵地，直到斯巴达取消了攻击。修昔底德对这种具有讽刺意味的情况印象深刻，他说道："以海上力量占绝对优势的雅典人却在皮洛斯和拉哥尼亚陆地上抵御从海上来袭的斯巴达人，而以陆上力量占优势且没有远洋作战能力的斯巴达人却从本国乘船从海上袭击雅典人。这种反常行为令人十分诧异。"[24]

一支由 50 艘舰船组成的雅典舰队第二天赶到了战场。在海上略展进攻威力后，他们随即撤离了战场，并袭击和突破了伯罗奔尼撒舰队与纳瓦里诺湾并行的防线。对斯巴达更糟糕的是，420 名重装备步兵被隔离在斯法克蒂里亚岛上，其中有些人属于斯巴达头等阶层的孩子，所以政府对他们的窘境十分担心，并向雅典求和。总共 60 封求和信被分别递交给雅典在皮洛斯的所有舰船以及在斯巴达领土上的所有三层桨战船。最后，双方未能达成和平协议。由于雅典人在很大程度上对强大的小股斯巴达士兵恐惧，在经过了很长时间后，雅典才成功地突袭斯法克蒂里亚岛，并生俘了 292 名斯巴达士兵。

在雅典进行不幸的西西里岛远征以征服这个富裕岛屿的希腊城市尤其是锡拉库扎之前，伯罗奔尼撒海军并不是它重点关注的对象。在一个雅典叛徒即流氓政治家和将军阿尔西比亚德斯的鼓动下，斯巴达于公元前 414 年向锡拉库扎派遣了一名军事顾问吉利普斯。吉利普斯在加强锡拉库扎的抵抗方面起着关键的作用。尽管他是一个纯斯巴达人，但也是从最底层一步一步爬上来的。至于他的母亲是农奴还是他的父亲是贫困的斯巴达人，我们不太清楚，但我们知道他有让人记住的理由。在斯巴达，这么会使他比那些保守分子更保守，要么能使他更倾向于接受新方法和新政策。吉利普斯通过他在西西里岛以及之后所展现的海外作战技能走上了后一条道路。

吉利普斯要摆脱的远不止他的法律地位。他的父亲克里安得里达于公元前 446 年因娶了雅典新娘而被定罪，并为此从斯巴达流亡至意大利南部泛希腊殖民地。克里安得里达具有斯巴达海军至上主义者的所有特征：与雅典有联系，对钱感兴趣，愿意定居在海外国际性港口城市。或许吉利普斯继承了他父亲对海洋活动的喜爱和与希腊西部的关系，但不幸的是，吉利普斯最终也步其父后尘。在公元前 404 年斯巴达取得胜利后，吉利普斯受托将一大笔钱带回斯巴达，但后来被指控自盗了一部分。在被缺席审讯、定罪和判处死刑之前，他逃走了，并死于他乡。

在公元前 414 年，斯巴达的伯罗奔尼撒盟友科林斯为锡拉库扎提供了帮助。最终，科林斯对舰船设计的技术变革使得锡拉库扎（它自身也是一个重要的海军强国）在海战中赢得了巨大成功。现在，锡拉库扎主宰着大港。

它彻底摧毁了雅典入侵部队。[25]

雅典的西西里岛灾难和关键的盟友反叛都不能为斯巴达赢得战争的胜利，因为雅典可以并且确实建立了一支新海军。如想赢得胜利，斯巴达必须摧毁雅典的这支舰队。从公元前413年起，伯罗奔尼撒人确实在雅典小山里的德西里亚建有永久性兵营。德西里亚的兵营没法赢得战争的胜利，因为它不能抵达雅典的中心。

雅典在西西里岛的战败彻底改变了斯巴达的观点。在热情的盟友和性急的中立国的支持下，斯巴达于公元前413年得出结论，即有可能会彻底击败雅典人。考虑到从西西里岛来的一支大型舰队可能会帮助他们，这给了斯巴达人足够的信心，但结果证明这有点夸张，因为锡拉库扎正忙于爱琴海的事务。尽管如此，斯巴达人仍相信结果将使他们"静静地享受对所有希腊领土的主宰"，为此，他们决定全力以赴追求胜利。斯巴达两个皇帝之一阿吉斯正尽最大的努力为他们的舰队募集资金。[26]

阿吉斯是斯巴达海外扩张支持者的聚焦点。然而，大多数支持还是来自于社会阶层的另一端。斯巴达社会封闭，层次分明，饱受战争和自然灾害折磨（公元前465年发生一次灾难性的地震），随时都得承受很大的压力。为此，在伯罗奔尼撒战争及之后出现了由各种低等阶层组成的团体。这些团体的具体成员不是很清楚，但似乎包括私生子和个人资源不足以支持一个战士基本生活的人，甚至包括自由农奴。他们的经济需求使得他们有理由支持一个生气勃勃的外交政策。[27]

像斯巴达自己一样，斯巴达在希腊和西西里岛的盟友也为新的舰队提供舰船和人员。在公元前413年，斯巴达人再也不像公元前431年那样梦想大舰队，但他们仍在努力。斯巴达希望伯罗奔尼撒联盟的几个最大成员国做出巨大贡献，如斯巴达人和毕欧钦人各提供25艘舰船，科林斯人提供15艘船。它还希望其他城邦通过地区性联盟来提供资源，如在希腊中部，福西斯人和洛克里斯人共同提供15艘船；在伯罗奔尼撒的中部和北部，阿卡迪亚人、培林尼人和西科扬人提供10艘船；在伯罗奔尼撒的东北部和地峡，麦加拉人、特罗曾人、埃彼道鲁斯人和赫迈俄尼人提供10艘船。不知道这些船到底建了多少。[28]

造船资金和船员工资的最重要来源是波斯。波斯人决定出巨资打造一支新海军，以与雅典决战。被雅典称为的"野蛮人"将为斯巴达人摧毁雅典帝国提供工具。斯巴达人没有拒绝此帮助。[29]

在斯巴达新海军中，只有很少的船真正是自己的。在伯罗奔尼撒战争的剩余时间里，据说在舰队中，斯巴达舰船从未超过 10 艘。舰队指挥官纳瓦奇是斯巴达人，舰长也许是拉西第蒙人，要么是斯巴达人，要么是庇里阿西人。斯巴达舰船的主官是斯巴达人；而盟军舰船的主官是庇里阿西人。划桨的是农奴、盟友的人或雇佣军。斯巴达以纪律严明而闻名，斯巴达军官对其士兵的训练很残酷，也许这是他们最终在海上获得胜利的主要原因。[30]

波斯的帮助代价也很高：公元前 411 年，斯巴达放弃了小亚细亚半岛沿岸的一些希腊城邦，使它们成为了波斯实际上和可能法律上的主权领土。在打败薛西斯于公元前 480—前 479 年的入侵希腊战争之后，波斯人从未完全甘心于爱奥尼亚城市的丧失。以前，因为害怕雅典，波斯人只能保持中立。现在，雅典在西西里岛的战败严重削弱了其在爱琴海的势力，使得波斯再次醒来。

斯巴达政策的战略目标是摧毁雅典的海上实力。在短期内，它可通过与波斯的合作来实现此目标；从长期看，联盟都是脆弱的。联盟的牢固与否在很大程度上取决于个人魅力。一旦玩家被改变，斯巴达和波斯之间的长期敌视就会很快浮上水面。双方绝大部分人对这种联盟都不太高兴，因为他们的祖先曾在德摩比利和普拉提亚发生过战争。对斯巴达人来说，更糟糕的是，斯巴达曾在公元前 431 年为了解放希伦人而战，而现在又同意失去希伦人的自由。这很难被接受。

到公元前 411 年夏季时，雅典舰队和斯巴达舰队在爱琴海针锋相对。建造舰队耗费了雅典的很多财富，雅典也失去了一些重要的盟友，并缺乏劳动力。然而，考虑到控制爱琴海就控制了一切，雅典只能硬着头皮坚持。雅典舰队的基地位于萨摩斯岛，而斯巴达人就在不远处，位于内地城市米利都。

斯巴达的战略分为两个部分：第一是确保现已反叛的雅典前盟友和重要海上强国开沃斯和列斯堡岛的安全；第二，也是最重要的，是控制赫勒斯湾（即达达尼尔海峡），因为这也许是雅典至乌克兰粮食供应链中最薄弱的环节。这是一个好的策略，但多年的实践经验证明单凭斯巴达一国是无法完成此两项战略的。斯巴达人允许自己被波斯政治家操纵和欺骗。波斯人希望斯巴达的海军足够强大，可以对雅典进行挑战，同时又希望它足够弱小，以使得希腊城邦之间能够永远互战，这样，波斯人就可以坐收渔利。从公元前 411 年到战争结束，斯巴达舰队在与雅典的常规战中连一次决定性的胜利都没有取得。事实上，雅典人在三次主要的海上交战中都挫败了斯巴达人，但斯巴达人还是最终赢得了战争的胜利。

公元前 411 年夏，一支由 86 艘舰船组成的伯罗奔尼撒舰队挑战一支由 76 艘舰船组成的雅典船队，战斗就发生于赛诺西马海岬达达尼尔海峡西部的狭窄水域。尽管斯巴达的计划稳操胜券，但雅典还是再次展示了他们的战术技巧和良好的训练，确保了战斗中的沉着冷静，并最终赢得了决定性的胜利。

次年，也就是公元前 410 年，雅典在塞西卡斯的海上赢得了第二次决定性的胜利。这次，86 艘雅典舰船击败了 80 艘（也有的说 60 艘）伯罗奔尼撒舰船，并击毙了斯巴达的舰队指挥官门达拉斯。据有关信息说，如果斯巴达当时求和，雅典人会拒绝。之后，斯巴达人花了三年时间才恢复海上实力。虽然斯巴达在公元前 407 年组建了一支新舰队，也恢复了海上实力，但它还是在后面的几次大战中失利。雅典的第三次大获全胜是在四年之后即公元前 406 年。当时战场位于从列斯堡穿过海峡离小亚细亚半岛不远的阿吉纽西岛。斯巴达再次求和，但同样遭到了雅典的拒绝。

但斯巴达取得决定性胜利是因为公元前 407 年斯巴达任命了一名新的舰队指挥官。在充满智慧和远见的舰队指挥官莱山得的领导下，斯巴达海军获得了巨大成功。莱山得能力强，才华横溢，而且冷酷无情。莱山得说，掷骰子是欺骗小孩，誓言是欺骗大人。莱山得十分强大。当亚里士多德将舰队指挥官描述成实际上的斯巴达国王时，他也许想到了莱山得。舰队指挥官对作战有很大权力。莱山得出生于社会底层，因而一般来说无升迁可能，战争是他升迁的唯一途径。[31]

莱山得的专长不是战争而是外交，他的关键一步是赢得波斯在安纳托利亚的爱琴海沿岸的新代表皇家王子赛勒斯的支持。在几年之内，赛勒斯将与他哥哥阿塔塞克西争夺皇位，斯巴达将支持赛勒斯。谁知道莱山得是否在公元前 407 年已经暗示此支持？无论如何，莱山得使赛勒斯确信他会将伯罗奔尼撒划桨人的工资提高到高于雅典工资的 25%。结果是雅典舰船的大量划桨手跑到伯罗奔尼撒这边了。[32]

莱山得不仅在资金上赢得了胜利，而且于公元前 407 年在艾菲索斯附近海岸的诺丁姆又赢得了一次海上胜利。他将雅典一支舰队引诱出港，使之对抗一支占绝对优势的伯罗奔尼撒部队，结果雅典海军被击沉了 22 艘船。雅典议会将此次失败归咎于因执行另一项任务而未参加此次战役的总司令阿尔西比亚德斯。这个著名的政治家和聪明的将军被迫流离失所，这样就去除了雅典海军的一名主要领导。

莱山得无意遭受同样的命运。他与爱琴海东部希腊城市的寡头政治执政者建立了良好的个人关系。就在第二年，即公元前406年，当卡利克拉提达斯代替莱山得担任舰队指挥官时，莱山得露出了真面目。莱山得狡猾，办事效率高，而卡利克拉提达斯直率、可敬，但办事总是失败。莱山得没兴趣看到卡利克拉提达斯成功，所以他将剩下的波斯国王给他的钱还给了赛勒斯。而卡利克拉提达斯被证实在资金募集方面能力欠佳，他不愿意与赛勒斯做生意，他认为阿谀奉承和在"野蛮人"门前等待有辱他的身份。[33]他决定哪一天向希腊让步，以便希腊能像过去一样同他一起抗击波斯，但当他于公元前406年带领伯罗奔尼撒舰队抗击雅典人时，却死于阿吉纽西战役中。

尽管法律上明令禁止担任两任，但在公元前405年，莱山得再次作为舰队副司令出现，实际上是舰队指挥官。现在该轮到他实践他的妙举了。在公元前405年9月，莱山得盯住了在达达尼尔海峡小憩的雅典舰队。伯罗奔尼撒人和雅典人都有一支巨大的舰队，各方大约有180艘舰船。伯罗奔尼撒人的优势是他们在兰普萨卡斯有一个安全港口。兰普萨卡斯原来是雅典的一个重要盟友，后来反水至伯罗奔尼撒。雅典人被迫将他们的舰船停泊在伊哥斯波塔米小镇。因粗心大意和过分自信，一天下午，雅典人突然遭到伯罗奔尼撒舰队的袭击。伯罗奔尼撒人以秋风扫落叶之势生捕了几乎整个雅典舰队，但还是有10艘逃走了，不然的话，雅典就不会再有海军了。[34]

由于没有钱建立新海军，也没有盟友来帮助他们，雅典人绝望了。他们在本土被伯罗奔尼撒围困了几个月，于公元前404年被迫投降。雅典帝国从此不复存在，伯罗奔尼撒战争也结束了，而斯巴达帝国才刚刚开始。

三、斯巴达帝国

从公元前405年开始，斯巴达舰队主宰爱琴海，成为雅典之后的另一个海上帝国。[35]斯巴达对海外帝国的追求将是下世纪戏剧性的和灾难性的故事。斯巴达不断增加财富、权力和荣耀，但都不是通过有智慧的策略得到的，正如一位历史学家最近说的，那是"在没有和平蓝图的理念下取得的胜利"[36]。斯巴达犯了很多错误，最大的错误是未能维持海洋的控制。关于这一点，我们还得从头说起。

在伊哥斯波塔米战役之后，莱山得进入了爱琴海。他赶走了雅典人，驱逐了亲雅典的民主政府，并用由十名亲斯巴达并忠诚莱山得的人组成的政府来取代它。雅典被允许由30名寡头政治执政者来负责，但这仍然是莱

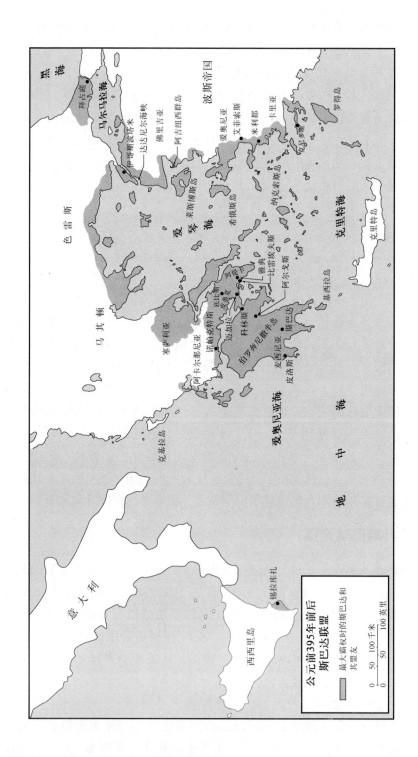

黑海

拜占庭

马尔马拉海

伊哥斯波塔米
达达尼尔海峡
佛里吉亚
阿吉纽西群岛

波斯帝国

爱奥尼亚
艾菲索斯
米利都
卡里亚

色雷斯

莱斯博斯岛

爱琴海

希俄斯岛

伊庇多斯
罗得岛

马其顿

萨萨利亚

纳克索斯岛

克里特海

阿卡尔那尼亚
诺帕克特斯
底比斯
玛
迪加拉
科林斯
斯巴达
阿罗布尼撒半岛
阿卡狄亚

墨伽拉
雅典
比雷埃夫斯
埃癸那
萨拉米斯

克里特岛

基西拉岛

皮洛斯
麦西尼斯

克基拉岛

爱奥尼亚海

地

中

海

意大利

锡拉库扎

西西里岛

山得的亲近人。许多城市不得不接受雅典的司令或总督。仿照雅典的做法，斯巴达仍要求其新盟友纳贡。

如果考虑到斯巴达的社会风俗，莱山得的荣誉在绝大程度上是靠自身能力提升的。很难说哪个更糟糕：是他在特尔斐建立的巨大的雕像群描述了他因胜利而被波赛顿冠以胜利花环，还是允许萨莫斯城邦赠与他神圣的荣誉？特尔斐的巨大纪念碑所需要的资金将大大超过节俭的斯巴达的限值。至于说奉若神明，据说，莱山得是得到此荣誉的第一个希腊凡人（在后来的岁月里，也就是在亚历山大大帝之后，奉若神明变得相对正常）。奉若神明是莱山得的个人能力、他的成就和他的自尊自大的象征。

斯巴达内外的许多希腊人对斯巴达成为海上霸主不安。斯巴达老的伯罗奔尼撒联盟成员科林斯和底比斯都担忧自己的老盟主成为大国，斯巴达国王保萨尼亚斯暗中唆使底比斯支持雅典反叛"三十专制者"。也许是他们在某种程度上处于良心上的不安以及在很大程度上对莱山得的害怕，保萨尼亚斯和斯巴达内的盟友废除了"十人政府"，接受了雅典的民主恢复，并撤销了军事统治者，但是他们没有放弃维持海外存在的政策。这是一种"模糊的侵略"，因为它仅仅鼓励了斯巴达的敌人。波斯成为他们中的第一个。[37]

公元前401年，王子赛勒斯试图叛乱反对他的哥哥阿尔塔薛西斯二世（公元前404—前359年），斯巴达给予了海军支持。在即将成功时，赛勒斯失败了，使得斯巴达成为了波斯皇室的敌人。阿尔塔薛西斯宣称斯巴达人是"最无耻的人"[38]。早在公元前400年，波斯就开始占领了希腊在爱琴海沿岸的城市，以报复它们支持赛勒斯。这些城市于是相继派遣大使，前往斯巴达，请斯巴达帮助它们解脱希腊，斯巴达同意了。那些在海上赢得伯罗奔尼撒战争的合作伙伴们现在开始互相攻击了。

斯巴达人在同一时间段（公元前399年或前398年）不得不处理国内造反，因而快喘不过气来了。这是对斯巴达野心的回馈或是斯巴达过分扩张的征兆。一个名叫基纳顿的斯巴达下级军官动员了"下级军官"和"新市民"来反对斯巴达人和他们的特权。斯巴达的政府机构很快行动，处决了基纳顿和他的同伙，但是基纳顿的反叛是针对斯巴达的一个潜在的致命问题。斯巴达实力的最基础部分出现了问题：斯巴达人的数量在萎缩。尽管学者对萎缩的原因有不同看法，但最可能的解释是财富分配。斯巴达人的财富正集中到越来越少的人手中，这使得越来越多的斯巴达人处于"贫困线以下"。由于他们满足不了食堂对他们的要求，他们失去了斯巴达人的

身份，他们自己和他们的孩子不再被训练成战士精英。按理说，公元前404
年之后赢得的新财富和权力应该被分配给穷人，以便补充斯巴达人的数量，
但现实不是这样。斯巴达人的精英军事危在旦夕。尽管如此，领导层没有
任何人愿意面对此问题。[39]

公元前399年，斯巴达在爱琴海发动了一场战争，以将波斯人驱逐出安
纳托利亚西部。他们派遣了一支起初由提伯戎后由得西利达（公元前399—
前397年）指挥的远征军。斯巴达人完全了解这次战斗的海上范围。他们
的舰队在舰队指挥官得西利达的领导下在安纳托利亚西南部的卡里亚较远
处作战。卡里亚因为是通过米安德山谷进入内地的关口，因此具有重要的
战略意义。在卡里亚远处是具有重要战略意义的罗得群岛。[40]

但是此努力过于野心勃勃。为了应对此状况，波斯在希腊本土主要陆
地大国中组建了一支反斯巴达联盟，并提供资金支持。同时，它在公元前
397年建立了一支新的舰队。这支舰队在很大程度上由前雅典水手指挥并配
备人员。阿尔塔薛西斯任命了从伊哥斯波塔米战役中幸存的雅典人科农为
海军指挥官。波斯总督法那培萨斯陪着他。只要有正确的人掌舵，海军是
用来对付斯巴达的有效工具。斯巴达在战争开始时占优势，然而当波斯的
新舰队全套人员编制满额后，科农开始占优势。在公元前396年，罗得群岛
反叛斯巴达。到公元前395年时，科农开始统治罗得群岛。[41]

同时，斯巴达向安纳托利亚本土派遣了第三个指挥官和新的部队。这
次由国王阿格西劳斯率领。阿格西劳斯是莱山得从有权继承人中挑选的皇
位继承人，并经由莱山得宣布合法（有谣言说雅典被流放的亚西比得的儿
子继承了皇位）。但不管怎么说，阿格西劳斯被证实是个有一定主见的人。
他解除了莱山得的职务，也放弃了他的海军事务技能。

开始时，阿格西劳斯在陆地上是成功的。他尝试着与阿尔塔薛西斯达
成协议，将原由斯巴达统治下的安纳托利亚沿岸的自治权给予希腊，却遭
到了波斯的拒绝。斯巴达在萨第斯附近的战斗中赢得的胜利使得波斯人开
始重新考虑此事，但还是坚持希腊人向波斯进贡。这遭到了阿格西劳斯的
拒绝。阿格西劳斯的策略不清晰。一个说法是他计划在沿海的希腊和内陆
的波斯之间建立几个缓冲城邦，但他从没有这个机会，因为科林斯战争爆
发了。在公元前395年，雅典、科林斯和底比斯对斯巴达宣战了，阿格西劳
斯被召回国了。[42]

在科林斯战争期间（公元前395—前386年），斯巴达尽管也遇到一些
挫折，但总体来说在希腊本土的陆地战中还是占优势。莱山得在公元前395

年死于希腊中部的战斗。之后，他的军事平衡理论很快就被抛弃了。他的政治遗产被保留了下来，不过至多是一个提醒而已。在莱山得死后，他的政敌声称在他的秘密计划中发现他在谋划想当皇帝的政变。不论是真是假，此发现也许伤害了他的朋友，或许也使海洋扩张政策有所降温。

阿格西劳斯尽管在陆地上很成功，但在海上遭遇了惨败，因为他忽略了海上霸权。不过，在波斯大力建设海军的当下，他还是被斯巴达任命为首席舰队指挥官，但是他未能阻止科农挑起罗得群岛的反叛，也未能阻止由埃及送给阿格西劳斯的供应品被劫走。阿格西劳斯任命其小舅子皮山大为舰队指挥官，这就犯了任人唯亲这个致命错误。尽管他建立了一支大舰队，但他不是一个称职的作战指挥官。[43]

公元前394年8月，波斯舰队和斯巴达舰队在卡里亚的一个城市奈达斯进行了交战。在皮山大的指挥下，85艘斯巴达三桨座战船与由科农和纳巴祖斯指挥的170艘波斯三桨座战船作战。斯巴达遭受了惨败，损失了50艘船和500名战士。在公元前394年剩余的夏季里，科农和纳巴祖斯趾高气扬地围绕爱琴海航行，驱逐出亲斯巴达政权，并扶植亲雅典民主党。在下一个夏季，他们越过了爱琴海，向伯罗奔尼撒半岛航行，占领了塞西拉岛，并将它作为袭击斯巴达本土的基地，达到了重创斯巴达海军的效果。[44]

奈达斯之战是一个转折点。自此以后，斯巴达不再是爱琴海的霸主，但是斯巴达海上霸主的故事还没有结束。在公元前411年，由于存在大规模的竞争，斯巴达海军相对来说还不是引人注目。当雅典或波斯都拥有几百艘舰船时，斯巴达的几十艘船显得微不足道。从公元前411—前394年，斯巴达可以派遣大规模的舰队，然而，随之而来的是舰队的崩溃。从公元前391年至斯巴达在公元前372年的最后一次大规模海上远征，斯巴达的对手无法集结规模巨大的舰队，这样就使得斯巴达的小型舰队在国际事务中是一个重要和获胜的成分。总之，斯巴达海军在公元前411—前394年达到顶峰时具有长远的影响。

在奈达斯之后，民主执政者在爱琴海再次兴起，其中雅典最为突出。甚至在公元前395年，罗得岛的民主执政者就驱逐了他们的寡头执政者。公元前391年，寡头执政者请求斯巴达帮助其对付革命运动。斯巴达同意了，并在公元前391年夏天派遣了由艾克迪克斯担任舰队指挥官的8艘舰艇。当艾克迪克斯抵达奈达斯时，他听到了罗得岛民主国家的舰船数量比自己要多一倍，所以他很聪明地在奈达斯度过了冬天。在公元前390年春天，斯巴达派遣了由特里尤谢斯率领的由12艘舰船组成的另一支舰队前往罗得岛。

他在中途捕获了 10 艘雅典舰船，以帮助塞浦路斯的埃瓦哥拉斯。当他抵达罗得岛时，特里尤谢斯已经有 37 艘船了。

在爱琴海和萨罗尼克湾，根据雅典和斯巴达集结的舰船数量，海上霸权在这两国海军之间交替。雅典派遣了一支由 40 艘舰船组成的舰队在罗得岛对付特里尤谢斯，但是他们的指挥官色雷西布拉斯却决定前往达达尼尔海峡。在这个战略区，色雷西布拉斯想努力重建雅典帝国。尽管色雷西布拉斯最终被杀，但他还是取得了一些成绩，因此斯巴达派遣了一支新舰队，以在达达尼尔海峡挑战雅典。但是在雅典卓越的指挥官伊斐克瑞茨领导下，雅典有效地避开了锋芒。同时，斯巴达第二支舰队从其埃伊纳岛基地驶往萨罗尼克湾。他们从萨罗尼克湾袭击了雅典舰船，并偷袭了比雷埃夫斯和阿提卡沿岸，但雅典也攻击了斯巴达舰船，并在埃伊纳岛登陆，尽管最终未能占领此岛。

此时，斯巴达的外交被证实是果断的。斯巴达要做的就是劝告阿尔塔薛西斯复活的雅典帝国这个幽灵要比斯巴达的"无耻"更坏。事实证明，斯巴达的政客安塔西达也可以胜任此任务。它不仅了解雅典海军在达达尼尔海峡的活动地点，而且还了解雅典对波斯人在塞浦路斯和埃及的叛乱的支持。正如色诺芬说的，在修昔底斯的骨子里，雅典是自我作孽。[45]

公元前 388 年夏天，安塔西达作为阿尔塔薛西斯的舰队指挥官和大使劝告波斯人为新波斯舰队出资。斯巴达也从锡拉库扎的狄奥尼修斯获得了资助。让我们回到达达尼尔海峡。在被派往波斯执行劝说任务之后的公元前 387 年夏天，安塔西达击败了雅典人，并用一支壮大为由 80 艘舰船组成的舰队控制了航道。雅典人由于害怕第二次遭遇伊哥斯波塔米战役的结局，所以选择投降了。

结果是双方签署了《大王和约》或《安塔西达斯和约》。按照此和约，不仅是雅典被驱逐出爱琴海东部（有些例外），而且斯巴达也一样。波斯被授予安纳托利亚和塞浦路斯的爱琴海沿岸的控制权。此和约实际上给予了斯巴达对希腊本土施加军事力量和霸权的自由。

从第一眼看来，此格局的赢家似乎只是波斯和斯巴达，但雅典也得到了好处。雅典在公元前 404 年已向波斯资助的斯巴达海军以及斯巴达率领的伯罗奔尼撒陆军投降，随后波斯发现自己被推到安纳托利亚西部的防御前沿，以应对斯巴达于公元前 399—前 395 年的侵略。但是由波斯和雅典牵头并由科林斯和底比斯参加的大国联盟足以摧毁斯巴达海军，并使波斯在公元前 394 年后摆脱了斯巴达的威胁。

是的，雅典被斯巴达以策略而战胜。雅典与波斯做了一笔交易，使得斯巴达可以到公元前385年时在此希腊半岛行使他的大陆霸权。但是，雅典也可采取策略。在10年内，雅典在爱琴海又缔结了新的海上联盟，这要是在以前对付斯巴达海军时如没有波斯人的帮助是不可能实现的。所以，从某种角度上看，波斯和雅典都从联合抗击斯巴达舰队中受益。

随着公元前386年《大王和约》的缔结，斯巴达和波斯都解除了自己的陆军和海军，但这并不表明它们不再是海上强国。在公元前378—前377年，雅典发起了一个新的海上联盟，即所谓的"第二雅典同盟"。尽管这并未扩大雅典第五个世纪的帝国疆土，但大大增强了雅典的海上力量。在随后的20年的大部分时间里，雅典和斯巴达再次在海上进行竞争。[46]

历史学家倾向于将这些详细内容归属于斯巴达与底比斯的陆上冲突的故事中。这样做是对的，因为陆地战争被认为是决定性的和至关重要的。从公元前378年开始，底比斯率领一个复活的皮奥夏同盟反对斯巴达。在公元前4世纪70年代的大部分时间里，雅典进入了皮奥夏，以对抗斯巴达，直到雅典开始担心皮奥夏的实力增长。

在公元前371年的留克特拉战役中，底比斯杀掉了斯巴达两个国王之一的克列欧姆布洛托斯，并永远摧毁了斯巴达的陆上霸权。这被证实令人惊奇般地容易，因为斯巴达缺少军事人员，加上斯巴达的社会和经济问题终于产生恶果了。在随后的几年里，皮奥夏人不断地侵略伯罗奔尼撒半岛，并将麦西尼亚重新建立为一个独立的城邦。这标志着农奴已被解放以及斯巴达霸权的经济和领土基础被摧毁。

相比较而言，斯巴达在公元前4世纪70年代的海上活动只不过确认了它无法在海上战胜雅典。细况如下：在雅典建立"第二雅典同盟"的第二年即公元前376年，斯巴达在忽略了海军10年后进行了一次海战。在舰队指挥官波利斯带领下，斯巴达派出了60艘船，以控制阿提卡沿岸外部的埃伊纳、凯欧斯和安德罗斯周围的水域。波利斯还能在公元前376年夏季干扰从黑海到雅典的谷物运输，但斯巴达的胜利是暂时的，雅典很快就打破了封锁。公元前376年9月，雅典指挥官卡布里阿斯率领83艘舰船围困纳克索斯岛，并与斯巴达作战。尽管损失了18艘舰艇（相当于舰队的1/4），但纳克索斯岛战役对雅典来说是一个大的胜利。斯巴达在这次战役中损失了其舰队的1/2以上，24艘被击沉，8艘被捕获。

到目前为止，斯巴达的海上实力仍然存在。斯巴达和雅典的海上较量现已从爱琴海转移到希腊西北部的水域。在公元前375年，斯巴达集结了

55 艘舰船，但又在位于阿卡尔那尼亚的阿力西亚战斗中被打败。这两次胜利使得"第二雅典同盟"增添了新成员。在公元前 375—前 374 年，多支斯巴达小型舰队远征至扎金索斯岛和科西拉岛，以支持这些地区的反雅典派系。

斯巴达最后一个已知的舰队指挥官是恩纳思珀斯。在公元前 373 年夏季，恩纳思珀斯仍控制着科西拉岛，当时他拥有 60 艘舰船和 1500 名雇佣军。恩纳思珀斯对待这些雇佣军很残忍。公元前 372 年春季，他们在与雅典作战中遭到毁灭性的失败，恩纳思珀斯本人也被击毙。

四、结束语

斯巴达帝国海军尽管寿命短暂，但做了一些大事，也进行了一些创新，还是拘泥于斯巴达的传统。早在公元前 411 年之前，斯巴达自己就有了海上战略的支持者，但是当一切就绪后，斯巴达又在海上战略选择方面犹豫不决。海上霸权的建立与简朴的、内向的、傲慢的、保守的和陆地的大国格格不入。从公元前 411 年前开始，斯巴达寻求在希腊的霸权。但是，当遇到挫折时，斯巴达很快又回到了老的大陆习惯。对斯巴达人来说，海军并不是必需的。

在斯巴达，很多人都有建立海上霸权的想法，但并未得到精英阶层的大力支持，因而缺乏牢固的基础。从斯巴达主要政客的观点看来，斯巴达海军是不切实际的自然产物。那些野心勃勃但没机会爬到斯巴达军事和政治高层的人将眼睛转至海军，以图升迁。凭自己能力无法担任国王的鲍桑尼亚摄政王和如无特殊情况也根本无法当国王的贫民和出生卑微的莱山得是斯巴达海洋史两个最伟大的人物。其他出身卑微的人物，如吉利普斯和卡利克拉提达斯，也在斯巴达海外作战中扮演着重要角色。舰队是外交产物，当然也有莱山得和安塔西达的功劳。在某种程度上，承担冒险和创新性使命前往希腊的伯拉西达应该担任斯巴达的舰队司令官。

对斯巴达来说，海军是一个奢侈品，但也是诱惑品。砸毁诱惑正是简朴的寡头统治政府的本质。对每一个被海上扩张吸引的斯巴达人来说，有另一个更强大的寡头统治政府，此政府决定维持传统的陆地霸权。因此，像鲍桑尼亚摄政王和吉利普斯这样的海军主义者被最终处死、莱山得死后被羞辱以及斯巴达最有影响的人物阿格西劳斯国王忽略斯巴达帝国霸权不可或缺的海军，也不令人惊讶。

虽然斯巴达精英阶层人数少，但个人影响力却很关键。在这种体制下，一个非常有才能的人可以完成很多事，但另一方面却造成了任人唯亲、互相关照和不胜任。如果通过莱山得可以看到斯巴达个人对海军的影响，那么卡利克拉提达斯和皮山大也属此列。

事实证明，赢得了伯罗奔尼撒战争的斯巴达舰队的命运系于它的创始人莱山得一人身上。斯巴达想成为海上霸主仅仅是停留在口头上，其结果是其海上帝国寿命短促，创建于公元前 405 年，败亡于莱山得去世后 1 年，即公元前 394 年。

斯巴达文化对海上扩张既是一个刺激因素又是一个阻碍因素。斯巴达人总习惯于先考虑斯巴达自己：国家利益永远高于个人生活，斯巴达优先于希腊的其他城邦。这种习惯的结果是培养了一种实用主义精神，而这种实用主义很容易演变成机会主义。比如说，斯巴达一旦得知雅典在西西里岛战败且波斯提供了援助，斯巴达就会做出快速反应。用阿纳托尼亚的希腊来换取波斯帮助自己对付雅典几乎没有任何问题，但斯巴达却为一个造反的王子赛勒斯出卖了波斯城邦，而且陷入了不断反目为仇的怪圈中。

也许令人惊讶的是，当为了获得胜利不得不做某事时，斯巴达的寡头统治比雅典的民主统治还要灵活。斯巴达赢得了伯罗奔尼撒战争，并通过易变性战胜了民主，但它缺少建立其成就所需的组织机制。尽管雅典和波斯都不如斯巴达易变，但它们都有更多的后备力量。如果公元前 479 年不算的话，波斯至少在公元前 449 年就不再是爱琴海的海上强国，但是它从公元前 412 年开始为舰队不断投资，并且先对希腊然后对其他海上霸主进行宣战。雅典在伯罗奔尼撒战争中失去了整个海军，但大约在 25 年后，它建立了第二个海上同盟。

斯巴达对海上强国的兴趣被证实很持久，直到伯罗奔尼撒战争后的 30 年，它仍是一个活跃的海军强国。但是，斯巴达维持海军帝国的大量努力只持续了 10 年。最后，并不只是斯巴达的敌人将斯巴达剥夺了海洋控制权。斯巴达的敌人只是动员了它盟友的部队，按自然法则尽力做了它们该做的事，而斯巴达应不得不反常规行事，这样才能成功。

正如亚里士多德所说的，"斯巴达人只要在作战就会先想到保存自己，在统治帝国时也不知劳逸结合，而且由于其治国不如军事训练那么有经验，他们自然会毁灭"[47]。最后，尽管斯巴达逃过了海上劫难，但未能躲过陆上灾难。由底比斯人率领的皮奥夏军队于公元前 371 年在留克特拉击败了斯巴达的陆军。皮奥夏做了雅典未能在伯罗奔尼撒实现的事，即击败斯巴达，但是到公元前 371 年时，雅典和波斯已把斯巴达的财力榨干，而斯巴达的人

力资源也因自己脆弱的社会体制而枯竭。于是，这个远古世界不得不等待
罗马的到来，以便看见一个大陆强国是如何获得和维持海洋控制权以及在
帝国负担中存活一段时间的。

注释：

1. 《修昔底德》（Thuc.），第 2. 65. 12 节。源于《修昔底德》的此译文以及其他译文均
取自于 Robert B. Strassler, The Landmark Thucydides, A Comprehensive Guide to the Pelo-
ponnesian War（New York：Simon & Schuster, 1998）。关于经典作家的姓名，我均使用
标准缩略语。这些标准缩略语取自于 Simon Hornblower and Antony Spawforth The Oxford
Classical Dictionary（Oxford, U. K.：Oxford University Press, 1999），xxix – liv.

2. J. F. Lazenby, The Peloponnesian War：A Military History（London：Routledge, 2004），
252 – 254. 如想评价这场对斯巴达印象不太深刻的战争的结果，请参见 Victor Davis
Hanson A War Like No Other：How the Athenians and Spartans Fought the Peloponnesian
War（New York：Random House, 2005），9 – 12.

3. 关于斯巴达的荣誉，请参见 J. E. Lendon, "Spartan Honor", 105 – 126。此文被收集于
Charles D. Hamilton and Peter Krentz, Polis and Polemos. Essays on Politics, War, and His-
tory in Ancient Greece in Honor of Donald Kagan（Claremont, CA：Regina Books, 1997）.

4. 《修昔底德》，第 8. 96. 5 节。

5. 如想进一步了解对斯巴达军事秘密的讨论，请参见 Anton Powell, "Mendacity and
Sparta's Use of the Visual"。此文由 Paul Cartledge 作序，收录在 Anton Powell, Classical
Sparta：Techniques behind Her Success。（Norman：University of Oklahoma Press, 1988），
173 – 192.

6. 有关斯巴达的学术性文章不少。普及型介绍读物有 Paul Cartledge The Spartans：The
World of the Warrior – Heroes of Ancient Greece New York：Vintage Books, 2003）；简短
但分析透彻的有 W. G. Forrest A History of Sparta 950 – 192BC（New York：W. W. Norton
& Co, 1968）；如想了解更详细的情况，请参见 H. Michell, Sparta（Cambridge. U. K.：
Cambridge University Press, 1952, repr. 1964）或 J. T. Hooker, The Ancient Spartans
（London：J. M. Dent, 1980）；有价值的近期学术论文集有 Stephen Hodkinson and Anton
PowellThe Shadow of Sparta（New York：Routledge for the Classical Press of Wales, 1994）；
Hodkinson and Powell Sparta：New Perspectives（London：Duckworth, 1999）；Hodkinson
and Powell, Sparta：Beyond the Mirage（London：Classical Press of Wales and Duckworth,
2002）；Thomas J. Figueira, Spartan Society（Swansea：The Classical Press of Wales,
2004）；Hodkinson and Powell, Sparta & War（Swansea：The Classical Press of Wales,
2006）.

7. 关于斯巴达的部队，请参见 J. F. Lazenby, The Spartan Army（Warminster, U. K.：Aris

& Phillips，1985）以及 Nicholas Sekunda，The Spartans（London：Osprey Pub. Ltd.，1998）。关于斯巴达的尚武精神（以及后来的缺乏这种精神），参阅被收录于由 Stephen Hodkinson 撰写的"Was Classical Sparta a Military Society?"一文。此文被收集于由 Hodkinson，Powell 编著的 Sparta & War，第 11 – 163 页。

8. 参阅 Nigel M. Kennell，The Gymnasium of Virtue：Education and Culture in Ancient Sparta Chapel Hill：University of North Carolina Press，1995；Jean Ducat，Spartan Education：Youth and Society in the Classical Period。后文由 Emma Stafford，P. – J. Shaw 和 Anton Powell 翻译，（Swansea：University Press of Wales，2006）。

9. 关于伯罗奔尼撒联盟，请参见 Donald Kagan，The Outbreak of the Peloponnesian War（Ithaca：Cornell University Press. 1969），8 – 30.

10. 关于伯罗奔尼撒联盟和斯巴达霸权的本质，请参见 G. E. M. de Ste. Croix，The Origins of the Peloponnesian War（Ithaca，NY：Cornell University Press，1972），89 – 166，333 – 342.

11. "Cyrus：Hdt."，1. 152 – 153；"Polycrates：Hdt."，3. 54 – 56；Paul Cartledge，Agesilaos and the Crisis of Sparta（Baltimore：Johns Hopkins Universicy rress，1987），47.

12. "Thalassocracy List" in Eusebius，Chronographia 1. 225 ed. Schoene. "Pisistratus：Hdt."，5. 63.

13. Phocaea：Hdt.，1. 152；Cleomenes' daughter：Hdt，5. 51.

14. 如想了解斯巴达在公元前 480 年的海军活动，请参见 Barry Strauss，The Battle of Salamis：The Naval Encounter that Saved Greece – and Western Civilization（New York：Simon & Schuster，2004）.

15. 《修昔底德》，第 1. 95. 7 节。

16. Diodorus Siculus，11. 50. 6；Kagan，The Outbreak of the Peloponnesian War，51 – 52；Ste. Croix，Origins of the Peloponnesian War，169 – 178.

17. Cartledge，Agesilaos，47.

18. 在成卷谈论战争的历史著作中，有 Donald Kagan，The Peloponnesitan War（New York：Viking，2003）和 Lazenby，Peloponnesian War。我在由 C. Gray and R. W. Barnett，Seapower and Strategy（Annapolis，MD：Naval Institute Press，1989，77 – 99）、我自己撰写的 Athens and Sparta 中概述了那场战争的海军历史。对修昔底德历史不可或缺的评论为 A. W. Gomme，A Historical Commentary on Thucydides，第 1 – 4 卷（第 4 – 5 卷是与 A. Andrewes 和 K. . J. Dover 合著的；Oxford：CJarendon Press，1945—1970），现在又补充了两卷对修昔底德前四本书以及对第五本书前 24 章的评论，即 Simon Hornblower，A Commentary on Thucydides（Oxford：Clarendon Press，1991）.

19. 关于阶段划分，参见"The Problem of Periodization：The Case of the Peloponnesian War"（"阶段划分问题：伯罗奔尼撒战争案例"）。此文被收录在 Mark Golden 和 Peter Toohey 编著的 Inventing Ancient Culture：Historicism，Periodization and the Ancient

World（Routledge. 1997）中的第 165 – 175 页。

20. 《修昔底德》，第 1.125. 2 节；参阅第 7. 28. 3 节。有关此时代的经费情况，请参见 Lisa Kallet – Marx, Money, Expense, and Naval Power in Thucydides' History，第 1 – 5. 24 节（Berkeley：University of California Press, 1993）。

21. 关于斯巴达人在阿基达马斯战争中的行动，请参见 P. A. Brunt, "Spartan Policy and Strategy in the Archidamian War", Phoenix, XIX（1965），255 – 280；Donald Kagan, The Archidamian War（Ithaca, NY：Cornell University Press, 1974）；Thomas Kelly, "Thucydides and Spartan Strategy in the Archidamian War", American Historical Review, LXXXVII（1982），25 – 54.

22. 《修昔底德》，第 2. 83 – 92 节。

23. See Joseph Roisman, Alkidas in thucydide, Historia 36（1987），385 – 421.

24. 《修昔底德》，第 4. 12. 3 节。

25. 《修昔底德》的第六卷和第七卷主要描述雅典对锡拉库萨（以及雅典人希望的西西里岛）的征服失败。

26. 锡拉库萨中队参加了艾奥尼亚的几次海上行动。在失去赛诺西马和塞西卡斯之后，锡拉库萨人在东爱琴海为莱山得建造了 25 艘新的三层桨战船。参见 Xen, Hell 1. 1. 25 – 26；J. S. Morrison, J. E. Coates and N. B. Rankov, The Athenitan Trireme：The History and Reconstruction of an Ancient Greek Warship（Cambridge, U. K.：Cambridge University Press, 2000），82，87 – 88。"In quiet enjoyment"：Thuc. 8. 2. 4。关于亚基斯的筹资，请参见 Thuc. 第 8. 5. 3 节以及 Lisa KaLlet, Money and the Corrosion of Power in Thucydides：the Sicilian Expedition and Its Aftermath（Berkeley：University of California Press, 2001），238 – 242.

27. Donald Kagan, The Fall of the Athenian Empire（Ithaca：Cornell University Press, 1987），11 – 13.

28. 《修昔底德》，第 1. 82 – 83 和 8. 3. 2 节。如想了解斯巴达在伯罗奔尼撒战争期间作为伯罗奔尼撒联盟霸主的情况，请参见 Barry Strauss, "The Art of Alliance and the Peloponnesian War"。此文被收集在 Hamilton and Krentz, Polis and Polemos, 127 – 140.

29. 关于斯巴达与波斯的讨论，最好的著作为 David M. Lewis, Sparta and Persia：Lectures delivered at the University of Cincinnati, Autumn 1976 in Memory of Donald W. Bradeen（Leiden, The Netherlands：E. J. Brill, 1977）.

30. Luigi Pareti, "Ricerche sulla potenza marittima degli Spartani e sulla cronologia dei nauar-chi," Memorie della Accademia delle scienze di Torino. 2, Classe di scienze morali, storiche e filologiche 59（1908/09）：71 – 159, reprinted in Idem, Studi minori di storia antica, vol. 2（Rome：Edizioni di Storia e Lettteratura, 1961）；36 – 38. 关于斯巴达的舰队指挥官，请参见 Raphael Sealey 的 "Die Spartanische Navarchie", Klio 58（1976）：

335 – 358. 关于斯巴达的训练，请参见 F. S. Naiden, "Spartan Naval Officers: An Over-looked Factor in the Peloponnesian War"。此文章是在 2008 年 4 月在佛罗里达坦帕召开的古代历史学家学会年会上提交的论文。

31. Dice: Plut. Lysander 8. 5. Aristotle, Pol. , 1271a40. On Lysander see Detlef Lotze, Lysander und der Peloponnesische Krieg (Berlin: Akademie – Verlag, 1964); Paul A. Rahe, Jr. , "Lysander and the Spartan Settlement," PhD diss. , Yale University, 1977; Jean – Franqois Bommelaer, Lysandre de Sparte: Histoire et Traditions (Athens: Ecole Francaise d'Athenes, 1981).

32. Morrison, Coates, and Rankov, Athenian Trireme, 178 – 180.

33. Plut. , Lysander, 6. 4.

34. 有关伊哥斯波塔米的书籍包括 Christopher Ehrhardt, "Xenophon and Diodorus on Aegospotami", Phoenix 24 (1970): 225 – 228; Bommelaer, "Lysandre", 101 – 105; Barry Strauss, "Aegospotami Reexamined," American Journal of Philology 104 (1983): 24 – 35; Idem, "A Note on the Tactics and Topography of Aegospotami," American Journal of Philology 108 (1987): 741 – 745; Lazenby, Peloponnesian War, 240 – 244.

35. 如想了解公元前 404—前 362 年希波战争的历史以及外交史，请参见 John Buckler, Aegean Greece in the Fourth Century BC (Leiden, The Netherlands: Brill, 2003), 1 – 350.

36. Karl – Wilhelm Welwei, Sparta: Aufstieg und Niedergang einer Antiken Grossmacht (Stuttgart, Germany: Klett – Cotta, 2004), 268.

37. Forrest, History of Spartta, 123.

38. Plut. Artaxerxes, 22. 1.

39. 如想了解伯罗奔尼撒战争之后几十年中斯巴达的社会经济问题的介绍，请参见 Cartledge, Agesilaos, 395 – 412; Stephen Hodkinson, Inheritance, Marriage and Demography: Perspectives upon the Success and Decline of Classical Sparta; Anton Powell 编著、由 Paul Cartledge 作序的 Classical Sparta: Techniques behind Her Success (Norman: University of Oklahoma Press, 1988), 79 – 121.

40. 关于这些点，请参见 Simon Hornblower 的 "Persia"。此文被收集于 David M. Lewis, John Boardman and Simon Hornblower, The Cambridge Ancient History, The Fourth Century BC (Cambridge, U. K. : Cambridge University Press, 1994), 65 – 67.

41. Hornblower, Persia, 67.

42. Hornblower, Persia, 71 – 72. 如想了解对科林斯战争中的斯巴达政策的评价，请参见 Charles D. Hamilton, Spartas Bitter Victories: Politics and Diplomacy in the Corinthian War (Ithaca. NY: Cornell University Press, 1979).

43. Xen. Hell, 4. 3. 10 – 12, cf. 3. 4. 27 – 29; Plut. Agesilaus 10. 5 – 6; Cartledge, Agesilaos, 357 – 358; Charles D. Hamilton, Agesilaus and the Failure of Spartan Hegemony (Ithaca,

NY: Cornell University Press, 1991), 109.

44. Losses at Cnidus: Diod. "Sic.", 14.83; Conon's expedition to Greece: Guido Barbieri, "Conone" (Rome: A. Signorelli, 1955).

45. Xen. "Hell". 4. 8. 24.

46. Jack L. Cargill Jr. , Second Athenian League: Empire or Free Alliance? (Berkeley: University of California Press, 1981).

47. Aristotle, Pol. , 1271b1, trans. Carnes Lord, Aristotle, The Politics (Chicago: The University of Chicago Press. 1984), 78.

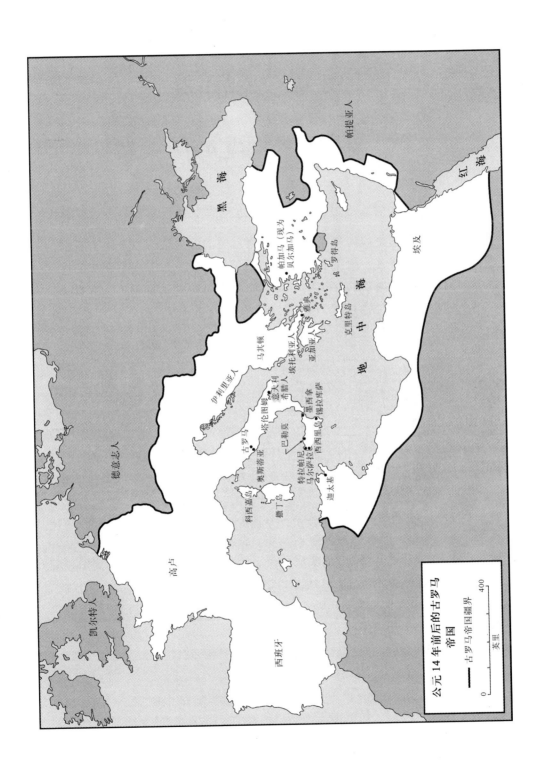

公元 14 年前后的古罗马帝国

古罗马帝国疆界

黑海

帕提亚人

红海

埃及

帕加马（现为贝尔加马）

罗得岛

克里特岛

中地海

雅典

亚加亚

马其顿

斯巴达人

亚加利亚人

埃托利亚人

伊利里亚人

希腊人

意大利

墨西拿

锡拉库摩

古罗马

塔伦图姆

西西里岛

奥斯蒂亚

巴勒莫

特拉帕尼

马尔萨拉

迦太基

科西嘉岛

撒丁岛

高卢

西班牙

凯尔特人

德意志人

0 英里 400

古罗马主宰地中海

■ 阿瑟·M. 埃克斯坦[①]

此书探讨的是"海洋变革"的本质和影响，即那些原先为纯粹的或几乎纯粹的陆地强国是如何和为什么能成为重要的海上强国以及海上霸权的获得对它们的世界观、政策和文化的影响。乍一看，布匿战争时代的古罗马共和国似乎是此题目的好选项。在他们早期历史的几百年里，古罗马纯粹是个陆地强国，它的主要军事武器总是停留在重步兵军团，而不是战舰，但是它确实在最后变成了海上强国和陆上强国，并最终成为世界上唯一生存下来的绝对海上强国。古罗马舰队开始巡航在从西班牙到叙利亚的整个地中海水域。只要看一下地图，就会发现古罗马是围绕着地中海建立其帝国的，并没有把地中海作为一个屏障，而是将它作为通往帝国其他组成部分的中央交通要道。古罗马人渐渐地将地中海称为"我们的海"。最终，古罗马战舰中队甚至巡航到西班牙、高卢（法国）和英国的大西洋海岸，即古罗马人自称的"外海"。

然而，古罗马人从陆地强国变成海上强国的轨迹不是一个简单和单向的发展过程。古罗马的"海洋变革"在很长一段时间是表面上的，只是在遇到产生巨大压力的特殊情况时才开始，甚至反复了很长时间。为海上巡航而建立永久舰队被异常地长期拖延，直到参议院下令组建第一支作战舰队的一个多世纪后即公元前 30 年才得以实现。"我们的海"这个短语的来源只能追溯到公元前 1 世纪中叶，也就是在明显发现古罗马在地中海已取得海上霸权后的一个世纪多。[1]

300 年来在意大利一直是纯陆地强国的古罗马突然建立舰队，并在公元

① 阿瑟·M. 埃克斯坦博士是马里兰大学历史学教授、罗马帝国扩张史专家，曾发表过 50 多篇重要学术论文和 4 部专著。其最新出版的著作名为 "Rome Enters the Greek East: From Anarchy to Hierarchy in the Hellenistic Mediterranean, 230 – 170 BC"（布莱克威尔，2008 年）。他目前还在与人合作编辑波利比奥斯（加拿大人，公元前 150 年）所撰写的 "The Great History of the Rise of Rome to World Power" 一书。

前 264 年后的两次大战中开始部署强大的作战舰队，以与迦太基争夺地中海西部的控制权。在公元前 3 世纪末和公元前 2 世纪初，古罗马与希腊君主国进行了一系列大规模的战争，而古罗马的大型舰队在其中也扮演着一个重要角色。这些战争奠定了古罗马在地中海地区的主导地位。大约在一个半世纪后，也就是大约在公元前 70 年，古罗马的大型作战舰队开始清除地中海东部的海盗，并且在公元前 50 年后摧毁了共和国的内战中也起着关键的作用。奥古斯都皇帝领导的君主政体在建立"新秩序"方面的胜利实际上是海军的胜利，因为海军于公元前 31 年在希腊西部的亚克兴湾击败了安东尼和克娄巴特拉。

然而，尽管古罗马海军在为生存和权力而与其他地中海大国进行海战（公元前 264—前 188 年）期间表现出了仓促应战的特征，但在公元前 188 年古罗马赢得海上霸权之后，其政府听任古罗马海军资源几乎完全衰败，并在公元前 168—前 70 年的大约一个世纪的时间里没有进行重要的海上活动。共和国后期的内战确实使海军又回到活跃的海战，不过这次是古罗马政治派系之间的斗争，从本质上说仍然是仓促作战。舰队还不存在，但为了应付危机便仓促造船。尽管最后舰队的船只数量很多，但这些船都是简陋的，水手也没经过很好的培训，而且战术也特别简单。只是在第一个皇帝奥古斯都统治期间，古罗马政府才建立了一个永久性海军编制，古罗马的战舰中队定时在地中海甚至欧洲大西洋沿岸巡航。这是奥古斯都从总体上合理重组无序政府的一项内容，但这晚了两个世纪。

在近代，海军技能以及军事船运都来源于商船运输，因而古罗马人和拉丁人在海军方面似乎总是较弱。他们也许从事海外投资，但在共和国期间，个人很少为投资而进行海外运输。事实上，在公元前 218 年，古罗马通过了一项法律，禁止参议员对大型商船进行投资。[2] 从在爱琴海中部得洛斯岛的大贸易集散地保存下来的碑文中可以判断，在爱琴海活动频繁的意大利人大都为意大利南部说希腊语的城镇居民，而且出现在得洛斯岛的"古罗马人"大多数都是自由的。一个经典例子就是佩特罗尼乌斯戏剧小说《萨蒂利孔》（约公元 60 年）中的船运巨头特里马乔。特里马乔出生于叙利亚，尽管他也是一名合法的古罗马市民，而且是一个巨富，但他是一个被释放的奴隶。同样，在帝国舰队被奥古斯都制度化后，帝国舰队所配备的人员多为带有强烈海军传统文化的非古罗马人。在商务和帝国舰队方面，古罗马的成功秘诀在很大程度上并不是古罗马文化的海洋变革，而是古罗马人能够将他们自己融入带有强烈海军传统的政治组织和文化中。此外，在与迦太基的大战中，古罗马的"海上盟友"（主要是希腊的若干政体和意大利的几个伊特鲁里亚政体）为古罗马舰队贡献了大量财力和人力。在稍后与希腊君主国的多次大战中，罗得岛和帕加马的舰队同其他合作伙伴一样为古罗马的海军事业做出了突出的贡献。古罗马人通过建造自己的大型舰队和雇佣带有更浓烈海军文化的船只和人员渐渐地主宰了地中海。[3]

古罗马对海缺乏兴趣是因为从地理位置上看古罗马就是一个"大陆"强国。古罗马城与拉丁姆海岸大约只有 24 千米，许多古罗马人在海岸附近或沿着海岸的农场工作。这个海岸几乎没有良港，但在奥斯蒂亚有一个重要的潜在港口。奥斯蒂亚是一个小镇，位于古罗马西部海岸，在公元前 4 世纪就已存在。奥斯蒂亚应该也可以像比雷埃夫斯对雅典历史的贡献一样在早期古罗马史中扮演重要角色，但它却没有。最终，安提乌姆（即现今的安齐奥）也作为备选港口之一。正如蒂尔指出的，荷兰海岸也很糟糕，拥有变化莫测的浅滩，易受突然和危险的大风扫荡，但这并没有阻止荷兰走向大海。在通向可航行的沿岸出海口方面，古罗马的状况并没有声称的那么糟糕。[4]

人们对古罗马缺乏航海兴趣似乎一直是从经济上而不是从地理位置上来解释的。在古代，往往是那些农业腹地并不非常肥沃的国家才对海洋感兴趣，因为它们的居民必须出海谋生或补充农业收成。出海总是第二选择，因为即使你天生就很容易掌握古代航海技术，海洋毕竟是一个高风险地方。例如，佩特罗尼乌斯笔中的特里马乔有一次在风暴中几乎丧失了全部财富。但是在台伯河以南的古罗马中心地带拉丁姆，土地非常肥沃。与大多数邦国比较，它能支持大量的人口。鉴于不出海就可以立即得到农业奖励，难怪古罗马文化一直注重陆地，或者换句话说，他们认为农业是最光荣的谋生方式。[5]

最后再介绍一点。在过去的一代，学术界普遍认为，如想了解古罗马在权力和影响扩张方面以及最终主宰整个地中海盆地方面的独特的成功，关键是要意识到古罗马是个极其好战和侵略的国家。事实上，无论按现代的说法还是按古代的说法，古罗马都是一只凶猛的食肉动物。[6]对我来说，这一结论似乎是基于对古代国际关系的野蛮性质的误解。对今天的我们来说，古罗马国家在其外交上似乎极其好战和富于侵略性，但其行为是合乎自己内外环境的，并不异乎寻常。古代地中海世界处于一种残酷和多极的无政府状态。在这种状态中，所有政体，无论是大的、中等的，还是小的，无论是君主国家、共和国家、民主国家，还是联邦国家，按我们的话说，都是极其穷兵黩武、好战和富于侵略性。缺乏国际法和它们自己作为国家的脆弱性强迫所有政体采取同样的残暴方式，并在功能上都十分相似。古罗马的邻居，如起初的拉丁姆人和伊特鲁里亚人，稍后的凯尔特人、萨谟奈人和意大利希腊人，再后来的迦太基人和伟大的希腊王国，都是与古罗马一样穷兵黩武、好战和喜欢侵略。[7]

但是，如果通过它与许多其他国家一样穷兵黩武、好战和富于攻击性还不足以解释古罗马在国际上取得的特殊成功，那么还有什么可以解释它呢？西奥多·蒙森在很久之前就给出了答案，即古罗马具有融合并最终吸收其他种族（如非古罗马民族）文化的能力，这种灵活性可使古罗马获得异乎寻常多的资源，然后为了生存和势力，用这些资源在邦国间进行野蛮地打斗。[8]古罗马人的这种特质在古罗马海上力量的发展过程中得以特别体现，而古罗马海上力量的发展并不总是依赖古罗马人，而是先依赖意大利的希腊人，而后依赖比古罗马人更适于航海的其他意大利种族。

我们很少听到公元前 3 世纪前古罗马人的海上活动，但是当古罗马的影响向南扩展，越过坎帕尼亚（拉丁姆南部地区），而且共和国开始将雅达利南部的希腊城市纳入自己的保护下时，情况开始改变了。古罗马在这些意大利政体中发现了潜在的海军力量源泉。希腊沿海城市在商船运输和军事方面都有悠久的海洋传统，由于它们是古罗马的盟友，因此希腊和意大利之间也成了特殊的盟友。当意大利的城邦宣誓与古罗马结盟时，它们的首要义务是为古罗马的战争努力提供军事支援，首先是提供地面部队，而当古罗马需要军舰或运输工具时，希腊沿海城镇，即海上盟友，就立即为他们提供。

从公元前 311 年开始，参议院确定了一个由两人组成的委员会处理海军事务。当需要中队时，他们可能会控制一支由 20 艘舰艇组成的中队。通过这种方式，古罗马人可以就意大利海岸宣称某种海上力量，但它不是实质性的海军力量。[9]公元前 282 年发生的一次著名事件，有一支由 10 艘三排桨船组成的中队进入塔伦图姆湾，被塔伦图姆的作战舰队击败。[10]这些中队（包括在公元前 282 年被击败的中队）好像每年从不被部署到海上，也不是真正的古罗马舰船，而是从意大利希腊海上盟友租借给古罗马的 50 艘桨船中抽出来的。这种租借有特别的条件：这些租赁船在古罗马官员的总体指挥下，但这些船的人员和船长都由出租方配备。在公元前 264 年时情况仍是如此。[11]所以，海军事务二人委员会的成立表明在公元前 3 世纪初海军事务已得到了参议员的偶尔考虑，但大家对海洋的关注还是微乎其微。

　　在公元前 267 年前，二人海军事务委员会有可能被终止，并被每年选举的由四名古罗马舰队监事组成的委员会所取代，但人们对证据有争议。有些学者认为这种发展表明了古罗马人对海战的态度有了具有深远意义的变化，正准备建立一支永久的作战舰队，并且要与最大海上强国迦太基作战。而 3 年后，古罗马确实与迦太基发生了首次大冲突。[12]无论如何，有一点是确切无疑的，即在公元前 264 年前，古罗马可以得到的海军资源只有从海上盟友意大利城邦抽调来的而且人员已经配好的三排桨船、50 桨战船以及希腊人所称呼的轻型船只（即非战列舰）。古罗马没有重型战舰（见稍后的讨论），甚至也没有古罗马人自己建造和配备人员的战舰。因此在公元前 150 年研究古罗马崛起的伟大的希腊历史学家波里比阿清楚地写道，在公元前 264 年第一次布匿战争开始时，"古罗马既没有铁甲骑兵（甲板船、三层桨船或更重些的船），也没有战舰，甚至没有一艘轻型艇。在公元前 264 年前以古罗马名义作战的任何中队一定是根据特殊条件从海上盟友处集结的。"[13]

　　人们可以从对公元前 264 年墨西拿海峡（将西西里岛与意大利南部分开）危机的描述中，清楚地了解最终导致的古罗马海上弱势。此危机源于墨西拿海峡西西里岛一侧的墨西拿的马梅尔定统治者向古罗马求援，以对付西西里岛上的古希腊移民城市锡拉库萨。而用它们的舰队长期控制地中海西部的迦太基人利用了这次马梅尔定危机向墨西拿派遣了自己的部队，但马梅尔定显然宁愿选择古罗马。他们不久就将布匿军队赶出了家门，并邀请古罗马军队入驻，但这导致了迦太基和锡拉库萨结成了联盟，并包围了墨西拿这座城镇。[14]古罗马军队到达墨西拿海峡，决心突破重围，但迦太基指挥官警告古罗马人不要向前一步，并说与布匿为敌则意味着"古罗马人永远没机会在大海里洗手"[15]。这种侮辱则显示了在公元前 264 年时古罗马海军力量是如何弱小。波里比阿明确地说道，在危机过程中，只有一个由若干艘意大利轻型舰船组成的中队归古罗马人指挥。[16]就是这支意大利中队最终还在墨西拿海峡被迦太基舰队打败了。然而，古罗马执政官克劳迪厄斯·考的克斯玩了一个伎俩，并在夜幕掩护下将他的部队悄悄运至两英里开外的开阔水域，进入墨西拿。然后，他的军团击败了包围墨西拿的锡拉库萨部队和布匿部队，并突破了包围。军团在陆上赢得胜利十分重要。锡拉库萨很快与古罗马讲和，但布匿政府不会允许古罗马在西西里岛东部获得主要影响，于是向此岛上派出海上和陆上增援部队。其结果是迦太基与古罗马为控制西西里岛爆发了大规模战争，即第一次布匿战争。[17]

　　公元前 246 年，古罗马完全没有海军，甚至都无法接近拥有标准希腊重型战舰即五层桨战舰的海上盟友。这一问题十分突出。如前所述，在此阶段古罗马的主要武器一直是重步兵军团。尽管拉丁姆肥沃的土地使得古罗马社会以前感到没有必要出海，但与迦太基的战争使得它觉得有必要拥有自己的海军。关键问题是，除了其意大利盟友能提供若干艘轻型舰船外，公元前264年后的古罗马没有自己的舰队，而且还在形势对自己并不利的情况下为了西西里岛的控制权在与迦太基作战。此外，迦太基开始使用他们在西西里岛、撒丁岛和科西嘉岛的海军基地，以对意大利发起海上攻击。意大利南部的城邦刚刚处于古罗马盟主领导（公元前3世纪80年代至70年代），这意味着他们对古罗马的忠诚仍不稳定。如果古罗马无法为他们抵挡海上袭击（同样重要的是，要保护他们重要的海上商船），不仅西西里岛要丢失，而且古罗马对意大利南部自身的控制也会处于危险之中。

然而，正是这种威胁状况，再加上可能有证据表明古罗马陆上部队显然要比布匿的陆上部队强大，这些综合因素使得参议院于公元前261年决定建造古罗马的第一支作战舰队。波利比奥斯对此舰队的建造情况进行了详细描述。此描述强调了那时古罗马对海洋的了解十分少。他们将在墨西拿海峡搁浅的迦太基五层桨战舰作为模型，并按照它来建造。他们没有被培训成造船师的木匠，也没有受过良好培训的船员，因为"对古罗马人来说，他们从来就没有考虑过海洋"，[18]但他们迎难而上，并按照迦太基的模型建造了100艘五层桨战舰。新船员在陆地上接受培训，坐在划船者的长凳上，就像坐在一艘真的五层桨战舰上，水手长打节拍，以便划桨者学会协调一致。[19]波利比奥斯对古罗马国家在此项目上所展示的能量印象深刻。参议院立即命令此舰队前去挑战控制了地中海西部长达200多年的迦太基人。[20]

我们应该承认对构成古罗马卓越的海军文化的关键元素知之甚少，且对那时的战舰军官和士兵所需的技能和个人素质也无详细了解。我们只知道这些概括性的词，如"聪颖""勇气"和"海洋知识（针对舵手）"。关于第一次布匿战争，我们尚不了解船员的种族来源。与公元前5世纪雅典由雅典市民划桨的三层桨战船舰队相比，[21]此段时期古罗马战舰的导航员和舵手可能是意大利希腊人，即使船长是古罗马人。如从第二次布匿战争（公元前218—前201年）的形势判断，划桨手和甲板船员并不总是古罗马人，而是从意大利沿岸的海上盟友招来的。[22]

同样，我们对管理人员的技能、知识和个人素质几乎一无所知。这些管理者必须经营过承担造船任务的国家船厂。当这些船厂不被使用时（冬季非适航季节被封存），这些船厂便被用作培训地或干船坞。此外我们对必须提供这些造船所的商人和合同商茫然不知，但是我们对在港口维护希腊战舰所需的大量物料有所了解。[23]我们对划桨手的培训（之前讨论过）有所了解，但对导航员、舵手和船长的培训几乎一无所知。[24]尽管我们也知道，由于希腊五层桨战舰要比早期的战舰大很多，其建造和维护成本肯定要比古典时期的三层桨战舰高。此外，船员的成本一定更高，因为一艘五层桨战船需要大约400名船员，而一艘三层桨战船只大约需要240名。[25]我们不仅知道他们如何从战略上部署希腊战舰，以夺取和维持所谓的海洋控制权，而且也知道他们这么做的目的。此外，我们还对这些舰船的奇异设计给作战中的战舰带来的局限性以及这些舰船使用的战术知之甚多（见后面的讨论）。

然而，关于古罗马海军文化的发展，在布匿战争期间古罗马五层桨战船上，几乎没有几名船员是真正说拉丁语的古罗马人，也许只有船长和水兵是。此阶段共和国使用的战舰的这种"双种族"性质其实算不上太异常，因为在马其顿大帝国中，五层桨战船的划桨手和甲板船员都是希腊人，而海洋特遣队是马其顿战士。马其顿舰队（如此期间的古罗马舰队）采用登船战术，以充分利用马其顿战士的素质优势。如古罗马人一样，马其顿人对大海几乎没有任何经验，是一个农业占主导地位的社会。如古罗马人一样，即使马其顿君主国的大舰队主宰了地中海东部，马其顿仍是一个农业国。这种海上成就似乎主要是通过部署受马其顿控制的海上人员而取得的。古罗马人也相似。

无论古罗马在海洋经验上有什么局限性，但古罗马参议院没有忘记他们在公元前3世纪和2世纪海战的战略基础以及向远方投送海军兵力的困难。公元前3世纪和2世纪的基本战舰是五层桨战船。虽然这种船有帆，但它的主要动力来源于划桨手。与早期的三层桨战船的著名三层单桨手不同，五层桨战船含有三列大桨，两名桨手工作在上两层。[26]每艘五层桨战船大约需要配备300名划桨手，这意味着船的每侧有30列桨，分三行，每列配备5名桨手。这样算起来，五层桨战船的划桨手数量是三层桨战船的两倍以上，所有这些人都得被塞入狭长的舰船上或舰船里。公元前5世纪的三层桨战船为4.57米长和4.57米宽，而五层桨战船的长和宽分别为39.62米和6.10米。尽管五层桨战船比三层桨战船大，但多出的空间也差不多被多出一倍的划桨手塞满。[27]此外，五层桨战船所携载的海军陆战队士兵数量是三层桨战船所携载的两倍。一般来说，为这种新船所配备的海军陆战队员为90名左右。这些人不得不被充塞在这船上。由于船上弩弓的研制和弓箭武器不断增加使用，划桨区被设置了顶棚，以保护划桨手。结果是，五层桨战船不仅比三层桨战船大不了多少，而且更重，机动性更差。这种船的设计更多地是为了冲撞后登上敌方舰船，因而需要大量的海上分遣队，而不是为了冲撞后快速撤出，以便采用机动对付另一只舰船（公元前 5 世纪三层桨战船著名战术）。一个例外是因水兵而著名的罗得岛舰队，他们比其他任何舰队更坚持采用冲撞战术。[28]另一个类似的例外是迦太基舰队。由于此舰队在第一次布匿战争的开始就存在，因而它可以采用登船战术，但他们把接受的冲撞培训更看成是机动，而不只是登船前的准备工作。[29]

因此，此阶段的大多数希腊海军都倾向于将海战变成地面战斗，而古罗马人后来也很擅长此战术。有人认为这种海军战术专属于古罗马，并且只能表明它们是"旱鸭子"，其实这是一种普遍错觉。如果古罗马可以得到高素质的步兵，那种普遍采用的五层桨战船战术，即将它当做战斗中的登船平台而不是机动船，就会为古罗马人充分利用。[30]同样引人注目的是，与希腊人相比，古罗马人没有为海战战术发明专用术语，而是沿用了陆军和陆战术语。成纵列抵近敌方舰队相当于步兵列，而经常采用的舰船成一排迎击敌方舰队的战术犹如步兵的一个方阵。[31]

这些发展的主要战略后果是塞满大量船员的五层桨战船需要附近的陆上基地，以便从基地作战。远距离航行至战场是不可能的，最重要的是划桨手面临的状况。这些划桨手在炙热的地中海太阳下和拥挤窒息的环境中划桨是一件极其艰苦的工作。划桨手尤其需要大量的水，以便更好地工作。三层桨战船无法为船员携带足够的水和食物。五层桨战船的环境甚至更加拥挤和过载。[32]船员对水和食物的需求事关希腊桨船能否起作用。船员需要附近的友好基地，以便补充水、体力和供应品。事实上，船员通常希望和需要靠岸吃午餐并过夜。这意味着，要想使舰队发挥应有的作用，并将海军力量投送到远处，海军基地不应相隔太远，以便相互支援。两基地最好相隔一天航行的距离。[33]

这些事实确定了大规模海战所要遵循的策略。由于在第一次布匿战争中，古罗马和迦太基都可以利用位于西西里岛的基地，因此大战时在海上发生大规模部队冲突是有可能的。此时，古罗马拥有墨西拿和锡拉库萨盟友（尽管对后者的使用需要与锡拉库萨政府进行外交协调），迦太基起初有巴勒莫（在公元前 2 世纪 50 年代后期被古罗马占领）、特拉帕尼和马尔萨拉。相比较而言，在第二次布匿战争中，迦太基在意大利缺少基地不仅意味着汉尼拔不得不经由陆地侵略意大利，而且意味着从迦太基占领的领土进行海上增援困难而危险。事实上，布匿政府只进行过一次从非洲直接进行增援，那次操作是成功的，但没有再试过。这是一个合理的决定，但这意味着汉尼拔对意大利的侵略只要暂停，就会被阻断。迦太基政府确实尝试着夺回西西里岛和撒丁岛上的基地，因为有了此基地，它就可以在意大利周围的海域对古罗马进行挑战，也可以将增援部队运给汉尼拔。布匿战略就是迫切需要基地，以便在希腊条件下通过大型船只从此基地实施海上作战。这种战略并不是把本应派往汉尼拔的部队进行简单的换防，因为事实上这些部队很难安全抵达它的位置。[34]迦太基的这种尝试没有成功。尽管迦太基一直坚持此战略，但他们从未能永久控制西西里岛或撒丁岛的任何一个能做海军基地的港口城市。

同时，拥有许多这种海军基地（如墨西拿、锡拉库萨、巴勒莫、马尔萨拉、卡利亚里、比萨、马西里亚、克基拉）的古罗马人主宰着地中海西部水域。从这些基地就可以相对快地向一些地方如西班牙派遣海上增援部队，因为在西班牙，普布利乌斯·科尔内利乌斯·西庇阿正分解公元前2世纪30年代至20年代在远东建立的布匿帝国。同时，汉尼拔仍被切断，他的部队最终被消灭。他与古罗马的战争不得不在陆上进行，尽管他是一名优秀的将军，但他的资源还不足以对古罗马构成致命一击。

很显然，古罗马参议院员不久就渐渐知道了古罗马的后勤支援尚不足以支持其舰队作战，要想进行西西里岛海战就必须有良好的基地，且要剥夺迦太基使用这些基地的权力。因而，古罗马人很早就将西西里岛的墨西拿建设成为其主要的海军基地，参议院也愿意与锡拉库萨人进行外交谈判，以便将锡拉库萨偶尔用作其基地；同时，还采用了一些策略，即通过征服西西里岛西部主要港口（巴勒莫、利利俾和特拉帕尼）将迦太基驱逐出它自己的海军基地，并攻击位于撒丁岛和科西嘉岛的基地。大海军的极其快速发展最明显体现了这种战略构想。这种发展需要在材料上进行巨大投资，需要培训大量水手和陆战队员，以为海军配备人员。即使大的新舰队的大部分划桨手和船员都来自于意大利的盟友，但已经成为古罗马标准战舰的大战舰本身并不是意大利希腊人以前用过的那种型号和大小，而古罗马人以前更没有这么大的战舰，也没有把他们作为陆战队员作战。

下列几个令人吃惊的事实表明了参议院在此阶段对海上强国可能性的意识是如何的快。第一是迅速壮大的古罗马海军规模。考虑到公元前264年时古罗马没有作战舰队，参议院于公元前261年命令建造100艘最先进的五层桨战船，以与迦太基竞争西西里岛。波里比阿强调指出，对以前不是海军强国的国家来说，这是一个令人吃惊的大项目。[35]参议院的命令意味着一年后出海的古罗马五层桨战船舰队应该是罗得岛舰队的两倍大。尽管如此，但建设仍未停止。到四年后的公元前256年，古罗马作战舰队的五层桨战船数量就达到了令人吃惊的330艘，一年后又上升到364艘。[36]

此外，伴随着为对抗迦太基而所需的战舰数量的快速增长，古罗马地理和战略视野也在快速扩大。公元前264年，古罗马人还几乎没有任何海战经验，但到公元前256年时，古罗马已经用其庞大的五层桨战船舰队控制了西西里岛的水域。此外，古罗马正用此舰队骚扰迦太基在撒丁岛和科西嘉岛上的传统海军基地（这意味着古罗马进入了另一个新的地理场所），但实际上正利用西西里岛上的海军基地准备对非洲从陆地和海上发起大规模的跨海侵略，以包围迦太基。与此同时，基于古罗马人口数量，古罗马五层桨战船的划桨手大多为意大利南部希腊城邦居民（也许有一些意大利人），但现在数以万计的古罗马士兵作为海军陆战队员第一次出海。古罗马在短时间内从一个纯意大利陆地强国快速变成一个具有很大的从陆地和海上向远处投送兵力能力的强国，简直令人震惊。此外，古罗马在四五年内就变成了拥有一支能从海上甚至很远的非洲海岸对迦太基进行挑战控制并由大型现代战舰组成的巨大舰队的海军强国，这实际上是海洋变革的产物。

古罗马对非洲的入侵具有幻想成分，最后以灾难而结束。这支前往非洲的远征军曾于公元前256年夏季在西西里岛南部的埃克诺姆斯大战中击败了布匿海军，随后定居于北非沿海，并于当年秋季将布匿军队逼回到迦太基城墙内，但在第二年的春天，它自己却被决定性地打败。本来是派出去包围迦太基的作战舰队现在却担负着营救非洲远征军幸存者的使命。而当这支舰队从非洲返回国内途中，于公元前255年夏天在西西里岛南部遇到了风暴，遭到了灾难性毁灭。这支由364艘五层桨战船组成的庞大舰队一天之内损失了大约280艘，[37]人员死亡数量巨大。失去那些经验丰富的船员对古罗马来说是一次沉重打击。波利比奥斯强调这次灾难是因古罗马缺乏海上经验而引起的。希腊舰船舵手曾警告指挥舰队的古罗马执政官，由于从非洲来的强风以及缺少海岸登陆地，夏季的西西里岛南部海岸十分危险，但执政官不一定必然是舰队指挥官，他对希腊人的答复是古罗马人的毅力将使舰队穿过风暴，抵达非洲。[38]这表明，尽管参议院不仅已渐渐懂得了大舰队为古罗马远距离兵力投送提供了战略上的机遇，而且也渐渐懂得了拥有一支大舰队对敌人构成的战略威胁（如古罗马在公元前256—前255年冬季要求迦太基放弃西西里岛、撒丁岛和科西嘉岛以换取和平就说明了这点），但复杂环境下的舰队航行技巧仍属大多数贵族的能力范围之外。[39]

本来古罗马将战胜迦太基已成为越来越明显的事实，但侵略非洲的失败和痛失经验丰富的古罗马舰队却使得情况陷入僵局。参议院也确实授权海军在随后的几年内作出重大努力，但遗憾的是这些努力最终都被证实是灾难性的。经过痛苦的重建之后，古罗马舰队五层桨战船数量达到了300艘，但在公元前253年，它却在西西里岛和意大利之间遭遇了一场风暴，损失了150艘。[40]古罗马不得不再次重建舰队，新的舰队的五层桨战船数量达到了200艘，但在公元前249年，这支舰队在西西里岛西部的特拉帕尼遭到了惨败，损失了2/3船只。波利比奥斯明确地说这是因为迦太基的舰船更快，建造工艺更好，而且他们的船员得到了更好的培训。[41]随后不久，西西里岛南部海岸的另一场风暴彻底摧毁了剩下的古罗马舰船。[42]正如蒂尔说的，一种不适应航海的文化标志不是对海洋的过度恐惧，而是缺少对海洋的恐惧。反之，前往迎敌的迦太基将军在出发之前就阅读了天气预报牌，并将此放入了港口。[43]

这一系列灾难事实上已使得参议院放弃了共同建立古罗马海上强国的希望。在随后的几年里，古罗马人试图从陆上通过围困来征服布匿位于西西里岛西部的沿海地区，但这是无法完成的任务，因为要塞可以从海上得到补给和增援。参议院在绝望之中于公元前242年最终同意建立一支新的作战舰队。舰队花费了大量资金，古罗马的国库因战争开支而枯竭。按照传统，舰队是由参议院阶层的私人财富来支付的，这至少表明古罗马人依然明白海上力量的重要性，尽管他们未必能把它们用好。新船的费用由一名富人或一小组富人支付。他们知道一旦战胜了迦太基，这些钱会被还给他们的。

事实上，个人投资确实得到了回报。公元前241年春季，由200艘甲板战舰组成的古罗马舰队盯上了一支刚卸完增援人员和物资并朝西西里岛西部航行的布匿舰队，并在埃加迪群岛波涛汹涌的海面上击败了布匿舰队，击沉和捕获了120艘船只。[44]随着古罗马舰队对西西里岛西部海域的控制，布匿要塞因无法得到增援和补给而突然变得很难防守，所以再也无钱建立新舰队的布匿政府只能被迫求和。迦太基在谈判过程中态度强硬，而古罗马人也为战争所累。在随后的和平协议中，迦太基人被迫撤出了西西里岛，但还是成功保留了撒丁岛和科西嘉岛。[45]

在第一次布匿战争和汉尼拔战争期间，有证据表明参议院仍在考虑海军战略。首先，在公元前238—前237年，参议院同意夺取撒丁岛和科西嘉岛。这两个大岛在过去的四年中有着复杂的经历。公元前241年，它们被留给了迦太基；公元前240年，它们被反迦太基的叛乱雇佣军占领，而这些叛乱军后又被规模更大的叛乱军驱逐，几易其手，反反复复。古罗马人的所作所为为我们提供了好的案例。古罗马人认为撒丁岛和科西嘉岛在公元前238—前237年期间不属于任何国家，因此可以随意占领，而迦太基和波利比奥斯则不这么认为。[46]对我们来说，无论是否符合道德，占领撒丁岛和科西嘉岛表明参议院因布匿战争而扩大了视野，并且理解了海军战略，即夺取包括西西里岛在内的岛屿是在意大利和非洲之间建立永久"堡礁"的一次训练。随着这三大岛落入古罗马人手中，意大利就不会再受到布匿海军的袭击，因为如果没有好的海军基地，战舰很难通过非洲直接抵达意大利。此外，这使得迦太基对自公元前238年以来位于波河河谷并对古罗马构成严重威胁的凯尔特人的援助异常困难。同样重要的是，古罗马人可以将大量侵略军从意大利西海岸有效地一路运输至撒丁岛（位于241千米的公海中）。这是一项令人印象深刻的海军成就，也是一次海洋变革。

同样，在公元前229年，参议院首次派遣一支由200艘战船组成的舰队前往亚得里亚海，以平定位于伊利里亚的阿尔迪安人海盗城邦（位于现克罗地亚海岸），为古罗马的海上作战开辟一新区域。波利比奥斯确实强调过参议院同意了这次远征，尽管在意大利的希腊商人就日益增多的伊利里亚海盗抗辩过。[47]他清楚地表明参议院在公元前230年左右对来自凯尔特人从波河河谷穿过亚平宁山脉对马洛中部意大利的威胁更加关注。[48]然而，当最终实施时，古罗马对伊利里亚的海上远征取得了决定性的胜利：伊利里亚王国分裂，伊利里亚人被禁止为了战争目的进入意大利和希腊之间的主要贸易通道——奥特朗托海峡。该地区的许多希腊沿海城镇现已与古罗马建立了友谊。十年后，参议院不得不派遣另一支大型舰队前往该地区平息位于法洛斯的德米特里厄斯，因为他正威胁着古罗马的势力范围。这次远征规模很大，而且获得了令人瞩目的成功。古罗马现在不仅仅是西西里岛、撒丁岛和科西嘉岛周围海域而且是亚得里亚海的主要海上力量。[49]

当与迦太基的战争于公元前218年再次爆发时，参议院带着同样的信心同意了海上力量的大规模部署，并立即派出了一支由220艘五层桨战船组成的舰队，其中许多战舰可追溯到公元前 242 年。这正是古罗马于公元前 238—前 237 年为攻占撒丁岛和科西嘉岛而部署的舰队，也是公元前 229 年和公元前 219 年在伊利里亚部署的舰队。与这儿的古罗马海上力量相比，此阶段著名的罗得岛舰队的甲板战船不超过 50 艘，帕加马大约为 35 艘、马其顿（在菲利普五世的建造计划后）大约 50 艘，安条克三世约 10 艘。迦太基只能用自己的大约 100 艘五层桨战船对古罗马发动进攻。[50]

参议院的计划是具有战略远见的。它选派了 60 艘五层桨战舰前往西班牙，并让舰队的其余船只前往位于西西里岛西部的利利俾，以便准备对布匿的北非地区进行侵略，并对迦太基进行包围。这完全是公元前 256—前 255 年古罗马海上力量达到顶峰时的翻版。这是参议院对古罗马海上主宰的信任，然而，它还是继续担忧对意大利的海上袭击。因而，它于公元前 215 年派遣了 25 艘五层桨战船去防御古罗马附近的海岸。[51]公元前 208 年，当参议院听到谣言说迦太基准备用由 200 艘五层桨战船组成的舰队袭击拉丁姆时，这确实引起了一场"海上恐慌"。[52]但是，事实上，在途中无基地的情况下，布匿对古罗马进行大规模的袭击十分困难，正如我们在哈斯杜鲁巴·卡尔乌斯远征军在公元前 215 年遭遇惨败的故事中看到的。[53]

汉尼拔对古罗马海洋控制权的洞察力表明他在追求自己的攻击战略（即从西班牙的基地对意大利进行侵略）中毫无选择，只得将他的陆军越过阿尔卑斯山，而不是取方便之道乘船沿西班牙海岸前往意大利北部。汉尼拔走此陆路花了公元前 218 年的整个夏季，且沿途损失惨重。[54]尽管遇到了很多困难，但在迦太基主要处于守势的情况下，汉尼拔的卓越战场领导才能使得成千上万的波河河谷的凯尔特战士沿途加入了他的队伍，导致迦太基的兵力形成了战略进攻态势，这给古罗马和其对意大利的控制带来了比第一次布匿战争更大的危险。然而，即使当古罗马人遭到了汉尼拔的陆上侵略，并在意大利遭受了大量损失，而且即使当汉尼拔的早期胜利几乎迫使古罗马政府以及其在意大利的古罗马联盟体系屈服，但参议院应该在这些年已经体会到了古罗马对海洋的控制有多少好处。换句话说，很显然，如果古罗马没有对海洋进行控制，军事态势将变得更加糟糕。

现代学者有时对布匿政府持批评态度，认为它不应该将作战重点放在西班牙、撒丁岛和西西里岛，而应该在汉尼拔攻入意大利后对他实施增援，但这也再次说明控制海洋是至关重要的考虑。尽管迦太基政府的主要目的是保护西班牙，而这对他自己来说也是一个合理的战略，因为西班牙有作战必需的大量人员和黄金等物资，但它对控制撒丁岛、科西嘉岛或西西里岛上的重要海军基地也十分重视，因为只有得到这些基地，它们才能确保对意大利的汉尼拔提供定期的和相对低风险的增援。换句话说，在这场本应该将重点放在意大利而不应该放在如撒丁岛或西西里岛的战争中，迦太基既没有被参议院冷笑地抛弃，布匿参议院也没有撒孩子气而被解散。相反，布匿战略是条理清晰的，并且是被建立在征服一系列海军基地上。得到了这些海军基地，汉尼拔的远征军就可得到补给和增援。这是一个聪明且被持续遵循的战略，只是在其执行过程中因古罗马海上和陆上的优势而失败了。[55]

同样，汉尼拔夺取了意大利南部赫拉克利亚、麦塔庞顿和图里表明他想与非洲联手。问题是只要古罗马占领了利利俾和墨西拿这两个堡垒，西西里岛就阻断了海军的北上路径，那么即使夺取了几个小的意大利港口也几乎没有任何意义，因为如果在西西里岛没有一个安全的登陆地，迦太基就无法抵达意大利南部。[56]

当然，这里面也有布匿的海上冒险，如曾几次大胆地尝试通过迦太基尚未控制的撒丁岛对意大利沿岸进行袭击，甚至有几次时间较短的至亚德里亚海的远征，以支持汉尼拔的盟友马其顿五世反对古罗马。[57]但在公元前211年波米尔卡巨型舰队（130艘五层桨战船）的失败这一铁的事实再次验证了古罗马海上优势。波米尔卡舰队是准备对反古罗马而造反的锡拉库萨袭击，却在西西里岛南部与克劳狄乌斯·玛尔凯鲁斯率领的古罗马舰队遭遇并交战。[58]此后不久，锡拉库萨就落入了古罗马人之手。在公元前208年古罗马陷入海上恐慌后，古罗马在北非海岸先发制人的袭击中与布匿舰队作战（谣言说它拥有200艘五层桨战船，实际只有一半数量），并赢得了两次胜利。[59]

汉尼拔于公元前216年在坎尼早期赢得的伟大胜利使得马其顿国王菲利普五世相信古罗马将在此战争中失利，因而也会失去其于公元前215年与迦太基将军的联盟。菲利普集结了一支由轻型舰艇组成的舰队，以夺取伊利里亚，并有可能攻击意大利。在此必须强调，这种掠夺行为是一种典型的构成希腊化的地中海的野蛮多极混乱状态。得知此联盟后，参议院命令建造更多的战舰，以对付这个新的敌人，并要求对亚得里亚海进行密切关注，以对付菲利普的劫掠。参议院议员再次在建造新舰队的成本预算上签字，因为此时古罗马财政已近崩溃。人们可以从此风险交易中看到参议院十分理解海上失利的严重性。[60]参议院还同意了与马其顿老的希腊敌人埃托利亚联盟结成盟友，共同反对菲利普，目的是使国王忙于希腊战争，而无暇顾及与汉尼拔在意大利会合。在此联盟下，古罗马海军中队第一次出现在曾给菲利普希望联盟带去惨重损失的爱琴海。参议员在此处的行为再次表明与迦太基的争斗是如何扩展古罗马战略地平线的以及如何让自己掏钱打造的舰队远程冒险。到公元前 209 年时，古罗马的地缘政治目标可远及希腊东北部海岸。最终，与菲利普的战争于公元前 206 年（为埃托利亚）和公元前 205 年（为古罗马）以和解而结束，双方都没有赢。但如果考虑到古罗马的战略目标是将菲利普保持在意大利之外，那么应该说古罗马的战略目的是实现了。[61]

汉尼拔战争因执行公元前 256—前 255 年的古罗马计划而最终结束。此计划因汉尼拔对意大利的侵略而于公元前 218 年中断，因为有一支规模庞大的远征军于公元前 204 年从位于西西里岛的基地出发，并在北非海岸登陆。在卓越的普布利乌斯·马克西姆斯·西庇阿指挥下，这支不断从海上得到补给和增援的部队在迦太基附近安全落脚。[62]远征这种想法在参议院有很多人反对，主要人物是年老的菲尔乌斯·马克西姆斯·西庇阿（他应该还记得公元前 256—前 255 年的灾难）。但西庇阿的成功迫使布匿政府在公元前 203 年将汉尼拔从意大利召回，以对付迦太基。在公元前 202 年的扎马战役中，古罗马部队第一次决定性地打败了汉尼拔，到公元前 201 年和平到来时，迦太基被解除了武装，它的海军被缩编到只剩几艘船，而迦太基也被永久限制在其北非领土范围内。[63]

使得古罗马十分疲惫且在公元前征用了大约 1/2 城镇人员的布匿战争胜利结束，但随之而来的是一场新危机。来自于不少于四个重要希腊城邦（也许五个）的特使在公元前 201 年抵达古罗马，以报告古罗马马其顿的菲利普五世和塞琉古帝国安条克三世已联合摧毁处于一个孩子控制的埃及的托勒密领土。如果成功了，这将意味着这些精力充沛的和扩张主义的君主将拥有巨大权力。[64]刚刚经历过汉尼拔的古罗马政府不希望在东方看到一个地缘政治威胁的出现。希腊特使可能在公元前 201 年已经使用的一个具体证据值得注意。希腊特使有可能对参议院提出了警告，称菲利普五世自己新建的大型舰队也许即将与安条克三世的强大舰队相会合。安条克三世的舰队有 100 艘五层桨战舰，而菲利普五世的舰队有 50 多艘五层桨战舰。菲利普五世舰队已于公元前 201 年夏季在小亚细亚海岸展示了自己的高效。[65]当菲利普和帕加马以及罗德岛的激烈海战正处于白热化时，于公元前 201 年秋季抵达古罗马的希腊特使也许已被派往意大利。无论随后爱琴海西南部发生了什么，这就是他们在古罗马汇报的形势。[66]这份报告本应对参议院产生了影响，因为参议院懂得海上力量在以前防止菲利普攻击伊利里亚甚至意大利方面具有至关重要的意义。现在古罗马对意大利正东海域的控制再次具有潜在性的危险。参议院采取了几个具体步骤来加强海军对东海岸的警戒，古罗马等到与希腊讲和后才对菲利普宣战，同时派员警告安条克不要侵略埃及。[67]

安条克二世暂时默许并满意于夺取了特勒密在黎巴嫩和朱迪亚的财产（尽管在公元前196年，在听到特勒密五世死亡的谣言时，他再次准备好夺取尼罗河）。[68]在另一方面，菲利普五世拒绝了古罗马的最后通牒，双方很快开战。古罗马采取了主动进攻，它的一支庞大的远征军在希腊登陆，同时一支由帕加马和罗德岛中队加入的相当大的作战舰队横扫爱琴海，并连续攻击马其顿的希腊盟友。盟军的舰队由一百多艘五层桨战船组成，其中仅一半多一点是由古罗马提供的。[69]

人数超过一倍的菲利普不敢面对同盟的海军部队。造成这种状况的原因见公元前198年被选出的亚加亚联盟的领导人的总结。就在亚加亚联盟从马其顿转向同盟进行表决之前，该联盟的领导人说："古罗马人已经控制了海洋。"[70]为此，这次战争的决定性战斗只能在陆上展开。尽管菲利普吹捧自己，但这场战争最终还是以盟军于公元前197年在塞萨利的库诺斯克法莱的最终获胜而结束（主要与古罗马军队作战）。

在参议院的建议下，现场的古罗马指挥官泰特斯·昆克提乌斯·佛拉米涅努斯（库诺斯克法莱战役的胜利者和西庇阿·阿非利加类型的人）于公元前196年叙述了欧洲希腊的新政治体制。在此体制中，马其顿将继续存在，希腊国家将很强大，没有哪个邦国能对其他邦国行使霸权。这或许反映了古罗马方面的诚意。至少，佛拉米涅努斯自己相信，如果安条克对希腊城邦威胁，这种体制将保证古罗马能得到这些希腊城邦的大力支持。希腊政府知道安条克所施加的任何霸权体制都要比古罗马在公元前196年建立的影响范围残酷得多。[71]

事实上，安条克确实对爱琴海构成了威胁。到公元前1世纪90年代时，安条克帝国的领土范围已从爱奥尼亚延伸到阿富汗，并包括希腊北部的一部分。它每年都与别国打仗，这种状况已持续30年，但它的野心仍未结束。古罗马的盟友埃托利亚联盟总觉得自己在进攻菲利普的战斗中没有为自己所担任的角色获得足够的领土补偿，因而邀请安条克作为希腊人的领头羊，而安条克最终于192年秋天来了。古罗马人对它再三提出警告，让它赶紧滚蛋，但它如公元前196年所承诺的也将所有军事存在都撤回到意大利了。安条克对它认为是势力真空地带的希腊的侵略在地中海无政府状态形势下是一种自然的行为。更重要的是，他现在手中已拥有被迦太基流放的汉尼拔作为他的军事顾问之一。[72]

古罗马对希腊危机的反应是将它的一支部队输送过亚得里亚海，并于公元前191年将安条克逐出了欧洲。参议院还向爱琴海派遣了一支由80艘五层桨战船（其中只有30艘是新的）组成的舰队，不久，帕加马和罗得岛又为此舰队增加了60艘左右的五层桨战船，因为那些因安条克对他们的威胁要比古罗马的威胁更大而加入反安条克同盟的古罗马老盟友对它们的威胁现在要比古罗马直接对它们的威胁还要大。尽管基于他的经验，汉尼拔告诫安条克"古罗马的海上力量与陆上力量一样强大"，但有趣的是安条克的主要舰队指挥官波利塞尼达斯对此并不认可。[73]他敦促安条克在古罗马舰队与希腊盟友会合之前派出了由100艘五层桨战船组成的舰队抵抗古罗马舰队，因为古罗马船只"是非内行建造的，笨拙而缓慢"[74]。对古罗马海洋变革来说，有一点很清楚，即此阶段古罗马舰队的个体仍不如希腊舰队。

由于安条克拥有一支强大的舰队，因此这场战争的模式和与菲利普战争的模式不同。当安条克与同盟军的舰队争夺爱琴海控制权时，双方在海上进行了几次大的作战。罗得岛舰队在同盟军一方扮演着关键角色，因为它在地中海最训练有素。它于公元前191年末在克瑞克斯赢得了小小的胜利，然后在公元前190年夏独自作战，在西戴赢得了具有战略意义的胜利，阻止了汉尼拔试图在塞琉古岛的海上增援下进入爱琴海。几个星期之后，罗得岛人在米昂苏斯组建了同盟舰队的一个关键部分。通过这种大胆的机动，罗得岛舰队司令犹达马斯将处于严重压力下的古罗马舰队从波利塞尼达斯的攻击中解脱了出来。如果没有犹达马斯和罗德岛人，古罗马人也许已被波利塞尼达斯摧毁。如果这样的事真的发生了，古罗马为夺取安条克而对小亚细亚的侵略将会被推迟至少1年。而现实结果是犹达马斯和罗德岛人赢得了胜利，古罗马人无阻碍地穿过了达达尼尔海峡（加利波里）。[75]

我们并不是低估古罗马自己对这些海上胜利的巨大贡献，我们只是说这些胜利说明了我们以前所遇到的古罗马的一个原则，即古罗马依靠具有长期的和良好的传统的希腊邦国使自己的海上力量倍增。这不仅在早期意大利南部古希腊城邦整体下是正确的，而且在东方也是正确的。因而，古罗马在海上对抗安条克不仅仅是海上成功，也是一个基本的外交成功。

这种外交成功反过来是基于这一事实，即在此期间，古罗马人是作为反霸权力量在爱琴海世界出现的（特别像中国未来可能的角色）。这方面的外交处境带来了颇有讽刺意味的结果，即古罗马帝国，但重要的是了解古罗马外交的基础，即军事实力。罗得岛就古罗马海军战胜安条克所做的突出贡献以及公元前 189 年 1 月帕加马的欧迈尼斯二世队就盟军在小亚细亚西部的麦格尼西亚战胜安条克的陆地战争中所做的突出贡献都不是偶然事件。希腊政体的政府并不对大国的野心太天真，但令人吃惊的是他们认为古罗马在他们面对的大国中威胁最小。因为菲利普五世（不论加不加安条克）和安条克对他们威胁更直接，希腊城邦要利用古罗马来实现自己的平衡战略。[76]

在公元前 2 世纪初，东方的古罗马人能通过安条克舰队司令认为有自身缺陷的希腊来壮大自己的实力。古罗马的希腊盟友确实没有令古罗马失望。通过公元前 188 年与盟军战争对象安条克签署《阿帕米亚和约》，处于塞琉古王国的前沿战线被逼回到离托罗斯山脉（处于现在的土耳其和叙利亚之间）仅有 482 千米，同时塞琉古的舰队被损坏。这些解决措施缓解了几乎二十年来塞琉古对二类希腊城邦的压力。此外，这种解决以安条克为代价为帕加马和罗得岛带来了巨大的领土回报，而在欧洲，亚加亚同盟甚至马其顿（此时菲利普与古罗马人共同反对安条克）也在领土上受益。令人惊奇的是古罗马再次从亚德里亚海消失了。在希腊，不再留有古罗马部队、要塞、基地、政治监察员甚至外交官。古罗马当然将爱琴海地区变成了自己的势力范围，不准任何其他大国染指。实质上说，古罗马人现在已经让希腊自治了。从这种角度看，在以托勒密地区崩溃为起始的危机中与古罗马成为盟友的邦国已经从危机提供给他们的不合意的选择对象中进行了聪明的选择。

从古罗马与菲利普的战争以及与安条克的战争，我们已经可以看出，古罗马在战争中所做出的海上努力要比在汉尼拔战争中的小得多，更不用与第一次布匿战争期间的巨大努力相比了。当然，在他们海上盟友的帮助下，古罗马人在与菲利普作战的一开始就控制了海洋，并在与安条克作战中成功控制了海洋。在这一时期，古罗马人在东部与安条克的海上作战中作出了巨大的努力，动用的战舰约等于汉尼拔战争中使用的战舰的一半。此外，《阿帕米亚和约》的签署结束了来自安条克的威胁，古罗马的舰队只能停在干船坞里。没有古罗马中队出现在爱琴海，在地中海的任何地方也没有大型古罗马舰队在工作。在公元前 171 年，由于所谓的菲利普五世的儿

子珀修斯的侵略，马其顿出现一次新危机，再也不存在古罗马舰队去处理
此危机。相反，参议院不得不命令取出存放了 17 年的舰艇，其中只有一些
还能航行。[77]

公元前 188 年后古罗马作战舰队的衰败被认为是一种特殊的古罗马
"旱鸭子路线"的标志。[78]就其本身来说，这在某种程度上是不公平的。带有
大量船员和脆弱的战舰的作战舰队的维护成本很高，即使海军声誉很高的
罗得岛政府也无法保持全部舰队。相反，如同古罗马情况一样，在需要之
前，他的大部分舰船都停在干船坞。[79]然而，我们可以注意到古罗马派往爱
琴海以与珀修斯作战的舰队只有 40 艘五层桨战船，其规模大约只有被派往
抵抗安条克的舰队的一半。这只是一支中等规模的舰队，即使得到了罗得
岛和帕加马海军的一些帮助，它也无法阻止至马其顿的谷物贸易或由马其
顿人在爱琴海通过轻型舰艇实施的海上袭击。[80]但是，这种马其顿的活动本
身几乎就不是一个威胁，而珀修斯尽管其陆军要比他的父亲菲利普的陆军
强大得多，但他就是与古罗马和其盟友就总的海上霸权进行竞争。也许这
正解释了为什么古罗马在公元前 171 年派遣至东部的舰队规模很小，而且船
龄很老。古罗马涉足海洋很特别，仅仅是为了对付较小规模的威胁。在珀
修斯被打败后，古罗马人再次撤退至意大利，在亚德里亚海东部又有 100 年
没有再看见古罗马的大型作战舰队了。[81]

古罗马在东部海上缺陷的标志是本都的米特拉达梯六世在公元前 88 年
可以横扫在爱琴海的任何古罗马舰船，最终将古罗马人封锁在比雷埃夫斯，
即雅典撤至的要塞港口。古罗马将军卢基乌斯·科尔内利乌斯·苏拉也没
有像公元前 214 年、200 年、192 年和 171 年对待远征军那样带着作战舰队
抵达希腊以与米特拉达梯对抗。苏拉最终确实得到由卢基乌斯·李锡尼·
卢库卢斯率领的舰队的支持，但是此舰队主要是从爱琴海的希腊政体抽调
的。[82]米特拉达梯最终确实被击败了，但这场战争还拌有同盟进行的陆地战。
古罗马舰队的未能参战以及其在第一次米特拉达梯战争中的表现不佳，令
人有足够理由怀疑一个世纪前由布匿战争带来的任何古罗马海洋变革的
深度。[83]

同样，在汉尼拔后古罗马海军在地中海西部很少活动。古罗马当然会
利用海洋，将其部队定期从意大利输送至西班牙的各省，但是即使在第三
次布匿战争（公元前 149—前 146 年）期间，古罗马海军也只动用了 50 艘
五层桨战船。即使古罗马得到了 100 艘轻型舰船的支持，这些战舰也无法防
止被围困的迦太基军队偶尔从海上得到补给。离迦太基较远的维护站从技

术上很难为其舰队提供支持。[84]迦太基确实在被困三年后最终投降，但决定性的作用还是来自陆地攻击。这也是为什么75年来参议院再次决定用武力夺取海洋控制权。在公元前75年参议院做出的如此决定在很大程度上也是由于几十年来在无古罗马干涉下，大量的海盗船队已引起地中海东部一片混乱，并且已抵达意大利自己的沿海。在公元前67年，开始由格奈乌斯·庞培·马格努斯指挥的古罗马军队抗击海盗，取得了最终的胜利，但即使是公元前70年的决定也不能意味着古罗马舰队的建立。[85]就这种措施，参议院仍然认为舰船的不断维护和船员的薪金花费太多。因而，在公元前44年恺撒逝世后的内战中，很显然必须在特别的基础上组建古罗马作战舰队。屋大维的战舰以质量低劣和笨拙而出名，尽管他的资源可以使他从量上绝对胜过他的海上对手，[86]不过正是屋大维在亚克兴战胜克利奥帕特拉后才根本改变海上形势。在随后的几十年里，第一个皇帝拨资组建了第一个永久性战舰中队，以巡逻地中海和大西洋沿岸。然而，应该注意这些舰船并不是布匿战争时代的大五层桨战船，而是体积更小和机动性更好的船，且没有那么贵。[87]

　　从手段上来看，当古罗马与伽太基发生冲突时，古罗马政府很快适应了海战需求，人人都可以在古罗马讨论布匿战争期间的海洋变革。然而此变革只是功能上的，没有渗透到古罗马社会或文化，并且几乎没产生永久性文化影响。尽管如此，但参议员还是在开发自己的战略思路方面表现出了一定的灵活性。虽然当时的形势给他们带来了一定压力，但他们看到了古罗马成为海上霸主的必要性和好处，因而同意不断地组建舰队，即使是他们自己出资。同时，他们还继续坚持对盟友的传统依赖，将此作为一个力量倍增器。如果古罗马的海洋变革不能渗透到社会和文化，古罗马人思路在使用和手段层面的变革确实是印象深刻的，古罗马人为使作战舰队成为一关键因素而做出的巨大努力也能使古罗马共和国赢得地中海世界的控制权。

注释：

1. "我们的海（mare nostrum）"最早仅出现于凯撒和萨卢斯特的著作中。如参见Sallust的Jugurthine War的第17章和第18章。

2. 关于《克劳迪亚法》，请参见Livy的第71.63.3节；并参阅Cicero, Second Oration against Verres, 5–45.

3. 关于第二次布匿战争古罗马海军的兵源，请参见John S. Morrison and John F. Coates,

Greek and Roman Oared Warships（Oxford：Oxbow Books, 1996）, 352。有关帕加马人和罗得岛人在抗击马其顿的菲利普五世以及叙利亚的安条克三世的战争中在海上所做出的贡献，请参见 Evelyn V. Hansen, The Attalids of Pergamum（Ithaca, NY：Cornell University Press, 1971）, 57 – 69, 74 – 88, 以及 Richard M. Berthold, Rhodes in the Hellenistic Age（Ithaca, NY：Cornell University Press, 1984）, 第六章和第七章。

4. J. H. Thiel, Studies on the History of Roman Seapower in Republican Times（Amsterdam：North Holland Publishing Co. , 1946）, 31.

5. Alan E. Astin, Cato the Censor（Oxford：Oxford University Press, 1978）, 255.

6. 在此方面做了开创性工作的是 William V Harris, War and Imperialism in Republican Rome（Oxford：Oxford University Press, 1979）。参见 Peter S. Derow, Rome, the Fall of Macedon, and the Sack of Corinth, in Cambridge Ancient History, vol. 8, 2nd ed. （Cambridge, U. K. ：Cambridge University Press, 1989）, 290 – 323；同上, The Arrival of Rome：From the Illyrian Wars to the Fall of Macedon, in Andrew Frskine, ed. , The Hellenistic World（Oxford：Blackwell, 2003）, 51 – 70；Kurt R. Raaflaub, Born to Be Wolves? Origins of Roman Imperialism, in Robert W. Wallace and Edward M. Harris, eds. , Transitions to Empire：Essays in Greco – Roman History, 360 – 146 BC in Honour of E. Badian（Norman：Oklahoma University Press, 1996）, 273 – 314；and Brian Campbell, Power Without Limit：The Romans Always Win, in Angelos Chaniotis and Pierre Ducrey. eds. , Army and Power in the Ancient World（Stuttgart, Germany：Franz Steiner. 2002）, 167 – 180.

7. 参见 Arthur M. Eckstein, Mediterranean Anarchy, Interstate War, and the Rise of Rome（Berkeley and Los Angeles：University of California Press, 2006）, 第 2 – 6 章。

8. 参见 Theodor Mommsen, Romische Geschichte, vol. 1, 9th ed. （Berlin：Bertelsmann：1903）, 412 – 430, and Eckstein, Mediterranean Anarchy, 第 7 章。

9. 参见 Frank W. Walbank, A Historical Commentary on Polybius, vol. 1（Oxford：Oxford University Press, 1957）, 74.

10. 这显然是违反了条约，因为在此条约中，罗马曾和塔伦图姆发誓不介入海湾，但事情很不可思议。参见 Livy, "Periocha（Summary）" of Book 12；Zonaras 8. 2；Appian, "Samnite Wars", 7. 1（表明一个中队的 10 艘三排桨），具体讨论参见 Christopher L. H. Barnes, Images and Insults：Ancient Historiography and the Outbreak of the Tarantine War（Stuttgart, Germany：Franz Steiner, 2005）.

11. 参见 Polyb. 1. 20. 14.

12. 关于四名高级财务官的设立，见 Lydus, de Magistratibus 第 1. 27 节；如想了解更简单的描述，请参阅 Livy, Periocha（Summary）of Book 15。如想寻找罗马人为大型和永久舰队打基础的证据，请参阅 Filippo Cassola, I gruppi politici romani nel III. Secolo A. C. （Trieste, Italy：Institrito di Storia Antica, 1962）, 179；Harris, War and Imperialism, 184。但是，四名高级财务官的主要来源见 6 世纪 John Lydus 的简述。最近的研

究表明 Lydus 可能混淆了财务主管官员的数量和功能，而这些财务主管官员也许与海军事宜无关。参见 E. S. Staveley, Rome and Italy in the Farly Second Century；Cambridge Ancient History, vol. 7：2, 2nd ed.（Cambridge, U. K.：Cambridge University Press, 1989），438；and B. Dexter Hoyos, Unplanned Wars：The Origins of the First and Second Punic Wars（Berlin：Walter de Gruyter, 1998），19 and n. 5.

13. Polyb. l. 20. 13 – 14，带有 Walbank 的重要评述，"Commentary 1"，74 – 75；关于三层桨战船上的铁甲骑兵，请参见 Morrison, Oared Warships, 43。轻型艇是一种 50 只桨的船，通常无法对抗铁甲骑兵。

14. 有关公元前 264 年的复杂危机，请参见 Arthur M. Eckstein, Senate and General：Individual Decision Making and Roman Foreign Relations, 264 – 194 BC（Berkeley and Los Angeles：University of California Press, 1987），chap. 2；and Hoyos, Unplanned Wars, chaps. II – VI.

15. "Diodorus of Sicily" 23. 2. 1；"Cassius Dio fragment" 43. 8 – 9, cf. "Zonaras" 8. 9.

16. Polyb. 1. 20. 14.

17. 关于公元前 264 年的危机逐步上升为罗马和迦太基之间的血腥战争，请参见 Adolf Heuss, Der erste punische Krieg und das Problem des romischen Imperialismus（zur politischen Beurteilung des Krieges），Historisches Zeitschrift 169（1949）：457 – 512.

18. Polyb. 1. 20. 12.

19. Polyb. 1. 21. 2.

20. Polyb. 1. 20. 11 – 12.

21. 参见 Aristotle, Constitution of the Athenians, 2. 19 – 20.

22. 关于第二次布匿战争的证据，请参见 Morrison, Oared Warships, 352。关于 204 年普布利乌斯·科尔内利乌斯·西庇阿对非洲的入侵，内陆中部的意大利民族（如马尔西人和马鲁奇尼人）不仅提供了甲板士兵，而且志愿担任划桨手（Livy 的第 28. 45. 13 节），但这是一种异常状况，而这异常状况在部分程度上是由与西庇阿的个人关系驱动的。即使是在公元前 2 世纪 70 年代，罗马人也十分依赖意大利南部古希腊移民城邦的海上联盟。请参见 Livy 的第 42. 48. 4 节（尽管在第 42. 37. 3 – 8 节中，我们也许能参考来自拉丁姆的划船人员）。

23. 这来自于《波利比奥斯》第 5. 90 节中对公元前 3 世纪 20 年代罗得岛作战舰队所需的材料的描述。这些材料不仅包括大量的不同尺寸的船木，而且还包括填缝拖车、风帆布、固体和液体树脂以及用于弹射器的绳索的大量新鲜人发。

24. Morrison, "Oared Warships, XV". 我们对训练一无所知，甚至对弹射器的操作人员、弓箭手、水手以及鼓手（保持桨手划桨的一致性）的详细情况知之甚少（关于这些人员，同上，第 350 页）。

25. 关于古希腊和古罗马共和时期的历史，我们只能从部分保留在雅典比雷埃夫斯的船坞维修的铭文中了解一点。

26. 当他们谈及"五层桨"或更大船时，这就是我们的资料来源所表达的意思。见 Pliny, Natural History, 7. 207。其中，数目昵称是指船每侧划桨手的纵列数。见 Morrison, "Oared Warships, xiv".

27. 如想了解尺寸对比，请参见 Morrison, Oared Warships, 345.

28. 参见 Morrison, "Oared Warships", 358 – 359。古典时代希腊人对战术的训练（包括战船的集体快速机动）要比古罗马时期复杂得多。参见 "Herodotus", 6. 11. 2 – 21. 1。罗得岛人沿袭了此传统。参见 Polyb. 16. 4. 14; Appian, Civil Wars, 4. 71.

29. 如参见 Polyb. 1. 51。此书对迦太基船队和罗马人船队进行了详细的比较。罗马船队较粗劣，机动性较差，而且人员素质较低。

30. 并不是说罗马人建立了最好的海军陆战队员。波利比奥斯认为无论是在陆地上还是在海上，马其顿的单兵要比罗马的单兵优秀。参阅 Eckstein, "Mediterranean Anarchy", 202。正如所指出的，马其顿王国的海军雇用马其顿人在那些带有强烈的海洋文化的舰船上担任陆战队员。而罗马人则认为，建立一支能驰骋大海投入大量的军事力量的海军未必就需要长期而深厚的航海传统。

31. Morrison, "Oared Warships", 359 – 360 注意到了此点，但没有评述。

32. Arnold W. Gomme 在其 A Forgotten Factor of Greek Naval Strategy (Journal of Hellenic Studies 53 (1933)：16 – 24) 一文中第一次指出了这些后勤考虑对海军战略的约束。参见 John F. Coates 在 "The Naval Architecture and Oar Systems of Ancient Galleys" 的重要观察，此文收录于 Robert Gardiner and John F. Morrison, The Age of the Galley (London：Chatwell Books, 1995), 138 – 41；参见 Boris Rankov, "The Second Punic War at Sea", 此文被收录于 Timothy Cornell、Boris Rankov and Philip Sabin, The Second Punic War：A Reappraisal (London：Institute of Classical Studies, 1996), 51.

33. 参见 John S. Morrison and John F. Coates, The Athenian Trireme (Cambridge, U. K.：Cambridge University Press, 1986), 其中第 94 – 106 页是对三层桨战船的描述；参见 J. E. Dotson "Economics and Logistics of Galley Warfare," in Gardiner and Morrison, Age of the Galley, 217 – 223; Rankov, Second Punic War, 51.

34. Rankov, Second Punic War, 52 – 55.

35. Polyb. 1. 20. 10 – 12.

36. 公元前 261 年 100 艘五层桨战船："Polyb", 1. 20；公元 256 年 330 艘五层桨战船："Polyb", 1. 25. 7；公元 255 前夏季 363 艘五层桨战船："Polyb", 1. 37. 1.

37. Polyb. 1. 37. 1.

38. Polyb. 1. 37. 5 – 9.

39. 关于 "Polyb" 1. 37 的含义，参见 Eckstein, "Mediterranean Anarchy", 200 – 201.

40. Polyb. 39. 1 – 6.

41. Polyb. 1. 51.

42. Polyb. 1. 54.

43. Thiel, Roman Seapower, 4。波利比奥斯详细比较了聪明的布匿指挥官和愚蠢的罗马执政官：1. 54. 6 – 8.

44. 关于埃加迪群岛战争，请参见 Morrison, Oared Warships, 53 – 54.

45. 关于公元 241 年的和平，请参见 Hoyos, Unplanned Wars, 118 – 123.

46. 如想了解罗马的情况，请参见 William Carey, Nullus Videtur Dolo Facere：The Roman Seizure of Sardinia in 238 B. C. , Classical Philology 91 (1996)：203 – 222. 如想了解波利比奥斯对"贼"的判断（符合迦太基人自己的判断），请参见 Polyb, 3. 28. 2 – 3 和 30. 4 以及 Arthur M. Eckstein, Moral Vision in the Histories of Polybius (Berkeley and Los Angeles：University of California Press, 1995), 100 – 101.

47. Polyb. 2. 8. 2.

48. Polyb. 2. 22 – 24.

49. 关于这两次海军远征伊利里亚的根源和地缘政治影响，请参见 Arthur M. Eckstein, The Pharos Inscription and the Question of Roman Treaties of Alliance Overseas in the Third Century B. C. , Classical Philology 94 (1999)：395 – 418.

50. 关于罗德岛，请参见 Berthold, Rhodes, 118；帕加马：同前；关于安条克，请参见 Livy 33. 19. 9；关于迦太基，请参见 Morrison, Oared Warships, 64.

51. Livy. 23. 23. 18.

52. 有关讨论的情况以及来源，请参见 Morrison, Oared Warships, 63 – 64.

53. Livy. 23. 40 – 41.

54. 请参见 Rankov 在 Second Punic War (53) 中的讨论。

55. 同上，第 53 – 54 页。

56. 同上，第 53 页。

57. 见 Polyb, 3. 96；Livy, 23. 40 – 41；参考 Livy, 28. 46（来自于西班牙，经由巴利阿里群岛）和 29. 4. 6（直接从北非）。

58. Livy, 25. 27.

59. 有关讨论的情况以及来源，请参见 Morrison, Oared Warships, 63 – 64.

60. 事实上，该国花了很长时间才还完借款。参见 Livy, 26. 36（原借款）；31. 3. 4 – 9；33. 42（196 BC，尚未偿还的借款）。

61. 关于罗马人在此战争中的目的，请比较 Arthur M. Eckstein, Greek Mediation in the First Macedonian War (209 – 205 BC)（Historia 52 (2002)：168 – 297）和 John W. Rich, Roman Aims in the First Macedonian War（Proceedings of the Cambridge Philological Society 210：126 – 180）中的分析。

62. 有关从海上对非洲人的补给和增援，请参见 Livy, 30. 24 – 25 以及 Morrison, Oared Warships, 68 的评论。

63. 如想了解人们对西庇阿入侵非洲的讨论，请参见 Eckstein, Senate and General, 第 8 章。

64. 特使来自于罗德岛、帕加马、雅典、埃及的特勒密人，也许还包括埃托利亚联盟。参见 Eckstein, Mediterranean Anarchy, 第 7 章。

65. 关于安条克在约公元前 197 年时的海军规模，请参见 John D. Grainger, The Roman War of Antiochus the Great (Leiden: Brill, 2002), 36 – 37。关于菲利普在 201 年初夏夺取萨摩斯之后的海军规模，请参见 Frank W. Walbank, Philip V of Macedon (Cambridge, U. K.: Cambridge University Press: 1940), 117 and n. 2.

66. G. T. Griffith, An Early Motive for Roman Imperialism, Cambridge Historical Journal 5 (1935): 6 – 9.

67. 参见 Griffith, Motive, 8 – 9, 12 – 13.

68. 参见 Eckstein, Mediterranean Anarchy, 第 7 章。

69. Livy. 32. 21. 27.

70. Livy. 32. 21. 27；在 Livy 中出现的谈话基于波利比奥斯的材料。波利比奥斯自己也是一名亚加亚人。请参见 Arthur M. Eckstein, Polybius, the Achaeans and the "Freedon of the Greeeks", Greek, Roman, and Byzantine Studies 51 (1990): 45 – 71.

71. 关于 "希腊人自由"，请参见 Erich S. Gruen, The Hellenistic World and the Coming of Rome (Berkeley and Los Angeles: University of California Press. 1984), 第 4 章以及 Eckstein, Freedom of the Greeks.

72. 关于 2 世纪 90 年代罗马与安条克关系的复杂故事，请参见 Eckstein, Mediterranean Anarchy, 第 7 章。关于罗马人按照承诺于 194 年从希腊撤军，人们至少要谈及它不是一次野蛮的侵略战争，而是一种强国行为，这种行为带有很有限的战略目的，即从此点扩张至亚得里亚海。

73. Livy. 34. 1. 1.

74. Livy. 36. 43. 1.

75. 关于西戴战争（190 年夏），请参见 Berthold, Rhodes, 157 – 158。关于米昂苏斯战争（夏末），同上（带有来源）。

76. 希腊在此处的做法符合（与威胁性最小的大国）结盟模式。这种模式的提出，参见 Stephen Walt, The Origins of Alliances (Ithaca. NY: Cornell University Press, 1984), 第 1 章—2 章。同时参见 Eckstein 在 Mediterranean Anarchy 第 7 章中的评论。

77. Livy, 42. 27.

78. Thiel, Roman Seapower, 11 – 14.

79. 参见 Morrison, Oared Warships, 109, 356。2 世纪 60 年代时的罗得岛海军名气要比罗马海军名气大，Livy. 44. 23.

80. 参见 Livy, 44. 23.

81. 对罗马涉足海洋的特殊和纯功能性本质的见解应归功于 Thiel, Roman Seapower, 11 – 14.

82. Appian, Mithridatic War, 56, 被强调于 Thiel, Roman Seapower, 13.

83. 关于第一次米特拉达梯战争的历程，请参见 Morrison，Oared Warships，115 – 116.

84. Appian，Punic Wars，120.

85. Appian，"Mithr. Wars"，92 – 99.

86. Morrison，"Oared Warships" 149 – 153.

87. 这种被称为现代利布尼人的新型舰船在第三次布匿战争期间已经出现。请参见 Appian，"Punic Wars"，75.

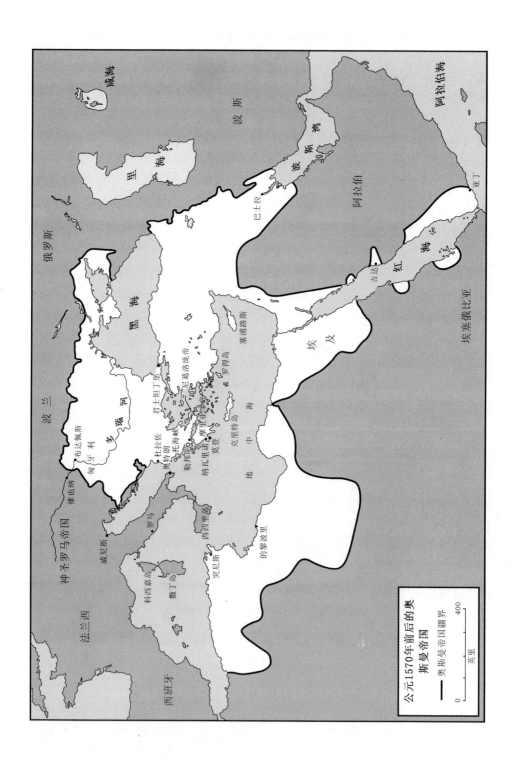

咸海

波斯

阿拉伯海

里海

俄罗斯

波斯湾

巴士拉

阿拉伯

亚丁

波兰

黑海

红海

吉达

埃塞俄比亚

维也纳

多瑙河

布达佩斯

君士坦丁堡

埃及

塞浦路斯

神圣罗马帝国

匈牙利

尼葛洛庞帝

罗得岛

克里特岛

法兰西

威尼斯

罗马

托斯卡纳

摩里亚

莫登

地中海

克西嘉岛

撒丁岛

西西里岛

那不勒斯

杜拉佐

勒班陀

的黎波里

西班牙

奥斯曼海上强国和地中海世界的衰落

■ 雅各布·格里基尔[①]

　　奥斯曼早期的势力扩张局限于陆地，而海洋战区对奥斯曼部落来说充其量不过是次要考虑。在 14 世纪早期和 15 世纪下半叶之间，奥斯曼人征服了安纳托利亚，蚕食了一块拜占庭领土，随后越过海峡进入欧洲，很快就推进到多瑙河流域和贝尔格莱德。到 15 世纪中叶时，奥斯曼控制的领土已经完全包围了君士坦丁堡。君士坦丁堡当时被称为第二个罗马，也是东罗马帝国的首都，于 1453 年被奥斯曼帝国攻陷。直到此时，奥斯曼帝国才开始大量和快速建造舰船，并在随后的一个世纪逐步成为一支生力军，以在地中海挑战威尼斯人和在印度洋挑战葡萄牙人。他们为什么和如何能够成为一个给欧洲国家带来恐慌并将海上力量投送到地中海之外乃至印度的海上强国？

　　答案很复杂，而且历史学家就奥斯曼帝国成为海上强国的原因以及其战略影响至今也没有达成明显一致。但有一点可以确定，即奥斯曼海上力量给欧洲（尤其是意大利和西班牙）带来了严重威胁，而且只有勒邦陀战争（1571 年）成功阻止了奥斯曼的扩张。同时，还有一点似乎是可以确定的，即勒邦陀战争与战略无关，因为奥斯曼扩张的主要动力来源于陆地，只有 1683 年维也纳之门的战败才抑制了此强国的野心和能力。

　　我在此的目的不是彻底解决这些历史争议，而是试图探究像奥斯曼这样的国家由一个纯陆地强国变成具有一支规模庞大和力量强大的海军所需要的一般条件。后面，我将分析早期奥斯曼国家和它成为海上强国的三个

---

　　① 雅各布·格里基尔博士是约翰·霍普金斯大学（华盛顿特区）的保罗·H. 尼采高级国际研究学院国际关系学副教授，曾任经济合作与发展组织（巴黎）和世界银行（华盛顿特区）的顾问和瑞士报纸"Giornale del Popolo"（瑞士提契诺州卢加诺市）的国际安全评论员。他的第一本专著名为"Great Powers and Geopolitical Change"（霍普金斯大学出版社，2006 年）。他在"The American Interest""Journal of Strategic Studies""Orbis""Commentary""Joint force Quarterly""Political Science Quarterly"等期刊杂志上发表过关于国际关系和安全研究的文章。他获得了普林斯顿大学的硕士和博士学位，并以优异成绩获得乔治敦大学对外服务理学学士学位。

特色。

首先，与奥斯曼崛起有关的大的地缘政治环境影响了奥斯曼决定成为海上强国的时间和原因。已成为奥斯曼势力之源的地中海中部已成为亚洲和欧洲市场多个世纪以来的关键环节，而奥斯曼也只是替代了此地区以前的占领者。此外，15世纪末到16世纪初以因技术进步和地理发现引起的巨大地缘政治变化为特色，奥斯曼海军的崛起在很多方面是对此"发现时代"的响应。

其次，奥斯曼扩张主要有两个海洋区域，即地中海和红海/印度洋。奥斯曼对前一个区域采取的是防御和巩固策略，而对后一个区域采取的是防御态势，目的是重新夺回与亚洲的连接通道。这两个战区有明显的不同，而奥斯曼帝国未能使他们的地中海战术和技术适应印度洋的需要。

最后，建立海军是一个困难的过程，奥斯曼帝国也不例外，同样面临着造船技术的挑战、航海技能的提高以及水手能力的培训。尽管奥斯曼人能轻易地得到造船材料，但他们缺少技术专长，因此经常不得不依赖西方国家（通常是意大利）的造船厂。然而，奥斯曼海军的主要技术缺陷是单层甲板大帆船。这种船在通过狭窄海峡、长长的海岸线以及地中海的无风水域时表现得很好，但不适用于波浪起伏的公海。

尽管对这些特色的分析不足以解决历史争论，但它能解释奥斯曼海上强国崛起，并能通过类比解释一个陆地大国将其资源转向海洋的方式和原因。

一、地缘政治环境

每一个国家都有其独特的地缘政治环境，这种环境限制了其战略可能性，并确定了其需求和目标的优先次序。从广义上说，它决定了此国家将它的资源集中在领土扩张和边疆防御还是集中在海洋力量的发展和投送。[1]为了解早期奥斯曼国家海军的地位，我们有必要探究它面临的地缘政治环境。14世纪和15世纪的奥斯曼的海洋力量受到地缘政治的严重约束，而当时的地缘政治环境认为有必要将主要精力和资源放在建立一个陆地强国上。只是到了15世纪后几十年时，奥斯曼帝国才被迫将它的精力和注意力放在建立一支规模相当的海军力量上。

早期奥斯曼帝国在地缘政治环境方面有两个关键特色。首先，与奥斯曼接壤的邻国的地缘政治特点与地中海东部国家的大体相符，刺激了奥斯曼帝国的大陆扩张，并限制了奥斯曼帝国对海洋力量的需求和可行性。其次，大的全球环境刺激了奥斯曼海上力量的崛起。从16世纪早期开始，地中海就受到因美洲新大陆以及连接大西洋欧洲和亚洲新航路的发现而导致的巨大地缘政治变化的严重影响，其结果是地中海的重要性逐渐衰退，奥斯曼海上力量也越来越被别国忽视。

（一）东地中海

14世纪时奥斯曼的早期扩张几乎都是在陆地，开始于安纳托利亚。[2]正在衰败的拜占庭帝国在小亚细亚和东南欧的领土成为了奥斯曼帝国的有价值和易夺取的目标。这些领土上的财产以及它们名义上被基督势力的统治吸引着远自高加索和中亚的大批人员前来掠夺和发财。小的奥斯曼土耳其部落迅速与急于攻击"第二罗马"的神圣武士相联合，以快速壮大其人力。[3]奥斯曼的扩张穿过小亚细亚，并在14世纪中期迅速占领了拜占庭的主要城市（布尔萨、尼西亚和尼科米底亚），然后越过博斯普鲁斯海峡，开始侵略欧洲领土。[4]

具有罗马荣耀的继承人的弱点也助长了奥斯曼以拜占庭帝国为代价的扩张。因财政枯竭、内部腐败以及在政治上与主要欧洲大国的政治分离，拜占庭帝国无法对日益扩大的奥斯曼部队进行条理清晰的和有效的防御。在某些情况下，拜占庭帝国内部的不满分子暗中寻求奥斯曼的支持，以实现他们自己的狭隘利益，进一步破坏了君士坦丁堡的安全。1308年，加泰隆大公司的一帮雇佣军吸引了一组奥斯曼人为他们而战，帮助他们渡过海峡。同样，在14世纪40年代，一个拜占庭皇位觊觎者与奥斯曼人结成联盟，奥斯曼人允许他们越过马尔马拉海，并对君士坦丁堡实施第一次围困。[5]

拜占庭因未能在防御方面得到欧洲的支持而受到削弱。东罗马帝国和西方基督强国（如威尼斯、法国和波兰）之间的关系通常很紧张。于1204年开始的第四次十字军东征没有攻击巴勒斯坦的穆斯林强国，而是征服了信基督教的君士坦丁堡，这使得东西方关系滑至低点，不仅削弱了拜占庭实力，而且加深了东西方之间的敌意。此外，从14世纪开始，因宗教原因，欧洲在政治上开始分裂。最终的分裂以及教皇权威性的削弱使得当时无法有效建立反奥斯曼同盟，这种形式对奥斯曼十分有益。[6]

早期奥斯曼扩张缺少一个强大的海洋部分因而并不令人惊讶。奥斯曼人确实开始逐渐对海洋事务感兴趣，14世纪和15世纪初的奥斯曼扩张为其未来成为海上强国建立了一些必要的条件。通过控制如布尔萨和尼科米底亚这样的城市，尤其是通过扩展他们对达达尼尔海峡两岸的控制，奥斯曼人在东地中海建立了势力存在。这些发展不只是带来了奥斯曼人对海洋的兴趣，同时也产生了越来越重要的战略结果。

例如，在 1354 年征服了达达尼尔海峡欧洲海岸的加里波底后，奥斯曼帝国就能控制地中海和黑海之间的航运，并有可能将君士坦丁堡与其西方几个可能的盟友切断。尽管如此，奥斯曼帝国的早期扩张几乎只针对陆地，如果说它对海洋领域产生了影响，那也是因为它控制海岸并限制了威尼斯和热那亚的舰船通过港口和海峡而间接引起的。当发生海上直接冲突时（如 1391 年奥斯曼和威尼斯在加里波底正面水域发生的冲突），奥斯曼舰船会被彻底击败。

总之，直到 15 世纪中叶，奥斯曼的主要目标是巩固其在小亚细亚和欧洲的势力，并直接抗击正在衰落的拜占庭帝国。对此扩张构成的主要威胁既不是来自欧洲海军，因为欧洲海军可以控制海洋，但无法将他们的力量有效地转化到陆地上，也不是来自欧洲陆地部队，因为它们已经在几次被彻底击败。例如，在 15 世纪 40 年代，由波兰和匈牙利牵头的欧洲人组织了一次大规模的远征，这次远征后来被称为"瓦尔纳十字军东征"。欧洲强国在最初取得了成功，但在 1444 年的瓦尔纳战争中遭到了耻辱性的失败。通过这场战争，奥斯曼部队将波兰和匈牙利的大量贵族分子扫除了出去，至少在一个世纪有效地结束了基督强国针对奥斯曼扩张的任何恶意企图。[7]

对早期奥斯曼来说，最严重的挑战来源于 15 世纪早期的东方。铁木儿游牧民族从中亚迅速扩张至高加索和波斯，并于 1402 年击败了奥斯曼军队，囚禁了其国王。由此在奥斯曼国家引起的政治混乱持续了几十年，直到征服者穆罕默德二世崛起。穆罕默德二世在奥斯曼人中恢复了中央集权，然后在 1453 年最终攻占了君士坦丁堡。

在这早期，奥斯曼的主要精力显然是放在了扩张和对年轻邻国的边疆防务上。只有到了彻底击败拜占庭、稳定多瑙河前沿以及消除来自东部和西部的威胁后，奥斯曼才能考虑更重要的海上任务。换句话说，奥斯曼海上强国开始于奥斯曼国家的地缘政治环境的变化。在 15 世纪 50 年代之前，奥斯曼的扩张尚不需要海军，而且在他们的主要战略考虑中也承担不起海军的支出。但是从 1450 年之后，奥斯曼帝国需要一支海军来维持对东地中海地区的控制，也许更重要的是，为对欧亚大战略环境的缓慢而巨大的变化做出反应。

（二）全球地缘政治环境

这种大的地缘政治环境是第二个大特色，对了解奥斯曼帝国成为海军强国的原因和方式很重要。事实上，在 15 世纪末，全球地缘政治环境开始发生重大变化，导致了地中海的逐步边缘化和各国面临的战略地图的全球化。从发现美洲新大陆和环非洲航路开始，欧洲的大西洋强国（荷兰共和国、葡萄牙、西班牙和英国）就比地中海国家获得了更多的优势。首先，连接欧洲和亚洲并穿过地中海和中东的航线不得不与那些穿过大西洋（这建立了亚非之间的新链路）和环非洲航行的航路竞争。这意味着那些相继控制地中海的强国（如拜占庭、威尼斯以及后来的奥斯曼帝国）的财富和战略杠杆作用被那些贸易航路转移至大西洋所削弱。[8]尽管有些历史学家对这些新航线将地中海的大量贸易转移持怀疑态度，很显然，威尼斯、热那亚以及后来的奥斯曼都不得不与西欧强国竞争，以进入亚洲市场。例如，从 1507 年开始，葡萄牙人经常封锁红海和波斯湾，阻断了货物（主要是香料）流向亚历山大港和地中海其他港口。结果，地中海和亚洲的联系受到了威胁，从威尼斯到叙利亚和巴勒斯坦沿岸的各个贸易城市开始衰落。[9]

从 16 世纪早期开始，像葡萄牙或荷兰共和国这样的国家开始直接进入亚洲市场。随着西班牙在菲律宾建立殖民地，连接各大洲的全球市场开始形成，使得大西洋欧洲强国处于中心位置。[10]地中海在第一次全球商业交易市场中最多处于次要地位，其沿岸国家（除西班牙外，因为它既是大西洋参与者又是地中海参与者）无法参与欧美之间以及亚美之间（通过马尼拉）利润丰厚的新交易。[11]

此外，包括奥斯曼在内的地中海强国被抛弃在亚洲和美洲殖民扩展之外，因而无法从这两洲开发的资源中获利。来自美洲领土的财富建立了西班牙帝国，加强了它的军事能力，并使它对那些不能直接进入这些殖民地的国家（如奥斯曼）产生优势。[12]正如一名历史学家所说的，西班牙对银矿的拥有（如在波托西的矿藏也许是世界上最大的银矿）以及可在亚洲和中国销售银条使得卡斯蒂利亚可"为几代人同时与地中海的奥斯曼、欧洲的新教英国、荷兰、法国以及新大陆和亚洲的菲律宾土著人进行战争提供资金支持"。[13]银的充裕必然有大规模通货膨胀的副作用，这种通货膨胀对西班牙和明朝的中国造成了很大损失，因而减少了大西洋欧洲对抗奥斯曼的长期相对收益。[14]然而，西欧从 16 世纪早期开始的快速致富对处于欧亚大陆中间位置的奥斯曼构成了很大压力。西欧还建立一系列新的强国（主要是哈布斯堡帝国），这些强国愿意也能够从陆上和海上对奥斯曼进行挑战。

简而言之，大发现时代并未给地中海地区乃至年轻的奥斯曼帝国带来好处。它大大地改变了地缘政治环境，迫使奥斯曼人不仅要对其传统对手

（如威尼斯和匈牙利）而且要对快速崛起的大国（如西班牙和葡萄牙）做出反应。因而，在 16 世纪，奥斯曼帝国在制订其政策时不得不考虑更大的地域范围。此外，这扩大了的地域范围使得他们的战略利益从达达尼尔海峡和爱琴海海岸线延伸至地中海、红海和印度洋。这种观点要求建立相当大的海军部队和发展一个海上帝国。到 15 世纪结束时，海上强国不再是一个次要目标和工具，而是奥斯曼帝国弹药库中关键的和不可缺少的一部分。[15]

二、两个海洋战区

上述地缘政治环境为奥斯曼活动建立了两个明显关联的海洋战区。首先，奥斯曼国王最当前和最急迫的考虑是确保爱琴海和东地中海，以便巩固他对东南欧、安纳托利亚和叙利亚海岸线的控制。其次，葡萄牙在 16 世纪早期进入亚洲不仅给奥斯曼南部边境也给其进入亚洲市场带来了威胁，迫使奥斯曼国王将兵力投送至红海和印度洋，以对那里的葡萄牙影响进行挑战。前一个海洋战区是不可缺少的，用于防御目的，并保持奥斯曼陆地帝国的内部凝聚力和稳定。后一个海洋战区是关键的，因为奥斯曼要与正在崛起的大西洋强国竞争，其特点是更具有侵略性的奥斯曼政策。[16]

对奥斯曼帝国从 15 世纪末到 17 世纪初（这也是奥斯曼海上强国的崛起和顶峰期）在上述两个海洋战区的活动的简单描述解释了奥斯曼帝国在忙于巩固陆地边界的同时发展海军的动机和挑战。

（一）地中海

1453 年征服君士坦丁堡结束了以拜占庭为代价的奥斯曼扩张。[17]通过夺取了被称为"第二罗马"的帝国首都，奥斯曼人也取得了一定合法性。他们不再是一帮松散的消灭异教徒的伊斯兰武士或部落成员，而是一个跨两大洲的强国，必须被当做一个严肃的政治对手来看待。结果，在欧洲与奥斯曼的外交关系中出现了一个变化，即十字军东征的精神已明显减退。此时将奥斯曼人逼回到阿纳托利亚荒凉的谷地并恢复基督教对此地区的控制都是不可想象的。此外，从 16 世纪早期开始，基督教的内部分离使得在欧洲不可能组建十字军，因为他们与其他欧洲人的作战欲望和利益要比与奥斯曼作战的大。[18]这种变化的一个证据就是仅在君士坦丁堡陷落后的一年，威尼斯与奥斯曼就签署了一份商务协议，双方都急于保持贸易流动，而不是为宗教主导权而争斗。[19]

然而，通过征服君士坦丁堡，奥斯曼得到的不仅仅是外界对他们势力的默认。通过对此城市的控制，奥斯曼人除得到了在战略上可控制海峡的地理位置，而且也成了海上强国的中心。君士坦丁堡港是连接黑海和地中海的重要商业货物集散地。此外，在围困和征服过程中，君士坦丁堡的造船厂以及它们有技能的劳动力基本保持没动。奥斯曼帝国现在有能力同时也需要将它的注意力转向海洋，穆罕默德二世国王开始尽力扩张和加强奥斯曼舰队。

第一次努力是针对地中海的，带来了混合的结果。到15世纪下半叶时，爱琴海和东地中海实际上已成为奥斯曼帝国的内海。从东南欧延伸到小亚细亚，并朝南向帕勒斯坦和埃及推进，奥斯曼帝国包围了这些水域，但没有直接控制它们。对奥斯曼帝国构成挑战的首先是威尼斯，其次是医院骑士团（更确切地说是耶路撒冷圣约翰骑士团，后来被称为马耳他骑士团）。医院骑士团位于罗得岛，拥有足够的海军实力，并控制着那些具有战略意义的岛屿，以对奥斯曼的运输和交通造成威胁。

尽管也尝试过和平共处，但威尼斯出现在爱琴海上对奥斯曼构成了太大的威胁，于是奥斯曼帝国开始动用自己的力量来抵抗威尼斯共和国在该地区的前沿基地。1463—1479年的长期战争标志着奥斯曼开始掌握爱琴海的海洋支配权，但这也显露了奥斯曼帝国舰队的严重局限性。奥斯曼人仍然缺少海军技能。在整个战争期间，奥斯曼对威尼斯的数量优势至少为4∶1。[20]

1470年，奥斯曼派遣了一支由300~400艘舰船组成的大型舰队以攻击威尼斯控制的主要岛屿之一尼葛洛庞帝（古代的艾维亚岛）。被称为"海上森林"的奥斯曼舰队最终将威尼斯人赶出了此岛，结束了他们对此岛长达两个世纪的控制。[21]尽管欧洲人（尤其是威尼斯人）十分担心奥斯曼的海上霸权，但奥斯曼的陆军在其军事成功中扮演着更重要的角色。例如，为了攻击尼葛洛庞帝，奥斯曼在希腊本土和此岛之间建造了一座船桥，而不是用它的舰队攻击威尼斯港口或舰船。[22]实际上，尽管规模庞大，但奥斯曼舰队在这场战争中并不想单独赢得一场战争，而是扮演着配合陆军的角色。穆罕默德追求的这种战略与他的前任们所追求的没有实质性的区别。他的前任利用陆军优势来阻止甚至封锁欧洲海军部队，但避免与欧洲舰队发生直接交战。通过控制这些关键点（如达达尼尔海峡入口处的加里波底或1470年后的尼葛洛庞帝），奥斯曼人就可以控制海洋，而不必与威尼斯、热那亚、罗得岛骑士团以及他们的法国和西班牙支援海军直接冲突。正如历史学家约翰·普赖尔观察到的，"奥斯曼最终获得东地中海的海上霸主地位并不是通过一系列激战来实现的，而是通过长期的、不屈不挠的和艰苦卓绝的努力来实现的。通过这些努力，奥斯曼人夺取基地和岛屿，而那些作战用单层甲板大帆船可通过这些基地和岛屿控制沿海上通道的运输"[23]。

在占领尼葛洛庞帝后10年，奥斯曼人想征服罗得岛，因为它处于一个重要的战略位置，离阿纳托利亚海岸很近，并在希腊本土和塞浦路斯之间。但在长期围困之后，奥斯曼军队未能攻克这个堡垒城市，于是撤退了，然而他们在征服威尼斯等其他前沿基地显得更加成功。这些前沿基地包括勒邦陀、莫东、科荣、纳瓦里诺，甚至位于达尔马提亚沿海的杜拉佐。他们能够夺取这些港口在很大程度上归功于他们能投入大量陆军，而不是像攻打罗得岛那样依赖大量的海上支援。

1499—1503年奥斯曼与威尼斯的战争更是具有决定性的意义。通过这次战争，所有参战方都清楚地意识到了奥斯曼在东地中海的海洋优势。战争最初，在佐奇奥海战中（佐奇奥在希腊的爱奥尼亚海岸，离莫东不远），威尼斯舰队在一场血腥的遭遇战中被奥斯曼舰船击败。这场海战的其他战斗也是按照相似的路线继续进行，使得奥斯曼的主要海上对手威尼斯受到重创和严重削弱。奥斯曼陆军的一支突击部队甚至抵达了意大利东北部，可以看见环礁湖，并实施了破坏。在1503年签署和约时，威尼斯被迫放弃了它的大部分殖民地，最重要的是，它失去了对亚得里亚海入口的控制，此外它通往地中海航线的通道从此也落入了奥斯曼之手。此时，奥斯曼在东地中海实际上处于无人敢挑战的地位。

然而，奥斯曼帝国的海上霸权也不是没有缺陷的。奥斯曼本质上是一个大陆国，拥有很长的边境线，这给它带来了一个严重的战略问题。从1503年至16世纪20年代，奥斯曼东部边境一直不稳定，波斯的萨非王朝已将它的控制范围延伸至今天的伊朗，并将它的力量甚至投送到里海的北部，这样，奥斯曼不得不在关注地中海的同时也要关注其东部边境。只是到了击败萨非王朝并在1517年成功征服埃及马穆鲁克之后，奥斯曼才能再次将自己的全部精力和资源放在地中海。同样，与匈牙利和哈布斯堡王朝接壤的陆地边境需要持续的军事和外交关注，这样使得地中海成为了次要的前线。

地中海在奥斯曼战略中扮演着辅助角色的明显证据就是1522年对罗得岛的征服。这个岛一直由圣约翰骑士团控制，并且在过去的几十年里抵御了奥斯曼的几次攻击。骑士团的海上力量相对较弱，但仍能使奥斯曼在此地区的海运陷入危险之中，然而"罗得岛对奥斯曼航运构成的威胁尚不足以将奥斯曼国家的注意力从这个时期的两个主要目标即伊朗和埃及转移到别处"[24]。只是在1517年征服埃及之后，奥斯曼帝国才集中精力驱逐来自于罗得岛的骑士团，而当时罗得岛正处于阿纳托利亚和埃及之间的关键物资运输链路。相比于美索不达米亚和叙利亚颠簸而漫长的陆路，人们更愿意选择这一海上航线。

骑士团的策略未能加强他们业已虚弱和孤独的地位。在16世纪早期，那些通常配备有私掠船的罗得岛舰队不断骚扰地中海商务，这不仅对奥斯曼人而且对骑士团最有可能的盟友威尼斯带去了不利影响。由于在进入亚洲市场方面有共同利益，威尼斯和奥斯曼帝国在1499—1503年的战争后达成了和解，这使得罗得岛成为一个孤独的基督前沿阵地，而且无法得到欧洲的任何支援。1522年，奥斯曼的苏雷曼大帝彻底打败了骑士团，并将他们驱逐至西西里岛。

威尼斯据点和罗得岛的陷落在欧洲引起了很大的忧虑。奥斯曼人似乎已经建立一个与10世纪拜占庭和13世纪后威尼斯相当的制海权。在意大利，许多人期望奥斯曼的侵略针对前罗马领土的另一半。例如，尼科洛·马基雅维里在1521年给朋友的信中写道，奥斯曼的每一次袭击在公共场所都是一个争论激烈的话题。[25]1545年威尼斯的一张地中海地图显示六艘奥斯曼单层甲板大帆船正处于托斯卡纳海岸，准备出发进行劫掠。[26]

这些担忧并不是毫无道理。1480年，奥斯曼人迅速占领意大利南部的奥特兰托，在随后几年里巩固了对希腊和达尔马提亚海岸线的控制，并有继续向西部扩张的态势。他们在威尼斯郊区的劫掠使意大利北部居民感到十分恐惧。位于北非并处于国王名义控制的穆斯林海盗毁坏了意大利沿海城市，甚至对罗马都构成了威胁。

然而对奥斯曼袭击和海上垄断的恐惧只停留在恐惧上。奥斯曼帝国国王并没有将16世纪早期实现的海上霸主转变成一个持久的战略收益。到16世纪中期时，奥斯曼的海上部队要远远多于威尼斯甚至西班牙的海上部队，奥斯曼在地中海的海上力量仍然是奥斯曼国王的次要战线，因为他一直在重点关注其在欧洲和中东地区的长期动荡的陆地边界。

此外，三大因素限制了奥斯曼在地中海成为海洋强国。首先，奥斯曼国王十分依赖位于北非的穆斯林海盗。西班牙的"收复失地运动"带来的后果使许多被驱逐出伊比利亚半岛的穆斯林统治者开始觊觎大海，并在整个16世纪不断骚扰西班牙国土。在另外一些情况下，如不太著名的巴巴罗萨兄弟，他们是冒险家，热衷于掠夺，也希望将伊斯兰联军扩展至北非，并对基督强国进行一次持久的游击战。这些穆斯林海盗是令人恐惧的，可以将力量投送到遥远的沿海地区，如 1544 年对土伦的袭击。到 16 世纪中叶时，他们稳固地盘踞于阿尔及尔和突尼斯，欧洲强国几次试图将他们从此驱逐出去，但都未成功。[27]奥斯曼通过提供武器、授予荣誉和国家认可来为这些海盗提供支持。正如赫斯观察到的："在这些海盗背后是被称为圣战中伊斯兰世界领袖的奥斯曼国王。这意味着这些海盗又得到了一个大国的支持。15 世纪后期的奥斯曼征服可以为那些在边境战争中赢得声誉的海盗提供政府职位，这要比劫掠船只的回报丰厚得多。"[28]

然而，海盗并没有给奥斯曼国王带来大的战略好处，他们还是无法击败地中海的任何欧洲强国。对意大利人来说，尽管海盗有些令人恐惧，但只不过是些讨厌鬼罢了。此外，虽然奥斯曼政府机构也将一些至高无上的荣誉授予了部分海盗（尤其是巴巴罗萨，他后来成为了奥斯曼舰队指挥官），但这些海盗与奥斯曼政府机构的关系十分脆弱。海上行动大部分是季节性的，因而奥斯曼海军只在夏季与这些海盗进行协同行动。[29]除了这种时断时续的协同行动外，这些海盗对奥斯曼国王的忠诚度也很低。出于海盗的本性，他们对劫掠感兴趣。此外，如果被宗教刺激，他们也只会对袭击基督强国和它们的船只感兴趣，而不会考虑到其战略用途。因而，奥斯曼国王不能依赖他们来采取可能会严重影响西班牙或意大利海洋国家命运的协调一致行动。[30]

奥斯曼在地中海成为海上强国的另一个限制因素是西班牙的崛起，那时，西班牙已代替威尼斯成为地中海地区主要的基督海上强国。奥斯曼在地中海的扩张与西班牙的崛起在时间上十分吻合。作为一个统一的国家，西班牙想控制西地中海，而奥斯曼此时也想将其海上势力进一步延伸，因此，西班牙的行为是对奥斯曼势力延伸能力的一次真正检验。到 15 世纪末时，西班牙的"收复失地运动"已完成，穆斯林人已被驱逐出伊比利亚半岛，西班牙王国已成为基督欧洲的主要倡导者，因而也造成了与奥斯曼人的直接对手。尽管西班牙最近发现的美洲大陆以及西班牙的竞争强国（主要是英国），引起了西班牙对大西洋的很大关注，但地中海仍在卡斯蒂利亚尤其是菲利普二世的战略远景中扮演着重要角色。国王菲利普二世也是那不勒斯王国和西西里岛的国王，因而对保持西班牙与南意大利之间的海上通道的畅通十分感兴趣，并想将这些通道牢牢控制在西班牙之手。巴巴罗萨兄弟以及其他穆斯林海盗的袭击，不仅对这些海上通道构成了持续的威慑，而且南意大利的西班牙领地也受到奥斯曼海军的持续威胁。

从 16 世纪 50 年代开始，西班牙开始动员其相当大的军事能力和外交影响来对抗奥斯曼在地中海的扩张。通过这些努力，以西班牙牵头的欧洲强国联盟与 1571 年在勒邦陀与奥斯曼舰队对抗中取得了令人瞩目的胜利。基督强国在勒邦陀的胜利令人震惊，也代表着第一次从军事上真正战胜奥斯曼人，而奥斯曼人自 1444 年瓦尔纳战役和征服君士坦丁堡之后就被认为是几乎不可战胜的。正如布罗代尔描述的，勒邦陀代表着"整个 16 世纪地中海最令人瞩目的军事事件"[31]。一系列的欧洲损失似乎从此结束了。

然而，西班牙的胜利仅仅是战术上的成功，对欧洲的当前战略好处有限。在此战役之后不久，基督同盟就瓦解了，只有威尼斯选择继续保持与奥斯曼的商务联系，并与其签署了一个单独的和平协议。[32]西班牙国王菲利普二世也忙于其他事务，如海外帝国的管理、荷兰新教徒的叛乱以及王国不断恶化的财政状况。[33]

此外，奥斯曼帝国的核心是沿多瑙河和中东陆地，在勒邦陀的海军战败并未影响奥斯曼国王在上述两地的势力。[34]虽然此战役令人瞩目，但勒邦陀战役对奥斯曼陆地力量的维持和投送能力并没有影响，对其扩张起到抑制作用的是 1683 年在维也纳的战败以及 1699 年签署的正式承认那次失败的《卡尔洛夫奇条约》。[35]

奥斯曼最终还是迅速重建了自己的海军，甚至在勒邦陀战役后仅三年就在突尼斯附近夺取了西班牙的一个堡垒城市。1572 年，奥斯曼的最高大臣曾半夸张半真实地说道："奥斯曼十分强大，如果有命令说要用银子铸船锚，用丝绸做缆绳，用缎子做船帆，整个舰队都可以这样做。"[36]到 1574 年时，奥斯曼海军的实力已经恢复到勒邦陀战役之前，并且可以向突尼斯派遣一支大到连西班牙都不敢与之对抗的舰队。

尽管有这些优势，但奥斯曼海军还是无法与西班牙的财富进行长期竞争。勒邦陀战役没有彻底摧毁奥斯曼的海上力量，不过也表明奥斯曼舰队在地中海也不是不可挑战的。

第三个也是最后一个制约奥斯曼成为地中海海上强国的因素是地中海的重要性越来越低以及奥斯曼对此越来越不感兴趣。勒邦陀战役的胜利对西班牙及其盟友来说最多只能产生心理影响，表明奥斯曼是可以战败的，其实，奥斯曼在地中海的海上力量在 16 世纪已达到了巅峰。到 1580 年时，奥斯曼帝国国王已经意识到他在地中海的进一步扩张已失去意义。尽管奥斯曼海军得以迅速重建，但西班牙势力也在增长。在 1580—1581 年期间，西班牙吞并了葡萄牙，这不仅壮大了西班牙海军，使西班牙海军成为世界上最强大的海军；同时，它也得到了一条漫长的大西洋海岸线，而此时，大西洋正成为西班牙君主国和北欧强国之间的主要战场，这无疑给它带来了很大的防御压力。[37]

从奥斯曼的角度看，很显然，它无法将西班牙从此地区的据点驱逐出去。勒邦陀战役发生时大的地缘政治环境是地中海的战略价值正在下降，因而这一战区战争胜败的意义也在减弱。如前所述，作为关键战略战区的地中海正渐渐被大西洋和印度洋所替代。在16世纪前几十年，奥斯曼人将他们的海上力量指向了红海、波斯湾和印度洋等新战区。奥斯曼制海权的兴起在时间上正与从地中海向印度洋的过渡相吻合。地中海原来是拜占庭的主要战区，后被奥斯曼替代，而在印度洋，葡萄牙正在那里发展自己的帝国海洋统治权。布罗代尔写道："'欧洲强国'放弃了战争，突然对地中海产生了厌倦，但此时土耳其人却一如既往。土耳其人仍然对匈牙利边境以及地中海的海战感兴趣，但他们同时也对红海、印度河流域和伏尔加河流域感兴趣。"[38]

（二）印度洋

葡萄牙人于16世纪抵达印度洋对地中海（因而也对奥斯曼帝国）与亚洲市场的连接通道构成了威胁。例如，1507年，没有货物能抵达红海，那是因为葡萄牙舰队封锁了入海口。[39]为了保持此通道，也为了能够与葡萄牙强国竞争，奥斯曼人不得不将他们的注意力投向16世纪前他们不太感兴趣的南部边疆（波斯、红海、波斯湾、印度洋）。在16世纪第一个10年，埃及的马穆鲁克军队曾尝试阻止葡萄牙海军进入红海，但即使在奥斯曼国王的军事帮助下，也没有取得大的成功。此外，马穆鲁克军队与奥斯曼人的关系也不稳定，因为他们正在为中东穆斯林人口保护神和圣地而竞争。从1514年开始，奥斯曼开始将势力向南推进，很快扩张到南安纳托利亚，然后到叙利亚，最后于1517年征服了开罗，并废黜了马穆鲁克统治者。

这次胜利使奥斯曼人控制了红海，为他们建立了一个新的海上前沿。1538年，他们组织了一次大规模的海上远征，以重新夺回红海控制权，并将葡萄牙人逼回。他们成功地夺取了也门的沿海区域（包括亚丁港），并穿过了印度洋，抵达了印度。然而，在印度，奥斯曼人未能夺取葡萄牙的第乌据点，不得不通过陆地撤至君士坦丁堡。[40]

奥斯曼扩张的第二个方向是波斯湾。1534年，奥斯曼人征服了巴格达，几年之后抵达波斯湾的巴士拉。他们对此地区的控制十分虚弱，因为尽管有和平协议，但当地人反对他们的统治和萨非王朝，继续对他们实施小规模的游击战。此外，波斯湾对于他们来说实际上是一个封闭的海，因为霍尔木兹海峡处于葡萄牙控制之下。

奥斯曼向南方红海和波斯湾的扩张是有益的，因为它是奥斯曼海上强国的故事的一部分。奥斯曼人现在还不足以取代拜占庭成为地中海海上强国。为了在实力上保持与其他欧洲国家平起平坐，奥斯曼不得不将他们的影响向亚洲扩张，但是这个新的战略方向需要一套技巧和能力，如在公海进行长途航行的能力以及征服和管理非邻近领土的能力，而奥斯曼尚缺乏这些方面的能力。

事实上，奥斯曼在红海和印度洋追求的海上战略与其在地中海曾追求的相似。更确切地说，他们不是通过征服几个具有战略位置的要地而是通过逐步的陆地扩张来建立海上霸权的。这反映了一种战略思想以及一种管理和社会结构。这些思想和结构与地中海的威尼斯人以及大西洋和印度洋的葡萄牙人（包括后来的西班牙人、荷兰人和英国人）的迥然不同。当13—15世纪的威尼斯人和15世纪后期到16世纪的葡萄牙人集中精力沿着关键的航道广泛建造分散的据点并控制这些据点的商务流通时，奥斯曼人正试图通过从陆地有效地包围被竞争的水域来抵抗这种扩张。正如赫斯所说："当葡萄牙拒绝了其武士贵族的征服传统，并将海上商务作为帝国在东方进行海军扩张的主要原因时，奥斯曼却寻求政府领土，以从新得到的农业和商业经济获得税收收入。因而，奥斯曼的征服体制反映了他们管理大量人员和土地以及从它们那里征税的欲望，因为只有充裕的资源才能支持统治整个穆斯林帝国所需的大量军队和官僚机构。"[41]

此战略态势的一个必然特色是奥斯曼很少注重击败敌方舰队，而是将自己局限于控制海岸和防止沿海作战上。从部分角度看，这是因自身海军弱势而做出的谨慎决策，但它持续下来了，甚至到奥斯曼海军获得了可观实力且掌握了有效从事海上作战所需的必要技能。奥斯曼成为海上强国的关键不是舰队，而是对海洋四周陆地的控制。这也是为什么勒邦陀战役毁灭了奥斯曼帝国的舰队，却无法结束奥斯曼对海洋的控制。换句话说，奥斯曼帝国的海洋战略在很大程度上保持着以陆地为中心。[42]

对奥斯曼人来说，问题是印度洋不是地中海，在地中海成功的策略未必适用于印度洋。[43]事实上，地中海的地理轮廓使得奥斯曼的战略确实可行，因为爱琴海、达尔马提亚和北非绵延的海岸线为控制它们的主人提供了大量的能量。例如，通过控制突尼斯，奥斯曼人可以控制至西西里岛的商贸流通。同样，通过控制希腊和达尔马提亚海岸（以及意大利南部的奥特兰托），奥斯曼人可以有效切断威尼斯至地中海的通道。然而，这种以陆地为基础的海洋战略在印度洋开阔水域是不可能实现的。

奥斯曼人通过袭击成功地将他们对相当一部分的阿拉伯海岸线的控制扩展至非洲东部，但对这些海岸的控制尚不足以阻止葡萄牙的海战。这部分原因是印度洋太大，无法像包围地中海那样通过陆地将其包围。甚至当奥斯曼人控制了阿拉伯海岸时，葡萄牙人只需规避临近航道，就可轻而易举地抵达他们在印度的港口。此外，奥斯曼人只拥有许多无关紧要的海岸，不得不花更多的精力对付陆上挑战，而不是对付葡萄牙的海上威胁。在波斯湾这是对的，因为萨非人仍在继续挑战奥斯曼在美索不达米亚以及沿东非海岸的主宰地位。例如，有一个故事说1588年有一个奥斯曼海盗曾抵达现在的索马里。这个海盗乘着装备有炮的几艘小型单层甲板大帆船，沿着东非海岸航行，并在一地设立堡垒，由陆上的炮兵和海上装备有武器的单层甲板大帆船防御，目的是将派往此处以迫使奥斯曼人退出此地的葡萄牙舰队击退，并扩展奥斯曼对东非海岸和航线的控制。这意味着"奥斯曼炮兵和葡萄牙海上力量之间经典的一决胜负"。1517年，奥斯曼在抵御葡萄牙海军的吉达防御战中赢得了关键性的胜利。[44] 尽管对奥斯曼来说，这次特别的远征悲惨地结束了，因为它受到了葡萄牙的海上攻击和土著食人族的地面攻击，但这也表明了奥斯曼通往海上霸权的途径以及使它适应这个辽阔海洋战区的要求的困难。[45]

三、技术挑战

探讨完奥斯曼海上扩张的原因和方向后，现在有必要探讨奥斯曼是如何建立他们的海上霸权的。发展一支海军并非易事，尤其是对一个注重陆地征服的国家。它要求技术专长、熟练劳动力和足量的物料（主要是木材）。考虑到所建造的海军要与威尼斯、西班牙或葡萄牙的海军相当，如果没有中央政府（更确切地说是国王）的一致努力，就不会实现对这些项目的发展、协调和管理。[46] 这只会在1453年征服君士坦丁堡后才可以实现。

征服者马哈穆德是意识到需要海军和致力于建立一支海军的第一位奥斯曼国家首脑。君士坦丁堡不仅给了它象征性的力量源泉，而且给了它一个战略港口和一个船厂。自此以后，他的海军发展迅速，奥斯曼人再也不依赖于其他国家的时断时续的海上支持来满足自己对海上力量的需求（如他们不得不跨过海峡，以在欧洲投入他们的力量）。[47] 我们缺乏明确的数据，但很显然，从 15 世纪下半叶以来，数据似乎显示奥斯曼海军在 1453—1500 年期间的舰船数量呈指数方式增长。例如，1453 年时，奥斯曼国王可以自行处置大约 100 艘舰船，但是 20 年之后，他可以召集 500 艘左右（1475 年在征服咖法时，奥斯曼动用了 380 艘舰船，其中 120 艘是单层甲板大帆船）。[48]

在第一阶段奥斯曼海军的素质很寻常。正如前面所说的，即使奥斯曼舰队与威尼斯舰队的舰船数量相等，奥斯曼舰队也不占优势，因此它会避免与威尼斯单层甲板大帆船舰队直接交战。但是奥斯曼造船技术得到了提高，完全可以同威尼斯最好的单层甲板大帆船的技术标准相媲美。例如，弗雷德里克·雷恩写道，到 16 世纪末时，与奥斯曼的舰船相比，威尼斯的单层甲板大帆船速度要慢，而且更容易在风暴中受损。[49]然而其他人的意见正好相反。例如，普耐尔写道："与威尼斯的相比，奥斯曼的单层甲板大帆船质量较差，材料低劣，工艺低下，维护不好，管理很差。"[50]那时很难对奥斯曼海军实力进行净评估，现在更加困难，因为奥斯曼的舰船规模和质量在 15 世纪至 16 世纪被西方观察家放大或贬低，其目的是引起对其实力的恐惧并刺激反奥斯曼联盟的形成或支持欧洲霸权概念和鄙视奥斯曼。[51]

对奥斯曼海军的质量存在互为冲突的评估的部分原因是由于奥斯曼舰船的不同设计，这也再次反映了这个大陆强国的不同战略构想。格尔马丁写道："奥斯曼的单层甲板大帆船是被设计担当进攻的战略任务和防御的战术角色。它就是将围困部队输送至他们的目的地，阻止那里的敌方海军对他们的行动进行干扰。它也可能会遭到地方舰队的袭击，但很少实施攻击。奥斯曼舰队的胜利几乎不能加快围困的进展，但其失败会严重减缓此围困的进展。"[52]

假设技术相等，那么到 16 世纪中叶时，与威尼斯和其他基督对手相比，奥斯曼海军有两个明显的优势。首先，如前所述，奥斯曼人控制了东地中海的大部分海岸线。这使得奥斯曼人可以阻止或必要时封锁欧洲航运，控制通往主要造船资源（尤其是木材，而意大利很缺乏）的通道，并使东地中海成为奥斯曼的一个内湖。

第二个优势源于奥斯曼国王对北非穆斯林海盗的依赖。这些海盗为他提供劳动力以及新的技术。人力对地中海舰队来说是必不可少的。用于地中海作战的主要船只单层甲板大帆船多个世纪以来实际上没有大的改变，奥斯曼的舵手极有可能会驾驶威尼斯的单层甲板大帆船。[53]这种船的主要特色是靠桨推动的，因而需要大量的水手。当这些划桨手登上敌方单层甲板大帆船或下船对港口或其他上堡垒地方进行攻击时，通常会变成使用利剑的战士。挑战是舰队每次需要人员配备时，海军机关不得不找到大量人员。奥斯曼人倾向于从被征服人口的划桨手中招收士兵，这样在很多情况下避免了强制征兵和对志愿者的依赖。但是，当在 16 世纪遇到大规模的基督舰队时，这个方法还是不够的。然而，北非热衷于消灭异教徒的伊斯兰教徒可以提供在他们袭击意大利海岸时得到的大量奴隶，并吸引了西班牙的穆斯林人口（在"收复失地运动"之后）。[54]

此外，事实证明北非海盗适应性更强，而且在 16 世纪和 17 世纪引进了新的船型。他们在北非和东非经常与葡萄牙舰船接触，并在地中海经常与西班牙海军接触。这些连续的冲突迫使他们采用新的舰船设计，以与技术更先进的大西洋强国竞争。奥斯曼海军尽管在 16 世纪晚期达到顶峰，但仍将单层甲板大帆船作为主要舰船，而在印度洋遭到失败之后，他们仍然试图在技术上与葡萄牙竞争。葡萄牙人（以及西班牙人）在制图和舰船设计（以及舰炮）方面所取得的进步，使这些强国可以将他们的海军输送至远海，而这对当时的奥斯曼舰队来说仍不可能实现。[55]穆斯林海盗没有可与葡萄牙和西班牙海外扩张匹配的资源，但由于技术创新，他们仍有足够的能力使地中海保持一种不稳定的现状，因而也保护了奥斯曼帝国与西方的海上边疆。[56]

奥斯曼人在 16 世纪不能或不愿提高他们的海军技术严重损害了他们的海上力量的增长。[57]当大西洋欧洲强国研制了宽身帆船（一种"将北部海域和地中海的技术集成于一身的非凡的全帆船"[58]）和轻快多桅小帆船时，奥斯曼人仍在继续使用靠桨推动的单层甲板大帆船。这种单层甲板大帆船在狭窄海峡和沿海岸线有优势，但在大洋水域完全无效。[59]结果是奥斯曼的海洋扩张在红海和波斯湾结束了，而红海和波斯湾"成为有效的地中海单层甲板大帆船战的南部限制线，印度洋成为大西洋帆船的家园"[60]。奥斯曼人将永远不能克服由他们海上力量起源地的地理战区带给他们的这些技术限制。他们无法控制这个世界的关键海上通道，而这些关键海上通道在历史上首次建立了真正的全球市场，因而使得奥斯曼成为一个体型巨大但渐渐虚弱的地区性参与者。[61]

结果，奥斯曼帝国尽管拥有令人印象深刻的海军能力，但本质上仍然是一个大陆强国。在 17 世纪晚期，据说一个奥斯曼土耳其曾断言"上帝把海洋给了基督徒，把陆地给了穆斯林人"[62]。这种宿命论没有得到完全保证。奥斯曼人有意地选择不在印度洋追求更加激进的战略，未能将基本的技术革新引入他们的海军，并将它们的经历更多地放在多瑙河边境，而不是进入亚洲和日益发展的全球市场。更确切地说，海上力量使得奥斯曼人降伏了威尼斯人，挑战了西班牙人，并扩张到埃及。[63]然而这个奥斯曼人的宿命论也基于地理这个铁的事实。奥斯曼帝国的地理位置限制了它的扩张，阻止了它享受到大发现时代的好处。无论保护得多好，也无论多么稳定，长长的陆地边境是威胁的持续来源，而且需要资源，这样这些资源就无法被用于海外探险了。

四、结束语

从历史中吸取教训总是危险的，这是偶然王国的一时成功，绝不能成为不朽的原则。如果我们不探讨奥斯曼帝国崛起带给我们的历史教训，这同样也是危险的和目光短浅的。关于发展海上力量的容易性和困难性，我想有两个教训。

首先，海上力量不是几个国家的专有财产。海军实力可以迅速得到发展，部分原因是无论多难掌握，海军技术不能仅局限于几个强国。正如奥斯曼人所展示的，技术不能被复制、购买或征服。奥斯曼历史的最令人震惊的事实实际上是奥斯曼海军崛起的快速性。奥斯曼国家一个多世纪来一直只注重陆地征服，仅在 15 世纪的下半叶才建立起一支渐渐有效的舰队。奥斯曼人很快在挑战和击败地中海主要海军强国威尼斯方面取得了成功，并继续对其他欧洲国家构成了严重威胁。

其次，许多国家在海上力量的发展和使用方面的能力也十分有限。奥斯曼就是国家性质限制了海上力量的一个好例子。奥斯曼帝国的漫长陆上边境线以及大量强国（匈牙利、波兰、俄罗斯和萨非等）对它边境的压力造就了他们的战略思维。奥斯曼扩张的方式就反映了他们将重点放在控制大陆的大陆观点。这与葡萄牙和威尼斯扩张的模式，即依赖于广泛散布的港口网络，形成直接对比。正如尼古拉·斯派克曼在几十年前观察到的，"陆上强国是围绕着控制的中心点以连续表面方式来思考的，而海上强国是按照主宰一广阔领土的点和连接线来思考的"[64]。如果一个带有漫长大陆边境线的强国的战略考虑既定，那么这种大陆思维很难克服，而且也许无法改变。

对那些面对正在崛起的奥斯曼海上力量的国家来说，挑战之一即为无法预测是海上力量的容易性还是海上力量的困难性能代表奥斯曼历史的特点。最终，我断定大陆思维严重阻碍了奥斯曼人的战略思维，以至于他们无法与正在崛起的全球海洋强国（如西班牙和葡萄牙）进行竞争，因而也只能还是一个强大的陆地帝国。但是如果你是一个 16 世纪初的威尼斯、葡萄牙或西班牙战略家，而且你不知道这种历史必然性，也许你也会担忧奥斯曼的海上攻击。

一个海上强国的崛起有其内在张力。一方面，它可以很容易甚至很快建立一支海军部队，也可以通过购买、窃取或其他方式得到技术，总之，可以使一个国家（如奥斯曼帝国）在海上拥有一支令人印象深刻的海军。但在另一方面，它很难克服一些严重的困难或限制性因素。最容易克服的可能是技术专长、技能以及劳动力，最难克服的是政治条件，如国家的主要威胁和利益是在海洋还是在陆地。中国正面临这种挑战，即如何处理它的大陆本质和它的漫长的边境。

注释：

1. A. T. Mahan, The Influence of Sea Power upon History, 1660—1783（New York：Dover, 1987）, 29.

2. 如想了解对奥斯曼早期扩张的简短描述，请参见 Bernard Lewis, Istanbul and the Civilization of the Ottorrian Empire（Norman：University of Oklahoma Press, 1963）, 3 – 35.

3. 关于奥斯曼早期历史中的"神圣武士"因素，请参见 Paul Wittek, Rise of the Ottoman Empire（London：Royal Asiatic Society 1938）, 2.

4. 关于奥斯曼征服安纳托利亚和巴尔干的模式，请参见 Halil Inacik, The Ottoman Empire：The Classical Age, 1300—1600（London：Weidenfeld & Nicolson, 1973）, 11, 14.

5. Mark C. Bartusis, The Late Byzantine Army（Philadelphia：University of Pennsylvania Press, 1992）, 103 – 119.

6. Kelly DeVries, The Lack of a Western European Military Response to the Ottoman Invasions of Eastern Europe from Nicopolis（1396）to Mohács（1526）, Journal of Military History 63（3）1999：539 – 560.

7. Edward Potkowski, Warna 1444（Warsaw：Wydawnictwo Bellona, 1990）; Edwin Pears, "The Ottoman Turks to the Fall of Constantinople", in The Cambridge Medieval History, vol. 4, ed. J. R. Tanner, C. W. Previte – Orton, and Z. N. Brooke（New York：Macmillan, 1926）, 675 – 676.

8. Robert Finlay, "Crisis and Crusade in the Mediterranean：Venice, Portugal, and the Cape Route to India（1498—1509）," Studi Veneziani 28（1994）：45 – 90.

9. 如想简要了解主要贸易路线和时间以及葡萄牙扩张对它们的影响，请参见 A. H. Lybyer, "The Ottoman Turks and the Routes of Oriental Trade," The English Histori-

cal Review 30, no. 120（October 1915）：577 – 588。如想了解对这段时期较好的处理以及大西洋强国的兴起，请参见 J. H. Parry, The Establishment of the European Hegemony, 1415 – 1715（New York：Harper & Row, 1961）；G. V Scammell, The First Imperial Age：European Overseas Expansion, c. 1400—1715（London and New York：Routledge, 1992）.

10. Dennis O. Flynn and Arturo Giraldez, "Born with a 'Silver Spoon'：The Origin of World Trade in 1571" Journal of World History 6, 2（Fall 1995）：201 – 221；J. H. Parry, The Age of Reconnaissance（New York：Mentor Books, 1963）, 211 – 213.

11. 1580 年，奥斯曼国王顾问甚至建议在苏伊士挖一条运河，以恢复来自亚洲的货物流通。参见 Bernard Lewis, The Muslim Discovery of Europe（New York：W. W. Norton & Co.）, 34.

12. 此外，从 16 世纪开始，与之并行的欧洲城邦体制的变革进一步削弱了奥斯曼的地位。与"发现时代"这些地缘政治的变化同时出现的"现代民族国家"将欧洲的势力中心转向了西欧。参见 Charles Tilly, Coercion, Capital, and European States：AD 990—1992（Cambridge, MA：Blackwell, 1992）.

13. Flynn and Giraldez, Born with a "Silver Spoon", 211. 如想了解西班牙帝国的扩张和它的努力，请参见 J. H. Parry, The Spanish Seaborne Empire（Berkeley：University of California Press, 1990）；J. H. Elliott, Imperial Spain, 1469—1716（New York：Penguin Books, 1990）.

14. 如想了解丝绸贸易对中国明朝的影响，请参见 William Atwell, "Some Observations on the 'Seventeenth – Century Crisis' in China and Japan", Journal of Asian Studies 45, 2（1986）：223 – 244；William Atwell, "Ming China and the Emerging World Economy, c. 1470—1650" in "The Cambridge History of China", vol. 8, "The Ming Dynasty, 1368—1644", ed. Frederick W. Mote and Denis Twitchett（New York：Cambridge University Press, 1998）, part 2, 376 – 416.

15. Abbas Hamdani, "Ottoman Responses to the Discovery of America and the New Route to India," Journal of the America Oriental Society 101, 3（1981）, 323 – 330.

16. Palmira Brummett, Ottoman Seapower and Levantine Diplomacy in the Age of Discovery（Albany：State University of New York Press. 1994）, 107 – 108.

17. Steven Runciman, The Fall of Constantinople, 1453（New York：Cambridge University Press, 1990）.

18. 布罗代尔辩称 1571 年的勒邦陀战役是最后的讨伐努力，因为它已设法将欧洲的大部分团结在西班牙的旗帜下，以反对奥斯曼，但欧洲联盟的衰败在那之前。由于欧洲的政治分歧越来越大，威尼斯和罗得岛在很大程度上未能在 15 世纪下半叶成功组织更大的欧洲联盟，以反对奥斯曼帝国。事实上，如果说 1444 年的瓦尔纳战役标志着十字军东征的结束，这也许更正确。参见 Fernand Braudel, The Mediterranean and the Mediterranean World in the Age of Philip II, vol. 2（New York：Harper & Row, 1973）,

842 – 884.

19. 参见 Robert Schwoebel，"Coexistence, Conversion, and the Crusade against the Turks"，Studies in the Renaissance, 12（1965）：164 – 187。如想更多地了解有关共存的努力，请参见 Louis – Thuasne，Gentile Bellini et Sultain Mohammed II（Paris：Ernest Leroux，1888）.

20. Niccolo Capponi, The Victory of the West：The Great Christian – Muslim Clash at the Battle of Lepanto（Cambridge, MA：Da Capo Press, 2007），36.

21. Frederic C. Lane，Venetian Ships and Shipbuilders of the Renaissance（Baltimore：The Johns Hopkins University 1934），138.

22. Franz Babinger，Mehmed the Conqueror and His Time（Princeton, NJ：Princeton University Press, 1978），281.

23. John Pryor，Geography, Technology, and War（Cambridge, U. K. ：Cambridge University Press, 1988），177.

24. Palmira Brummett，"The Overrated Adversary：Rhodes and Ottoman Naval Power,"The Historical Journal 36, 3（September 1993）：540.

25. Letter of 18 May l521, in Niccolo Machiavelli, Letter a Francesco Vettorie a Francesco Guicciardini（Milano, Italy：Rizzoli, 1989），295. 在其喜剧《曼陀罗》中，马基雅维利并没有十分严肃地对待此主题。一个前去忏悔的女子与神父交流对奥斯曼入侵的担忧。神父回答说，如果她不祈祷，它就会发生。这表明遍布意大利的某些担忧的不合理本质。参见 Machiavelli，Mandragola（Prospect Heights, IL：Waveland Press, 1981），Act 3, Scene 3, 30.

26. Capponi, Victory of the West, 8.

27. 关于阿尔及尔是穆斯林海盗的基地，请参见 Braudel, The Mediterranean and the Mediterranean World, 884 – 887，以及 E. Hamilton Currey，Sea Wolves of the Mediterranean（New York：Stokes, 1910）和 Pryor, Geography, Technology, and War, 93 – 96.

28. Andrew C. Hess，"The Evolution of the Ottoman Seaborne Empire in the Age of the Oceanic Discoveries, 1453—1525；"American Historical Review 75, 7（December 1970），1906. 参见 Andrew C. Hess， "The Batde of Lepanto and Its Place in Mediterranean History"，Past and Present, 57（November 1972）：57 – 58.

29. 奥斯曼帝国与其他帮派的神圣武士或基于陆地的雇佣兵有相似的关系。参见 Karen Barkey, Bandits and Bureaucrats（Ithaca, NY：Cornell University Press, 1997），189 – 228.

30. 关于海盗在这些城邦国家战略中的作用（包括授权私掠与奥斯曼政府机构的关系），请参见 Janice Thompson, Mercenaries, Pirates, and Sovereigns（Princeton, NJ：Princeton University Press, 1996）.

31. Braudel, The Mediterranean and the Mediterranean World, 1088.

32. Jack Beeching, The Galleys at Lepanto (London: Hutchinson, 1982), 231 – 232.

33. 如想了解对菲利普二世令人有趣的研究，请参见 Geoffrey Parker, The Grand Strategy of Philip II (New Haven, CT: Yale University Press, 1998).

34. 参见 John Francis Guilmartin, Gunpowder and Galleys: Changing Technology and Mediterranean Warfare at Sea in the 16th Century (Cambridge, U. K. : Cambridge University Press, 1980), 221 – 252.

35. Angelo Tamborra, "Dopo Lepanto: Lo spostamento della lotta antiturca sulfronte terrestre" in Il Mediterraneo nella seconda meta del 500 alla luce di Lepanto, ed. Gino Benzoni (Florence: Leo S. Olschki Editore, 1974), 371 – 391.

36. Quoted in Hess, "The Battle of Lepanto", 54.

37. Elliott, Imperial Spain, 276.

38. Biaudel, The Mediterranean and the Mediterranean World, 844.

39. George Stripling, The Ottoman Turks and the Arabs (Philadelphia: Porcupine, 1977), 15. 另参见 Hess, "Evolution of the Ottoman Seaborne Empire", 1907 – 1908.

40. Stripling, Ottoman Turks and the Arabs, 92 – 96; Andre Cot, Suleiman the Magnificent (London: Saqi Books, 1989), 194 – 195; Andrew C. Hess, "The Ottoman Conquest of Egypt (1517) and the Beginning of the Sixteenth – Century World War," International Journal of Middle East Studies 4, 1. (January 1973): 55 – 76.

41. Hess, "Evolution of the Ottoman Seaborne Empire", 1916. 奥斯曼人和葡萄牙人（以及威尼斯人）之间的差异可以通过此事实来部分解释，即到 16 世纪时，葡萄牙人的大部分资源来自于其大片领土的税收，而奥斯曼人从海上商务获得财富。参见 Suleiman the Magnificent192, 198.

42. Guilmartin 在其 Gunpowder and Galleys 的第 16 ~ 41 页较好地讨论了奥斯曼和威尼斯（以及在一定程度上西班牙）海上战略的差异以及从马汉观点对奥斯曼海上霸权的无法理解.

43. 人们自罗马时代就知道了地中海和海洋之间的差异。正如尤利乌斯·恺撒在描述在高卢和英国军事行动中所观察到的，"在广阔的大洋中航行显然与在被陆地包围的内海（如地中海）航行有很大区别"。然而，正如奥斯曼人发现的，知道这种差异并不等于对此可作出快速有效适应。参见 Caesar, Gallic War, 3 – 9.

44. 1517 年吉达战役的发生地真正标志着地中海海上强国和大洋海上强国的边界。如想了解对此次战争的详细描述，请参见 John F. Guilmartin, Gunpowder and Galleys (Cambridge, U. K. : Cambridge University Press, 1974), 7 – 15.

45. Giancarlo Casale. "Global Politics in the 1580s: One Canal, Twenty Thousand Cannibals, and an Ottoman Plot to Rule the World", Journal of World History 18, 3 (September 2007), 267 – 273.

46. 这只是对现代城邦崛起的更广泛描述的一部分。这种城邦为了政治生存目的，需要对资源进行集中管理。参见 J. R. Hale, War and Society in Renaissance Europe, 1450—1620" (Baltimore: Johns Hopkins University Press, 1985); Hendrik Spruyt, The Sovereign State and Its Competitors (Princeton, NJ: Princeton University Press, 1994); Tilly, Coercion, Capital, and European States; Brian M. Downing, The Military Revolution and Political Change: Origins of Democracy and Autocracy in Early Modern Europe (Princeton, NJ: Princeton University Press, 1992).

47. 关于奥斯曼帝国的其他军事技术，也有类似的故事。例如，在 1453 年围困君士坦丁堡中起着关键作用的奥斯曼炮兵是由一个来自于拜占庭的匈牙利俘虏建立的。请参见 Bernard Brodie and Fawn M. Brodie, From Crossbow to H – Bomb (Bloomington: Indiana University Press, 1973), 46 – 47.

48. Babinger, Mehmed the Conqueror and His Time, 449.

49. Lane, Venetian Ships, 13.

50. Pryor, Geography, Technology, and War, 187.

51. 如想了解威尼斯人对奥斯曼帝国的看法，请参见 Lester J. Libby Jr., "Venetian Views of the Ottoman Empire from the Peace of 1503 to the War of Cyprus," Sixteenth Century Journal 9, 4 (Winter 1978), 103 – 126.

52. Guilmartin, Gunpowder and Galleys, 219.

53. William Ledyard Rogers, Naval Warfare under Oars, 4th to 16th Centuries: A Study of Strategy, Tactics and Ship Design (Annapolis, MD: Naval Institute Press, 1967).

54. Guilmartin, Gunpowder and Calleys, 118 – 119.

55. 同上, 257.

56. 人们在早期时候就对依赖于海盗的弊端进行了探讨，这些弊端包括缺乏对他们的有效控制以及他们无法和不愿意将控制延伸到陆地；此外，他们还很难管理较大的海上战区。在 16 世纪时，奥斯曼帝国不得不分散其海军指挥权，以对经常收到欧洲强国干涉的当地威胁作出快速反应。至少名义上控制海军的帝国海军上将加里波底得到了半自治的地区（如罗得岛、莱斯沃斯岛、亚历山大港，苏伊士、黑海乃至多瑙河）。这种分权也许已进一步削弱了奥斯曼对西班牙和其他大西洋欧洲国家日益增长的海上力量的反应能力。请参阅 Capponi, The Victory of the West, 35.

57. 像其他国家一样，奥斯曼帝国也面临经费限制。由于正常的经费是不够的，因此海军的费用往往通过特别的征税来提供的。这种靠其他费预算来源来支付舰队开支似乎也表明奥斯曼帝国的主要战略任务还是在陆地，而海军还是次要考虑，尤其是在 16 世纪末。请参阅 Rhoads Murphey, Ottoman Warfare, 1500—1700 (New Brunswick, NJ: Rutgers University Press, 1999), 17 – 19.

58. Archibald R. Lewis, "The Islamic World and the Latin West, 1350—1500", Speculum 65, 4 (October 1990), 839.

59. 关于地中海舰船和大西洋舰船间的差异，请参见 Parry, Age of Reconnaissance, 67 –

84。1571 年勒邦陀战役是靠桨驱动舰船的最后一战，这也是地中海海军技术的重要性日益下降的一种征兆。参见 Brodie and Brodie, From Crossbow to H – Bomb, 64.

60. Hess, "Evolution of the Ottoman Seaborne Empire", 1917.

61. 如想讨论使大西洋欧洲如此强大的原因是强大的军事技术（如火药）还是对海上通道和运输的控制，请参阅 George Raudzens, "Military Revolution or Maritime Evolution? Military Superiorities or Transportation Advantages as Main Causes of European Colonial Conquests to 1788", Journal of Military History 63, 3, 631 – 642.

62. 引用于 Hess, "Evolution of the Ottoman Seaborne Empire," 1895.

63. 参见 Brummett, Ottoman Seapower, 179.

64. Nicholas Spykman, "Geography and Foreign Policy, II", American Political Science Review 32, 2 (1938), 224.

第二部分

现代时期

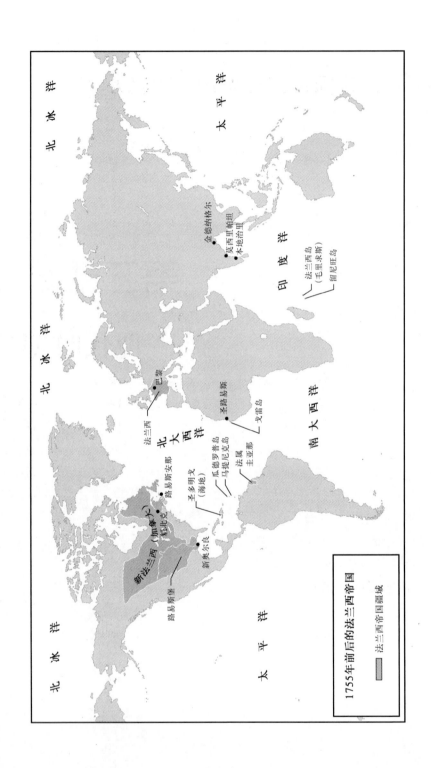

北冰洋

北冰洋

大平洋

印度洋

北大西洋

南大西洋

太平洋

金德纳格尔
莫西里帕坦
本地治里

法兰西岛
(毛里求斯)
留尼旺岛

巴黎

法兰西

圣路易斯
戈雷岛

瓜德罗普岛
马提尼克岛
法属圭亚那

圣多明戈
(海地)

新法兰西（加拿大）
魁北克
路易斯安那
新奥尔良

路易斯堡

1755年前后的法兰西帝国

法兰西帝国疆域

法国：海洋帝国，大陆承诺

■ 詹姆斯·普里查德[①]

  在上个千年的后半叶，法国连续进行了几次海洋变革。从 16 世纪初到第二次世界大战爆发以及 1940 年的第三帝国灭亡，尽管法国在海洋变革方面做出了很大努力，但总体来说收获甚微，甚至可以说是彻底失败，从未实现法国商人、政治家、政客和水手的期望。法国在进行海外扩张和加强海上防御时，总是遇到一些几乎是无法解决的地缘政治、社会经济和战略问题。虽然每次海洋变革所发生的偶然事件有所不同，但失败的原因几乎相同。

  法国第一次海洋变革发生于 16 世纪。在这次海洋变革中，私人利益比国家资源发挥了更大的推动作用。这是当时在欧洲出现的一种普遍现象，即商品和服务的日益增多以及工业区劳动分工的日益明显最终导致了国际贸易的扩大。按理说，考虑到国家资源在第一次海洋变革中没有发挥重要作用，本次讨论本可以将此排除在外，但我们最终还是包含了它，之所以这样做，就是想说明没有国家参与的变革不仅是可能的，而且确实发生过。尽管第一次海洋变革在方式上有许多可圈可点之处，但也许是由于缺乏国家的直接参与，它在面对敌对国家的海上行动时注定是要失败的。

  法国第二次也是最大一次海洋变革发生于 17 世纪后 30 年至 18 世纪前 10 年，在此期间，法国打造了世界上最大的海军。这次变革最终以筋疲力

---

  ① 詹姆斯·普里查德博士是女王大学（加拿大金斯敦）历史学荣誉退休教授，在该校从教 32 年。他曾在渥太华、伦敦和多伦多求学，并在留学法国后于 1971 年获得多伦多大学历史学博士学位。他撰写了 "Louis XV's Navy, 1748—1762：A Study in Organization and Administration"（麦吉尔女王大学出版社，1987 年）和 "Anatomy of a Naval Disaster：The 1746 French Naval Expedition to North America"（麦吉尔女王大学出版社，1995 年），后者获得了加拿大航海研究协会颁发的"基思·马休斯奖"和北美海洋历史协会颁发的"约翰·李曼图书奖"。他的 "In Search of Empire：The French in the Americas（1670—1730）"一书（剑桥大学出版社，2004 年）被加拿大历史协会授予"华勒斯·K. 弗格森爵士奖"。2007 年，该书平装本面世。他目前正在撰写一部关于"二战"期间加拿大造船业历史的书。

尽和失败而告终，其原因是法国政府未能意识到一个国家强大的海上力量必须与活跃的海上贸易和积极的对外政策相结合，而且当时法国的势力范围已超过了它的实际控制能力。法国第三次海洋变革大致发生于1745—1815年。这次变革应该说是法国历史上最成功的一次，但遗憾的是，它几乎没给这个国家带来任何好处。第四次海洋变革发生于19世纪末和20世纪初，此时法国和法国海军都已进入现代工业年代。为了与几个敌对国家占绝对优势的海上、海军和经济能力竞争，法国不得不对其政治、技术和经济进行了重大变革。同前几次相比，此次海洋变革仍然收益甚微，而且并未显得更成功。

正如法国的海外帝国历程一样，这些变革的历史断断续续，充满矛盾。[1]它们不仅是事故、错误、特殊利益以及民族或国家设计的产物，而且阻碍了法国经济和政治的发展。此外，这几次变革的一个共同特色是法国未能成功地将其帝国与其国家紧密联系在一起。

自16世纪之后，法国的海外扩张与其说是设计的产物，还不如说是机会的产物。那些追逐梦想并具有一定能力的个体、商人、小型商务团体以及追求狂热个人英雄主义的士兵或怀揣救世梦的传教士纷纷让法国国家去处理他们造成的既成事实，但法国政府并未在此方面起多大作用，它很难提供用来保护海外领地的部队、舰艇和经费，即使提供了，要么太少，要么太迟，无法完全抓住机遇。在国内，海外扩张和海洋变革与欧洲大陆战争对稀缺资源的大量需求以及国内政治呼声相冲突。像法国海军一样，法国海外帝国就这样被断断续续地建立起来了。尽管如此，法国海军和法国海外帝国还是取得了可喜的成绩，其中韧性是它们成功的一种手段。尽管在国内受到冷遇，也无法得到足够的支持，但法国还是曾经建立起了世界上最强大的海军，而且法国儿女也在海外站稳了脚跟。然而，自此以后，往昔的全球帝国现已萎缩为海上的几个岛屿。

就"法兰西帝国"这一概念，目前有两种截然不同的解释，这在欧洲帝国中比较罕见。一种认为它是指欧洲本土，另一种认为它是指海外殖民地。尽管我们现在的关注点是法国海外殖民地，但我们有必要记住"永远的六边形"法国自身看起来就像个帝国，因为"它是一个由被征服、被附属和被合并的领土组成的政治和行政综合体，其中，许多领土上具有高度发达的国家或地区特性，有些在传统上一直反法兰西"[2]。可以这样说，法兰西帝国是法兰西国王（和拿破仑·波拿巴）在欧洲大陆建立的，而不是法国海外殖民地的简单集成。此外，拿破仑确实曾自封皇帝。尽管随着他的死亡，"帝国"这个词曾一度被废弃使用，但在 19 世纪中叶，随着他的侄子路易斯·拿破仑宣布法国为帝国、自己为皇帝，这个词又复活了，并出现在从未被实施的《维希宪法》的草案中。最近，有些法国学者就"法兰西帝国"这个概念提出了第三种解释，即"非正式帝国"，加入了法国资本投资占主导地位的地区和国家，如俄罗斯、拉丁美洲和奥斯曼帝国。[3]这种解释恐怕只合乎他们自己的口味。

16 世纪，内外环境对法国都不利，周边国家意大利战争长年不断，本国内战又使它元气大伤，为此，法国的海军建设和海外扩张断断续续地持续了一个半世纪多。法国最初的海洋变革只与渔业、贸易和劫掠海上船只有关，而与其国家自身毫不相干。这些私人个体从事的活动要比国家倡议的行动重要得多。早期的航海探险，如 1524 年乔瓦尼·达·韦拉扎诺沿北卡罗来纳州海岸的探险以及 1534 年和 1536—1537 年雅克·卡蒂埃在圣劳伦斯湾和圣劳伦斯河的探险，都得到了皇家允许，但都是私人发起和资助的。

自 16 世纪早期，诺曼底、布列塔尼、普瓦图和圣东日省的许多城镇对捕鱼十分感兴趣，于是它们纷纷为私人探险者提供资金和装备，使他们能前往大西洋西北地区捕捞鳕鱼。早在 1536 年卡蒂埃沿圣劳伦斯河向上探险之前，巴斯克捕鲸业就在圣劳伦斯湾和拉布拉多沿海雇用了几百人。到 16 世纪末，每年大约有 500 艘来自于法国港口的船只和 12 000 名渔民在大浅滩捕鱼。[4]

法国商人和水手对"新大陆"也十分熟悉。在 16 世纪早期，法国船只从英吉利海峡和大西洋港口出发，向南探险至非洲，然后越过大西洋，抵达巴西。在巴西，他们发现了一种十分贵重的商品。这种商品有多种名称，如巴西木、染料木、洋苏木等。尽管葡萄牙人十分气愤，法国人还是很快就开始对这片地区进行了开拓。在法国人于 1504 年进行首次有记录的至巴西的航行不久，法国在巴西沿海的船只数量就与葡萄牙的几乎相当。[5]在进入加勒比海后，其他商人在西属美洲为法国纺织品和非洲黑奴发现了日益增长的市场。最终，法国私掠船乘风破浪，跨过大西洋，掠夺东印度群岛的财富。此时，法国人迅速意识到了袭击西班牙人在西班牙和美洲之间建立的海上运输线的重要性。在 1522—1523 年，法国海盗船掠夺了由荷南·科尔蒂斯运往西班牙的几乎所有的蒙特祖玛宝藏。1529 年，葡萄牙国王抱怨法国私掠船和海盗使他损失了 300 只船。[6]尽管如此，与贵族和商人的私人利益相比，法国政府在这些活动中只扮演着微不足道的角色。

捕鱼、贸易和劫掠所带来的后果是法国海洋变革导致了海外扩张，加速了城市的发展，但也激化了国内沿海港口之间的竞争，而不是加强了国家的团结。1559 年之后，这种后果被日益凸显于宗教和政治内战的动荡中。1532 年，布列塔尼公国正式成为了法国的一部分。之后，它极力想扩展其特殊权益，而且想并入英国，这样就导致了更多的对抗和冲突。[7]这些海外活动不涉及移民，也不需要海上支持。相反，像皮约讷、拉罗谢尔、莫尔莱、圣马洛、翁弗勒尔、鲁昂、迪耶普这样的城市也纷纷开始海外扩张，竞争激烈。如里昂的新教徒商人强烈支持法国向巴西移民，而迪耶普商人则热衷于对佛罗里达投资。

法国想在巴西和佛罗里达建立准宗教性殖民地的念头很快就被葡萄牙和西班牙所打消。于是，在 17 世纪，法国尝试将殖民地的建立从西班牙控制区域挪至加拿大。此时，圣马洛和拉罗谢尔两城商人之间的竞争仍在继续，因为这两座城市都以牺牲其他城市为代价从皇家获得了皮毛贸易的垄断权。对国王来说，给予垄断权轻而易举，向对开发西印度群岛和新法兰西感兴趣的私人投资者颁发皇家特许权并给予岛屿所有权也毫不费力。

尽管法国在 16 世纪中期组建了一支小型皇家海军，但它很快萎缩，只给后人留下了模糊记忆。17 世纪 30 年代，由卡迪诺·里奇留建立的海军也未留下任何有价值的东西。至少在 17 世纪 60 年代之前，法国海外扩张的历史与以前相差无几。尽管里奇留是第一个阐述海洋战略重要性的法国政客，认为需要海洋战略来保护法国的大西洋和地中海沿岸，使其免受他国攻击，但在其 1642 年去世之后，巩固皇权这一国内首要问题以及长时间的针对西班牙的欧洲大陆战争还是阻碍了法国政府对海洋变革的大量介入。[8]只是到了 1663 年法国进入和平时期之后，法国国王才为前往印度的海上探险提供资金支持，并取消了对马提尼克、瓜德罗普和新法兰西的专有殖民地的所有权，使其成为了皇家省份。直到此时，法国国王才开始直接介入海外殖民地的开发。[9]

随后的半个世纪（1663—1713 年）见证了法国最大的海洋变革以及法国及其海外殖民地从未有过的政治、社会和经济稳定，但那些基本的地缘政治、社会经济和战略因素也开始发挥其作用，使得法国无法再保持欧洲最大的海军。早期法国国家的权威性没有被明确定义和解释，也不是很有效。路易十四的专制源于君主与各省掌权人物的成功协作，而不是高压，因此效果要比想象的差。[10]法国地理位置和非资本主义社会结构也限制了其早期的海上开发和海外扩张。此外，法国的统治阶级怀有轻商态度，海外扩张在继续加剧地区间的敌对情绪，并瓦解着国家统一。来自于不同港口的商人利用垄断特权挫败竞争者，以开拓与北美、非洲、西印度、东印度和南海的贸易。这种海外扩张曾在英国巩固了国家统一，而在法国却适得其反，其原因是法国国家资本都集中在内地，再加上缺乏中央集权，因而助长了地区间的敌对情绪。

在路易十四的海上战争期间，法国海军的战略重点发生了重大改变，从17世纪70年代联英抗荷转变到17世纪90年代的抗击英荷联合舰队，并从17世纪80年代的与西班牙交战转变到18世纪的对西班牙的保护。如在1702—1713年期间，法国海军放弃了法国的殖民地，转而护卫西班牙的黄金运输船穿过大西洋。这些与联盟有关的复杂变化使得英法在18世纪后期形成直接对抗，因而也再次改变了战略态势。

在1665—1815年的一个半世纪里，法国实施了三个总的海洋战略，即穿越英吉利海峡打击英国，向全球其他地方（如西印度、北美、印度或埃及）派遣军队以及打击敌方商船。尽管随着时间的推移，这三项战略的详细内容有所不同，但都围绕着法国海洋战略的核心事宜而制订。这些战略在很大程度上是失败的，最主要的原因是它们未能与法国对外政策正常结合，实际上都是独立实施的。

法国未能将分散孤立的殖民地城镇和领地整合为一体的主要原因是专制主义。尽管法国在其帝国建设方面也取得了一些成绩，但到17世纪末时，帝国梦似乎仍然只是停留在豪言壮语上，帝国主义的局限性已使得国家干预变得十分必要。然而，法国政府却没有采取实质性的行动。到1713年时，15年前的帝国梦已灰飞烟灭。1670—1730年的60年是第一个波旁王朝形成的重要时期，但国家的作用仍然很微小。法国的皇家专制与其说是一种凝聚力，还不如说是按皇权利益给各省分配强大政治、立法和社会力量的过程。[11]国王的诏令畅通无阻。

早期法国帝国主义的一个主要限制因素是1600—1800年之间法国没有向殖民地进行海外移民。如果我们回想到法国在这两个世纪是欧洲人口最多的国家时，这一点就显得很重要了。为什么法国人口的海外移民与西班牙、葡萄牙和英国大规模的移民流动相比微不足道仍是一个争论的话题，但一种解释也许是法国公民离开故土的动机太少。尤其是那些拥有法国一半土地的农民，他们享受着在欧洲来说最安全的土地所用权，以致只要他们能牢牢抓住多产的土地，没有什么力量能够促使他们离开故土，前往海外。[12]

尽管法国成功地进行了海洋变革，但在路易十四和他的几届继任者统治期间，年轻、稚嫩的法国海军从未担当起建设法兰西帝国的角色。1670—1730 年，法国海军在加勒比海和北美参加了许多战役，首先是针对荷兰，然后是英国、西班牙和葡萄牙，但是每次交战，法国海军都未能满足人们对它的期望。法国从法荷战争（1672—1678 年）中得到的教训是其海军未能在帝国防御中起到应有的作用。[13] 尽管法国海军将荷兰人成功逐出了法属西印度群岛，并切断了他们与法属西印度群岛的商务联系，但对其他方面（如海外陆军与海外海军之间模糊的体制性边界、给养不足、无法从当地得到给养、船员生病以及战舰在温暖的热带水域的快速腐蚀）的改善意味着维持海军的海外支持既十分昂贵，又十分困难。海外损失也削弱了路易十四对其海军的信心，任由其海军大臣被其竞争对手陆军大臣取代。由于缺乏中队可以补充食物以及得到整修的海外基地，海军后勤问题无法得到有效解决。结果法国在西印度群岛没有任何海军设施，既没有一个造船厂，又没有一个船舶修理码头。[14]

防御战略是法国走向帝国主义的另一个限制性因素。毋庸置疑，法国本应该可以成为一个陆上大国和海上大国，但由于它未能将积极的对外政策与海洋战略相融合，因而法国最终无法两者兼得。尽管法国在路易十四执政时期打造了欧洲最大的陆海军，[15] 但在非资本主义农业和将国家收支置于私人金融家掌控的中世纪金融系统的状况下，法国政府无力同时支持两个军种。[16] 这些特色鲜明的古老的金融系统直接影响了法国 1693 年的海军战略。在 1692 年 5 月至 6 月法国舰队在巴尔福勒尔 - 拉阿格海战中战败后，法国海军在"九年战争"（1688—1697 年）期间再也无力实施任何进一步的舰队行动了。为此，法国海军被迫将其战略从"舰队作战"改为对商船进行袭击的"游击战"。这种转变需要将舰队分成若干个分队，而且需要将国王的舰船租给私人利益者，以袭击商船。[17] 此时，尽管法国舰队对敌对方来说仍然是一个威胁，但法国再也没有足够的财力来支持其舰队进入公海。在 1693 年之后，法国舰队再也没有对敌作战。法国皇家掠私船也不是支持法国海外战略的有效方法。它与商务运输的护卫需求直接相冲突，并削弱了法兰西帝国防御的中心事宜。[18]

在西班牙王位继承战争（1702—1713 年）的开始阶段，法国海军曾试图恢复舰队行动。1702 年，法国海军曾在维哥湾与英荷联军交战，但遭到耻辱性失败；1704 年，它又在维莱斯马拉加与英荷联军发生了小规模冲突，交战双方都宣称获得了胜利。此后，法国海军在这场战争的剩余九年里再也没有与英荷联军直接对抗，而人员、物资和资金的缺乏迫使其恢复到"游击战"策略，以袭击英国、荷兰和葡萄牙商船。[19]当时唯一能够逃避劫掠式攻击和商船袭击的是1708年、1710年和1712年穿越大西洋的极其重要的西班牙珠宝船队，因为它们有战舰护航。[20]法国海军的自身缺陷，加上国家财政拮据以及在欧洲的战败迫使法国在1713年放弃了战争，并交出了已占领的新大陆领土（哈德逊湾、纽芬兰、阿卡迪亚和圣克里斯托弗），以牢牢掌控以前被征服的土地。法国17世纪60年代的海洋变革以耻辱而告终，因为它从未与君主国的主要考虑相集成。

随着1713年和平的到来，因需恢复国力，法国舰队逐渐消失，这使得法国在很多年都无法恢复海军。[21]事实上，在路易十四统治时期的一系列战争之后，有些法国海军军官逐渐相信舰队行动成本太高却无决定性作用。[22]在18世纪期间，法国殖民地贸易并未受到海军保护。在1716—1744年期间，西印度群岛和法国之间的货物贸易值增长了至少四倍，占法国外贸总额的25%～30%。法国海上贸易的这种前所未有的增长也带来了商务运输的类似增长。在1704—1743年期间，法国商船数量增加了三倍。[23]这种海上商务扩张并未伴随着法国海军舰艇数量的同时增加。尽管殖民地和殖民贸易十分繁荣，但路易十五和他的高级大臣并不认可海军在帝国防御方面的职能。事实上，直到1743年1月死亡，法国精明能干的外交部长安德烈·赫丘勒·德·弗勒里始终认为，法国海外独立的关键是要通过外交和联盟而不是法国军队和海军力量来维持和平。[24]

在18世纪40年代早期，除自身缺陷外，法国海军的军官和人员储备也很不足。法国海军军官团与文职军官团相互独立。文职军官团管理海军、海军弹药库和殖民地，建造和修理舰艇，为舰艇提供给养，并征召舰员。此外，法国海军弹药库相隔很远，互相独立，而且远离巴黎和宫廷，致使法国海军军官无法向大臣们提供建议，这些大臣也无法就海军能做什么和不能做什么掌握第一手资料。法国政客，除极少数外，从来不理解海军在法国防御和殖民地方面所扮演的战略角色。相反，他们逐渐依赖坚固堡垒、国内联盟、大量的部队和当地的民兵组织来进行殖民防御。

法国未能使用其海军捍卫波旁王朝的主要原因是地理方面的。西印度群岛殖民地被证实没有能力为海军中队提供给养，那些殖民地开拓者只知道利用奴隶从事商务性农业生产，从不考虑利用土地和劳动力为海军提供给养。与英国和西班牙不同，法国在美洲大陆的殖民地无法生产足量的剩余农产品，来供给法国海军部队。[25]18世纪，法国政府机构没有在美洲建立任何海军设施，因为它们直到很晚才知道海军对殖民地的防御在法国国防中的可能作用。[26]

在 1745—1805 年的 60 年里，法国海军经历了一系列断断续续的变革。令人费解的是，这些变革最终导致了法国海军的毁灭。如果与路易十四统治时期发生的海洋变革相比较，此阶段的变革有以下几个特色。首先，第三次变革是针对殖民贸易和海外财富；其次，与在以前的变革中法国海军独立对付欧洲强国联军不同，在这次变革中，法国经常与西班牙结成联盟对外作战。不可否认，自 18 世纪之后，法国确实是西班牙的保护神，但是在 17 世纪，法国大部分是独立作战。在第三次海洋变革中，英国占领了直布罗陀和地中海中的米诺卡岛，而法国需与西班牙合作以保护它们自己在欧洲的沿海运输。这两点给法国海军增加了很大的压力，且如何管理一个四分五裂的舰队这一地缘战略问题也变得十分棘手。最后，以毁灭和断断续续为特色的第三次变革见证了法国历史上海洋战略的最成功应用。

1713 年，法国与英国签订了《乌特勒支条约》，拱手相让了已获得的欧洲殖民地。35 年后，在奥地利王位继承战争（1744—1748 年）期间，法国失去了北美的路易斯堡，但在同意放弃对低地国家的占领后，又得到了它。这对法国来说似乎又是一次战略教训。可悲的是，这种教训在随后的七年战争（1756—1763 年）期间被残忍地再现，因为在 1759 年法国海军在拉各斯和奎贝隆海湾被击败后，面对强大的英国海军，法国失去了其在美洲、非洲和印度的领地。然而，在 1763 年后的 20 年里，法国海军首次成为法国向海外投送兵力并加强其欧洲地位的主要工具。这次成功了，因为法国积极采取了保护欧洲和平的策略，以便在本国和海外抗击大英帝国。最具有讽刺意味的是，法国海军力量的最大受益者是美国，因为它保护了美国刚刚赢得的独立。[27]

法国帝国主义道路的另一个限制性因素是强烈的反殖民传统。在法国，此传统甚至超过了建立帝国这一梦想。早在 16 世纪，当人文主义作家和思想家蒙田对法国在巴西的海外企业提出质疑时，法国作家和政客总的来说都反对法国在海外建立殖民地。[28] 在 18 世纪期间，哲学家经常谴责殖民扩张和奴隶制。评价他们的观点应十分谨慎，因为许多法国作家很少关心殖民地，只是把它当做一种背景，以便提出自己对当代法国生活变革的愿望。[29] 到 18 世纪中叶时，在法国，帝国这个想法只剩下几个政治家和海军官员的一些战略观点以及殖民地官员要求支持的和平的呼声。在 18 世纪 90 年代，当拿破仑得知成千上万的法国士兵丧命于圣多明戈（现在的海地）时，他发自肺腑地叫道："该死的蔗糖！该死的咖啡！该死的殖民地！"这其中的伤感预示着他将于1802年将法国在北美内地的领地出售给美国，但是他的伤感也并非是一日之寒。[30]

19世纪初，法国在失去圣多明戈之后又失去了一些殖民地，并卖掉了路易斯安那。之后，除了狮头羊身蛇尾怪物外，法兰西帝国几乎没有遗留任何东西。法国海军也没有留下任何东西。法国的"帝国"想法又回到了欧洲。拿破仑对埃及的野心是出于他的帝国荣誉情结，而不是殖民地征服。1798年，他转移到埃及，这反映了法国长期战略，即向国外派遣舰队和远征军，以将英国舰队从法国海岸吸引开，这样可以为法国的国内行动提供更大的自由（包括侵略爱尔兰和英格兰）。[31]

1815年维也纳会议使得法国重新获得了法属圭亚那、马提尼克岛、西印度群岛的瓜德罗普岛、远离西半球新大陆的圣皮艾尔和密克隆群岛、马达加斯加附近的留尼旺岛以及在塞内加尔和印度的几处贸易站。此时，法国海军战略仍致力于"游击战"，但在1815年后的几十年里，大英帝国繁荣的海上贸易使得法国无法对它实施。在拿破仑三世期间（1852—1870年），法国慢慢出现了作战舰队，但是此舰队的主要目的是协助商船掠夺和封锁，进行沿海袭击和震慑入侵威胁。如从表面上看，这会令我们想起17世纪初红衣主教黎赛留执政时期法国的发展。法国海外领地在逐渐扩大，在19世纪30、50和60年代，分别增加了阿尔及利亚、西非和印度支那。[32]19世纪80年代，当法国人出现在突尼斯、摩洛哥和中国时，法兰西帝国的版图迅速扩大。[33]

19世纪后期的法国帝国主义及与其伴生的海洋变革，在几个重要方面与以前有所不同。此时，法国海军正进入现代工业阶段，需调整自己，以适应技术、战略思想和政治环境方面的重大变化。18世纪，法国主要的欧洲大陆对手德国和意大利从严格意义上来说根本就不存在。此时的帝国不用再披上早期重商主义的外衣。首先，这是世界范围内领土竞争的一部分。在1875—1895年期间，六个欧洲国家占据了全球1/4以上的陆地，法国占领了非洲大陆的1/3以上。[34]其次，殖民地被看成是产业经济发展的组成部分，为大城市提供原材料、廉价劳动力和半成品。[35]再次，种族主义是19世纪末帝国主义的显著特征，同时伴随着一种自觉的文化使命，即按照大城市的形象和欧洲模式使海外殖民地更加文明。[36]最后，殖民地人口的军事化是帝国主义的一个新特征。在"一战"期间，有80万以上的殖民地居民应征作为士兵和防御工作者为法国服务。[37]然而，像帝国主义的前身一样，这也为欧洲的国际冲突建立了先决条件。

总的来说，法国海军对新材料和新武器的挑战做出了很好的反应。在拿破仑三世期间，随着第一艘快速蒸汽战列舰、第一艘远洋装甲舰和第一艘铁壳主力舰的建造，法国的早期技术能力已得以体现。后来，法国在新的潜艇和鱼雷艇方面继续做了大量开拓性工作。但是，如同18世纪一样，工业水平和经费能力的不足使得法国的"海洋声誉"到19世纪60年代时消失殆尽，而法国的海军战略在随后的几十年里也成为一个无休止的争论主题。[38]

在此阶段的海战中，螺旋桨、铁质船体、炮火、冲头、装甲、炮塔和炮艇等方面都发生了一些技术革新。这些技术革新一方面使得造船术变得混乱，另一方面却刺激了海战的新理论。法国长期以来一直想获得海洋控制权，以袭击敌方的海岸和商船。在19世纪70年代和80年代期间，法国海军军官开始认为新技术已经改变了海战的实质，法国完全可以通过巡洋舰和沿海战（而不是深海战或舰队行动）来获得海洋控制权。那些主张对未设防的海岸进行攻击并对未武装的商船开战的群体被称为"年轻学派"。他们也是殖民扩张的大力支持者。他们那种反映该时期社会达尔文主义的想法从未被检验，也未能考虑到针对英国贸易的作战和针对欧洲大陆新敌人（如德国和意大利）的作战之间的矛盾。[39]

缺乏内部团结是法国走向帝国主义的另一个限制性因素。法国从来不是单一民族，外人总把法国想成法国资产阶级或中层阶级。20世纪时，法国人口中至多一半人将法语作为母语，其余人首先学的是凯尔特、日耳曼和罗马方言。[40]在1845年后的19世纪里，法国国内史读起来更像殖民史，内容包括外部力量施加的权力、精心制作的发展规划，对当地人、语言和习惯的蔑视，对武装暴动的镇压以及对文明化使命的阐述等。按西奥多·泽尔丁的说法，"法国国家有待建立"[41]。对法国来说，19世纪末最痛苦的事件是普法战争（1870—1871年）。在此次战争中，法国部队在色当战败。

法国帝国主义和殖民主义的发展，至少部分是对战败的国内情绪的回应。对于处于"掠夺"时代的法国帝国主义来说，支持海外扩张是一种心理上的"否认"方式，即拒绝面对法国出生率下降和德国出生率上升这一事实。法国海军的历史与法国帝国主义和殖民大厅的发展同步。在第三共和国期间（1871—1940年），法国海军与其海外殖民地联系密切。海军军官团的成员传统上都有特权、贵族和天主教的背景，后来成为许多殖民地的统治者和官员。[42]当法国的货物运输比例尚不足全球的 5%，军事预算主要用于陆军重建时，法国海军和殖民地的紧密联系与其说反映了法国对帝国的关注，还不如说两者没有关联。在第三共和国的前几十年期间，法国没有自己的海上政策，海军的发展独立于其他国家部门，且主要精力是在亚洲、印度尼西亚和远东。[43]

军事野心、罗马天主教传教热忱和有组织的政党推动着 19 世纪末至 20世纪初的法国帝国主义的发展，并间接暴露了法兰西帝国发展的另一个限制性因素，即法国和其殖民地之间脆弱的经济联系。几乎没有任何证据能证明帝国主义帮助了法国经济的发展，相反，有一些证据表明它抑制了法国的发展。[44]例如，在 1908—1912 年期间，法国只有 11.3% 的进口额来源于殖民地，向殖民地的出口额也只有 13%。[45] 1913 年，法兰西帝国吸引的海外投资只有 8.8%，而英国则为 47.3%。[46]对法国来说，殖民地是昂贵的奢侈品，几乎没有任何经济价值。法国对俄罗斯和拉美的出口和资本投资远大于法国对海外殖民地的出口和资本投资。商业收益与 19 世纪末掠夺领土基本无关，只不过这种领土掠夺恰好在时间上与 1874—1896 年间的世界贸易大萧条相吻合而已。

除技术外，法国海军多年来无法应对新工业时代的挑战。说来很奇怪，那些积极倡议应用最新海军战术的人们却反对必要的体制改革。法国海军战略仍独立于其外交政策，主战对象要么是欧洲大陆的强国，要么是英国。随着法国潜在敌人优势地位的更替，法国海军的主战对象有时也变得有些错乱。19 世纪末法国对其帝国使命的痴迷使得法国海军忽视了它的欧洲使命以及三个具有全球野心的新海军的出现，即美国、德国和日本。[47]直到 1904 年法英双方签署《友好和约》之后，法国才盛行温和政策。随着海军逐步意识到自己是国家防御的一个工具，此温和政策足以解决前 30 年的模棱两可和矛盾，并且可以将海军战略与外交紧密结合起来。尽管商船掠夺仍是法国海军战略的实质，但现在法国海军至少可以获得一支用于主动防御和进攻的作战舰队。[48]然而，在第一次世界大战期间，法国舰队的活动范围主要局限于地中海。[49]尽管法国海军也被卷入了印度支那，第一次世界大战还是暴露了法国和亚洲之间缺乏海上交通，以至于殖民扩张的公开反对者克莱蒙梭建议将印度支那送给日本。[50] 1930 年，法国主要的海军战略家拉乌尔·卡斯特上将也建议法国尽早放弃其在东方的帝国领土。[51]

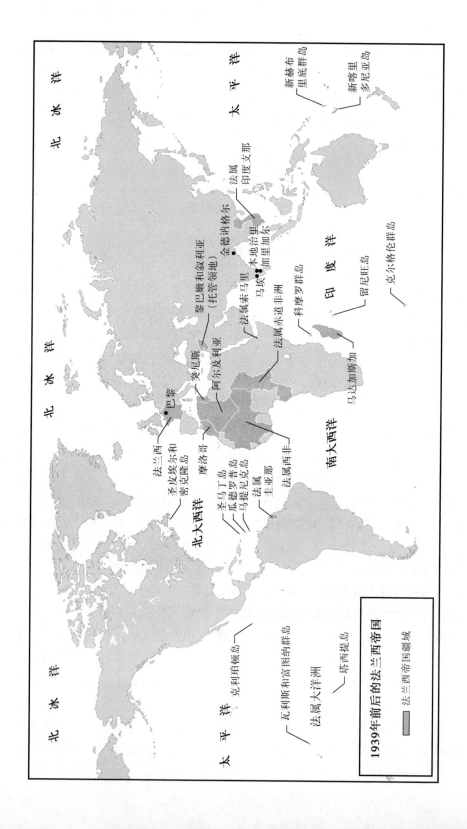

北冰洋

北冰洋

太平洋

太平洋

北大西洋

南大西洋

印度洋

法兰西
圣皮埃尔和
密克隆岛
摩洛哥
突尼斯
阿尔及利亚
黎巴嫩和叙利亚
（托管领地）

巴黎

法属
印度支那

金德讷格尔
本地治里
马埃
加里加尔

法属索马里
法属赤道非洲
科摩罗群岛
留尼旺岛
克尔格伦群岛

新赫布
里底群岛
新喀里
多尼亚岛

圣马丁岛
瓜德罗普岛
马提尼克岛
法属
圭亚那
法属西非

马达加斯加

瓦利斯和富图纳群岛
法属大洋洲
塔西提岛
克利珀顿岛

1939年前后的法兰西帝国

法兰西帝国疆域

总之，在第三共和国期间，法国人对殖民地和海军几乎不感兴趣，管理者的观点也经常出尔反尔。对法国海外殖民地进行分开管理是否限制了帝国主义的实现尚无定论，但很难说提供了强有力的支持。到 1900 年时，阿尔及利亚成为了法国的一个部门，其总督向法国内政部长汇报；突尼斯和摩洛哥属于法国的保护领地国，它们的行政长官向法国外交部汇报；帝国的其他部分向殖民地部长汇报。殖民地部成立于 1893 年，当时它与海军部分开。新的殖民地部也许是法兰西帝国管理机构中最不重要的一个部。最终，法国在世界各地的殖民地部队都对法国战争部负责。

1871 年后，法兰西帝国的推进者主要依赖于早期波旁王朝的经验来激发和指导新帝国建造者。事实上，他们对建立当代帝国的努力深深地影响了他们对法国过去海外光辉历史的诠释。无论讨论结果如何，法国民族自身就有殖民地化的特殊基因，这种基因在法国移民的道德素质、军事和政治领导的有效性、法国与世界范围内土著人的友善关系中得以体现，但大多数法国人对海外殖民地并不感兴趣。尽管海外殖民扩张可激发年轻学派海军思想家和帝国主义的狂热民族主义情绪，但在 1870—1914 年的法国人民心里，没有哪个法国海外殖民地能替代他们失去的阿尔萨斯和洛林。

在第一次世界大战期间及之后不久，法国便建立了世界历史上第二大帝国。随着德意志帝国和奥斯曼帝国在非洲和中东的瓦解，法国得到了新的领地。在这些年里，法国政府不仅对处于帝国前沿的士兵和殖民地管理者而且对处于帝国中心的政策失去了控制，帝国政策落入了那些狂热分子之手。这些狂热分子热衷于法国的文明化使命和国家荣誉，而不知道如何通过地缘政治策略或经济开发使法国获得更大安全或发展。[52] 总之，在此阶段，类似于并通常与路易十四统治时期相关的 17 世纪罗马天主教传教热忱和"荣耀"观念主宰着法国经济和政治野心。

两次世界大战期间，法国对帝国的投资大幅增长，这与战前形成鲜明对比。这种经济活动在某种程度上是一种错觉，其主要成因是 1919 年法国法郎崩溃，法国在俄罗斯瓦解和布尔什维克革命后失去了国外投资的一半以及法国投资需要被局限于法国领土上。在 1914—1940 年间，法国对帝国的资本投资（大部分在北非）增加了四倍，投资比例在法国国外资本投资总额中由 9% 上升到近 45%，尽管如此，但在 1929 年，法国对帝国的投资比例仅占法国进口总额的 12%，采购量还不到其出口量的 20%。当 20 世纪 30 年代帝国贸易变得相对更加重要时，法国之所以能取得这样的成绩，主要是由于当时世界贸易在走下坡路。[53]

帝国和海军仍不属法国重要的国家考虑。在第二次世界大战临近时，法国即便想恢复帝国主义热情，那也是异想天开的。法国帝国主义者声称要通过重新控制殖民地战士和工人来应对德国的人口和经济优势，这一点被证明只不过是一厢情愿。尽管法国帝国主义最终收效不大，但它也不只是自我欺骗的产物。在法国帝国主义鼎盛时，大法国增加了源于几个大洲的1100万平方千米的领土和1亿多人口。[54]但是，今天只剩下"法语共同体"，这看起来也仅仅是幻想而已。在20世纪60年代非殖民化期间，曾经是现实主义者的戴高乐将军将法国的非洲殖民地称作帝国的灰尘。在阿尔及利亚、印度支那和撒哈拉以南非洲地区缺乏帝国前的成功经验也许使得法兰西帝国看起来不太现实。从21世纪角度来看，有一点似乎很清楚，即法兰西帝国主要是那些前往海外目的地，并希望得到大量的政府和公共支持，但结果只能偶尔得到这些支持的个人、探险家、商人、水手、传教士和士兵的产物。

开始于16世纪并在随后几个世纪一直延续的法国海洋变革从未将海军与国家政策全面结合。尽管有些海洋变革进行了一定程度的结合，但法国海军从未对法国防御负责，也未对法国繁荣负责。像帝国一样，法国海军从未是政府关注或国家政策的中心。法国总是对它自己以及它在欧洲的地位感兴趣，只是偶尔关注一下其海外殖民地。为了寻求在外交政策下的独立行动，法国海军战略必须同时考虑经济和政治现实。这样的考虑只发生过一次，而且很短暂。法国海军战略经常不考虑国家利益，结果是实施效果很差。尽管法国在两个多世纪里建立并使用了一个强大的海军，但法国从未成为一个世界海洋大国，而且也未能吸引帝国主义者所渴望的支持。

如果总结法国海洋变革的失败原因，有几点可能与对现代中国形势的考虑有关。事实上，法国案例比其他任何案例与现代历史更有关联性，因为它是经过四个世纪演变的，而且因为如今天的中国一样，法国面临着敌对的陆地和海上力量。首先，内部民族团结是任何海洋变革成功的先决条件。法国对国内政治权力的长期巩固削弱了海洋变革的效率。没有中央集权，就无法有效协调海外海上行动。那些成本高昂的冒险最好留给个人。地缘政治挑战不应被忽略，而应勇敢面对。当某些国家已经同时成为陆上和海上强国时，那些面对此类强国的国家很难实现海洋变革的目标。

法国经历表明，无论是在哪个阶段，海军建造和维护费用都很高。这给国家带来了很大压力。在许多挑战中，技术可能是最容易掌握的。从17世纪到19世纪，法国创立了海军造船学，并建造了一些当时最好的战舰。[55]

成功进行海洋变革的最大挑战是社会、经济、政治和行管。社会团结是人力的必要保障，但不是成功的充分条件。发展一个充满活力且先进完备的经济来支持负担沉重的海军需求显然是成功的先决条件。同样重要的是，需要一个以法律为基础的政府系统来继续发展经济，当然还需要一个好的内部行管和税收系统，以使国家有效分配支持海洋变革所需的人力、材料和资金。[56]最后，要想使海洋变革成功，必须对海军战略与外交政策和总的国防政策的集成进行充分的评估。

注释：

1. 三部包罗万象但差异很大的法国殖民历史著作是 Jean Meyer，Jean Tarrade，Annie Rey-Goldzeiguer 和 Jacques Thobie 的合作成果，即 Jean Meyer, Jean Tarrade, Annie Rey – Goldzeiguer, and Jacques Thobie, Histoire de la France colonial, vol. 1, Des origins a 1914（Paris：Armand Colin, 1991）；Jacques Thobie, Gilbert Meynier, Catharine Coquery – Vidrovitch, and Charles – Robert Ageron, Histoire de la France colonial, vol. 2, De 1914 a 1990（Paris：Armand Colin, 1990）；and Pierre Pluchon, Histoire de la colonization Fancais, Tome 1, Le Premier empire coloniale des origins a la Restauration（Paris：Fayard. 1991）.

2. Eugene Weber, Peasants into Frenchman：The Modernization of Rural France, 1870—1914（Stanford, CA：Stanford University Press, 1976），485.

3. 如想更多地了解法兰西帝国的想法，请参阅 Robert Aldrich, Greater France：A History of French Oversea Expansion（London：Macmillan, 1996），89 – 121.

4. Laurier Turgeon, "Le temps des peches lointains, permanences et transformations 1500 – vers 1850", in Histoire des peches maritimes de France, ed. Michel Mollat（Toulouse：Privat, 1987），137 – 138.

5. N. P. Macdonald, The Making of Brazil：Portuguese Roots, 1500—1822,（Sussex：The Book Guild, 1996），63 – 65.

6. Lyle McAlister, Spain and Portugal in the New World, 1492—1700（Minneapolis：University of Minnesota Press, 1987），200, 259 – 260.

7. Alain Boulaire, "La Bretagne maritime de 1492 a 1592", in La France et la mer au siecle des grandes decouvertes, ed. Philippe Masson and Michel Vergé – Franceschi（Paris：Tallandier. 1993），155 – 161.

8. Etienne Taillemite, L'histoire ignoree de la marine francaise（Paris：Librairie Académique Perrin, 1988），42 – 67; and E. H. Jenkins, A History of the French Navy：From Its Beginnings to the Present Day（London：Macdonald and Jane's. 1973），15 – 37.

9. Glenn Ames, Colbert, Mercantilism and the French Quest for Asian Trade（DeKalb：North-

ern Illinois University Press, 1996).

10. 这种辩论源于 James Pritchard, In Search of Empire: The French in the Americas, 1670—1730 (Cambridge, U. K.: Cambridge University Press, 2004), 231 – 234.

11. William Beik, Absolutism and Society in Seventeenth – Century France: State Power and Provincial Aristocracy in Languedoc (Cambridge: Cambridge University Press, 1985); and Sharon Kettering, Patrons, Brokers and Clients in 17th – century France (Oxford, U. K.: Oxford University Press, 1986).

12. Pritchard, In Search of Empire, 16 – 27.

13. James Pritchard, "The Franco – Dutch War in the West Indies, 1672 – 1678: An Early 'Lesson' in Imperial Defense," in New Interpretations in Naval History, Selected Papers from the Thirteenth Naval History Symposium (Annapolis, MD: Naval Institute Press, 1998), 3 – 22.

14. Pritchard, In Search of Empire, 267 – 300.

15. Dariiel Dessert, La Royale, vaisseaux et marins du Roi – Soleil (Paris: Fayard, 1996).

16. Henri Legoherel, Les Tresoriers genéraux de la Marine, (1517—1788) (Paris: Editions Cujas, 1965); and James C. Riley, The Seven Years' War and the Old Regime in France: The Economic and Financial Toll (Princeton, NJ: Princeton University Press, 1986).

17. Geoffrey Symcox, The Crisis of French Sea Power, 1688—1697: From guerre d'escadre to guerre de course (The Hague: Martinus Nijhoff, 1974).

18. Pritchard, In Search of Empire, 356.

19. 如想了解对追击战的最佳讨论, 请参见 J. S. Bromley, Corsairs and Navies, 1660—1760 (London and Ronceverte: The Hambledon Press, 1987) 中的论文集。

20. Pritchard, In Search of Empire, 372 – 374.

21. Jan Glete, Navies and Nations, Warships: Navies and State Building in Europe and America, 1500—1800, 2 vols. (Stockholm: Almquist & Wiksell International, 1993), 1: 256 – 262.

22. James Pritchard, Anatomy of a Naval Disaster: The 1746 French Expedition to North America (Montreal and Kingston: McGill – Queen's University Press, 1995), 20.

23. Paul Butel, Les Negociants bordelais, l'Europe et les Iles au XVIIIe siècle (Paris: Aubier – Montaigne, 1974), 48, and 392 – 393 graphs.

24. Pritchard, Anatomy of a Naval Disaster, 16 – 20.

25. 这已在 Christian Buchet, La Lutte pour l'espace Caraibe et la faqade Atlantique de l'Amérique Centrale et du Sud (1672—1763), 2 vols. (Paris: Librarie de l'Inde, 1991) 中明确阐述。

26. James Pritchard, Louis XV'S Navy, 1748—1762: A Study of Organization and Administration (Montreal and Kingston: McGill – Queen's University Press, 1987); Jonathan R. Dull,

"The French Navy and the Seven Years' War" (Lincoln: University of Nebraska Press, 2005).

27. Jonathan R. Dull, The French Navy and American Independence: A Study of Arms and Diplomacy, 1774—1787 (Princeton, NJ: Princeton University Press, 1975); James Pritchard, "French Strategy and the American Revolution: A Reappraisal," Naval War College Review 48, 4 (Autumn 1994): 83 – 108.

28. Michel de Montaigne, Of Cannibals" in "The Complete Essays of Montaigne, trans. Donald E. Frame (Stanford, CA: Stanford University Press, 1979), 150 – 159.

29. Frederick Quinn, The French Overseas Empire (Westport, CT: Praeger, 2000), 96 – 100.

30. 引用上文，第 77 页。

31. Jenkins, History of the French Navy, 226 – 228.

32. Annie Rey – Goldzeiguer, "La France coloniale de 1830 a 1870", in Meyer et al., Histoire de la France coloniale, 1: 315 – 552; Aldrich, Greater France, 24 – 67.

33. Rey – Goldzeiguer. "La France coloniale", 338 – 344; Milton E. Osborne, The French Presence in Cochinchina and Cambodia, 1895—1905 (Ithaca, NY: Cornell University Press, 1969); Douglas Porch, Conquest of the Sahara (New York: Random House, 1984); William Hoisington Jr., Lyautey and the Conquest of Morocco (New York: St. Martin's Press. 1995).

34. A. S. Kanya – Forstner, The Conquest of the Western Sudan: A Study in French Military Imperialism (Cambridge, U. K.: Cambridge University Press, 1969); David L. Lewis, The Race to Fashoda: European Colonialism and African Resistance in the Scramblefor Africa (New York: Weidenfeld and Nicholson, 1987).

35. Henri Brunschwig, French Colonialism, 1871—1914: Myths and Realities, rev. ed., trans. William Glanville Brown (London: Pall Mall Press, 1966), 87 – 96.

36. William B. Cohen, The French Encounter with Africans: White Response to Blacks, 1530—1890 (Bloomington: Indiana University Press, 1980); David Prochaska, Making Algeria French: Colonialism in Bone, 1870—1920 (Cambridge, U. K.: Cambridge University Press, 1990); Alice L. Conklin, A Mission to Civilize, the Republican Idea of Empire in France and West Africa, 1895—1930 (Stanford, CA: Stanford University Press, 1997).

37. Quinn, "French Overseas Empire", 186; Myron Echenberg, Colonial Conscripts, the Tirailleurs Senégalais in French West Africa, 1857—1960 (Portsmouth, NH: Heinemann. 1991).

38. Theodore Ropp, The Development of a Modern Navy: French Naval Policy, 1871—1904, ed. Stephen S. Roberts (Annapolis, MD: Naval Institute Press, 1987), 6 – 25.

39. Taillemite, Histoire ignorée de la marine francaise, 354 – 368 以及 Ropp 在 "Development of a Modern Navy" 中的第 155 – 180, 210 – 216 和 254 – 280 页中较好地概述了

"年轻学派"战术想法引起的混乱。

40. Patrick Geary, The Myth of Nations: The Medieval Origins of Europe (Princeton, NJ: Princeton University Press, 2002), 31; 也可参见他对 19 世纪种族特点、语言和民族主义的讨论。

41. Theodore Zeldin, France, 1848—1945: Intellect and Pride (Oxford: Oxford University Press, 1980), 1.

42. Ropp, Development of a Modern Navy, 48 – 50; and Ronald Chalmers Hood III, Royal Republicans: The French Naval Dynasties between the Wars (Baton Rouge: Louisiana State University Press, 1985).

43. Taillemite, Histoire ignoree de la marine francaise, 343 – 388.

44. Aldrich, Greater France, 195 – 198; Brunschwig, French Colonialism, 87 – 96.

45. Pierre Guillaume, Le Monde colonial, XIXe – XXe siÈcle (Paris: Armand Colin, 1974), 256.

46. 同上,第 258 页; Aldrich, Greater France, 196.

47. Ropp, "Development of a Modern Navy", 141 – 154.

48. 同上,第 327 – 328 页。

49. Paul G. Halpern, A Naval History of World War I (Annapolis, MD: Naval Institute Press, 1994), 11 – 13, 67.

50. Quinn, French Overseas Empire, 115; and Christopher M. Andrew and A. S. Kanya – Forstner, France Overseas: The Great War and the Climax of French Imperialism (London: Thames and Hudson, 1981), 237.

51. Ropp, Development of a Modern Navy, 142.

52. Andrew and Kanya – Forstner, France Overseas; Martin Thomas, "The French Empire between the Wars and during the Vichy Regime: Imperialism, Politics and Society (Manchester, U. K.: University of Manchester Press, 2005).

53. Andrew 和 Kanya – Forstner 在 France Overseas,第 248 页以及 Aldrich Greater France 196 – 197 页中提供了一个更正面的观点。

54. Aldrich, Greater France, 1.

55. Larrie D. Ferreiro, Ships and Science: The Birth of Naval Architecture and the Scientific Revolution, 1600—1800 (Cambridge, MA: MIT Press, 2006); and James Pritchard, "From Shipwright to Naval Constructor: The Professionalization of 18th – Century French Naval Shipbuilders", Technology and Culture 28, 1 (January 1987): 1 – 25.

56. 关于此事,请参见 John Brewer, The Sinews of Power: War, Money and the English State, 1688—1783 (New York: Alfred A. Knopf, 1989).

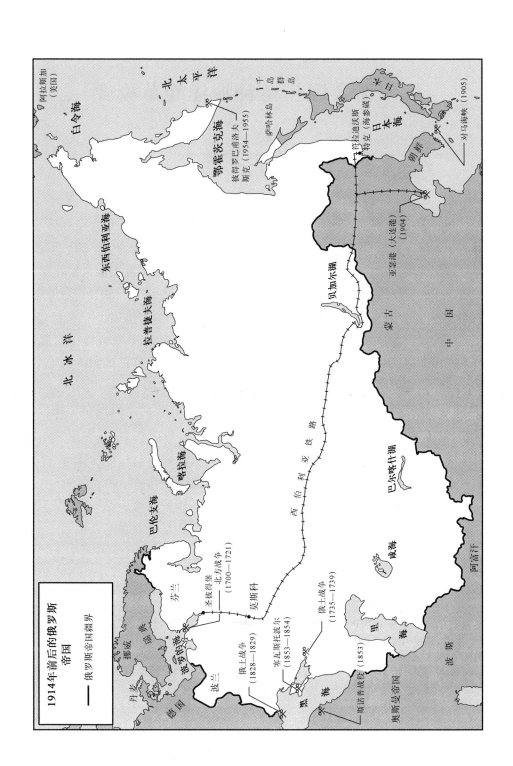

1914年前后的俄罗斯
帝国

—— 俄罗斯帝国疆界

阿拉斯加
（美国）

白令海

北 太 平 洋

鄂霍次克海

东西伯利亚海

彼得罗巴甫洛夫斯克 (1954—1955)

千岛群岛

萨哈林岛

符拉迪沃斯托克 (海参崴)

对马海峡 (1905)

日本海

朝鲜

北 冰 洋

拉普捷夫海

亚瑟港 (大连港) (1904)

贝加尔湖

蒙古

中 国

喀拉海

西 伯 利 亚 铁 路

巴尔喀什湖

巴伦支海

咸海

里海

阿富汗

芬兰

圣彼得堡 北方战争 (1700—1721)

莫斯科

挪威

瑞典

波罗的海

波斯

丹麦

德国

波兰

俄土战争 (1828—1829)

塞瓦斯托波尔 (1853—1854)

俄土战争 (1735—1739)

黑海

锡诺普海役 (1853)

奥斯曼帝国

波斯

俄罗斯帝国：两种海洋变革模式

■ 雅各布·W. 基普①

1996 年是俄罗斯海军建军 300 周年。在因海军创始人彼得大帝而著称的圣彼得堡，到处是海军展览和回顾，战舰飘扬着圣安德鲁十字旗，即俄罗斯帝国的海军旗。没有什么东西比彼得大帝的小帆船更能引起人们注意。这艘小船的名字为"圣尼古拉斯"，是彼得大帝自己命名的，意为"俄罗斯海军鼻祖"。在这条船上，少年沙皇学会了在莫斯科周围的湖河上航行。[1] 举行这次庆祝时，俄罗斯海军仍处于无序状态，正开始从苏联解体中恢复，许多舰船在港口锈蚀，正等着被破碎机肢解，而海军官员正试图游说他们的同伙，告知他们俄罗斯确实需要一支海军。

俄罗斯海军为这次庆祝专门出版了三卷《海军史》。为祈求海军复兴，其编辑在开篇写道：

> 海军的历史和国家的历史就像一棵树的树冠和树根一样不可分开。以前和当前任何大国的发展和衰落在某种程度上与海军作战的成败以及海军实力的强弱有关。这样的事例很多，如中世纪的西班牙、葡萄牙，现代历史早期的荷兰、奥斯曼帝国和法国以

---

① 雅各布·W. 基普博士是美军训练和条令司令部（堪萨斯州莱文沃思）先进军事研究院（SAMS）副院长。他于 1986 年进入先进军事研究院，并在 2003—2006 年担任外军研究室主任。基普博士出生于宾夕法尼亚州哈里斯堡市，1964 年毕业于宾州西岔斯贝格州立大学，获得中等教育学士学位，并于 1970 年获得宾夕法尼亚州立大学的俄罗斯历史学博士学位。他广泛查阅研究史档案资料，发表了多篇关于俄罗斯帝国和苏联海军历史的文章。1971 年，他进入堪萨斯州立大学历史系，讲授俄罗斯、苏联以及东欧的军事和海军历史，并在 1985 年晋升为正教授。1986 年，他进入新成立的苏联陆军研究室（SASO），担任高级分析师。1990 年，该研究室改称外军研究室（FMSO）。作为高级分析师，基普博士领导了对苏联军事条令、改革与军事变革、东欧和苏联的民族国家主义以及军事革命的研究工作，撰写了大量关于军事历史和海军历史的作品。他出版了 8 本专著，并在专业期刊上发表了 40 多篇论文。他还积极参与编辑工作，担任了"Military Affairs""Aerospace Historian"和"Journal of Slavic Military Studies"两本书的副主编以及"European Security"一书的主编。他也是堪萨斯大学出版社的现代研究系列丛书的编委之一。他的夫人迈亚·A. 基普是堪萨斯大学的戏剧与电影学荣誉退休教授。

及现代的英国。[2]

　　《海军史》作者继续提到，由阿尔弗雷德·赛耶·马汉和约翰·H. 科洛姆提出的却被苏联批评为"反动的帝国主义理论"的海权论是建立帝国和使帝国繁荣的基础，同时他还肯定了上述两人的正确主张，即在全球力量平衡中，那些可以通过海军能力来支配整个世界海洋的重要战略地区的国家已经并将继续发挥决定性的作用。尽管无论从战略方面还是从获得国家资源方面考虑，俄国的历史经验、广阔的大陆、自给自足的经济以及传统的内陆威胁使得其陆军占主导地位，但作者仍然呼吁同胞要重视海上力量对俄罗斯国家的重要性。苏联的衰落不是海军在战争中被摧毁而导致的，而是一种国家瓦解的结果，其中，国防开支的沉重负担也许是它最终衰败的主要原因。战争中胜败通常是海洋变革成功与否的试金石，但是苏联情况不同。在瑟奇·戈尔什科夫上将担任海军司令的 30 年间，苏联海军渐渐脱颖而出，其原因是 1945 年之后进行了一系列可以改变战争结果的技术革新，如核武器、核动力、弹道导弹和巡航导弹。它的主战舰艇是核动力弹道导弹潜艇。本来由导弹巡洋舰、驱逐舰和攻击型潜艇组成的作战舰队最终甚至包括了几代航空母舰，而且每一代都带有加强的飞行甲板。总之，苏联是由许多系统和分系统组成的一个复杂机构，此机构需要复杂的指挥和控制方式。事实上，戈尔什科夫的海军是计算机技术应用于指控自动化系统的前沿。像它的对手美国一样，资深的苏联海军理论家正运用系统理论来指导未来的海军发展。苏联海军陷身于与美国海军的激烈竞争中，但它的地缘政治和经济方面都不利。正如海军上将戈尔什科夫宣称的："我们国家是一个伟大的陆上和海上强国，任何时候都需要一支强大的舰队，并将其作为武装部队的一个不可或缺的组成部分。"[3]

　　苏联海军的衰落很快来到了。1982 年，英国和阿根廷海军在离苏联很远的马尔维纳斯群岛发生了冲突。此冲突从某种意义上是对一些技术的小小检验，而在此检验之后苏联海军的衰落已初现端倪。苏联海军军官称这次冲突为 1945 年后的第一次现代海战。[4]这场冲突的结果触发了苏联国内有关电子战和精确打击系统对海战的影响的争论，并提出可能会引起另一轮代价高昂的海军军备竞赛。[5]这次争论成为了苏军总参谋长尼古拉·奥加尔科夫元帅所称的"军事革命"的一部分。[6]最后，与"军事革命"有关的军事现代化的计划成本成为在共产主义计划经济和动员状态改革中导致地缘战略脱节和停止尝试的一个关键因素。这些尝试不仅使苏联失去了东欧，而且使苏联衰败并解体。[7]

俄罗斯海军源于彼得大帝，1996 年落入谷底。这两者合在一起则带来了一系列有关俄罗斯在其历史上努力使自己从大陆强国向海上强国转变的问题。在彼得大帝起源和苏联衰败之间是耐人寻味的俄罗斯现代化与革命动荡之间的关系问题。最近对彼得大帝"小船"的关注让人回想起海洋变革的一种途径，即一种与外部威胁、独裁权力和领导魅力有关的途径，但也有与俄罗斯历史相关的另一种类型的海洋变革。这是一种有趣的巧合，即彼得大帝的帆船曾被展览于中央海军博物馆，而此博物馆作为布尔什维克革命的产物成了圣彼得堡股票交易所。此交易所是克里米亚战争之后的1865—1917 年俄罗斯经济变革的一个产物。在 19 世纪后期的一个较短时期，正当俄罗斯挣扎于克里米亚战争战败所带来的影响，而且迫切需要现代化来应对欧洲强国的军事和工业实力的日益增长时，出现了一种新的、准自由的社会变革模式。这为俄罗斯的第二次海洋变革提供了一种背景环境，因为第二次海洋变革也许与当今国家的形势有更大的关联性。

彼得大帝模式基本上还是一种俄罗斯模式，即在沙皇的绝对权力下和在秩序良好的集权国家模式上对它的人力资源和自然资源进行现代化。这种模式接受普遍服务的理念，即通过军事、民事和法院服务为贵族阶层提供普遍服务，并通过国家农民或贵族牧民的强制性劳动为"纳税"阶层提供普遍服务。对彼得大帝精英们来说，此模式需要教育，以便他们准备好这些服务。此种模式被验证足以保障俄罗斯在欧洲后威斯特法尼亚秩序下的大国地位，允许俄罗斯与其他大国平起平坐。然而，彼得大帝和他的继任者都未能按照德国模式建立一个强权国家所需的功能良好的官僚秩序，贵族阶层也未能在 18 世纪中叶得到普遍服务，而不断改进的彼得大帝体制仍成为俄罗斯的统治模式。当西方继续推进自己的社会变革时，甚至当它们的独裁者宣称对国家内部和整个社会之上的权力进行垄断时，独裁俄罗斯却遭受了管理不足，并日益显现出落后的现状。到 19 世纪中叶，俄罗斯已出现明显情况，即彼得大帝的解决方案将无法满足西方动态的经济变化和技术创新的挑战。

俄罗斯帝国海军建立于 1696 年。这时俄罗斯正开始第一次大变革，欲从地区性陆上强国转变为拥有一支常规陆军和一支常备海军的强国。1696年，彼得大帝对 1695 年第一次亚速海战役的失败做出了积极反应，即打造一个中队的战舰，以在亚速海支持对奥斯曼城堡的包围和封锁。[8]此次战役的胜利再次证明对海军感兴趣在彼得大帝的后续战争中成为一个一般性战略要求，并且可以促进城市综合设施的建设，以支持海军造船厂和修理厂。甚至在开始与瑞典进行竞争之前，彼得大帝就表现出对技术变革的赞赏。此变革将海军力量的平衡从地中海强国转移到北欧强国，特别是英国和荷兰。在 1697 年彼得大帝"超级大使馆"前往西欧期间，这个伟人化装旅行，在荷兰曾做过一个谦卑的造船工，在德特福德观察过英国造船工，设法掌握了大型船舶的建造工艺。与瑞典国王查尔斯十二世进行的"大北方战争"（1700—1721 年）见证了俄罗斯海军在波罗的海的现身。俄罗斯海军首先参加了控制芬兰湾的战斗，后又参加了控制波罗的海的战斗。俄罗斯建造了一支由战列舰和木质舰船组成的舰队，以对抗瑞典海上力量，并建造了造船厂和修船厂，以支持舰船的建造和维护。彼得大帝建立了俄罗斯帝国海军。我们只要看看圣彼得堡海军部大楼的塔尖，记住第一个造船厂于 1704 年建造于此，而且在喀琅施塔得的要塞阵地和造船厂已成为俄罗斯海军在芬兰湾的永久性基础设置即可。在喀琅施塔得的城镇和要塞标志通过灯塔和要塞墙也证明了这点。随着波罗的海其他省份的被征服，塔林成为俄罗斯舰队在波罗的海活动的机动基地。没有这种基础设施就可能没有俄罗斯海军。政治家、历史学家和彼得大帝专制的积极倡导者瓦西里·塔帝歇夫提出彼得大帝海军变革的要旨是在四个海域（北海、波罗的海、黑海和加勒比海）建立俄罗斯的海上力量，这样可带来战争胜利和商业成功。[9]此基础设施的成本包括那些在建设沙皇"西方窗口"圣彼得堡期间数量未知的死亡者。彼得大帝迅速建造他的海军，以应付与瑞典的当前战争。到 1725 年时，俄罗斯已是沿波罗的海的主要强国，其舰队拥有 27 000 人、34 艘战列舰、9 艘护卫舰、34 艘小型帆船和 700 艘木船，年经费开支达 150 万卢布。俄罗斯在大北方战争期间共建造了 1000 多艘各型船只。这些由新鲜木材制成的船寿命很短，但基础设施，如海军部学院、海军学院、彼得大帝的《海军条令》、造船厂、工厂以及起辅助作用的要塞阵地，都被保留着。

在此期间，为争夺波罗的海出入口，俄罗斯与瑞典进行了长期的战争。为此，彼得大帝制定了一个军事战略。此战略利用海上力量，即帆船、木船以及海军上将阿普拉克辛的海军陆战团或登陆部队，以支持俄罗斯海军的推进。在俄罗斯海军作战中，彼得大帝扮演着重要的角色，包括他在"甘古特（汉科）"级战舰上获得的首次巨大成功。俄罗斯海军和其他军队在 1719 年、1720 年和 1721 年对瑞典沿岸的掠夺使得位于斯德哥尔摩的瑞典政府开始关注这场战争。彼得大帝的《海军条令》将此战略定义为"仅有陆军的主权国家只有一只胳膊，而拥有陆军和海军的主权国家却有两只胳膊"。因此，彼得大帝将他的"胳膊"服务于具体的战略目的。[10]正如杰出的历史学家伊维根·塔尔列指出的，海军在彼得大帝对外政策中起着重要作用，特别是在形成和保持联盟过程中。这种联盟有助于扩大俄罗斯在波罗的海的影响，并最终通过 1721 年的《里斯塔特条约》得以保证。[11]然而，在南方，海军基础设施并不是如此。在北方战争结束之后，彼得一世转而在高加索和里海抗击奥斯曼帝国的推进，因为在上述地区一些波斯省份已经造反，反对他们的国王。彼得一世于 1722 年对此地的介入大大扩大了俄罗斯海军在里海的存在，并取得了最初成功，直到奥斯曼帝国进行干预。俄罗斯并未准备好与土耳其的战争，结果在普鲁特河以惨重的军事损失而结束，并于 1724 年与土耳其议和。1725 年彼得大帝死后，南方的海军基础设施遭冷落，直到叶卡捷琳娜二世统治时期。叶卡捷琳娜女皇将克里米亚半岛并入了帝国，并建立了黑海舰队。黑海舰队的主要基地在塞瓦斯托波尔，造船厂位于第聂伯河上的尼古拉耶夫。

与由国家民间海洋呼声而演变出的马汉的海权概念背道而驰的是，俄罗斯海上力量不得不由一个指挥陆上力量的专制国家来建立和培养，而海上力量是国家力量的支持工具。彼得大帝的个人印章对此次变革进行了艺术上的表现，他在印章上将自己比喻为帝国的皮格马利翁，赋予其深爱的俄罗斯以生命，并以陆军、海军和"全知之眼"符号作为背景。[12]

彼得大帝是一个工匠型沙皇，酷爱帆船，并具有联合作战的天资，因而创建了俄罗斯的海上力量，但这一力量的基础仍显薄弱。考虑到俄罗斯历届国家领导人从根本上将俄罗斯看做陆上强国而将海上力量看作辅助工具，俄罗斯海上力量的发展不得不从他们那里争取影响力和资源。根据特定的危机、地缘战略的侧重点和技术变革，三个世纪的俄罗斯海军经历了海上力量的消长。早期现代欧洲的军事历史学家也曾谈及过为欧洲最终实现全球霸权而做出突出贡献的一场军事"革命"。[13]彼得大帝的变革是对西方军事挑衅进行持续反应的第一个证据。彼得大帝接受西方的模式，但将它与显著的国内社会经济结构相结合，以应对西方霸权主义的挑战。专制主义和启蒙运动（即用受过良好教育和西方化的军队精英来统治农奴）成为新秩序的标志。此模式在随后的一个半世纪里仍在演变，成为俄罗斯军事力量和国家结构的基础。这一点足以确保俄罗斯在法国大革命和拿破仑战争期间在欧洲力量平衡中的地位。

出于他们的个人取向和战略考虑，后续的俄罗斯统治者有的重视海上力量，有的忽视海上力量。海军衰落期之后便是恢复期。在每个恢复期的开始，都需重新评估海军在俄罗斯国家战略中的地位。对俄罗斯海军战略家来说，地理因素并不能为其利用。广阔的陆地战区和外国陆军侵略的威胁使得俄罗斯陆军在国家防御中起着主导作用。由一系列水上交通要塞主宰并相隔遥远的海上战区使海军历史成为单个舰队而不是整个海军的作战史。不同战区的地缘战略重点使得基础设施的建设极为重要，以便在不同的时间按不同的需求支持每个舰队。俄罗斯海军的命运在随后的一个半世纪沉浮不定，直到克里米亚战争爆发。在克里米亚战争爆发时，新的情况导致了俄罗斯的另一场海洋变革，此变革给俄罗斯海军以及俄罗斯国家和社会带来了深远的影响。

对尼古拉一世来说，波罗的海舰队和黑海舰队是其干预地区性冲突的工具。尼古拉追求的目标是每个战区的俄罗斯海军都要优势于其他沿海强国（如波罗的海的瑞典和黑海的奥斯曼帝国）的海军。俄罗斯海军总实力可确保其仅次于欧洲海军强国英国和法国。在此状况下，海上力量被设想为支持俄罗斯外交的一种工具，方法是使得俄罗斯在欧洲海上强国发生全面冲突时成为一个对冲突国更加有吸引力的潜在盟友。[14]在有利的状况下，如希腊反对奥斯曼的统治，俄罗斯舰队可如 1827 年纳瓦里诺战斗一样，同欧洲海上强国如英国和法国一起行动。[15]在纳瓦里诺战斗之后，俄罗斯波罗的海舰队开始衰落为无紧急海上威胁时的一支海军仪仗队。它最好的水手加入了全球巡航，整个舰队成了一个空壳。曾是尼古拉一世的密友，也是1833—1854 年期间实际上的俄罗斯海军部长亚历山大·缅什科夫亲王曾强调海军的外部出现而不是作战能力。考虑到俄罗斯帝国长期的财政危机，他没有迫切要求采用新技术，包括螺旋桨推进的战舰。1828—1829 年，俄罗斯黑海舰队独自与土耳其作战，以支持俄罗斯部队挺进巴尔干半岛。[16]同时，由于领导有方（特别是海军上将拉扎耶夫的领导），而且黑海舰队为支持俄罗斯与高加索山地人的长期战争而进行了连续作战，黑海舰队的专业化水平得到了迅速提高。作为一个年轻的官员，海军上将拉扎耶夫曾在大西洋和印度洋的英国皇家海军服役五年。他十分敬重英国皇家海军和它的传统，并同他的中级官员共同庆祝特拉法尔加战役纪念日。[17]有时，俄罗斯黑海舰队也进行登陆作战，并为岸上部队提供火力支援。20 多年里，小艇一直被用于封锁至高山人的武器运输，并支持高加索沿海的沿岸要塞。拉扎耶夫将在那里作战的巡洋舰中队作为军官和士兵的重要培训组。帕维尔·斯捷潘诺维奇·纳西莫夫海军中将于 1853 年末在锡诺普抗击土耳其中队取得的决定性胜利导致了英法对克里米亚战争的干预。锡诺普海战实际上是俄罗斯黑海舰队将海上供给从高加索战区隔离开来的使命的继续。[18]

不断变化的国际形势、俄罗斯无法保持同步的快速技术创新、俄罗斯帝国对形势的错误判断以及欧洲列强针对奥斯曼帝国的咄咄逼人的"欧洲病夫"政策这一系列因素导致了一场俄罗斯很难获胜的战争。[19]纳西莫夫中队在锡诺普击败奥斯曼帝国为英法介入黑海以对付俄罗斯提供了合适的借口。英法盟军作战的当前目标是在黑海摧毁俄罗斯的海军力量,但此战争呈现了其全球特色,海军作战波及波罗的海、巴伦支海和太平洋。在北冰洋,英国舰队突袭了俄罗斯港口和船厂,但是未能占领阿尔汉格尔斯克。在太平洋,俄罗斯海军和地面部队于1854年成功抵御了由占优势的英法中队对彼得罗巴普洛夫斯克的攻击。当英法盟军在1855年回到彼得罗巴普洛夫斯克时,他们发现俄罗斯军队已经撤退。正如安德鲁·兰伯特指出的,英国大战略也应包括在波罗的海摧毁俄罗斯海军,但这一点直到1856年战争结束时都未能实现。[20]

理论上说,在克里米亚战争开始时,俄罗斯海军是世界上第三大海军,但在封锁作战方面显得十分过时。波罗的海舰队拥有26艘在航的轻型战列舰,并有7艘备用;黑海舰队有14艘战列舰在役,并有2艘备用。只有1艘螺旋桨推进的战列舰和2艘护卫舰正在波罗的海和巴伦支海建造,而且它们的发动机正从英国订购。俄罗斯的蒸汽动力战舰主要是带有两门加农炮的侧轮护卫舰;波罗的海舰队有9艘侧轮护卫舰,共携载103门火炮;黑海舰队有7艘侧轮护卫舰,共携载49门加农炮。[21]

俄罗斯海军的自由变革开始于克里米亚战争。在黑海,俄罗斯舰队的最初成功使得其名气十足,但后来它的仓促撤退却使它只剩下支持塞瓦斯托波尔防御的几艘蒸汽机明轮船参与作战。英法海军基于螺旋桨推进的战列舰和护卫舰的数量和技术上的绝对优势,迫使弗拉基米尔·阿列克谢耶维奇·科尔尼洛夫将军将舰队撤离了战场。科尔尼洛夫将军在命令中写道:"你们看到了敌方的蒸汽船,并看到了他们的船不用帆来推进。他们仅在这些船上就占了二比一的优势,可以从海上对我们进行攻击。我们必须放弃在该水域进行交战的念头。此外,国家还需要我们护卫我们的城市、我们的家园和我们的家人。"[22]

俄罗斯海军人员进入塞瓦斯托波尔的战壕,并成为要塞城市的不朽防御者。当时,海军中将科尔尼洛夫身处一良好位置,可以清晰地看到蒸汽推进船在海军战术中的优点。在1853年11月5日,当俄罗斯携载有11门火炮的明轮护卫舰"弗拉基米尔"号在三小时的战斗中与土耳其携载有 10 门火炮的明轮护卫舰"佩瓦兹－巴克利"短兵相接时，科尔尼洛夫中将正在这艘船上。"弗拉基米尔"号代理指挥官伯塔科夫将本船向外机动，随后精确发射实心弹和爆炸弹，重创敌方船只，使其投降。[23] 结果，在克里米亚战争中，俄方在蒸汽动力战舰之间的首次海战中获胜，但也暴露了俄罗斯海上力量的落后。

波罗的海的海上形势并不比黑海乐观。波罗的海舰队用风帆战列舰和护卫舰以及 9 艘蒸汽明轮护卫舰开始了克里米亚战争。俄罗斯海军部已开始建造一艘螺旋桨推进的战舰，即"阿基米德"号护卫舰。这艘舰于 1848 年下水，但在 1850 年消失于博恩霍尔姆岛外的一场风暴中。科尔尼洛夫将军和其他人都提出了一个造船方案，以满足海军革命。这场海军革命包括从英国和法国收购螺旋桨推进的战列舰和护卫舰，但此计划因战争爆发而流产。[24] 俄罗斯在此领域未取得进展的原因之一是缺少为大型战舰生产足够大的和足够多的蒸汽发动机和锅炉的工厂和车间。

为指导对海军行管，尼古拉一世求助于他最信任的军官之一，即缅什科夫亲王，并于 1827 年任命他为海军参谋长。缅什科夫在 1812 年抗击拿破仑的战争中曾担任副官长和陆军军官。1836—1855 年，缅什科夫亲王同时领导海军参谋部和海军部，并监督海军行管的进一步合理化，包括加强官僚集权和控制。有心改革的军官将该时代的特点归纳为海军为海军部而存在，而不是海军部支持舰队。[25] 甚至尼古拉一世也可以从波罗的海的状况知道缅什科夫只注重表面，不重视作战效率，而作战效率正是尼古拉一世希望从黑海舰队得到的。[26] 有人试图从缅什科夫在尼古拉一世统治时期的前 25 年（1825—1850 年）所做的有关海军发展的报告中找出需要海军现代化和技术创新的任何证据，但毫无收获。[27]

在两年后的 1852 年，俄国大公康斯坦丁·尼科拉耶维奇给海军部带来了新的气象。那年，尼科拉耶维奇被任命为缅什科夫的副官，1853 年后成为事实上的海军部长。之后，缅什科夫很少有时间监督海军部。尼古拉一世在克里米亚战争爆发前夕将其子尼科拉耶维奇作为特使派遣至土耳其宫廷，然后在克里米亚战争期间（1853—1856 年）任命他为俄罗斯陆军和海军总司令。尼古拉一世将其子尼科拉耶维奇的生命交给了海军，将他的教育委托给一名海军指挥官，确保他参加各种海军活动和巡航，并授予他俄罗斯海军上将军衔，以此加强朝廷与海军的联系。当年轻的大公 1844 年乘"花神"号护卫舰进行夏季巡航时，拉扎罗夫上将和他的部属曾争取他支持正在黑海舰队开展的海军专业化建设。事实证明，康斯坦丁·尼科拉耶维奇是一个好学生，也是利用黑海舰队的经验作为模板的海军改革的忠诚拥护者。一级海军上将康斯坦丁·尼科拉耶维奇最初的一系列官方动作之一就是安排了海军条令修订项目。1850—1853 年，他亲自监督有关部门对外国海军条令进行系统性研究，并查阅现有的俄罗斯海军条令。条令修订委员会集体讨论 50 多次，查阅了 2400 条英语、法语、荷兰语、丹麦语、意大利语和俄语海军条令。[29]一个著名将领的儿子戈勒夫林当时是此项目的秘书，他将公布此修订消息以及广泛征求专业军官意见的整个过程描述为"人为的公开"。所谓"人为的公开"，是指利用海军最近出版的专业期刊《海军周刊》，使海军专业军官对他们感兴趣的题目公开进行讨论。[30]

此周刊的特色之一就是培养了一批年轻但经验丰富的海军军官和文职人员，以修订海军条令。[31]这些中级军官对他们的工作具有探究性的热爱，并利用统计工具来评估海军面临的形势。其中一个调研课题是 1842—1851 年波罗的海舰队和黑海舰队的患病和死亡率。该报告在海军部医院职业医师提供的信息的基础上得出结论，即在此 10 年间，波罗的海舰队死亡 23 547 人，黑海舰队死亡 11 529 人，年死亡人数达 3400 以上，而这 10 年大部分时间是和平时间。[32]此统计结果凸显了俄罗斯海军士兵的生命是如何廉价。这些统计结果令人沮丧，大家纷纷评论，强调在以前的俄罗斯海军条令和外国条令中应明确规定指挥官和其他高级军官需确保海军人员的健康。此调研项目的不同之处在于愿意说出这些损失的原因，并提出补救措施，而这些补救措施又将减少这些死亡的责任归于海军高级指挥官。[33]在俄罗斯军事部门，士兵被当做穿制服的农奴和无需补偿的劳动力，这种理念意味着那时对待士兵的恶劣态度和方式。这些努力是未来 30 年俄罗斯海军变革的标志。新的《海军条令》被人们接受，并于 1853 年出版。

在战争开始且波罗的海出现海上威胁后，尼古拉一世意识到，如果他的舰队与 1854 年出现的英法中队进行公开作战，效率将是何等低下。在彼得一世战列舰上举行的、由他的高级海军指挥官共同参加的一次军事会议上，尼古拉一世不得不听取他的将军们的建议。这些将军反对俄罗斯出海抗击芬兰湾的英法舰队。沙皇如此表达他的沮丧："我们花如此大的精力和物力建立和维护海军，等我要急用它时，难道我得到的只有一句话，即海军还未准备好行动？"[34]

在改革派一级海军上将康斯坦丁·尼科拉耶维奇领导下的海军部也发现自己遭遇到了技术落后这一同样问题。技术落后是黑海舰队遇到战争时仓促撤退的原因。俄罗斯海军于 1852 年开始了一项规模适中的螺旋桨推进的主战舰艇建造方案，但由于它们的完工要取决于先进的蒸汽发动机能否从英国发运，此方案被暂停了。这些情况需要一种不对称响应，这种不对称响应将利用新技术来使己方在敌方绝对性海上优势中取胜。在波罗的海，俄罗斯确实有一个由国家造船厂、私营造船厂和发动机工厂组成的体系，这些工厂可以被动员起来，以对付威胁。康斯坦丁·尼科拉耶维奇的一位技术专家在《海军周刊》上发表了一篇分析文章。此文章分析了英法海军在建造螺旋桨推进的主战舰艇方面的竞赛，并得出结论，即由于英国能够发动这样的私营造船厂和工厂来建造先进的战舰，英国在竞争中占了优势。在一个财政不透明的国度里，尤特恩用英国和法国的海军预算来分析英国在与国家占主导地位的法国造船业竞争过程中因征用私营造船厂和工厂而产生的优势。[35]在出现紧急袭击威胁时，俄罗斯可借用英国的做法。为此，一级海军上将康斯坦丁·尼科拉耶维奇安排组织圣彼得堡和波罗的海其他港口的造船厂以及发动机和锅炉厂家为圣彼得堡、喀琅施塔得和芬兰湾的当前防御生产螺旋桨推进的炮艇。发动机工厂可以为俄罗斯炮艇生产体积较小的、性能可靠的发动机。在两年中，此项目共建造了 38 艘 170 吨的炮艇。[36]炮艇方案的成功使得俄罗斯在阿尔汉格尔斯克建造了 6 艘装备有俄罗斯产发动机的螺旋桨推进的"快艇"（1500 吨，24 门火炮），并在同一时期建造了 14 艘轻型护卫舰（2500 吨，32 门火炮）。

遗憾的是，尽管俄罗斯海军增加了炮艇，但这种炮艇太小，无法使得波罗的海舰队在条件相近的情况下对付 1855 年被再次部署于波罗的海的英法中队。炮艇成为海上防御进化系统的一部分，即"水雷炮兵战位"。此"水雷炮兵战位"目的是不给敌方舰队在无损状态下袭击俄方海军和海岸位置的机会。置放海军水雷的目的是限制英法舰艇的机动，迫使它们进入俄罗斯岸上联队、要塞火炮和舰艇的射域内。炮艇被用来保护雷场，并抑制盟军扫雷的企图。1854 年俄罗斯海军雷场被布置在喀琅施塔得，1855 年被布置在瑞典堡、维堡和托尔布欣灯塔。[38]在 1855 年夏天，俄罗斯海军少将莫非特指挥的 6 艘炮艇在托尔布欣灯塔与一艘螺旋桨推进的护卫舰和两艘其他蒸汽推进的舰艇进行了两个小时的交战。在 1855 年 8 月英法联军袭击瑞典堡要塞和赫尔辛基期间，水雷在俄罗斯的防御中起到了突出的作用。正如兰伯特说的，1854 年和 1855 年分别由海军中将查尔斯·奈皮尔和詹姆斯·邓达斯领导下的英法海上远征军的失败使得英国政府准备在 1856 年进行一次规模更大的、装备更好的海军远征，但由于敌对状态结束，此计划未被实施。[39]

1855 年年初，尼古拉一世死于忧虑之中。欧洲宪兵看到了他的帝国野心已被盟军扼杀。这次轮到他的继任者亚历山大二世来评估俄罗斯外交的弱势地位、国库空虚和简陋的军事装备，并在可获得的最好条件下寻求和平。[40]亚历山大二世用一种柔和的手段开始他的统治，并成功地度过了 1855 年前三个季度。在这三个季度中，卡尔斯投入了高加索的俄军怀抱；随着冬天的临近和海面结冰，英法舰队撤出了波罗的海；在克里米亚前线只能听到零星枪声。盟国的内部压力和俄罗斯的财政窘境促使这些强国来到巴黎，于 1856 年 3 月签署了停战协定。

克里米亚战争之后，国际秩序动荡不安，而俄罗斯想从中寻求和平，以进行紧迫的国内改革。与此同时，亚历山大二世和他的外交部长亚历山大·米哈伊洛维奇·戈尔恰科夫力求确保俄逐步再次融入欧洲力量的平衡，并创建条件以取消《巴黎和约》中对俄罗斯最苛刻的条款。[41]

对海军来说，战争成本尤其高。黑海舰队的损失、塞瓦斯托波尔的被摧毁以及《巴黎和约》规定的黑海以及波罗的海的奥兰群岛去军事化等一系列事宜，迫使俄罗斯海军部将工作重点放在波罗的海。在战争之前，康斯坦丁·尼科拉耶维奇在波罗的海继续执行主战舰艇方案，以用螺旋桨推进的战列舰来武装波罗的海舰队。[42]与此同时，他还着手实施海军现代化、内部改革和战略变革方案。1857 年，在回答 1854 年英法波罗的海远征军司令海军中将奈皮尔提出的为什么俄罗斯波罗的海舰队在海上没有接触英法舰队的问题时，康斯坦丁·尼科拉耶维奇暗示了变革的方向："如果我那时拥有螺旋桨推进的护卫舰，我可能会反击你。"[43]正如所有历史学家所了解的，在两层甲板上配备有 44～60 门加农炮的护卫舰无法与在三层甲板上配备有 72～120 门加农炮的战列舰进行交战。在此，动词"反击"反映了俄罗斯海军重大的战略转变。在克里米亚战争之后，海军部开始实施一项造船计划，以变革波罗的海舰队，使其成为国家政策的一项有效工具和威慑他国对俄罗斯的海上干预的一种方法。1855 年，一级海军上将尼科拉耶维奇通知国会，海军部将需要资金，以建设一个现代化的由蒸汽动力舰艇组成的海军。他说："考虑到全球所有国家的舰队都在变革，并采用螺旋桨装置，我们老的风帆舰艇必须被蒸汽动力舰艇替代，海军管理部门不应该用新的帆船来支持和补充现有的舰队，而应该建立新的螺旋桨推进的舰队，并为此培训合格的军官和战士。"[44]

俄罗斯确实建造了 9 艘螺旋桨推进的战列舰，但从数量上仍未能使俄罗斯恢复到欧洲第三海军强国的位置。因此，俄罗斯海军制订了一个二十年规划，以建造更多的现代化战列舰，但预算约束使他们不得不考虑先后次序。如下表 1 所示，到 1860 年，正如康斯坦丁·尼科拉耶维奇向国会所报告的，英国和法国分别建造、储备或正在建造 73 艘非螺旋桨推进的战列舰和 37 艘螺旋桨推进的战列舰。[45]俄国海军部并不模仿它们，而是将它的建造方案转向功能强大的护卫舰、其他小型螺旋桨推进的作战舰艇以及装甲舰采购。关于装甲舰的采购，康斯坦丁·尼科拉耶维奇在第一艘"超装备"的护卫舰即"海军上将"号在纽约下水的那一年就曾向国会提出过建议。像美国海军护卫舰一样，"海军上将"号配备的舰炮要比额定的数量多得多。1861 年，经过改装且带有口径巨大的单门加农炮的这种炮艇被编入现役。[46]

表 1 俄罗斯蒸汽螺旋桨舰艇发展状况

类型	1856 年	1860 年
战列舰	1	9
护卫舰	1	7
轻型护卫舰	–	19
快速帆船	–	7
纵帆船	1	24
炮艇	40	75
运输船	–	8
三桅帆船	–	2
侧明轮护卫舰	10	10
侧明轮船	43	47
游艇	–	2
合计	96	210

新的建造方案和海军战略代表俄罗斯海军文化的深刻变化。该模式不是为支持在沿海地域进行防御作战的陆军而设计的彼得大帝海军模式，而是一种平衡波罗的海国家的海军，并在海上强国干预时提供沿海防御的更适中力量。国内铁路的发展使沿海地区和帝国中心地带得以连接，并可使俄罗斯用占绝对优势的地面部队快速对付敌方的任何两栖登陆。作为此干

预的开端，俄罗斯海军先要做出"游击战"的姿态，即用和平时期在全球部署的体积小、速度快和装备优的作战舰艇进行商船劫掠，并且对海上强国对俄罗斯的动武构成威胁。正如康斯坦丁·尼科拉耶维奇写道：俄罗斯需要这样的海军部队，即"可以使大国尊重俄罗斯，迫使它们在战争中要么与俄罗斯结盟，要么请求俄罗斯保持中立，这样如果它们想与俄罗斯作战，它们不得不进行更多的准备，而且要消耗更多的成本"[47]。这种新战略和姿态的标志是"海军上将"号护卫舰。此护卫舰由韦伯公司在纽约建造，于1858年下水。它的排水量为5600吨，动力为800马力，体积相当于一艘战列舰，配备有70门大口径加农炮。它的发动机和武器都超额装备，目的是要超越任何战列舰，并击败任何护卫舰。"海军上将"号和另一艘在法国建造的俄罗斯大型护卫舰"斯维特兰娜"号成为劫掠商船的新一代俄罗斯超级护卫舰的样板。[48]俄海军在这种情况下的外购旨在先获得一个技术基础，然后俄罗斯船厂和工厂再将技术消化掌握，最终实现国产化。

新的护卫舰、轻型护卫舰和快速帆船将是基于远程巡航的新海军战略的工具。这种远程巡航可对艇员进行培训，并为俄罗斯提供前往地中海、大西洋和太平洋的遥远基站的一种海军方法，以影响大国之间在这些地区的力量平衡。[49]康斯坦丁·尼科拉耶维奇已为威慑战略放弃了建立规模巨大的海军和取得决定性海军胜利的念头。正如利哈乔夫上校观察到的，在宣战前出海是避免被海上强国"瓮中捉鳖"的唯一选择。[50]新的船舶将被用于劫掠商船，可以单独作战，也可以组成中队作战，以对海上强国特别是英国的利益进行威胁，进而对他们的干预进行威慑。当波波夫上校被任命为俄罗斯海军中队的指挥官时，他在一份备忘录中向康斯坦丁·尼科拉耶维奇提及了此点。伦敦需高度重视对英国商船的威胁。[51]

随着装甲舰被应用后技术现代化步伐的加快，海军部面临着一个严重的困境。俄罗斯国内没有能力建造如英国皇家"勇士"号的舰只。"勇士"号舰的船体为铁质，并带有4.5英寸厚的铸铁板。俄罗斯海军部采用了"海军上将"号使用的模式，于1862年从英国订购了一艘这样的炮廓式装甲舰，即"佩尔维涅茨"号，与英国工厂协商在圣彼得堡建造第二艘，并想在俄罗斯船厂建造第三艘。然而，在美国内战期间出现的新一级装甲舰使得俄罗斯海军部将它的优先考虑对象转向了带旋转炮台的"莫尼特"级低干舷装甲舰，因为这种装甲舰与炮廓式装甲舰相比，易于建造，成本又低，并且基于现有的铸铁技术和沿海防御较好的作战特点。[52]俄罗斯海军定制了10艘"莫尼特"级装甲舰，其中8艘由俄罗斯船厂建造，2艘来自比利时。向"莫尼特"级装甲舰转变进一步确定了俄罗斯海军的战略方向，即发展国家的技术和工业基础设施，以按需进行海军现代化建设。[53]

俄罗斯海军将继续从西方寻找新的舰船样式，然后使它们满足俄罗斯海上防务的要求。1870—1880 年在海军部技术委员会担任造船部分主管的海军上将波波夫设计了俄罗斯第一艘"彼得大帝"号现代战舰以及一系列用于远程作战的装甲巡洋舰。[54]

最怪异的设计是在俄罗斯被恢复舰队拥有权，但缺少在战区建造战舰所需的船厂、金属加工厂和发动机工厂之后，由波波夫于 19 世纪 70 年代为黑海舰队建造的不太有名气的"圆形装甲舰"。这种被昵称为"波波夫卡"的圆形装甲舰其实是浮动的炮台，在浅的沿海水域提供炮兵支持。每艘舰在一个炮塔上装备两门重炮。该级舰的第一艘"诺夫哥罗德"号在圣彼得堡分段建造，然后通过铁路被运输至黑海，在尼古拉耶夫组装。第二艘"波波夫海军中将"号建造于尼古拉耶夫。遗憾的是，它们从未被证明如它们的设计人员所预料的那么有效。[55]海军还继续寻求水雷/鱼雷武器，研制了一种特种战舰水雷巡洋舰，并最终促成了鱼雷快艇和驱逐舰的研制。[56]

此造船策略中的一个关键成分是积极促进国家和私营船厂之间的合作伙伴关系。在此关系中，政府培养资本集中型产业如造船业、发动机制造业和军械制造业的发展。尼古拉一世的俄国对私营企业、公开财务和商业银行会有敌意，而康斯坦丁·尼科拉耶维奇周围的改革派欢迎资本自由化模式，以加快俄罗斯经济发展。这种资本自由化模式实际上是美国自由放任资本主义，带有繁荣与萧条周期。尤特恩是康斯坦丁·尼科拉耶维奇的关键改革者之一。作为财政部长，他也拥护俄罗斯发展私营铁路。他曾谈及强权国家的结束和资本自由化，以解放俄罗斯的科技力量。[57]那些主宰 20 世纪圣彼得堡经济的大型工业企业（如卡尔－麦克菲森公司的波罗的海造船厂、普提洛夫金属加工厂、奥布科霍夫钢厂及弹药厂）是海军改革和现代化的产物。虽然由于后几十年连续冲击俄罗斯经济的商业周期和吃紧的国家预算使得私营企业与国家之间的合作关系经历了周期性的危机，但建立于市场关系的国家经济增长的想法幸存下来了。[58]在遇到战争威胁时，海军部队不可能在一夜之间建立，因此需要保持先进的国家基础设施。此基础设施要能够建造采用了最新科技革新的战舰。

俄罗斯海军发展涉及的不仅仅是技术变革和与私营企业建立伙伴关系，海军改革者试图创建一个更小和更专业的海军军种。围绕在大公康斯坦丁·尼科拉耶维奇周围的拥护改革的政府官员和部队军官在亚历山大二世的圣彼得堡将专制技巧、海军专业化和敏锐的宫廷政治意识集合起来。在海军部肃清老的官僚主义思想始于战争期间，重点是那些青年和具有杰出才能的人。[59]俄罗斯海军尽力精简文字性工作和简化行政流程。1860年，海军部进行了改革，以允许更大的权力下放，并为海军行动提供更直接的支持。[60]

困扰改革者的问题之一是海军人员士气低落。在岸上人员中，擅离职守、轻微犯罪、酗酒及行为不检的发生率尤其高。[61]康斯坦丁·尼科拉耶维奇解决此问题的方法是：建议海军取消这种义务劳动，用可得到薪水的雇员取代。海军服务只提供给那些在战舰上工作并在海上执勤的人们。[62]海军部废除了所谓的"海军部农奴"在奥克塔船厂的义务服务，而用付薪水的劳动取代。[63]康斯坦丁·尼科拉耶维奇强调要将海军视为一支精锐部队。普通的水手其实应该是集技师、炮兵和步兵技能于一身的"万能士兵"。[64]海军需要有读写能力的士兵，为此中级军官制订了一个"星期日学校"计划，旨在教士兵读写。海军部著名的词典编纂者和官员戴尔为海军水兵编了一本名为《一个水手的闲暇时间》的小读本。[65]

在俄罗斯和俄罗斯海军前景未卜的情况下，《海军文集》成为为海军提供爱国动员和支持的一个论坛。此期刊的一名编辑在1853年观察到："这个国家从未相信海军的好处，正因为此，海军的发展从未得到公众舆论的支持，因而也是一项艰巨的和不切实际的任务。"为了刺激人们对海军、战争和改革的兴趣，康斯坦丁·尼科拉耶维奇将此出版物变成一本广泛发行且读者大大超出海军部的期刊。从创刊时的1848年到康斯坦丁·尼科拉耶维奇接管海军部的1853年，此期刊的订阅量从500份逐步上升到800份。1854年，康斯坦丁·尼科拉耶维奇规定所有的海军军官必须订阅此期刊，此期刊的发行量因而爬升到3600份，其中军官为3100份，自愿订购者为500份。到1857年时，军官订阅量为3500份，文职人员订阅量为1677份。军官对此期刊的官方部分感兴趣，因为他们可以从那里得到海军部和舰队的信息。军官和文职人员都对非官方部分提及的公共问题十分感兴趣。[66]这些页面刊载着许多评论性文章，内容涉及诸多领域，如帝国管理、教育改革、大学体制改革、审查制度改革、法院改革和体罚的废除等。[67]外科医生彼洛高夫总结了改革者的世界观。彼洛高夫当时是俄罗斯科学院的院士和医疗革新者，并在战争期间在克里米亚担任过医院院长。他认为教育是"终身问题"。此观点促进了全民的公共教育以及俄罗斯精英人士的广泛自由教育，排斥了为少年建立特殊军校的想法。他还认为，教育的功能不是为国家的专制机器培养无创新意识的书呆子，而是要允许个性发展，并融入社会。[68]最终，那些与海军变革相关的文职人员也被卷入了那个时代的大事件，即农奴解放，并变成废除农奴制的积极分子。[69]海军改革成为更多体制性改革的基础。这些体制性改革在后来的 30 年里重塑了俄罗斯社会和体制。

改革者所调整的海军战略接受了两次考验。1863 年，当与英国的战争威胁到波兰的"一月起义"时，海军部将海军中将莱索夫斯基的大西洋中队派往了美国的东海岸，并将波波夫上校的太平洋中队派往了旧金山。虽然很难评估这些部署对围绕波兰问题的实际外交进程有多大影响，但苏联海军显然想利用此结果来确认战略正确与否。[70]通过在波兰危机导致战争前将海军部队部署到美国港口附近，俄罗斯海军领导层想看到美俄联盟对英国利益的威胁可以约束英国政府。最近俄罗斯军事理论家已评估认为此次部署很成功。在讨论如何通过直接或间接方式实现战略目的时，俄罗斯军事科学院院长、陆军上将马克姆·格里夫指出中队的部署对间接战略来说是成功的。[71]更难的测试是在 19 世纪 70 年代。那时，俄罗斯刚刚争回在黑海布置军队的权力，而且其外交和军事政策着眼于通过决定性的军事行动来解决另一个巴尔干危机。在南方缺少建造现代主战舰艇所需的船厂和工厂的俄罗斯海军发现自己不得不利用武装蒸汽船、海防艇和布雷艇。虽然俄罗斯海军通过水雷和鱼雷战的积极利用削弱了土耳其海军在黑海的优势，但它不能防止英国皇家海军为阻止俄罗斯部队向海峡挺进而进行的干预。[72]在对海军改革进行评估时，施维廖夫认为海军部未能利用 1870—1877 年这段时间来在黑海建造一支现代作战舰队。他确实注意到了海军的主张，即这样的项目将花费很多年，要依赖于包括铁路在内的足够的基础设施来支持这种努力，而且无法在战争爆发前完成。[73]此外，这种"正在形成的舰队"无法提高俄罗斯部队穿越巴尔干山脉的速度，却如"东方问题"的另一场危机那样招来英国海军的介入，以保护其港口。

对俄罗斯乃至其他欧洲大陆强国来说，如果没有足够的基础设施来支持其海军在某一战区的建立、维护和发展，那创建海军等于是一项危险的奢侈。1904—1905 年发生的日俄战争证实了这一教训，因为在这场战争中，俄罗斯海军遭受了巨大损失。为了应对日本海军在 1894—1895 年中日战争后的发展，俄罗斯帝国于 19 世纪后期在远东开始海上扩张。当俄罗斯通过西伯利亚铁路将其欧洲部分与其东部领土紧紧连接时，它的政客正急于从中国得到海军基站，并在未准备好的情况下开始与日本进行海上对抗。在孤立无援且其陆海军未准备好的情况下，俄罗斯在亚瑟港的主要海军力量被日本海军上将东乡平八郎的舰队突袭，并被日本海上和地面部队所封锁。由于未能突破陆海联合封锁，当亚瑟港于 1905 年被攻克时，俄罗斯的这支舰队也随之覆灭。尽管处于爱国热忱和战略误判，俄罗斯帝国派出了波罗的海舰队，但为时太晚，无法挽回亚瑟港的命运。为此，这支由各型舰艇组成且毫无作战经验的俄罗斯波罗的海舰队不得不于 1905 年驶入对马海峡，落入日本海军之手，遭到灭顶之灾。尽管日本通过各种方式使俄罗斯海军遭到了惊人的损失，但这并未影响战争的结果。尼古拉二世统治下的沙皇政府因在国内正面临一场革命，因此并不迷恋战争，而拥有海上霸权的日本却无法羞辱俄罗斯在满洲的陆军部队。总之，在通过外交和经济途径在岸上建立扎实的基础之前就急于获得强大的海军力量，这只能招来该地区起主导作用的海上强国来重演纳尔逊将军在哥本哈根所实施的先发制人的突袭战术。

对那些意欲在 21 世纪进行另一场海军变革的俄罗斯政客来说，彼得大帝的专制改革和数量改变模式对他们有很大的吸引力，因为这种模式曾赢得了军事胜利。21 世纪似乎与 19 世纪相近，其主要需求是发现一社会组织，此组织要能掌握新技术，加快科学革新，并将国家经济融入全球市场和信息时代。中国政治家和海军军官会充分吸取俄罗斯在海军变革方面得到的主要教训。

注释：

此论文取自于 Jacob W. Kipp 撰写的 "The Imperial Russian Navy"。此文被收集在 Robin D. S. Higham and Frederick W. Kagan, The Military History of Tsarist Russia (New York: St. Martins Press, 2002), 151 – 182.

1. 关于彼得自己早期对航行的兴趣的描述，请参阅 A. V. Obukhov and G. I. Demin, Istoriya Rossiiskogo voenno – morskogoflota (Moscow: Izdatel, stvo TsenrKom, 1996), 94 – 98.

2. F M. Gromov, Tri veka Rossiiskogoflota (St. Petersburg: LOGOS, 1996), I, 5.

3. S. G. Gorshkov, The Sea Power of the State (Annapolis, MD: Naval Institute Press, 1979), 154; Jacob W. Kipp, "Sergei Gorshkov and Naval Advocacy: The Tsarist Heritage", Soviet Armed Forces Review Annual (1979), III, 225 – 239. 俄罗斯和中国都是亚欧强国，都需控制大陆领土，并将海上力量作为治国的一个辅助工具，而这种工具不仅是地缘政治影响所必需的，而且主要用于支持陆地力量。

4. Jacob W. Kipp, Naval Art and the Prism of Contemporaneity: Soviet Naval Officers and the Falklands Conflict (College Station, TX: Center for Strategic Technology Stratech Paper Se-

ries, 1984).

5. V S. Pirumov and R. A. Chervinsky, Radio – elektronika v voine na more (Moscow: Voeniz-dat, 1987), 77. 如想了解如何更加全面地处理俄罗斯海上变革，请参阅 Milan Vego 书中的章节。

6. Nikolai Ogarkov, "The Defense of Socialism: The Experience of History and the Present Day", Krasnaya zvezda, 9 (May 1984); Jacob W. Kipp, "The Labor of Sisyphus: Forecas-ting the Revolution in Military Affairs during Russia's Time of Troubles," in Thierry Gongora and Harold von Riekhoff: eds. , Toward a Revolution in Military Affairs? (Westport, CT: Greenwood Press, 2000), 87 – 104.

7. N. N. Moiseev, "Sotsializm i informatika" (Moscow: Izdatel'stvo politicheskoi literatury, 1988), 62ff; Jacob W. Kipp, "The Soviet Military and the Future: Politico – Military Alter-natives", in John Hemsley, ed. , The Lost Empire (London: Brassey's/Pergamon, 1992), 67 – 90.

8. Jacob W. Kipp, "Peter the Great, Soldier – Statesman of the Age of Enlightenment: A Naval Perspective," in Abigail T. Siddall, ed. , Acta No. 7 (Washington, DC, 25 – 30 July 1982), International Commission for Military History (Manhattan, KS: Sunflower University Press, 1984), 113 – 139.

9. I. I. Firsov, Petra tvoren'e (Moscow: Molodaya Gvardiya, 1992), 3.

10. Rossiya, Vtoroe otdelenie Sobstvennoi Ego Imperatorskago Velicheestva Kantselarii, Polnoe Sobranie Zakonov Rosssiiskoi Imperii, Series I, Vol. VI, 3485, 3.

11. E. V. Tarle, "Russkii flot i vneshnyaya politika Petra I," in Evgenii Viktorovich Tarle, Sochineniya (Moscow: Izdatelstvo Akademii Nauk SSR, 1962), XII, 115 – 201.

12. V. Iu. Matveev, "K istorii vozniknoveniya i razvitiya siuzheta 'Petr I, vysekaiushchii staty-iu Rossii,'" in G. V Villenbakhov et al. , Kul'tura i iskusstvo Rossii XVIII veka: Novye materialy i issledovaniya (Leningrad: Iskusstvo, 1981), 26 – 43.

13. Geoffrey Parker, The Militry Revolution and the Rise of the West, 1500—1800 (Cam-bridge, U. K. : Cambridge University Press, 1988). 彼得、俄罗斯和它的陆军和海军只接受过去在此方面的参考。

14. N. Korguev, Russkii flot v tsarstvanie Imperatora Nikolaia I – go (St. Petersburg, 1896), 86 – 87.

15. V. G. Oppokov, ed. , Morskie srazheniya russkogo flota: Vospominaniya (Moscow: Voeniz-dat, 1994), 270 – 291.

16. V. A. Zolotarev and L A. Kozlov, Rossiiskii voennyi flot na Chernom more and Vostochnom Sredizemnomore (Moscow: Nauka, 1988), 48 – 52.

17. V. D. Dotsenko, ed. , Admiraly Rossiiskogo flota: Rossiya podnmaet parusa (St. Petersburg: Lenizdat, 1995), 378 – 379.

18. 同上，53 – 55.

19. John C. K. Daly, Russian Seapower and "The Eastern Question" (Annapolis, MD: Naval Institute Press, 1991); Philip E. Mosley, "Englisch – russische Flotten Rivalitat", Jahrbuecherfuer Geschichte Osteuropas I (1936), 549 – 568.

20. 关于克里米亚战争的全球特性，请参阅 Andrew D. Lambert, The Crimean War: British Grand Strategy against Russia, 1853—1856 (Manchester, U. K. : Manchester University Press, 1990).

21. K. A. Mann, ed. , Rossiya, Morskoe Ministerstvo, Obzor deiatel'nosti morskago upravleniya v pervoe dvadtsatipiatiletie tsarstvovaniya Gosudarya Imperatora Aleksandra Nikolaevicha (St. Petersburg: Morskoe Ministerstvo, 1880), I, 396 – 399.

22. N. B. Novikov and P. G. Sofinov, eds. , Vitse – Admiral Kornilov (Moscow: Voennoe Izdatel'stvo Ministerstva Vooruzhennykh Sil Soiuza SSR, 1947), 258.

23. 同上，206 – 213.

24. V. D. Dotsenko et al. , Istoriya otechestvennogo sudostroeniya (St. Petersburg: "Sudostroenie," 1994), I, 398 – 399.

25. 关于缅什科夫时代，请参阅 Jacob W. Kipp, "Imperial Russia: The Archaic Bureaucratic Framework, 1850—1863"。此文被收集于 Ken J. Hagan, Naval Technotogy and Social Modernization in the Nineteenth Century (Manhattan, KS: Military Affairs, 1976), 32 – 67.

26. A. Zaionchkovskii, "Poslednii smotr Imperatorom Nikolaem Pavlovichom Chernomorskago flota v 1852 godu," Istrocheskii vestnik, 3 (1900), 1054 – 1059.

27. A. S. Menshikov. "Obzor minushago dvadtsipyatiletiya v otnoshenii k ustroistvu morskikh sil Rossiiskoi Imperii," Sbornik imperatorskago Russkago istoricheskogo obshchestva XCVIII (1896): 448 – 456.

28. Novikov and Sofinov, eds. , Vitse – Admiral Kornilov, 80.

29. "Novyi morskoi ustav", Morskoi sbornik 10 (May 1853), 406.

30. Gosudarstvennaya Publicheskaya Biblioteka (hereafter GPB), Otdel, Rookies, fond 208 (A. V Golowin), delo 2. /149.

31. Jacob W. Kipp and Maia A. Kipp, "The Grand Duke Konstantin Nikolaevich: The Making of a Tsarist Reformer, 1827—1853," Jahrbuecher fuer Geschichte Osteuropas XXXIV (1986): 4 – 18.

32. Rossiya, Morskoe Ministerstvo, Proekt morskago ustava (St. Petersburg: Morskoe Ministerstvo, 1853), 28 – 29.

33. 同上，第 30 页。

34. Evgenii Viktorovich Tarle, "Krymskaya voina," in Sochineniya (Moscow: Izdatel'stvo Akademii Nauk SSR, 1959), 10, 418 – 419.

35. M. Kh. Reutern, "Opyt kratkago sravnitel'nago izsledovaniya norskikh budzhetov Angliiska-go I Frantsuzskago," Morskoi sbornik 11 (January 1854): Uchen – Lit. , 136.

36. 这些炮艇在其主甲板上带有三门射域很广的巨炮。参阅 Dotsenko et al. , Istoriya ote-chestvennogo sudostroeniya, II, 10 – 11。普提洛夫继续从事此工作，后来成为一名主要的实业家和位于圣彼得堡的普提洛夫船厂的缔造者。

37. Rossiya, Morskoe Ministerstvo, Obzor deiatel'nosti morskago upravleniya v pervoe dvadtsati-piatiletie tsarstvovaniya Gosudarya Imperatora Aleksandra Nikolaevicha, I, 424 – 425.

38. 同上，第 10 页。关于俄罗斯海军水雷的研制和布设，请参阅 Tarle, "Krymskaya voi-na", in Sochineniya, IX, 420 – 428；A. A. Razdolgin and Iu. A. Skorikov, Kronshtadtskaya krepost' (Leningrad: Stroizdat Leningradskoe Otdelenie, 1988), 173 – 219.

39. Lambert, The Crimean War, 309 – 327.

40. W. Bruce Lincoln, Nicholas I: Emperor and Autocrat of All the Russias (Bloomington: In-diana University Press, 1978), 347 – 350.

41. W. E. Mosse, The Rise and Fall of the Crimean System, 1855—1871: The Story of a Peace Settlement (New York: Macmillan, 1963).

42. 如想了解对此方案的全面讨论，请参阅 Jacob W. Kipp, "Consequences of Defeat: Modernizing the Russian Navy, 1856—1963," Jahrbuecher fuer Geschichte Osteuropas XX (June l972): 210 – 225.

43. Tarle, Krymskaya voina, 49.

44. Rossiya, "Morskoe Ministerstvo", Obzor deiatel'nosti morskago, I, 3.

45. GPB, fond 208, delo 23/5 – 6.

46. Dotsenko et al. , Istoriya otechestvennogo sudostroeniya, II, 16, 25, 60.

47. GPB, fond 208, delo 10/259 – 260.

48. Rossiya, Morskoe Ministerstvo, Obzor Deiatel'nosti morskago, I, 450 – 451；Dotsenko et al. , Istoriya otechestvennogo sudostroeniya, II, 14 – 15.

49. GPB, fond 208, delo 10/259 – 63；Rossiya, Morskoe Ministerstvo, Obzor zagranichnykh plavanii sudov russkago flota s 1850 po 1868 god (St. Petersburg: Morskoe Ministerstvo, 1870), II, 481 – 482.

50. K. G. Zhitkov, "Vitse Admiral Ivan Fedorovich Likhachev", Morskoi sbornik, 11 (1912): noef. , 6.

51. M. M. Malkin, Grazhdanskaya voina v SShA i tsarskaya Rossiya (Moscow, 1939), 242.

52. Jacob W. Kipp, "The Russian Navy and the Problem of Technological Transfer: Technolog-ical Backwardness and Military – Industrial Development, 1853—1876"。此文被收集在 John Bushnell, Benjamin Eklof, and Larisa Zakharova, Studies on the Great Reforms: A Colloquium of Soviet – American Historians (Bloomington: Indiana University Press, 1994) 115 – 138.

53. Dotsenko et al. , Istoriya otechestvennogo sudostroeniya, II, 25 – 29.

54. 同上，第二卷，第 76 – 85 页和第 94 – 109 页。

55. 同上，第二卷，第 86 – 93 页。Edward James Reed, Letters from Russia (London：Murray Company, 1875).

56. 同上，第二卷，第 130 – 138 页。到目前为止，俄罗斯仍然在海军水雷和其他水下武器的研制和制造中起着领先作用。中国分析人士明确地看到了这一点。

57. M. Kh. Reutern, "Vlianie ekonomicheskogo kharaktera naroda na obrazovanie kapitalov", Morskoi sbornik XLVI, 5 (April 1860)：neof. , 55 – 70. Jacob W. Kipp, "M. Kh. Reutern on the Russian State and Economy：A Liberal Bureaucrat during the Crimean Era," Journal of Modern History XLVII, 3 (September 1975)：437 – 459.

58. Jonathan A. Grant, Big Business in Russia：The Putitov Company in Late Imiperial Russia, 1868—1917 (Pittsburgh：University of Pittsburgh Press, 1999), 19ff.

59. GPB, fond 208, delo 2/124.

60. A. P. Shevyrev, Russkii flotposle Krymskoi voiny：Liberalnaya biupokratiya i morskie reformy (Moscow：Izdatel'stvo Moskovskogo universiteta, 1990), 49 – 86.

61. M. P. Golitsyn, "Izvelechenie iz otcheta ispravyaiushskago dolzhnosti flota General – Auditora sovetnika Kniazya Golitsyna za 1854 goda," Morskoi sbornik XIV, 2 (February 1855) of. , 248 – 255.

62. GPB, fond 169, D. A. Miliutina, delo 42, papka 15/7 – 8, "Letter to F. P. Wrangel", 23 July 1855.

63. B. Mansurov, Okhtenskie admiralteiskiya seleniya：Proekt preobrazovaniya byta Okhtenskikh poselian, (St. Petersburg：Morskoe Ministerstvo, 1856), 1 – 9.

64. GPB, fond 208, delo 2/119 – 20, 236 – 238.

65. 同上，104 – 105.

66. S. F. Ogorodnikov, 50 – letie zhurnala Morskoi sbornik (1848—1898 gg.) (St. Petersburg：Morskoe Ministerstvo, 1898), 18 – 28; E. D. Dneprov, Morskoi sbornik v obshchestvennom dvizhenii perioda pervoi revoliutsionnoi situatsii v Rossii, in M. V. Nechkina, ed. , Revoliutsionnaya situatsiya v Rossii v 1859—1861 gg. (Moscow：Nauka, 1965), 229 – 258; E. D. Dneprov, "Proekt ustava morskogo suda i ego rol' v podgotovke sudebnoi reform" (Aprel' 1960 g.)" in M. V. Nechkina, ed. , Revoliutsionnaya situatsiya v Rossii v 1859—1861 gg. (Moscow：Nauka, 1970), 57 – 70. Eduard Dmitrievich Dneprov 是一名退休的海军军官、历史学家和教育学家，曾于 1990 至 1992 年担任俄罗斯教育部长。参阅 "Leaders and Prominent Figures in Russian Educational Reform, 1985—1995," http：// faculty. washington. edu/stkerr/sovswww. htm#dneprov, 于 2007 年 5 月 20 日登录。

67. Shevyrev, Russkii flot posle Krymskoi voiny, 14 – 48. Shevyrev 对海军主要的改革进行了深入的讨论，并将它们的特点正确总结为自由，即在已被改革的专制体制下，建立一个市场经济和开放的社会。

68. N. I. Pirogov, "Voprosy zhizni", Morskcoi sbornik XXIII, 9 (September 1856): neof. , 559 – 597.

69. G. Dzhanshiev, Iz epokhi velikikh reform, 5th ed. (Moscow: Tovarishchestvo Tipografii A. I. Mamontova, 1894), 560 – 588.

70. Jacob W. Kipp, "Russian Naval Reformers and Imperial Expansion, 1856—1863", Soviet Armed Forces Review Annual I (1977), 118 – 139.

71. Makhmut Gareev, Esli zavtra voina? (Chto izmenitsya V kharaktere vooruzhennoi bor'by v blizhaishie 20 – 25 let) (Moscow: VlaDar, 1995), 115 – 116.

72. Jacob W. Kipp, "Tsarist Politics and the Naval Ministry, 1876—1881: Balanced Fleet or Cruiser Navy", Canadian – American Slavic Studies XVII, 2 (Summer 1883), 151 – 179.

73. Shevyrev, Russkii flot posle Krymskoi voiny, 163 – 164.

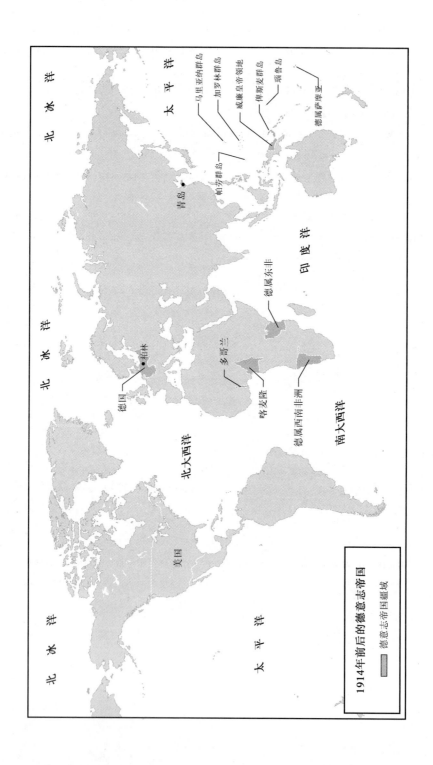

北冰洋

北冰洋

北大西洋

太平洋

北大西洋

太平洋

南大西洋

印度洋

大平洋

德国

柏林

青岛

帕劳群岛

马里亚纳群岛

加罗林群岛

威廉皇帝领地

俾斯麦群岛

瑙鲁岛

德属萨摩亚

德属东非

多哥兰

喀麦隆

德属西南非洲

美国

1914年前后的德意志帝国

德意志帝国疆域

德意志帝国：大陆巨头，全球梦想

■ 霍尔格·H. 赫尔维格[①]

> 我们还未能确保自己在欧洲大陆的位置，却要努力称霸全球，
> 这是极不明智的。当然，这一点我只能在最亲近的圈子里说，但
> 只要以相对清醒的和历史的目光看待此事，任何人对我说的都不
> 会持怀疑态度。
>
> ——陆军上将威廉·格勒纳，1919 年 5 月 19—20 日

格勒纳上将在说此段话时，已于 1918 年 10 月末接替埃里希·鲁登道
夫，担任德军总参谋部首席参谋总长。他说这段话的目的是试图吸取第一
次世界大战期间大的战略"教训"。在德国战败后的 6 个月，在总部科尔贝
格举行的面对其参谋人员的一次秘密演讲中，他总结说，德国未能在"长
期愿景"的基础上准备好与世界强国的"竞争"，并且未能用"坚强的意
志"来实现此目标。此外，德国的国内政策和对外政策总在两个极端之间
摇摆不定，未能做到"坚定而不动摇"。因此，没有坚定的方向，德国就无
法"全面推行强权政治"。结果，德国不再是"欧洲强国"。格勒纳的评论

---

① 霍尔格·H. 赫尔维格博士是卡尔加里大学历史学教授、军事与战略研究中心资深讲座教
授。他于 1965 年获得英国剑桥大学学士学位，并于 1967 年和 1971 年获得纽约州立大学硕士和博士
学位。1971—1989 年，赫尔维格博士在美国田纳西州纳什维尔市范德比尔特大学任教；1991—1996
年，担任该大学的历史系主任；1985—1986 年，任海军战争学院（罗德岛纽波特市）战略学客座教
授；1998 年，被威廉与玛丽学院（弗吉尼亚州威廉斯堡市）犹太研究院聘为客座教授，获"安德
里亚和查尔斯·布朗夫曼"奖。赫尔维格博士是加拿大皇家学会和亚历山大·V. 洪堡特基金会
（德国波恩）会员，其研究资金主要来源于洪堡特基金会、国家人文基金会、北约、洛克菲勒基金
会以及加拿大社会科学与人文科学研究理事会。他所发表的 10 多部专著包括获奖作品 "The First
World war: Germany and Austria – Hungary（1914—1918）"。他编译和介绍了海军学院出版社出版的海
权系列经典著作之一的 "The Naval Strategy of the World War" 一书（由沃尔夫冈·韦格纳编辑）。他
还与人合作撰写了 "Deadly Seas" "The Destruction of the Bismarck" 和 "One Christmas in Washington"
等书。2002 年，他加入詹姆斯卡梅隆团队，在大西洋上度过了 3 个星期，为"发现频道"拍摄名为
"詹姆斯卡梅隆的探险：俾斯麦"的纪录片。

中的潜在意思是告诫人们：如果后代人还想努力使德国成为世界强国，他们必须先在欧洲大陆建立霸权。[1]

当然，格勒纳的评论还提出了下列基本问题：德国追求了什么政策？它是如何落实这些政策的？有无主要的战略方向？德国的领导层已理解领土和海上实力之间的权衡吗？是否认真仔细地分析了费效比？军事和外交行动是否已得到了良好协调？政治领导层是否为追求全球海上霸主确保了坚实的经济基础？

实际上，格勒纳的评论谈到了历史上类似的事，有些内容他已在科尔贝格的演讲中提及。按著名的阿尔弗雷德·马汉的说法，路易十四统治下的法国不惜牺牲其"殖民地和商务"来追求一种"错误的大陆扩张政策"。此错误政策导致了法国的海上中队被"差异悬殊的优势力量"所摧毁，且它的商业运输也被"消除干净"[2]，而英国和荷兰却通过它们作为商人、洽谈人、生产者、店主和交易人的"快速反应本能""发展成为海上强国"。"商务的天性、追求利润时的勇敢进取心以及对成功机会的敏锐感知"使得这两个国家能打破纯陆地策略的禁锢。[3]那么德国呢？它的将来取决于横扫全球的广柔海洋还是它将安于继续保持其欧洲主要陆上强国的地位？

一、俾斯麦：欧洲大陆主义者的战略文化

到1871年时，经过德国总理奥托·冯·俾斯麦领导的三次国家统一战争，德国逐步挤入历史学家路德维希·德约所描述的"半霸主地位"。[4]也就是说，在没有刻意努力成为霸主的情况下，它成了欧洲大陆第一强国。在随后的五六年里，俾斯麦积极留意乔治·华盛顿和托马斯·杰斐逊对"永久性"或"纠缠性"结盟的警告，但19世纪70年代的几次外交危机和"战争恐吓"使俾斯麦发现欧洲强国将德国统一（本杰明·迪斯雷利称之为"德国革命"）看成是一种历史发展的必然结束，它们不会容忍德国势力在欧洲中心的任何新扩张。1877年，俾斯麦利用本年度的"水疗"机会来权衡其选择，并规划德国的未来。由此产生的《巴特基辛根备忘录》成了其思维清晰度和战略远见的典范。[5]

这位铁血总理挑选出了法国作为德国最有可能的主要对手，因为法国既没有接受1871年的战败，也没有接受整个阿尔萨斯和部分洛林的丢失。此外，法国还经常用"联盟噩梦"来奚落德国。"联盟噩梦"可能产生于法国、英国和奥匈帝国的联盟，也有可能产生于总理所说的"更大的危险"，即法国、俄罗斯和奥匈帝国的结盟。面对此种状况，德国该怎么办？

　　首先，俾斯麦确定了德国的国家政策利益。他排除了进一步的"领土占领"，也就是放弃了追求欧洲霸权的扩张主义军事政策，而扩张主义军事政策是过去的查理五世、菲利普二世和拿破仑一世长期追求的。他指出，德国已经"饱足"了，再也无法消化更多的非德裔族群。其次，他放弃了反英的海军建设历程。德国最需要一支小型的海防部队，以保护其北海和波罗的海的港口、渔业和贸易航线。为此，铁血总理对海军的强烈欲望进行了一些抑制。[6]再次，尽管俾斯麦也曾短暂性地试着用《法德协定》来打出殖民地王牌，以在与英国的博弈中"胜出"，但他还是拒绝得到一个殖民帝国。[7]当探险家欧根·沃尔夫逼迫俾斯麦确定德国在非洲的雄心勃勃的殖民政策时，俾斯麦说："你的非洲地图都很好，但是我的非洲地图是在欧洲。这儿是俄罗斯……这儿是法国，我们在中间。这就是我的非洲地图。"[8]最后，总理接受这样的现实，即德国在地理位置上处于两个陆地大国之间，不能再自我陶醉于"光荣的孤立"。

　　对法国推动的"结盟噩梦"，俾斯麦的对策既大胆又简单。两个重要原则决定了他的国家安全政策。一是中欧的主要强国之间不要发生冲突；二是德国追求的是自身不称霸下的安全。在已经抛弃因"领土占领"、舰队建设和全球帝国而导致的战争的同时，他决定恢复一种保守的、保护主义的梅特涅秩序，尽管他以前曾帮助摧毁了这种秩序。德国将在欧洲扮演"诚实的中间人"角色。作为一个"令人满意的"的玩家，德国将维持1871年建立的欧洲力量均衡。为了维护这种均衡（必要时，通过武力），俾斯麦规定德国的地面武装部队人数为总人口（1880年为4500万）的1%，并按照每人225赫勒的比率自动提供资金支持，即所谓的"永恒"预算。

　　在国际关系方面，他开始着手创建一种政治格局。"在此格局中，除法国外的所有强国都需要我们，而且由于这些强国之间存在着良好的关系，因此它们不可能联手对付我们"。换句话说，只要结盟有利于德国的安全，法国就会拒绝。因而，在《巴特基辛根备忘录》之后，德国先后与奥匈帝国（1879年）、意大利（1882年）、罗马尼亚（1883年）和俄罗斯（1887年）结成了同盟，编织成了一张盟国网。只要德国不建造一支强大的作战舰队，俾斯麦就可以在地缘策略分析中忽略英国。按照历史学家威廉·兰格的说法，俾斯麦使柏林成为了"国际关系焦点"[9]。由于法国拒绝与奥匈帝国、意大利和俄罗斯建立未来关系，法国的潜在欧洲大陆盟友只剩下了比利时、卢森堡和荷兰。

　　对一个从未上过军校且并不因为未读过卡尔·冯·克劳塞维茨的《战

争论》而感到"羞耻"的人来说,这是一次令人惊异和头脑清晰的思考。整整一下午,俾斯麦进行了一次经典的、克劳塞维茨式的、自上而下的政策战略手段分析。他第一次确定了德国的政策,然后筹划了实现此政策的策略,最后建立了实现此策略的方法。不过,他剩余的担心是这种以强大和统一的德国为中心的和平欧洲格局是否能被永久性制度化,并且未来德国领导人是否有足够的远见来维持这种格局。"联盟噩梦"有时也困扰着他。

二、工业和经济变革

关键的是,随着时间的推移,俾斯麦的"德国统治下的和平"将无法保持下去,因为它的基础已开始腐蚀。俾斯麦在世(1815—1898年)时,尤其是他执政的后20年,德国发生了巨大变化。德国在19世纪的大部分时间里大体上仍为农业国,但到19世纪80年代,德国已变成一个高度城市化和工业化的国家。普鲁士的半封建农业国正变成德国资产阶级的工业商业国,且具有资本集中、卡特尔组织、银行辛迪加和创新性技术的特点。同时,德国人口在1871—1914年增长了60%(达6700万),而英国和法国的人口增长则保持停滞。

在19世纪的最后30年,德国成为欧洲的工业发动机。[10]煤和褐煤产量从1890年的8900万吨激升到1913年的2.69亿吨,仅比世界领先者英国差2300万吨;同一时期的生铁产量从470万吨陡升至1900万吨。在第一次世界大战爆发前夕,德国是欧洲最大的钢铁生产国,在全球仅次于美国。在同一时期,其他经济领域,如化工、电力、机械制造、造船和纺织品,都呈现出4~5倍的扩张。德国总出口量由1890年的33亿金马克上升至1913年的101亿金马克;在这些年里,仅成品出口量就从20亿金马克跃升至40亿金马克。经济学家估计1914年的全球总贸易量为1500亿金马克,其中英国占首位,为200亿;德国其次,为160亿;美国第三,为140亿。作为世界经济、商业和工业领先者,英国对德国的快速发展十分震惊,为此,在1896年,英国指定了一个蓝丝带调查组,调查普遍感知的"德国制造"恐惧。德国与中国在21世纪前十年成为工业和商业"发动机"一样,那时也是光彩照人。

此外,德国的财政、工业和军事领域触及全球。1913—1914年,它的海外投资为58亿金马克,仅落后于英国和法国,已超过美国。德国银行为柏林-巴格达铁路以及大委内瑞拉铁路提供了资金。汉堡-美洲航运公司、北德意志劳埃德航运公司和超域航运公司（Cosmos Line）将成品运往全球各个角落。在远洋航运方面，1914 年德国的注册吨位为 510 万吨，仅次于英国，名列第二。德国的军事特派团和武器装备销售进入了拉丁美洲的阿根廷、玻利维亚、智利、哥伦比亚、厄瓜多尔、巴拉圭、乌拉圭和委内瑞拉以及中国、日本和奥斯曼帝国。为了摆脱贫困、饥饿和国内镇压而移居到国外的德国人（即所谓"德国移民"）现在受到了新德国的热烈欢迎，而且他们的组织机构也受到了德国私人社团（如古斯塔夫 – 阿道夫基金会）和非国会压力影响的团体（如殖民联合会，1914 年时成员达 42 000 人；泛德联盟，1914 年时会员达 20 000 名）的资助。

这种突变使德国统治者的心理定位产生了戏剧性的变化，即从以欧洲大陆主义和陆地为导向的防御性俾斯麦战略过渡到历史学家弗里茨·菲舍尔称之为威廉的"抓住一切机会，成为世界强国"。社会学家马克斯·韦伯于 1895 年 5 月在弗赖堡大学的就职演说也许是对这种变化的最好总结。他对他的听众说："我们必须理解，如果有结论说德国在 1871 年的统一是德国全球强权政治的起点，还不如说它是一次'青春狂欢'和'昂贵的奢侈'。"[11]换句话说，德国统一是被国际政治口号或全球（海外）政策包装的德国新全球霸主激情的前奏。只有通过打破俾斯麦自己强加的大陆遏制政策，德国才能升上大国地位，并寻求海外殖民地和全球海上贸易的安全未来。这些海外殖民地和全球海上贸易是通过如马汉所说的、由后来所称的"主战"舰艇中队（战列舰和战列巡洋舰）组成的强大的作战舰队来保护的。

三、提尔皮茨：海上愿景

阿尔弗雷德·冯·提尔皮茨成为了德国新全球战略的总设计师。作为第一批专业军事管理人员之一，提尔皮茨为他的君主和民族提供了一门"新课程"、一种大马汉海洋哲学以及在全球脱颖而出的承诺。在 1888 年和 1891 年的意见书中，尤其是在 1894 年著名的《第九号备忘录》中，他用强有力和激动人心的措辞将此设计定义为："如果英国被证明不愿意认可德国的'显要地位'，德国则在北海中南部类似于《圣经》中的世界末日善恶大会战的单此作战中毁灭英国这个海上强国。"如果用生动的语言来表达，历史学家保罗·肯尼迪将提尔皮茨的作战舰队比拟为一把"离德国最可能的敌人的咽喉只有几英寸远、闪闪发光且十分锋利的刀"[12]。

提尔皮茨既不对海防、德国港口和渔业的保护以及德国在波罗的海和北部海域的海运线的安全感兴趣，也不对纯陆地防御感兴趣。他将纯陆地防御策略描述为一种"道德自我毁灭"的食谱，最终会导致"国家的灭亡"。[13]相反，他在谋划未来，并展望20年之后。他满怀信心地认为，到那时，在预期的大英帝国因某种原因（如无法迅速和有效地处理南非的布尔人反叛）而出现衰败和崩溃之后，世界会出现一个新的"全球秩序"。提尔皮茨不断地告诉其君主，如果德国以及俄罗斯、中国、日本和美国不想沦为"贫穷的农业国"，那么它们应对此日子的到来有所准备。[14]显然，这与当今中国要考虑长远和未来计划再次相似。

提尔皮茨知道，如想在德国进行一次持久的海洋变革，首要任务是在议员乃至国家中普及舰队和海外扩张的理念。[15]为了使德国人接受马汉的承诺，他使通俗杂志系列刊登、教堂神职人员诵读、妇女俱乐部讨论和德国舰艇放置1898—1899年被翻译成德语的美国作品《海权对历史的影响》。他自己甚至订购了8000本送人。此外，他将枯燥乏味的军中杂志《海军评论》变成了一本通俗杂志，并且还创建了第二本通俗杂志《航海》。

他在自己的帝国海军办公室建立了"新闻局"，以处理他自己所说的"精神信息"，也就是舰队建设宣传信息。他招聘了大约270名知名的"舰队教授"（主要为大学经济学家、地理学家和历史学家），从学术上鼓吹马汉理论。他游说私营企业为海军协会（1914年时成员为110万人）提供资金，使其出版了它自己的期刊《舰队》（发行量为30万本）。他定期邀请德国国会议员登上战舰，并带他们到北海和波罗的海，让他们亲眼目睹海洋王国的壮观。他还鼓励上至国王下至贫民的德国家庭的孩子穿水兵制服。

提尔皮茨着手为他的舰队建设范畴保密，以免被国会、政府和英国知道。为此，从1897年6月第一次与威廉二世正式会面开始，他用含糊不清和平淡无味的言辞来掩饰他的终极目标。他只是说建造"尽可能多的"战列舰。谈到英国时，他只是说要"加强"德国的"意志和重要性"。他只是将德国提升到海上和殖民大国的精英行列。[16]在任何时候，他从不暗示他正在打造的舰队的最终规模，也不提及他所采取的策略。正如他于世纪之交前后在威廉港海军基地参观期间对高级海军指挥官说的，在海军建设的临时阶段不可能解释海军的有关行动和动机。他正在小心经营海军建设，"直到蛹蜕变成蝴蝶"[17]。在他的回忆录中，他甚至说他故意"增加"了总规划内容。[18]

提尔皮茨努力创建一支不受国会监督的舰队。1808年和1900年，德国通过了《海军法》，1906年、1908年和1912年分别通过了《补充法案》，以便德国按照与普鲁士陆军"永久性"资金支持十分相似的"铁定的预算"，在 21 世纪 20 年代中期建成了一支由 41 艘作战舰艇和 20 艘战列巡洋舰组成的现代化作战舰队。也就是说，一旦被国会授权，那些规定寿命为 25 年（后来为 20 年）以上的舰艇一旦到寿则被自动替换。1898 年 2 月，提尔皮茨骄傲地告诉德国皇帝他的《海军法案》将"在海军发展方面，消除国会对阁下意图产生扰乱性影响"[19]。为了掩饰他意图的真正范畴，如对英国的海上控制权进行挑战，海军上将提尔皮茨将他的宏伟设计披上了"风险"舰队的外衣。他坚持认为，这只"风险舰队"目前不必太大，只要能威胁英国海军，使英国不敢在北海与德国全面对抗即可。至于这支舰队的未来命运，要么被严重削弱，要么被第三海军大国或敌对的海军盟国任意摆布。他甚至想将它作为一个"盟军"舰队出售给那些需要联合小规模海军力量并打着它的旗号来对付"背信弃义的英国佬"的国家。[20]当然，这两种设想充其量不过是烟幕，没有一个具有战略意义。

提尔皮茨巧妙地将海军支出与预期的德国经济增长捆绑在一起，而当第一部《海军法》实施时，德国经济已摆脱了 19 世纪 70 年代的"大萧条"。由于 1871 年的《俾斯麦宪法》的第 70 条明确禁止联邦政府征收直接税，舰队的建设经费只能根据间接税的征收量来决定。这些间接税包括一系列消费税（如啤酒、香槟、香烟、生烟草、铁路票和剧院票）和服务税（契约税、印花税、财产税、货物转让税和注册税）。为此，他将海军舰艇从第一代设计升级到第二代设计的排水量和主武备口径的预期增加量分别限制为 2000 吨和 2 厘米。考虑到强大的保守党对它的领导人之一所称的"可恨的和恐怖的"舰队几乎没有一丝怜爱，提尔皮茨将这种升级看成是政治的需要。他甚至将普鲁士前政部部长约翰内斯·冯·米奎尔的"集权政治"复活为广义上的互换策略，即如果重农的保守党赞成舰队建设，重工商的保守党则同意向低廉的俄罗斯粮食进口收取高的关税。[21]

提尔皮茨认为，海军对德国来说是工业进步的象征，对实业家来说具有"外溢效应"，可以影响到冶金、机械制造、电力系统、光学、液压系统、工业化学以及钢铁生产和枪炮制造领域。它可给高技能的劳动阶级带来安全就业，也可给炼钢厂、造船厂和枪炮制造商带来巨额利润。此外，与需要营房的陆地部队相比，海军更有远见，更有发展前途。海军将是德国新科学和新工程技艺的证明，是真正的国家部队，而其他部队则是区域性的（巴伐利亚、普鲁士、撒克逊、符滕堡）。海军将在全球飘扬旗帜，构成德国新生活力和发展的外在表现。此外，中国人民解放军从步兵占很大比重的陆战过渡到以移动技术为基础的现代陆战和海战（"高技术条件下的局部战争"）构成了另一个类似情况。[22]

（一）专制过程

提尔皮茨出色地理解了历史学家斯蒂格·福斯特所说的普鲁士－德国宪法体制的"多专制混乱"，并且巧妙地利用了弥漫性行政结构的优点。[23]为此，他抵挡住了来自于各种大臣和财政部长的压力，绞尽脑汁地想出了一个协调的国家战略，尤其是一个共同的国防预算。"提尔皮茨计划"从未在最高委员会被讨论，陆地和海洋战略从未被权衡，共同的预算策略从未被建立，而且外交政策从未被重新评估，因而无法反映由"新方针"带来的战略调整的根本变化。相反，每个军种都制订了自己单独的战略，提交了自己单独的预算请求，最后都要求威廉二世解决在方向和优先权上的所有差异。[24]

德国没有类似于大英帝国防务委员会和法国最高战争委员会的机构，只有一个可辩论国家安全的议事厅，即威廉二世皇帝的议事厅。《1871 年宪法》给予了普鲁士国王/德意志皇帝极大的权力。[25]其中第 63 条规定他为"战争和和平时期德意志整个武装地面部队的总司令"，第 64 条要求所有战场和要塞指挥官发誓绝对服从总司令，第 53 条同样给予皇帝帝国海军的最高指挥权，第 11 条是在帝国总理签字的前提下，赋予他宣布战争和和平的行政权力。国会不得质疑（更不用说挑战）防务策略，就德国防务安全方面，它只能决定资金支持的能力。

公正地说，在 1888 年 7 月，当威廉二世已经建立"皇帝/国王阁下总部"时，他曾决定限制集权，但此所谓的"军事之家"仅由高级助手和将军组成。这些助手和将军没有被授予任何功能和职责。随着时间的推移，它被沦为威廉二世特别喜爱的宫廷卫士和贴身保镖军官的豪华赋闲之处。更能显示威廉二世皇帝个人统治风格的是 1897 年发生的事情。那一年，他不容分说地解散了由陆军和海军将军组成的、并被赋予总防务政策协调的本土国防委员会。[26]以前，此本土国防委员会从未被一个类似的计划机构所替代。还有同样令人惊讶的是，威廉二世确实在 1904 年进行了一次陆海军联系演习，但即使这样，也仅限于波罗的海地区。在第一次世界大战之后，特奥巴登·冯·贝特曼·霍尔维格总理在他的回忆录中十分自豪地写到"在我在任期间，从来没有出现一种将政治带入军事决策的战争委员会"[27]。

在此宪法核心之外，作为最高司令官的威廉二世在其能力范围内享有无可争议的军事和海军权威。通过个人的效忠宣誓，军事和海军军官在所有"指挥决策"方面给予他独有和不容置疑的权力。1898年，海军上将冯·提尔皮茨请求德国著名的宪法专家普尔·拉班德对这种权力的程度性和限制性发表意见。拉班德的结论是"指挥决策的执行不受法律管辖"，无论是国会、联邦议会（上院）还是政府（总理）对此都没有"共同决定权或控制权"，指挥权是君主的"绝对个人特权"[28]。

提尔皮茨在他自己的房子里运筹帷幄，做出了海军的"指挥决策"。尽管他只是帝国海军办公室行政和财务主管，但他还是成功地利用他的职位，与皇帝一起将专业战略制定者海军参谋部排除出决策过程之外。因而，这是提尔皮茨而不是海军参谋部来决定未来舰队的中队战术、更换主要武备、战场（北海中南部）甚至其初始基地（黑尔戈兰岛）。此外，提尔皮茨还在1897年6月向威廉二世要求海洋变革，并获得了后者的全权委托。这些权利包括：有权选择军官作为他的参谋；组建帝国海军办公室的各个部门；处理所有新闻事项；禁止现役海军军官公开讨论舰队计划；规定在海军建设期不得大幅增加陆军的经费。[29]

为了行使这种巨大的权力，提尔皮茨将军为自己建立了一个"智囊团"。他在位于柏林的总部招拢了海军最优秀也是最聪明的人员（未来的将军，如爱德华·冯·卡培尔、哈罗德·丹哈特、马克斯·冯·费歇尔、奥古斯特·冯·黑林根、阿尔伯特·霍普曼、弗雷德里希·冯·英格诺尔、莱茵哈特·舍尔、阿道夫·冯·特罗塔）来制订详细的计划。每个夏天，他都会将他的志同道合的助手带到他位于黑森林圣布拉辛的住所，以最终确定海军计划，并于秋季将此先后呈给君主和国会。在国会，这些助手就站在提尔皮茨身边，随时把大量的数据和书面文件提供给任何摇摆不定的议员，以支撑他们对舰队建设的支持。

（二）海洋变革

在民主甚至半专制社会的部分领域进行大的地缘战略变革很难保密。首先，公布的军事/海军预算以及随后在国会上的辩论就披露了经费水平的变化和上升；其次，军事/海军专员要定期参观主要的弹药库、船厂和演习，以便于向上级主管部门汇报这些进展。英国对提尔皮茨于1898年4月主持制定的第一部《海军法》有些担心，并正对此进行密切监督。此法要求德国海军在1904年4月前打造一支由19艘战舰、8艘装甲巡洋舰、12艘大型巡洋舰和30艘轻型巡洋舰组成的舰队。虽然从纸面上看规模宏大，但在未来六年内只需新建7艘作战舰艇、2艘大型巡洋舰和7艘轻型巡洋舰即可。这样的一支舰队十分适合德国的海上商务扩张、它的小型帝国王国以及它对北海和波罗的海港口、渔业和航道的保护。此外，提尔皮茨规定了海军扩张的经费将被限制在4.081亿金马克范围内，并明确规定了具体开支项目。

随着第二部《海军法》于1900年6月的通过，所有这些都发生了巨大变化。舰队规模几乎翻了一倍，已发展为38艘作战舰艇、20艘装甲巡洋舰和38艘轻型巡洋舰。此外，它还要求新建19艘作战舰艇和8艘大型和轻型巡洋舰。到1905年第三部《海军法》被颁布前，德国海军还是实现了提尔皮茨设定的每年新建3条舰艇的目标。在第二部《海军法》中，提尔皮茨没有为舰队建造设置预算值，这与英国不太重视舰艇更换和主战装备相符。岸防或德国殖民地的棕海作战不需要作战舰艇，这在"海军之上"的那个时代并不是个秘密。

第二部《海军法》是对英国海上霸权地位的公然挑衅，特别是在欧洲水域。这样的一支德国舰队如果集中放置在离大部分没有防御的英国东海岸的200英里处，将对英国构成一个显而易见的当前危险。在内部备忘录中，提尔皮茨将英国描述成德国的"最危险的海上对手"。他再次需要得到"尽可能多"的战舰，先是45艘，然后是48艘。他认为这是"考虑到与英国的军事态势"所确定的最低安全需求。[30]此时，"蛾"开始蜕变成"蝴蝶"。

从此时开始，一场如美苏12世纪下半叶的经典军备竞赛拉开了序幕。当英国海军上将约翰·费希尔爵士相继同意增加"无畏"级战舰（待后讨论）和"无敌"级战列巡洋舰的经费时，提尔皮茨于1906年6月通过《补充法》为舰队增加了6艘战列巡洋舰，并从国会得到了必要的资金，以便为待建的更新、更大的舰艇扩建现有的码头、船闸和引水道。在1912年前，《补充法》进一步确保了年建造量之间的"增加部分"。此时，提尔皮茨仍不满意于舰队建设的速度和程度，他于1908年4月再次补充《海军法》，并游说国会同意，将主战舰艇的服役年限由25年降低至20年，因而确保了"无畏级"前的战列舰和大型巡洋舰可以被现代的无畏级战舰所替换。1912年5月，国会同意了对《海军法》进行的再次补充。此《补充法》将作战舰队的规模增至41艘战列舰、20艘战列巡洋舰和40艘轻型巡洋舰。[31]如果一切按计划进行，到20世纪20年代中期，提尔皮茨将在北海稳妥地拥有一支由61艘主战舰艇组成的无敌舰队，而且这次舰队每20年自动更新一次。

正如历史学家肯尼迪所说的这把"锋利的刀"正等待着众所周知的英国"咽喉"。

至于1898年之后通过的每个海军法案，提尔皮茨都利用他的"新闻局"和海军协会大造舆论，以引得公众的支持。1899年英、德、美为萨摩亚的竞争以及一年后英国于波尔战争期间在迪亚格湾夺取两艘德国的蒸汽船激起了人们对第二部《海军法》的需要，于是有关部门于1900年以保护德国商务和抑制英国海军的"嚣张气焰"为名颁布了此法第二部。1905年的《补充法》是因英国粗制滥造的"侵略"小说和德国皇帝为摩洛哥从法国独立而作的笨拙的发言而导致的第一次摩洛哥危机催生的，1908年《补充法》的通过利用了1907年的英、法、俄协定，而1912年《补充法》的通过则是利用了因德国在1911年派遣"豹"号炮艇主张非洲领地而引起的第二次摩洛哥危机。

但是，有必要问问到底是什么样的海上地缘战略设计使得提尔皮茨要疯狂地打造舰队？简单的回答是"没有"。提尔皮茨的做法是先打造，后设计战略。尽管提尔皮茨在努力地实践马汉理论，并把美国作为海权论的现代倡议者，但他还是不理解马汉在开始他的任何工作时都有一个"假设前提"，即自由和无障碍地进出所谓的"全球交通大通道"。[32]要想进入这些大通道之一，如大西洋，任何德国舰队只有两个通道可供选择，一是英吉利海峡，另一个是苏格兰和格陵兰岛之间的水道。1908—1910年德国的两任海军参谋长里德里希·冯·鲍迪辛和马克斯·冯·费歇尔曾提醒提尔皮茨德国"其实是一个侵略者，是为了出海口而战，而此出海口是在北海的另一面，目前仍处于英国控制之中"。提尔皮茨没有回应。他只不过是在等待威廉二世发布禁止对海洋战略进行公开讨论的命令。[33]实际上，当马汉提出，因为爱尔兰可能会利用其地理优势阻止英国进入大西洋，英国人也会阻止德国进入大西洋时，他甚至已经为提尔皮茨进行了地理比较。[34]

在最终分析中，提尔皮茨提出了一种带有虚张声势和恐吓的"强权政治"策略。他也许希望他的舰队永远不要在某个下午冒着风险前往北海的中南部。这种策略的存在应足以胁迫英国默许德国对殖民地和装煤站的需求。提尔皮茨将军不断地使用"针对英国来说的政治权力和重要性"和"海权的政治权力重要性"这些词来描述他的"海洋战略"。[35]他错误地从马汉那里搬来了假设，即与敌方舰队相比，一支进攻的舰队要始终有33%的数量优势。这也就意味着，如果英国要与拥有61艘主战舰艇的德国远洋舰队作战，它必须在北海集聚77艘主战舰艇。提尔皮茨认为，特别对像亨利·坎贝尔·班纳文和赫伯特·阿斯奎斯那样曾郑重承诺要加大社会项目经费的自由党政府来说，德国将永远无法在海上做出如此巨大的努力。

同样必须记住的是提尔皮茨建造了一种典型的"一次性"武器。德国远洋舰队如果想"赢者通吃"，就必须独立与英国皇家海军作战。提尔皮茨从未看到这一点，他看到的只是更广泛意义的战略法则中的一个成分。基于英国舰队的传统和历史，他坚信英国舰队肯定会落入德国的圈套，并在战争开始时就会主动开战。当德国海军舰队司令弗雷德里希·冯·英格诺尔在 1914 年 5 月的舰队演练时问他"如果英国舰队不来，你该怎么办？"时，提尔皮茨没有应答。[36] 提尔皮茨从来没有将他的海洋变革与地面部队的战略规划（如阻止预期的英国穿过海峡的部队和后勤运输）相协调。[37] 因而，当 1914 年 8 月，当德军总参谋部制定"施利芬计划"这一高风险欧洲大陆陆地战略时，德国海军却待在港口里。在随后的四年里，德国海军领导进行了无条理的讨论，试图琢磨出一个可以对付英国海军的作战计划，即要么孤注一掷地将舰队倾巢出动，要么是通过无限潜艇战打赢一场消耗战。这场辩论终因 1917 年的骚乱、1918 年的革命和 1919 年的舰队被击沉而结束。

最后，海洋变革使得德国不再有新的盟友。与威廉二世天真的想法相反，荷兰、比利时和瑞典像美国、中国和阿拉伯国家一样谢绝加入提尔皮茨的公然反英倡议。现实正好相反。德国于 1890 年断绝了俾斯麦与俄罗斯的重要关系，于伯恩哈特·冯·比洛总理在任期间保持不管不问，也就是说，避免任何新的缠人的结盟，并想利用提尔皮茨舰队建设对英国的压力迫使英国回到德国阵营。当欧洲的任何战争都必然是一场同盟阵营之间的长期战争时，德国的这种国家政策十分危险和不明智，而且具有高风险。相反，英国认为德国单方的海上挑衅就是对英国生存的威胁，于是它消解了与法国和俄罗斯在殖民地方面的对抗。除 1902 年与日本建立良好关系外，英国还于 1907 年与法国和俄罗斯建立了友好关系。所以说，德国领导在说"包围"时，没有意识到它自己正被包围。

（三）海洋变革的局限性

技术是一把双刃剑，随时接受挑战、革新和改进。无论在质上还是在量上，技术总是在进步。提尔皮茨很快就发现，在德国战舰更换和主武备方面，他的保守的方法（即成本）是不可持续的。英国在 1905 年决定通过"无畏"级战列舰的下水服役来在质和量上挑战提尔皮茨的计划。"无畏"级是世界上第一艘单口径巨炮战列舰，使得德国海军计划陷入恐慌之中。[38]

德国不得不大幅度扩建位于基尔和威廉港的现有船闸和码头，以增加大约5000吨排水量；此外，还要加宽和加深连接波罗的海和北海的威廉皇帝运河（预计成本将高达2.23亿金马克），以便于德国新造的"无畏"级舰艇的通过。提尔皮茨的参谋人员估算，如要应对海军上将费歇尔所说的来自"无畏"级战列舰的挑战，德国财政部不得不通过新的间接税筹集10亿金马克。

这种螺旋状技术进步带来了新建舰艇成本的大幅上涨。在英国皇家"无畏"级战列舰之前，德国单艘战列舰的平均建造成本为2400万金马克，大型巡洋舰为2100万金马克。然而，在英国皇家"无畏"级战列舰之后，它们分别上升至4700万金马克和4400万金马克，比原来分别上涨了96%和107%。1904年德国海军预算为2.19亿金马克，1906年突升至2.59亿，1908年为3.47亿，1910年为4.34亿。[39]提尔皮茨已尽最大努力向公众掩盖这些急剧上升的开支，但最后还是泄露了。成本事宜使得他度过了"无数个不眠之夜"。随着单艘舰艇成本的不断飙升，德国财政已感到力不从心。为此提尔皮茨曾在他的内部计划圈子里对德国是否能"持续保持舰队建设的步伐"表达过疑虑。[40]德国三个财政部长（马克斯·冯·蒂尔曼、赫尔曼·冯·斯腾格尔、莱因霍尔德·冯·赛多）为抗议海军预算而辞职，一个总理（伯恩哈特·冯·比洛）被迫接受了因间接税收入和防务开支之间不断增长的差距而导致的财务陷阱。

到1914年4月，提尔皮茨实际上已经向他的助手通报了资产紧张状况，并称只有紧急注入1.5亿至2亿金马克和将海军法案延长6至8年，才能挽救他的国际政治蓝图。此外，德国造船厂也无法胜任向英国挑战。提尔皮茨悲伤地向他的"智囊团"承认道："我们甚至无法建造已被批准的舰艇。"[41]实际上，他在1914年的宏伟设计是完成令人震惊的8艘战列舰和13艘巡洋舰。国家债务已经爬升到难以置信的49.18亿金马克，其中10.41亿已用于舰艇建造，6.93亿用于镇压中国的义和团运动以及在德属西南非洲的赫雷罗人起义，1.15亿用于威廉皇帝运河的扩宽和扩深。

顺便说一句，大家应注意到提尔皮茨的海洋变革所期望的"派生"效果并未变成现实。德国与殖民地的贸易令人失望，1903—1914年的年贸易量只占德国年贸易总量的0.5%。而在另一方面，殖民债务已经上升至1.715亿金马克。德国银行和工业只将它们海外投资的3.8%放在了殖民地。[42]克虏伯公司因其对装甲钢板和重炮的实际垄断地位，成功地从舰艇建造中获得了40%的可观利润，而德国主要的造船厂（如博隆福斯）在提尔皮茨一手培养的激烈竞争的环境中，在 1913 年前的主战舰艇的建造中，每艘损失 100 万金马克。它们的利润骤然跌至凄凉的 1.24%。[43] 总之，海洋变革并未带来所期望的国家繁荣。

对德国海洋变革最致命的打击也许是不断要求增加的欧洲本土防御开支。如按照原始数据，德国 1872—1914 年的国防开支为 325 亿金马克，其中 259 亿用于陆军，66 亿用于海军。从百分比来看，国防开支要占联邦开支的 85%～90%！军费开支的快速增长可以从简单的统计就可以看出，如 1872—1888 年期间，德国年总国防开支大约为 3.3 亿金马克，而在第一次世界大战爆发的前七年，年国防开支已达到 9.48 亿金马克。[44]

在各军种的经费竞争中，提尔皮茨一开始就占上风，原因是早在 1897 年 6 月他就在帝国礼堂向威廉二世请求过增加海军军费。海军国防开支与陆军开支的百分比从 1898 年的 20% 上升至 1905 年的 35% 和 1911 年的 55%。[45] 早在 1898 年第一部《海军法》颁布的前夕，德军前任总参谋长陆军上将阿尔弗雷德·冯·瓦德西就提出了一个基本问题："海军越来越在培养一种理念，即未来战争的最终胜负取决于海军。但是，如果陆军战败了，海军打算怎么办？海军应该放在西线还是东线？"[46] 1905 年，当阿尔弗雷德·冯·施利芬提出在欧洲大陆进行两线作战的构想时，这个问题已经变得更尖锐了。当小赫尔穆特·冯·毛奇和埃里希·鲁登道夫上校模拟实施了施利芬计划，发现它的至关重要的右翼缺少必要的八个军时，这个问题变得令人震惊。毫不奇怪，海军的预算从 1912 年占陆军预算的 49% 降低到了 1913 年的 32%。德国财政部长阿道夫·沃姆斯代表总理冯·贝特曼·霍尔维格简述了财政与战略之间的关系，即"舰队关乎英国的生死，而陆军则关乎德国的生死"[47]。

海军上将费歇尔的"无畏的跳跃"以及其他更大的事宜对德国财政的综合压力使得德国不得不调整战略计划。这几乎是一种巧合，就在 1905 年"无畏的跳跃"前后，德军总参谋长冯·施利芬发表了他大胆的设想：集中他 7/8 的地面部队先在西线摧毁法国，然后调动这些部队到东线抵抗那些他认为动员速度比较慢的俄罗斯军队。在这孤注一掷的设计中，他没给海军安排任何角色。在起草计划过程中，他既没有咨询远洋舰队的主管单位海军参谋部，也没有咨询海军部长。德国国家安全战略的调整也许在无掩饰的国防预算中得到了最好的证明：1912 年，德国政府一次性给予陆军 2.19 亿金马克，以维持 1911 年的预算以及一项令人震惊的补充性的"现代化"加强计划。此计划执行期为 1912—1917 年，耗资 6.12 亿金马克，仅用于炮和设备。[48] 德国总理和财政部明确表示最终分析得出德国的安全取决于陆军。

（四）由提尔皮茨（和马汉）引起的思考

英国拥有21艘"无畏"级战列舰和4艘战列巡洋舰，而德国拥有13艘"无畏"级战列舰和3艘战列巡洋舰。具有讽刺意味的是，1914—1918年，世界上这两个最强大的战列舰队一直在北海相对，任何一方均未获得决定性的胜利。在1916年5月31日至6月1日的非决定性的日德兰海战之后，德军舰队总指挥海军上将莱茵哈特·舍尔告知威廉二世德国永远无法通过水面交战来"迫使英国求和"，因为英国"在物资上占很大优势"，且德国"在军事地理位置上处于劣势"。在此情况下，德国唯一能做的就是"通过U型舰艇打击英国贸易，摧毁英国经济命脉"[49]。海军参谋长亨宁·冯·霍尔岑多夫在1916年12月22日为舍尔的决定提供了运算。他说英国可以得到1000万吨的商务运输，如果U型潜艇可在头四个月的每个月和随后的每个月分别击沉60万吨和50万吨，"无限的"潜艇战可以使得120万吨的中立国运输量因恐吓而不敢采取海运，德国水面舰艇可以使得在中立港口的140万吨物资无法起运，那么英国所遭受的"最终的和不可替代的损失"将占现有吨位的39%，并"在5个月内被迫求和"。[50]

德意志帝国从未想到要与英国进行一场潜艇战（游击战）。德国直到1906年才建成第一艘U型潜艇，而且提尔皮茨野蛮地消减了水下兵种的预算，因为他担心U型潜艇的建造会导致作战舰队的经费减少。然而，当德国陆军在法国和俄罗斯甘洒热血时，海军也不能游手好闲呀。在这种情况下，人们自然想到了U型潜艇。U型潜艇战是一场纯粹的和简单的积极消耗战。开始时，U型潜艇的表现超出了人们的期望，在"无限的"潜艇战的头4个月和后2个月，德军击沉的敌方商船的总吨位分别达到629 862吨和506 069吨，但是英国没有"被迫祈求和平"。这场战役将世界上最强大的中立国美国拖进了战争。尽管德国的"海盗船"击沉了5000艘、总吨位达1200万吨的盟军船只，但被护卫穿过大西洋的95 000艘盟军商船只损失了393艘，而U型潜艇舰队却损失了199艘，牺牲了5249名官兵。德国从1917年2月1日起发动"无限的"潜艇战，那时德国共有111艘U型潜艇，其中，在任何时期，总有1/3的潜艇在修理和改装，1/3的潜艇在前往或返回作战区，最后只剩下32艘（500～700吨）分布在大西洋、北海、英吉利海峡和爱尔兰海。1918夏天，德国曾试图提高U型潜艇的产量，但那不过是一种国家安慰和宣传努力，而且为时已晚。[51]

随着德国远洋舰队在斯卡帕湾凿洞自沉以及1919年《凡尔赛和约》第

191 条禁止德国潜艇的发展，德国海军计划者不得不重打锣鼓重开台。他们计划以一种传统方式利用潜艇进行一场商船袭击战，即袭击敌方战舰和军事运输，布设水雷，并进行侦察。尽管如此，他们故意回避提及这点。在1935 年 6 月《英德海军协定》签署后的第十一天，第一艘 U–1 型艇就出海了。随后，德国造船厂每八天下水一艘 U 型潜艇。到 1938 年 9 月，新的德国海军已拥有一支含 72 艘 U 型艇的北海和波罗的海舰队。尽管如此，几乎没有海军计划人员赞成卡尔·邓尼茨上校在 1937 年呼吁再一次进行 U 型潜艇战"以威胁敌方的海上生命线，即敌方商船"的看法，而且没有一个高级海军计划者同意他关于潜艇舰队（至少 300 艘舰艇，每条艇的吨位在517～740 之间）的想法。[52]

德国海军总司令埃里希·雷德尔上将是提尔皮茨的忠实追随者。他从一开始就计划用以战列舰、战列巡洋舰和航空母舰为中心的非对称作战舰队为海上控制打一场马汉所称的深海战。在整个 20 世纪 30 年代，他将 U 型潜艇描述为弱势海军"最有效的防御方式之一"。U 型潜艇无法改变世界大战的战略结果，并且只有当它们与作战舰队一起使用时，它们才能取得作战成功。[53]因此，在 1939 年 1 月 27 日，雷德尔得到了阿道夫·希特勒对"Z计划"的批准。"Z 计划"的具体内容为：在六年内组建一支由 694 艘战舰组成的强大无敌舰队。到 1948 年，此计划将为德国提供 10 艘战列舰、15艘"袖珍"战列舰、4 艘航空母舰、5 艘重型巡洋舰、4 艘轻型巡洋舰、249艘 U 型潜艇以及 201 000 名官兵。此计划的经费为 330 亿德国马克。[54]雷德尔为"Z"舰队开发了他所谓的双极战略：一支由战列舰组成的德国舰队将英国皇家舰队困在北海，同时，另一支由"袖珍"战列舰和重型巡洋舰组成的较快的舰队袭击英国的远洋海上运输线。海军准将邓尼茨于 1939 年 9 月1 日的再次呼吁，即组建一支由 300 艘 U 型舰艇组成的舰队以袭击英国至关重要的海外商船，已成一份死信。

如同 1914 年一样，德国于 1939 年开始在海上战争，希望海上行动能决定胜负。和 1914 年的提尔皮茨一样，雷德尔痛苦地抱怨战争早来了五年。但这次，舰队不再游手好闲，而是知道"如何勇敢地去死"[55]。这些舰艇死得确实很勇敢："格拉夫·斯佩海军上将"号袖珍战列舰于 1939 年 12 月被击沉于蒙得维的亚；3 艘巡洋舰、10 艘驱逐舰和 4 艘 U 型潜艇于 1940 年 4月在挪威被击毁；"俾斯麦"号战列舰于 1941 年 5 月遇难。雷德尔的双极战略遭遇了惨败。正如 1916 年日德兰海战之后一样，德国剩下的只有用 U型潜艇袭击英国的海上商船了，而这再次不是德国海军所期望的结果。这再次成为邓尼茨所说的消耗战。就像 1916 年霍尔岑多夫所做的，它再次基于一简单的计算，即每月击沉 60 万吨左右，以保证胜利，并再次由一支小规模的部队执行此任务。1939 年，这支舰队只有 57 艘远洋潜艇，1941 年为 249 艘（大多数为 750 吨的 VIIC 型）。1943 年 6 月制定的要建造 2400 艘 U 型潜艇的最后一次海军建造规划再次成为一场大骗局。成本效益计算结果是负数：英国商船损失了 260 艘货船和 1350 万吨的油轮，牺牲了 30 248 人，而德国被摧毁了 739 艘 U 型潜艇，失去了 30 003 名艇员。在 1942 年 9 月至 1945 年 5 月这段决定性期间，盟军为 43 529 艘穿梭于大西洋的船只进行了 953 次护航，其中只有 272 艘（0.6%）被 U 型艇摧毁。[56]

德国在 20 世纪无限的潜艇战中的两次尝试为任何对这类战争感兴趣的强国提出了警告，即这种战争很缓慢、耗时和昂贵，并要求在任何海上冲突之前对未来发展进行精心规划；同时，它还需要大量的穿越主要水域（如太平洋）的后勤工作来维持。距离是一个不利因素。根据德国 20 世纪对潜艇战的争论，猜想中国如何预测它的 20 艘老潜艇（"汉"级攻击型核潜艇、"罗密欧"级和"明"级常规动力潜艇）以及大致同数量的现代攻击型潜艇和常规动力潜艇（"元"级、"基洛"级、"金"级和"商"级）的地位和作用也是一件迷人的事。这个问题复杂得令人恐惧。

对重大军事变革（无论是海上、陆地、空中还是空间）的任何认真尝试都需要对战略决策中的根本性转变进行系统性的筹划和实施，明确目标，全面理解和接受财务参数，了解和协调变革中的专制过程，最后要对陆上和海上力量以及国家财政和外交方面的国家安全目标进行权衡。

无论提尔皮茨计划如何大胆和创新，但它最终未能带来激动人心的海洋变革。它的政治基础和财政基础都不够牢固，而且最终目标和战略也存在一些缺陷。随着时间的推移，其他军种（陆军）开始对提尔皮茨计划的财政和战略影响感到愤怒。没有严格的中央专制流程来引导它开花结果。1914 年才建立的舰队尚不足以独自克服提尔皮茨所说的德国大陆主义战略文化的影响。

简单地说，德国曾在 1914 年前试图牺牲一代人来实现其大陆巨国和全球称霸的梦想。德国海军和陆军都知道自己的潜在对手，即海军的对手是英国，陆军的对手是法国和苏联，并且都制定了内部战略（即提尔皮茨计划和施利芬计划），以分别满足德国推定的安全需求。1919 年，陆军上将格莱纳提出这些计划的总时间表混乱，国家目标模糊，战略法则歪曲。他并非是提出此观点的第一人。在第一次世界大战前夕，冯·贝特曼·霍尔维格

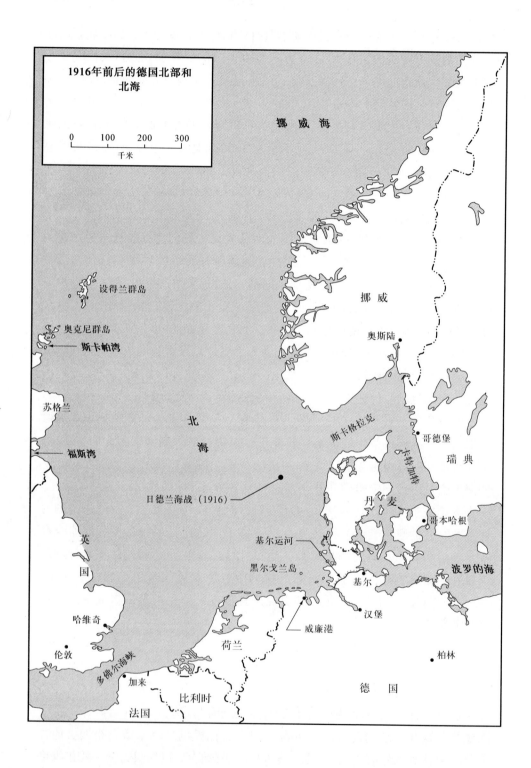

1916年前后的德国北部和
北海

0   100   200   300
千米

挪 威 海

设得兰群岛

奥克尼群岛
斯卡帕湾

苏格兰

北
海

福斯湾

日德兰海战 (1916)

英
国

哈维奇

伦敦

多佛尔海峡
加来

比利时

法国

挪 威

奥斯陆

斯卡格拉克

哥德堡

卡特加特

瑞典

丹 麦

哥本哈根

波罗的海

基尔运河

黑尔戈兰岛

基尔

汉堡

威廉港

荷兰

柏林

德 国

总理的政治顾问库尔特·里茨勒就对这些计划抱怨，说道："土耳其对付俄罗斯、摩洛哥对付法国以及德国舰队对付英国的早期错误激怒了每个人，阻止了每个人的思路，而且没有削弱任何国家。最基本的原因是缺乏计划，急于求成。"[57]

提尔皮茨的主要错误是将他的海洋变革作为了德国地面部队的替代而不是补充。提尔皮茨计划是一粒孤独的如谚语所说的"银弹"，欲使得德国摆脱其狭隘的欧洲大陆情节，转而接受马汉有关全球商务和殖民领地的理念。科林·格雷在他的《海上力量的影响》坚持认为海军"只能出于战略影响在海上打战，因为那样可以保护生活在岸上的人的安全"。换句话说，海军部队是"在冲突中获得整体战略影响"的主要方式。它们需"在危机和战争时期影响陆上事件"。[58]它们绝不能自行其是。

在最近一本著作即《现代战略》中，格雷使用了更精练的语言。他在这本书中再三提出"从历史上来看，海上力量的实质是战略得以实现的有力工具"。在《现代战略法则》中，他认为海上力量必须"与现代技术相适应"，而且"要在各种层次的冲突中极其灵活地发挥其作用"。关于二级海军力量，如战列舰舰队，格雷公正地指出，要想使它们具有战略用途，不仅需要它们能消除"敌方自由使用海洋的能力"，而且还要"为了积极目的使用海洋"。[59]德国远洋舰队任何时候都无法承担其中一项任务，更不用说两项了。

此外，作为欧洲大陆强国的德国不可避免地拥有不利的海洋地理条件。马汉的理想国家是"既不用被迫通过陆地来防御自己，又不用被诱惑通过陆地来扩展其领土"[60]。这种描述显然不适合德意志帝国。事实上，将德国夹于法国和俄罗斯这两个陆地大国之间的俾斯麦的"非洲地图"在地缘策略上是正确的。正如马汉告诫人们爱尔兰可能封锁英国进出大西洋公海的通道一样，英国也会封锁德国通往关键航线的通道。这种认识最早是由德国海军军官沃尔夫冈·魏格纳中校大胆提出的，当时他主张德国需要夺取挪威、设得兰岛和（或）奥克尼群岛，也许还有冰岛以及它通往大西洋的"门户"。[61]魏格纳将他军人生涯的后十年用于证明舰队与地理位置有密切关系。

出于对阿尔弗雷德·冯·提尔皮茨的公正评价，在这儿有必要再次提及他不是从海洋战略而是从"强权政治"方面考虑的。也就是说，他的舰队要为了作出姿态，表明自己"正在建设"，而且力量足以迫使英国承认和接受德国的"优势地位"。因为，除了格雷为试图制服"敌对海上强国"的欧洲大陆强国提出的"八个战略选项"外,提尔皮茨也为德国提出了第九个选项,即海上胁迫。[62]他想,如果他的由61艘主战舰艇组成的舰队驻扎在离英国东海岸仅200英里的地方,必然对英国构成巨大威胁,致使伦敦毫无选择,只得答应柏林的政治要求。我们暂且不讨论如美国蒙大拿州一般大小的一个欧洲大陆强国,无论其工业和地面部队如何强大,是否能在保持一流陆军的同时建立一流海军。其实,历史已多次给出答案,对此问题最简洁的答案便是"否"。

40年前,德国历史学家安德烈斯·希尔格鲁贝尔也许是对德国在20世纪两次冒险想成为世界强国进行批判性评判最多的人,现在他广受欢迎。尽管他的评判言语可能有点不雅,但这也是大的地缘战略变革成功的程序准则。他认为国家安全战略应由"国家的内外政策、军事和心理战计划和作战行为以及经济和战争工业的精华"组成的,以便得到他所谓的"意识形态上的以政治为主导的理念"[63]。如果,也是事实上,中国已经踏上了海洋变革的重要历程,我们还得看看中国是否能够克服1905—1906年从战略上和1911—1912年从财政上毁掉提尔皮茨计划的各种陷阱。

四、结束语

虽然德意志帝国和当今的中国在文化、政治和地理位置上差异很大,但它们在国家和海权方面有一系列共同点。作为国际舞台上的大国,它们都认为是后来者。德国直到1871年才统一,这使得许多学者认为它走过了一段"特殊历程",导致它脱离了其他西方大国。中国只是到1949年之后才踏上现代化社会主义道路,中间也经历了一些挫折(大跃进、"文化大革命"等)。按照胡锦涛总书记的说法,中国将自己描述为"后来的大国"[64]。这两个国家都是后来被统一的国家,都认为自己是陆地大国。它们开始时都把海军仅仅当做陆军的附属物,都声称自己有悠久的海上传统。德国可以追溯到13世纪至17世纪的汉莎同盟,而中国可以追溯到汉朝至明朝,并在郑和十五次前往印度洋和红海探险时达到顶峰。

德国和中国后来在海上力量和商业海上力量方面都遭遇了急剧下降,之后都利用经济增长、技术专长和高等教育来帮助海洋变革。这两个国家在建设具有作战能力的远洋海军之前,其银行、工业、海上贸易、商船运输以及海外投资推动了健全的海上文化的建立。两国政府都领导工业化,以"赶上早期的现代化国家"[65]。美国国防部最近将中国描述为"带有全球野心的地区性政治和经济强国",这一点完全符合1900年左右的德意志帝国。[66]

这两个国家明显的主要区别是德国于 20 世纪两次在大国格局中掀起了毁灭性的战争。德国海军理论家两次都坚持商业海上力量的发展需要得到远洋海军的保护，并两次认为一支劣势的舰队（德国舰队）可以战胜一个优势对手（英国舰队）。它们不得不两次抛弃宏伟的水面舰队理论，回到劣势海军武器 U 型舰上。正如艾立克·麦克瓦登在此卷他的章节里提出的，中国的问题是中国能否（而且将）通过警告动用武力的后果来战胜一个优势对手（美国）。也许，中国在《大国崛起》中对 1871 年统一后德国军国主义的批评是中国最好不走德国老路的一个强有力证明。

注释：

1. Bundesarchiv – Militararchiv, Freiburg, Germany（hereafter BA – MA），Nachlass Kurt von Schleicher, N 42, vol. 12.

2. Alfred Thayer Mahan, The Influence of Sea Power upon History 1660—1783（New York：Sagamore Press，1957），65.

3. 同上，46, 50。

4. Ludwig Dehio, The Precarious Balance：Four Centuries of the European Power Struggle（New York：Knopf, 1962），217 – 223.

5. "Bad Kissingen Memorandum", 15 June 1877, in Ralph Menning, ed. The Art of the Possible：Documents on Great Power Diplomacy, 1814—1914（New York：McGraw – Hill 1996），185 – 186.

6. 参见 Lawrence Sondhaus, Preparing for Weltpolitik：German Sea Power before the Tirpitz Era（Annapolis. MD：Naval Institute Press, 1997），以正面评价海军这些抱负。

7. A. J. P. Taylor, Germanys First Bid for Colonies, 1884—1885：A Move in Bismarcks European Policy（London：Macmillan, 1938）；W. O. Henderson, The German Colonial Empire, 1884—1919（London：F. Cass, 1993）.

8. Eugen Wolf, Vom Fursten Bismarck und seinem Haus. Tagebuchblatter von Eugen Wolf（Berlin：E. Fleischel, 1904），16.

9. William L. Langer, European Alliances and Alignments, 1871—1890（New York：Knopf, 1931），459.

10. Statistics gleaned from Germany, Statistisches Reichsamt, Statistisches Iahrbuch fur das Deutsche Reich（Berlin, 1880 ff.），vols. for 1980 to 1914.

11. Max Weber, Gesammelte Politische Schriften, ed. Johannes Winckelmann（Tubingen：Mohr, 1958），23.

12. Paul M. Kennedy，"Tirpitz，England and the Second Navy Law of 1900：A Strategical Critique"，Militargeschichtliche Mitteilungen, 8（1970）：38, Alfred von Tirpitz, Erinnerungen（Leipzig：K. F. Koehler, 1919）, 112.

13. 提尔皮茨于1899年9月28日在帝国礼堂最清晰地阐述了自己的大胆设计。BA－MA, Reichs－Marine－Amt（hererafter RMA）, Zentralabteilung 2044, PG 66074. 也可以参见 Jonathan Steinberg, Yesterday's Deterrent：Tirpitz and the Birth of the German Battte Fleet（London：Macdonald, 1965）; Volker R. Berghahn, Der Tirpitz－Plan, Genesis und Verfall einer innenpolitischen Krisenstrategie unter Wilhelm Ⅱ（Düsseldorf, Droste, 1971）; and Michael Epkenhans, Die wilhelminische Flottenrustung, 1908—1914. Weltmachtstreben, industrieller Fortschritt, soziale Integration（Munich：R. Oldenbourg, 1991）. 基本文件已被出版于 Volker R. Berghahn and Wijhelm Deist, Rustung im Zeichen der wilhelminischen Weltpolitik. Grundlegende Dokumente（Diisseldorf：Droste, 1988）.

14. Tirpitz, Erinnerungen, 167.

15. Jiirg Meyer, "Die Propaganda der deutschen Flottenbewegung" 1897—1900（PhD dissertation, Bern University, 1967）; Wilhelm Deist, Flottenpolitik und Flottenpropaganda. Das Nachrichtenbureau des Reichsmarineamtes 1987—1914（Stuttgart：Deutsche Verlagsanstalt, 1976）.

16. 提尔皮茨帝国礼堂讲话记录，1897年6月15日。BA－MA, Nachlass Tirpitz, N 253, vol. 4.

17. 1899年10月20日记录，BA－MA, RMA, Zentralabteilung 2044, PG 66074. 参见 Fürst Bernhard von Bulow, Deutsche Politik（Berlin：R. Hobbing, 1916）, 120.

18. Tirpitz, Erinnerungen, 110, 172.

19. Tirpitz to Wilhelm 11, 3 February 1898, BA－MA. RMA, Zentralabteilung 2051, PG 66110.

20. Ivo Nikolai Lambi, The Navy and German Power Politics, 1862—1914（Boston：Allen & Unwin, 1984）; Rolf Hobson, Imperialism at Sea：Naval Strategic Thought, the Ideology of Sea Power, and the Tirpitz Plan, 1875—1914（Boston：Brill, 2002）.

21. Eckart Kehr, Schlachtflottenbau und Parteipolitik, 1894—1902：Versuch eines Querschnitts durch die innenpolitischen, sozialen und ideologischen Voraussetzungen des deutschen Imperialismus（Berlin：E. Ebering, 1930）; 后来，Berghahn 的 "Der Tirpitz－Plan" 也讨论了此主题。

22. 参见 David A. Graff and Robin Higham, A Military History of China（Boulder, CO：Westview Press, 2002）, 尤其是第14章和第16章; 彭光谦，姚有志. 军事战略学教程. 北京：军事科学出版社，2005, 409－422.

23. Stig Förster, "Der deutsche Generalstab und die Illusion des kurzen Krieges, 1871—1914. Metakritik eines Mythos," Militärgeschichtliche Mitteilungen, 54（1995）, 92.

24. Wilhelm Deist, "Kaiser Wilhelm II in the Context of His Military and Naval Entourage,"

in John C. G. Röhl and Nicolaus Sombart, eds. , Kaiser Wilhelm II. New Interpretations：The Corfu Papers（Cambridge, U. K. ：Cambridge University Press, 1982）, 169 – 192.

25. Ernst R. Huber, Deutsche Verfassungsgeschichte seit 1789 （4 vols. , Stuttgart：W. Kohlhammer, 1963）, III, 989, 821ff.

26. Wiegand Schmidt – Richberg, "Die Regierungszeit Wilhelms II," in "Handbuch zur deutschen Militärgeschichte 1648—1939", vol. 3, part V, "Von der Entlassung Bismarcks bis zum Ende des Ersten Weltkrieges 1890—1918"（Munich：Bernard & Graefe, 1979）, 60 – 62.

27. Theobald von Bethmann Hollweg, Betrachtungen zum Weltkriege （2 vols. , Berlin：R. Hobbing, 1919—1921）, 2：7.

28. Deist. Kaiser Wilhelm II, 171.

29. 提尔皮茨讲话记录, 1897 年 6 月 15 日, BA – MA, Nachlass Tirpitz, N 253, vol. 4.

30. Berghahn, Der Tirpitz – Plan, 188.

31. Initially outlined by Hansgeorg Fernis, Die Flottennovellen im Reichstag, 1906—1912 （Stuttgart：W. Kohlhammer, 1934）, 53, 92, 148, 155.

32. Mahan, Influence of Sea Power, 28.

33. BA – MA, Admiralstab der Marine, PG 67304, A 1481 IV vom 18. 8. 1910：Ostsee oder Nordsee als Kriegsschauplatz.

34. Alfred T. Mahan, Retrospect and Prospect：Studies in International Relations, Naval and Political （Boston：Little, Brown & Co. , 1902）, 166. 马汉对此点是如此坚持，以至于他频繁地提醒他的读者"随时通过一到两个出口进入大洋"是真正的海上强国的必要条件。Mahan, Influence of Sea Power, 286.

35. 提尔皮茨对威廉二世于 1897 年夏和 1899 年冬的讲话记录。此记录被编入 Berghahn and Deist, Rustung im Zeichen der wilhelminischen Weltpolitik, 134 – 36, 283 – 285。

36. Albert Hopman, Das Logbuch eines deutschen Seeoffiziers （Berlin：A Scherl, 1924）, 393.

37. Gerhard Ritter, Der Schlieffenplan：Kritik eines Mythos （Munich：R. Oldenbourg, 1965）, 176, 182 – 192.

38. 我也在别的地方认为"无畏级革命"并不是一场经典的军事革命，而是现有技术的合成和升级。Holger H. Herwig, "The Battlefleet Revolution, 1885—1914", in Macgregor Knox and Williamson Murray, eds. , The Dynamics of Military Revolution 1300—2050 （Cambridge, U. K. ：Cambridge University Press, 2001）, 114 – 131.

39. Epkenhans, Die wilhelminische Flottenrustung, 465；Peter – Christian Witt, Die Finanzpolitik des Deutschen Reiches von 1903 bis 1913. Eine Studie zur Innenpolitik des Wilhelminischen Deutschland （Liibeck and Hamburg：Matthiesen, 1970）, 142 – 143.

40. Volker Berghahn, "Zu den Zielen des deutschen Flottenbaus unter Wilhelm II", Historische Zeitschrift, 210 （1970）：91.

41. Epkenhans, Die wilhclminische Flottenrustung, 361, 391.

42. Holger H. Herwig, "Luxury" Fleet: The Imperial German Navy 1888—1918 (London: Humanity Books, 1987), 106 – 107.

43. Epkenhans, Die wilhelminische Flottenrüstung, 453, 455, 461.

44. Handbuch der deutschen Militärgeschichte, vol. 3, part V, 119.

45. Herwig, "Luxury" Fleet, 75.

46. Hans Mohs, General – Feldmarschall Alfred Graf von Waldersee in seinem militärischen Wirken (2 vols. , Berlin: R. Eisenschmidt, 1929), 2, 388.

47. Berghahn and Deist, Rüstung im Zeichen der wilhelminischen Weltpolitik, 360, comment of 28 November 1911.

48. Holger H. Herwig, "From Tirpitz Plan to Schlieffen Plan: Some Observations on German Military Planning," Journal of Strategic Studies, 9 (1986): 53 – 63.

49. "Scheer to Wilhelm II", 4 July 1916, BA – MA, Nachlass Levetzow, N 239, box 19, vol. 2.

50. "Holtzendorff's memorandum", 22 December 1916, BA – MA, RM 47, vol. 772.

51. Holger H. Herwig, "Total Rhetoric, Limited War: Germany's U – Boat Campaign, 1917—1918", in Roger Chickering, ed. , "Great War, Total War: Combat and Mobilization on the Western Front, 1914—1918" (Cambridge, U. K. : Cambridge University Press, 2000), 189 – 206.

52. BA – MA, "Nachlass Förste", vol. 15.

53. 如想了解战争期间潜艇的发展, 请参阅 Holger H. Herwig, Innovation Ignored: The Submarine Problem. Germany, Britain, and the United States, 1919—1939, in Williamson Murray and Allan R. Millett, eds. , Military Innovation in the Interwar Period (Cambridge, U. K. : Cambridge University Press, 1996), 227 – 264.

54. Siegfried Breyer, Der Z – Plan (Wölfersheim – Berstadt: Podzun – Pallas, 1996), 8 – 12.

55. Raeder's comments of 3 September 1939, BA – MA, PG 320: 13 Case 103, p. 43.

56. 参见 Holger H. Herwig, "Germany and the Battle of the Atlantic," Roger Chickering, Stig Förster, and Bernd Greiner, eds. , A World at Total War: Global Conjlict and the Politics of Destruction, 1937—1945 (Cambridge, U. K. : Cambridge University Press, 2005), 71 – 87.

57. Karl – Dietrich Erdmann, ed. , Kurt Riezler. Tagebucher, Aufsatze, Dokumente (Göttingen: Vandenhoeck & Ruprecht, 1972), 188.

58. Colin S. Gray, The Leverage of Sea Power: The Strategic Advantage of Navies in War (New York: Free Press, 1992), 1, 25.

59. Colin S. Gray, Modern Strategy (Oxford, U. K. : Oxford University Press, 1999), 118 – 124.

60. Mahan, Influence of Sea Power, 25.

61. John B. Hattendorf, Wayne P. Hughes, and Wolfgang Wegener, eds., The Naval Strategy of the World War (Annapolis, MD: Naval Institute Press, 1989).

62. Gray, Leverage of Sea Power, 57.

63. Andreas Hillgruber, "Der Faktor Amerika in Hitlers Strategie 1938—1941," Aus Politik und Zeitgeschichte. Beilage zur Wochenzeitung "Das Parlament", 11 May 1966, 3.

64. 参阅此卷中 Andrew Erickson 和 Lyle Goldstein 在 "The Rise of Great Powers" 对中国的杰出研究和分析。

65. 同上。

66. Office of the Secretary of Defense, Annual Report to Congress: Military Power of the People's Republic of China 2007, I, http://www.defenselink.mil/pubs/pdfs/070523 – China – Military – Power – final.pdf.

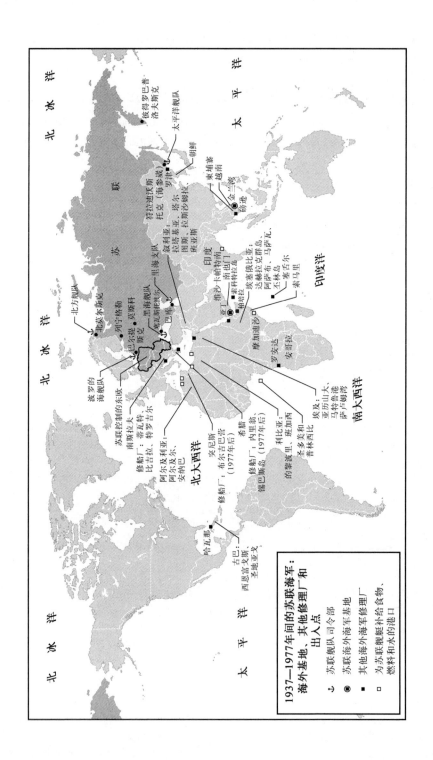

北冰洋

北冰洋

北冰洋

太平洋

太平洋

太平洋

苏 联

印度洋

印度洋

北大西洋

南大西洋

北大西洋

依得罗巴普
洛夫斯克

太平洋舰队

朝鲜

柬埔寨
越南

金兰湾
岘港

符拉迪沃斯
托克（海参崴）
罗津

敖利亚；
拉塔基亚
图斯、拉斯沙姆拉
班亚斯

维沙卡帕特南
南也门

塞舌科拉岛

埃塞俄比亚：
达赫拉克群岛
阿萨布、马萨瓦

毛里求斯
圣路易

桑给巴尔
坦桑尼亚

索马里
索马里

罗安达
安哥拉

北方舰队

北莫尔斯克

列宁格勒

苏联控制的东欧

波罗的
海舰队

黑海舰队

里海支队

巴库

塞瓦斯托波尔

双斯克

巴尔提
斯克

南斯拉夫：
蒂瓦特
特罗吉尔

修船厂：
比古拉
阿尔及利亚：
安纳巴

笑尼斯

希腊

修船厂：布东古巴
（1977年后）

利比亚：内里翁
（1977年后）

修船厂：
锡巴斯岛

的黎波里
多美黄角

埃及
亚历山大
马特鲁港
萨卢姆湾

埃及：
班加西

古巴：
西恩富戈斯
圣地亚戈

哈瓦那

苏联：超级大国海军的兴衰

■ 米兰·维戈[①]

　　苏联海军自70多年前创立以来，经历了许多变化。对于它在组织结构和理论原则方面激烈和频繁的变化，我们必须从更宽范围的共产党高级领导层决定的政策和战略、国家的经济政策、国际安全环境的变化和海军在苏联武装部队内的地位和影响来进行总体解释。

　　苏联的海军发展受到了其海上位置的严重影响。苏联发展强大海军的主要问题之一就是沙皇俄国以及第一次世界大战后和俄国内战（1918—1920年）中诞生的苏联的极其不利的地缘战略位置。苏联跨越两大洲，横亘9000多英里和11个时区。为此，苏联海军被分为四个辽阔的海上战区或舰队，即北冰洋舰队、波罗的海舰队、黑海舰队、太平洋舰队再加上里海支队。这些舰队的作战区域位于北极圈附近或上面。更糟糕的是，由于距离太远，加之咽喉位置被潜在的敌对力量控制，发生战争时，苏联的各个舰队无法互相帮助。相对来说，苏联海军可以自由进出北冰洋公海，但天气条件和气候给苏联在北冰洋水域部署水面舰艇带来了不利影响。

　　与1914年前相比，俄罗斯在波罗的海的地位于1917年11月苏联布尔

---

　　① 米兰·维戈博士1961年毕业于前南斯拉夫学院，获海军学学士学位，并在1973年取得船长执照。1976年2月获准在美国政治避难之前，曾在前南斯拉夫海军服役12年，还在前西德商船上任二副4年。他在贝尔格莱德大学获得现代历史学士学位（1970年）和美国/拉丁美洲历史硕士学位（1973年），并在乔治·华盛顿大学获得现代欧洲历史博士学位（1981年）。在1991年8月任教海军战争学院之前，维戈博士曾分别于1983年、1985—1991年、1989—1991年担任乔治·华盛顿大学、前国防情报学院以及国防大学战争模拟中心（华盛顿特区）的副教授。他还分别于1985—1987年和1987—1989年担任海军分析中心（弗吉尼亚州亚历山大市）、苏联陆军研究室、美国陆军联合中心（堪萨斯州莱文沃斯）的高级研究员。维戈博士已出版了7部专著："Soviet Navy Today"（1986年）、"Soviet Naval Tactics"（1992年）、"The Austro – Hungarian Naval Policy（1904—1914）"（1996年）、"Naval Strategy and Operations in Narrow Seas"（第一版，1999年；第二版，2003年；西班牙文版，2003年）、"Operational Warfare"（2001年）、"The Battle for Leyte, 1944: Allied and Japanese Plans, Preparations, and Execution"（2006年）和"Joint Operational Warfare"（2007年），还在各种专业期刊杂志上发表了约280篇论文。

什维克夺取政权后被严重削弱。1918—1939 年，苏联只控制了列宁格勒（今圣彼得堡）和芬兰湾临近区或大约 95 英里的海岸。[1] 1940 年 6 月，当苏联军队入侵波罗的海国家并为其北海舰队获得了一系列基地时，情况就改变了。在第二次世界大战之后，苏联通过控制波兰和东德进一步巩固了它在波罗的海的海军地位。然而，在苏联解体之后，苏联撤离了位于东德吕根岛和波兰希维诺乌伊希切（斯德丁）的海军基地。至此，3 个苏联波罗的海共和国（爱沙尼亚、拉脱维亚和立陶宛）已获得独立，拒绝新俄罗斯海军和俄罗斯岸基飞机使用它们的港口和机场。

一、起始阶段（1921—1925 年）

布尔什维克推翻了 1917 年 2 月建立的俄罗斯临时政府后，在苏联建立了共产党统治。当时，俄罗斯波罗的海舰队由 4 艘在建战列舰、4 艘在役战列巡洋舰和 4 艘在建轻型巡洋舰组成；黑海舰队由 2 艘战列舰（1 艘在役，1 艘在建）组成。此外，俄罗斯海军还有 24 艘潜艇、40 艘驱逐舰和 2 艘训练巡洋舰在役。[2]

由弗拉基米尔·伊里奇·列宁领导的新布尔什维克政权于 1918 年 1 月正式解散了沙皇军队，建立了工农红军。工农红军中大约 2/3 的指挥官是前沙皇军官。事实上，如果没有这么多的在 1918—1921 年血腥内战中作为敌方作战的前沙皇军官和非现役军官，布尔什维克就不会成功。[3]

内战后，国内一片混乱，经济十分贫困，沙皇舰队的剩余人员处于一团糟状态。到 1921 年年底时，海军人员已经由 18 万下降到 3.5 万。有些舰艇的缺编程度达 60% ~ 80%。[4]苏联逐步退役了三艘（"马拉"级）战列舰，同时肢解了剩下的大型舰艇。[5]那时，一些官兵要求一系列社会改革，并要求恢复波罗的海舰队。在布尔什维克统治者拒绝了它们的要求后，海军士兵于 1921 年 3 月在喀琅施塔得海军基地举行暴动。这次暴动被后来成为元帅的米哈伊尔·图哈切夫斯基野蛮镇压，大约 6000 名暴动人员在战斗中被杀或被草率处决。喀琅施塔得暴动所产生的后果之一便是新政权对海军部队的忠诚度高度怀疑。[6]这也是布尔什维克政权在 1923—1927 年动员了大约 10 000名共青团员加入海军的主要原因。例如，1928 年时，波罗的海舰队的 70% 士兵是共青团员。虽然海军中级军官都被灌输共产主义思想，但他们都没有经验，而且大多数没有接受过良好教育。[7]海军军官团大部分是前沙皇军官。这些军官处于政委的严密控制之下，经常被传唤至所谓的法庭，以质询他们的忠诚度。[8]

1921 年，苏联海军正式拥有 223 艘在役作战舰艇（包括 1 艘战列舰、24 艘驱逐舰和鱼雷艇、13 艘潜艇、101 艘扫雷艇和 11 艘炮艇），再加上 152 艘辅助舰艇。[9]苏联海军在 1922—1923 年的预算仅为国家总预算的 1.4%（而陆军预算却占 14.8%）。[10]到 1924 年年末，它的在役舰艇有 2 艘老的战列舰、2 艘巡洋舰、17 艘驱逐舰、14 艘潜艇、45 艘其他战舰和 98 艘辅助舰船，[11]主要使命是防卫这个新国家的海上边境，保护海上交通，并为其沿岸地面部队提供支持。战时主要战区为波罗的海。[12]新政权在黑海、太平洋和北冰洋没有海军。[13]

20 世纪 20 年代苏联忽视海军的主要原因是因经济贫困而导致的资金不足以及高层领导对海军的不信任。[14] 20 世纪 20 年代早期对苏联海军发展的其他不利影响是布尔什维克主义的过于理想化特性以及缺乏完善的海战理论和对"一战"教训的系统总结。布尔什维克领导人对海军对苏联国家的重要性缺乏理解是海军发展面临的一个重大问题。[15]

苏联领导曾在很早时期就意识到现代军队的发展需要与西方的"资产阶级"敌人进行协作。因此，早在 1921—1922 年，苏联就尝试着与德国海军建立密切的合作关系。在 1926 年春季和夏季，苏联与德国就海军合作进行的商谈促成了由德国海军少将阿尔诺·斯平德勒率领的海军代表团访问苏联。苏德双方达成了若干合作意向，其中苏联要求得到 U 型艇的图纸以及作战经验。德国同意提供 B-3 级 U 型艇的图纸。B-3 级 U 型艇是第一次世界大战最成功的艇之一。此设计最终导致了"二战"德国 U 型艇主力的Ⅶ级 U 型艇的研发。苏联以 B-3 级设计为基础，研发了 S 级（也叫"Nemka"或"德国女孩"级）潜艇。[16]

二、巩固阶段（1927—1932 年）

到 20 世纪 20 年代末，俄罗斯的新共产主义政权已巩固了其统治。约瑟夫·斯大林在党内击败了其主要对手，但仍未实现无可争议的控制。俄罗斯经济开始得到改善。

1926 年 11 月苏联最高领导层正式通过了第一个五年海军建设规划。此规划构想了一支由 1 艘过时的战列舰、2 艘巡洋舰、4 艘驱逐舰、12 艘潜艇、18 艘巡逻艇和 30 艘鱼雷快艇组成的舰队。[17]到 1928 年年末时，苏联海军已有 98 艘作战舰艇和 28 000 官兵在役。海军经费占全国军费开支的比例由 8.7% 上升到 11% ~ 13%。[18]

苏联在 1927 年年末举行的第十五届党代会决定进一步加快工业化步伐。

这意味着必须修订海军建设规划，以适应国家的五年发展规划（1928—1932年）。第一个五年发展规划中的海军建设设想完成前沙皇海军未完工的舰艇，并修理和改装一艘战列舰和若干艘巡洋舰和驱逐舰。这部分计划已完成。然而，此计划的其他部分，如将一艘损坏的战舰改成一艘快速战列巡洋舰以及将一艘战列巡洋舰和一艘训练舰改成分别携载有50架和42架飞机的航空母舰，并未实施。[19]在20世纪20年代末，苏联海军的预算太少，无法建造任何新的舰艇。舰艇修理和建造总开支比服装补贴还少。海军政委罗姆阿特·穆克列弗辛在一份绝密报告中抱怨1928—1929年的海军经费与它的实际需求不匹配。更糟糕的是，1929年7月，斯大林将海军经费消减了40%，转移了8500万卢布用于坦克建造。尽管这笔预算后来被补齐了，但穆克列弗辛还是以个人名义向斯大林抱怨了此事。[20]

在20世纪20年代后期和30年代早期，苏联继续致力于从几个西方国家为其海军得到急需的技术支持。在1929—1930年，尽管德国海军不太同意合作，但苏联还是从德国几家私营公司得到了一些装备。[21]在技术方面，苏联从法西斯意大利得到了更多的支持。此外，苏联还对意大利的鱼雷、高射炮和水雷的信息以及现代潜艇、驱逐舰和巡洋舰图纸感兴趣。另一个苏联海军代表团于1932年访问了意大利，试图得到潜艇、巡洋舰和驱逐舰的图纸。然而，在这方面，苏联收获不大。[22]

20世纪20年代，在苏联，就如何在国防中最佳使用海军出现了两个学派。

（一）年老学派

受前沙皇军官青睐的传统学派或"年老学派"在海洋控制方面体现了马汉的观点。年老学派的主要倡导者为军官尼古拉·克拉多以及苏联海军学院教授鲍里斯·热尔韦和米哈伊尔·彼得罗夫。热尔韦和彼得罗夫坚持认为依赖于轻型水面部队、潜艇和陆基飞机的战略无法成功对付海上强敌，为此建议打造一支足够强大的、以大舰为基础的海军，这样至少可以控制有争议的苏联沿岸水域，以对付主要的欧洲海上强国。尽管热尔韦已意识到航母是新的主战舰艇，但他依然相信它们无法代替战列舰来夺取和维持海洋控制权。彼得罗夫最初赞同热尔韦的观点，但后来站到了那些认为航母是未来主战舰艇的一边。米哈伊尔·伏龙兹和亚历山大·斯维钦都支持当国家经济允许时为苏联海军最终建造航母。[23]

年老学派的主要观点明显不现实，因为鉴于20世纪20年代苏联经济十分薄弱，苏联尚无法建立这样一支舰队。苏联海军政委佐夫在 1925 年对海军学院的学生演讲时说道："你们谈到了航母和新型舰艇的建造，但你们忽略了我们国家的经济状况和相应的技术条件。"[24]波罗的海舰队如此弱小，以至于它只能通过非机动的舰艇、浮动炮台和几个沿岸防御工事在芬兰湾进行被动海岸防御。[25]穆克列弗辛在 1927 年警告说古典的海洋控制理论根本不适用于苏联形势。按他的观点，对敌方两栖登陆威胁的最合适反应是一个小规模的海军与陆军合作，并共同执行一个普通战争计划。[26] 1925 年，米哈伊尔·伏龙兹替代列夫·特洛茨基担任政委时，他强调列宁关于军队团结的学说。这实际上是指陆军将主宰战略计划。马汉提出的海权控制学说被谴责为实质上的资本主义学说，苏联海军根本无法接受。[27]最后，共产党决定，由于年老学派提出的大舰艇海军不可行，暂时的解决方法是实施一个"小战"策略。此策略的重点是在关键的沿海区域建立所谓的水雷—炮兵位置，并在轻型部队的支持下，为国家的海上通道提供防御。[28]

（二）年轻学派

年老学派倡议者主张的战略理念之间的不兼容性以及苏联海军很显然的悲惨状况，再加上苏联经济无法为由现代水面作战舰艇组成的舰队提供资金保障，导致了苏联海军年轻（或"无产阶级"）学派的出现。年轻学派的倡议者坚决主张共产主义原理应该指导海军学说，而且海军可以从俄罗斯内战中吸取教训。海军在国防中仅起微小的作用。[29]

尽管年轻学派的主要倡导者，如伊万·伊萨科夫、A. P. 亚历山德罗夫、伊万·卢德里、康斯坦丁·杜什诺夫和 A. 亚基梅切夫，都是彼得罗夫和热尔韦的近期毕业的学生，但他们攻击年老学派倡导者提出的海洋控制理念。按年轻学派的观点，海军封锁无法决定海洋控制的诸多问题。因而，舰队应将主要精力集中在一般陆空作战。[30]他们建议组建一支由轻型水面作战舰艇、潜艇、水雷和陆基海军飞机组成的海军，并主张与空军联合部署潜艇，以对付敌方的大型水面舰艇。[31]他们相信马汉海上封锁和海洋控制理论自身都有些过时。按他们的观点，飞机和潜艇的出现使得大型舰艇落后了，这些大型舰艇最多只能在支持轻型攻击部队的作战中扮演次要角色。[32]年轻学派的思想基于马克思列宁主义的辩证唯物主义理论以及海洋游击战理论。按他们的观点，像 1904 年的对马海战和 1916 年的福克兰海战这种决定性的战斗不会再出现。他们提出建立一支由潜艇和小型水面舰艇组成的易于建造和维护的舰队。[33]尽管名称相同，但苏联年轻学派的观点与 19 世纪 80 年代法国的年轻学派的观点有所不同。有些理论学者坚持认为苏联的战略如同法国战略一样是防御型的而不是进攻型的。[34]

三、年轻学派主宰时期（1933—1936 年）

1933—1936 年是年轻学派主宰时期。年老学派战略的支持者被清理出海军教育机构。在斯大林 20 世纪 30 年代后期大清洗期间，许多年老学派的支持者因"顽固不化的反动思想"而丧失了生命。[35]

年轻学派的胜利是通过与 1932 年起草的国家第二个发展规划（1933—1937 年）同步的海军发展规划而体现的。1933 年，海军开支在国防预算中的比例由 4.7% 提高到了 8.9%。除其他项目外，第一版海军发展规划还计划建造 281 艘潜艇，但最后的规划设想是建造 8 艘巡洋舰、32 艘驱逐领舰和驱逐舰、355 艘各种大小的潜艇、194 艘鱼雷快艇、4 艘浅水重炮舰和 6 艘布雷艇。此计划的规模后来有所缩小，减少了驱逐舰领舰和潜艇的数量。然而，最后只交付了不到一半的舰艇数量，且舰艇上的武器、保护性和机动性都设计得不好。[36]

四、斯大林向大舰海军的变迁（1937—1940 年）

20 世纪 30 年代中期，国内国外的发展使得苏联海军政策开始发生重大改变。到 1934 年时，斯大林已战胜大多数对他个人独裁的反对者。同时，欧洲和远东的政治和军事形势在逐步恶化，纳粹德国的兴起、波兰和德国1934 年签署《互不侵犯条约》、远东日本扩张主义政策以及 1936 年 11 月德、意、日签署的《反共产国际协定》使得莫斯科开始寻求与西方民主国家建立亲密关系，并相继与美国、英国、罗马尼亚和捷克斯洛伐克建立了外交关系。

在西班牙内战（1936—1939 年）期间，苏联水面海军部队显然不足以抵抗在西班牙海岸附近的德国和意大利海军部队。20 世纪 30 年代中期，当日本和意大利废除了它们曾签署的海军协议时，新的海军竞赛又开始了。英国和德国于 1935 年签署了海军协议，此协议允许德国大幅度扩大它的舰队规模。此外，美国、英国和法国实施了新的舰队建设方案。斯大林日益增长的妄自尊大也许是他着手建造一支大规模海军（包括大规模的船厂建设）的主要原因。尽管有许多不同说法，但西班牙内战并不是斯大林决策的主要因素。[37]事实上，斯大林是在 1936 年 5 月做出决定的。做出如此决定并不是基于军事需要，而是想加强苏联的大国地位。[38]据有关报告透露，关于大舰海军计划，斯大林并未与苏联领导层的其他成员沟通过。[39]

到 1935 年年末时，斯大林开始痴迷于他的大远洋舰队的建造计划。按他的观点，舰队规模应很大，并足以获得所有四个舰队区域的海洋控制。最终，斯大林决定将国防预算的相当大部分分配给海军。到 1939 年时，海军开支为 75 亿卢布（国防总开支为 185 亿），几乎占整个国家预算（1531 亿卢布）的 5%。[40]

1934 年 1 月，苏联在莫斯科举行第十七届党代会。在此大会上，一名中级潜艇军官做了演讲，主题为"对一支远洋舰队的需求"。这是对苏联海军战略变化的第一次暗示。[41]1935 年 12 月，《真理报》刊登了一篇涉及大型远洋舰队的文章，暗示苏联海军的暂时弱点不久就会被克服。[42]斯大林决定将恢复海军作为武装部队单独军种也是他意图的佐证之一。1935 年 1 月，苏联在波罗的海、黑海和太平洋的海军部队升级为独立舰队。海军总司令直接控制所有舰队和支队。自 1924 年就属空军一部分的海军航空兵被转为海军控制。1935 年 9 月，苏联政府重新在部队采用了军衔制，这也是 1918 年以来的第一次。有了这样的决定后，苏联海军军官团就正式成立了。[43]在 1937 年和 1938 年相交之际，斯大林为海军重新设立了海军参谋部和政委。这进一步加强了海军在苏联武装部队的名声和地位。

1936 年 2 月，苏军总参谋部的海军专家和海军司令部参谋分别为大型远洋海军准备了一个方案。4 月 15 日，海军司令部提交了第一份舰队方案草案（于 1947 年完工）。此方案包括建造不少于 15 艘战列舰、22 艘重型巡洋舰、31 艘轻型巡洋舰、162 艘驱逐舰和驱逐舰领舰、412 艘潜艇和许多小型舰船和辅助舰船，总吨位达 1 727 000 吨。[44]也有其他途径的信息称由海军总司令奥洛夫上将于 1936 年 2 月初递交的第一版新海军建造方案要求在后两个五年规划期间建造 16 艘战列舰和 12 艘重型巡洋舰。[45]苏军总参谋长亚历山大·伊里奇·叶戈罗夫元帅建议建造一支更大的舰队。此舰队大约为 1 868 000 吨，包括 6 艘航母，其中北海舰队 2 艘，太平洋舰队 4 艘。相比较，奥洛夫上将认为太平洋舰队仅有 2 艘 8000 吨的航母就足够了。[46]1936 年 6 月，苏联海军战列舰的数量增加到了 24 艘，轻型巡洋舰的数量被减少到 20 艘。修订后的计划还包括建造 182 艘驱逐舰和 344 艘潜艇。到 1939 年 8 月时，该计划的第四次或第五次修订设想建造大约 700 艘 250 吨的作战舰艇，再加上 700 艘辅助舰船。[47]1936 年 5 月 27 日，决定分配给太平洋舰队大约 45 万吨新舰艇，波罗的海舰队 40 万吨，黑海舰队 30 万吨，北海舰队 15 万吨，总吨位为 130 万吨。[48]

1936 年 11 月，奥洛夫在一次特别的全苏大会上做了一个发言，主题是随着国际形势的恶化和他的所谓的"帝国主义包围"，苏联需要打造一支由各种舰艇组成的大舰队。他还指出，与德国、意大利和日本相比，俄罗斯的海洋边境更易受攻击。[49]苏联海军新任但短命的总司令斯米尔诺夫上将在1938 年说，舰队的主要任务是确保"通往我们神圣领土的海上通道的绝对安全，保卫祖国领土免受法西斯掠夺者的海上袭击，并保证飘扬着红旗的商船在世界任何地方的航行安全"[50]。

到 1932 年时，苏联拥有世界上最大的潜艇舰队。在 1933—1938 年期间，苏联造船厂出厂了大约 380 艘潜艇（70 艘大型潜艇，200 艘小型潜艇，110 艘中型潜艇）。[51]尽管如此，斯大林从未完全接受年轻学派的观点以及他们对建造大型潜艇舰队的重视。为此，他指出在第二个五年规划的后期建造重型巡洋舰（最终建了 6 艘），并改装了 3 艘沙皇战列舰。[52]第三个五年计划考虑建造 15 艘战舰。1938 年 7 月，装备有 16 英寸舰炮的第一艘 59 130吨战列舰（"苏维埃斯克"号）下水。到 1939 年，又建成了 3 艘同级战列舰。新的 32 870 吨并装备有 305 毫米舰炮的重型巡洋舰（"喀琅施塔得"级）事实上是按战列舰设计的。[53]

然而，不幸的是，苏联造船厂无法建造超过 30 000 吨的舰船。苏联的钢铁厂在生产高级装甲板方面毫无经验，并且在火控和通信设备生产方面也存在问题。[54]战列舰建造方案显然过于野心勃勃。即使在最好条件下，苏联也不可能在 10 年内完成 1938—1939 年计划的任何战舰。例如，4 艘"苏维埃斯克"级"无畏"号战列舰的建造需要 1940 年国防预算的大约 1/3。到 1940 年 7 月，苏联海军建造方案的规模被缩小了，战列舰的数量已减为10 艘，战列巡洋舰从 16 艘削减为 10 艘，巡洋舰的数量降低至 14 艘，但苏联首次将分配给太平洋的 2 艘小航母包含在计划之中。[55]

由于 1940 年夏季之后欧洲的国际形势不断恶化，苏联海军司令部想停止战列舰的建造，以便造船厂腾出时间建造大量轻型船只和潜艇。然而，斯大林对此表示反对，并拒绝放弃还有两年完成的 2 艘战列巡洋舰。他还拒绝取消"苏维埃斯克"号战舰的工作，并命令继续建造巡洋舰。[56]

20 世纪 30 年代，苏联高级政治和军队领导层讨论了航空母舰的建造，但在设计问题未解决之前尚未决定是否要建造。[57]海军前政委尼古拉·G. 库真托夫上将在他的回忆录中说道，由于苏联造船业尚未做好技术准备，第三个五年规划中的航母建造被推延，直到本规划的最后两年。他还清楚地提到，航母建造方案已通过斯大林的批准，但后来，也不知何种原因被切除了一部分，放入了第三个（1938—1941 年）和第四个五年发展计划。根据库真托夫的说法，斯大林渐渐看清了航母的作用，但低估了空中打击对舰艇造成的危险。[58] 库真托夫还认为转向建造远洋舰队的真正原因是西班牙内战的教训。按他的话说："很明显，海洋对我们十分重要，我们也急需一支强大的舰队。"[59]

在 20 世纪 30 年代，苏联加大力度以从几个西方国家得到现代海军武器装备。他们对获得战列舰和重型巡洋舰以及后来的航母的设计尤其感兴趣。英国对帮助苏联没有任何兴趣。法国不愿意把它的巡洋舰、大型驱逐舰和潜艇的图纸提供给苏联，也不愿在发展鱼雷方面为苏联提供帮助。[60] 然而，苏联还是间接地得到了由荷兰海牙的德国 IVS 设计局生产的潜艇的图纸。此设计最终被用于建造苏联系列的 IX/NS 级潜艇。[61]

意大利最急于对苏联请求技术帮助做出积极的反应。在 20 世纪 30 年代，意大利为苏联巡洋舰和驱逐舰的建造提供了很多帮助。海军上将奥洛夫于 1933 年建议军购"雇佣兵队长"级轻型巡洋舰的蓝图。此请求最终得到了纳粹意大利政权的同意，而这些图纸成为了 6 艘 9880 吨"基洛夫"级巡航舰的基础（26 型，于 1935—1944 年建造完毕）。[62]

苏联于 1936 年开始努力通过一私营公司从美国得到两艘（也可能是三艘）大型战列舰的图纸、材料和装备。不幸的是，对于苏联人来说，他们的中间人对美国造船商明显缺乏信心。再说，美国海军也不想将大量机密技术信息披露给这个非寻常的商务公司，使其成功。美军武备局领导和海军情报部部长强烈反对帮助一个极权主义政权，尤其反对任何可以使苏联海军强大的行动。[63] 到 1939 年 6 月的时候，谈判破裂。在历时两年半的无成果的谈判后，苏联人从此失去了从美国得到帮助的所有希望。[64]

1939 年 8 月，在苏德签订了《互不侵犯条约》之后，两国恢复了合作。苏联想在海军建设方面得到德国的支持，然后在合作过程中以锰矿和石油来交换。[65] 1939 年 10 月，一个由 60 人组成的苏联海军代表团访问了纳粹德国，并带去了一份长长的采购单，包括"俾斯麦"级战列舰、"沙恩霍斯特"级战列巡洋舰以及从未完工的"格拉夫·齐柏林"号航母的设计。然而，德国人只在 1940 年 5 月不情愿地向苏联售出了未完工的"吕佐夫"号巡洋舰（苏联人后来将其改名为"彼得罗巴甫洛夫斯克"级巡洋舰）。[66]

1938 年 8 月，年轻学派和年老学派的支持者在媒体上公开互相指责，并被最终清洗。很显然，斯大林想按自己独特的方式来真正清除这些支持者，然后开拓通往所谓的海军战苏联学派。苏联学派强调在后续两个五年计划中建造大舰艇的重要性。[67]这种新的海军战学派出现于"二战"开始前夕。它的主要倡议者弗拉基米尔·A. 贝里是海军学院的教授，也曾是年轻学派的主要支持者之一。他武断地从年老学派和年轻学派的学说中挑选出最重要的宗旨，并进行批驳。正如贝里所说的，苏联学派的关键部分是逐渐消耗更强大的舰队以最终达到力量均衡。这样，苏联就能打一场决定性的海军战，并有很大希望击败敌方主要兵力，得到全部或总的海洋控制权。这也是建设大舰船海军的需要。然而，从 1937—1938 年开始，苏联至少需要 10 年才能建造出这样的一支海军。苏联学派的倡议者认为要采取一种积极的现有舰队理念，目的是要先控制关键海域。这一点也适用于与本国沿海相邻的更大海域的控制。此外，此种学派还要求部署潜艇和飞机，以便为由战列舰和重型巡洋舰组成的主要兵力提供支援。苏联学派理论从未在"二战"中接受检验。尽管有计划，但未完成一艘战列舰，也未为航母铺下一根龙骨。[68]事实上，到 1940 年时，战略形势的恶化以及苏联造船业不断出现的问题使得待建大型水面作战船艇的数量再一次被减少，其重点转向了小型船艇的建造。[69]

在伟大的卫国战争（苏联对"二战"的称呼）期间，苏联海军在四大海洋战区和内河作战，然而，苏联海军从未对任何一次作战的最终胜利做出战略贡献。苏联海军在 1941—1942 年的列宁格勒防御以及波罗的海主要基地和港口防御方面还是扮演着重要的角色，主要任务是保护陆军两翼，进行小规模两栖登陆，保障沿海水域的交通，并袭击地方海洋交通。[70]苏联海军在此方面表现不佳的大部分原因是训练不足和材料低劣，但主要原因恐怕是海军指挥人员缺乏积极性或缺乏进攻精神。[71]这在德国海军力量薄弱的波罗的海尤其如此。在斯大林于 1937—1938 年进行内部清洗过程时，苏联海军也失去了一些最有理论知识和实践经验的指挥员。

到 1944 年末时，苏联海军在役舰艇大约为 2490 艘，包括 175 艘潜艇、4 艘战列舰、9 艘巡洋舰、5 艘驱逐领舰和 48 艘驱逐舰，但在冲突中损失了 118 艘。[72]

五、斯大林时代的终结（1946—1953 年）

"二战"以后，在冷战早期，莫斯科认为美国和英国"帝国主义"是将来最有可能的对手。此推测是 20 世纪 80 年代苏联政策的核心原则。美国成为苏联以及世界上其他共产党统治的国家和"进步"运动的主要潜在敌人。事实上，美国已被苏联宣布为在追求全球霸权方面是德国法西斯主义的追随者。[73]

在第二次世界大战之后，苏联陆地地缘政治战略地位要比战前大大改善。苏联通过陆地霸权在东欧建立了霸主地位。苏联地面部队的主要部分位于苏联西部和欧洲东部，对西欧构成了永久的威胁。苏联建立了一支战略轰炸部队，并对领土空中防御体系进行现代化改装。斯大林决定在四个舰队中快速建立威慑性和防御性海军。[74]从战略上来说，苏联在空中力量、核武器和海上实力方面都劣势于西方大国。然而，战胜纳粹德国和日本进一步加强了斯大林建立一支能在海洋上作战的海军的决心。苏联也想提高自己在黑海和地中海的海洋地位。此外，苏联还要求进入在土耳其海峡的基地。在 1945 年 9 月于伦敦举行的同盟国外交部长会议上，苏联外交部长莫洛托夫按斯大林的指示，要求苏联托管意大利前殖民地的黎波里（利比亚），但前提是英国不能独立控制地中海的海上交通线，且苏联在该地区的商船运输应得到保护。[75]

苏联在波罗的海以及远东得到了更好的海洋地位，然而，通往海洋（除北冰洋外）广阔水域的交通要道仍被潜在的敌对大国所控制，因而苏联的侧翼大部分空虚，易受西方国家舰载飞机和两栖部队的袭击。苏联对来自海上侵略的对策是在一定的纵深部署大量的巡洋舰/驱逐舰水面攻击组、携载有鱼雷的飞机、鱼雷艇和潜艇。据报道，1948 年，苏联计划得到 1200 艘潜艇，其中 180 艘将被部署于四个舰队区域，担任防御任务。[76]

第二次世界大战的经历证实和巩固了斯大林战前大海军观点以及由苏联高级军官团为代表的年老学派的观点。[77]早在 1944 年 8 月，苏联海军的作战参谋就将 1945 年后第一个十年海军发展规划草案递交给了海军司令库真托夫上将。除其他项目外，此规划还准备建造 9 艘战列舰、12 艘战列巡洋舰、30 艘重型巡洋舰、60 艘轻型巡洋舰、9 艘重型航母、6 艘轻型航母、485 艘潜艇、144 艘大型驱逐舰和 222 艘驱逐舰。[78] 1944 年 10 月，库真托夫就 1945—1947 年的海军建设规划向党中央递交了一份草案。此规划设想完成 1936—1940 年规划的舰船数量，并增加了几艘。[79] 1945 年 8 月，他准备了一个十年造船计划，以备政府批准。然后苏联海军参谋部计划建造 168 艘大型、204 艘中型和 123 艘小型潜艇。那时，在建的只有 1 艘大型潜艇和 7 艘（S 级）中型潜艇。最后，计划建造 65 艘小型（M 级）潜艇。然而，并不是所有的都完成了。[80]

1946 年，海军一名高级军官在很有影响力的《军事思想》杂志上发表了一篇文章，表达苏联海军需要航母。作者说道："海上现代战争的条件要求航母部队必须参与海军的战斗行动，用它们打击敌方海军部队，并在舰载机飞行半径内与敌方进行竞争。在海上或它的基地附近，这些任务只能由航母上的舰载机来完成。"[81] 1946—1955 年战后第一个海军建设规划在本质上基于 1944 年库真托夫递交的建议。苏联然后设想建造 9 艘战列舰、12艘战列巡洋舰、6 艘轻型巡洋舰、9 艘大型航母、6 艘轻型航母、22 艘驱逐舰和大约 490 艘潜艇。[82]

苏联还采用了新的海军技术。此新技术对在执行的建造方案产生了很大影响。苏联为飞机采用了喷气和火箭推进技术。在前德国科学家的大力帮助下，苏联采用了弹道和巡航导弹，并为炸弹和导弹生产了核弹头。新的电子和通信设备于 20 世纪 50 年代被装在苏联的战舰上。最有影响力的发展是为潜艇和水面舰艇采用了核动力推进。第一艘核动力水面舰艇是 1958年完工的大型破冰船（"列宁"号）。[83] 1952 年 9 月，苏联成立了两个分开的设计局，一个负责核潜艇的研制，另一个负责潜艇和推进装置的研制。苏联的第一艘核动力潜艇，即 3110/4070 吨的"N"级（627 型）于 1955 年 9月开始建造，1959 年完工。[84]

六、赫鲁晓夫时代（1954—1964 年）

在 20 世纪 50 年代中晚期，苏联军事政策和对未来冷战的构想受到了美国和西方国家在核动力航母舰载机、巡航导弹和核动力弹道导弹潜艇方面的技术进步的巨大影响。苏联决定应对这些对它国土的威胁，并消除对它沿岸进行诺曼底登陆规模的两栖登陆的可能性。[85] 据说，朝鲜战争为苏联海军计划者提醒了美国航母对苏联国土构成的威胁。1956 年英法对苏伊士运河的攻击和 1958 年美国在黎巴嫩的登陆充分证明了航母编队的强大威力和多用途性。航母的战略机动性为苏联海军部队带来了严重的问题。[86] 到 20 世纪 50 年代后期时，美国航母用核武器从地中海东部和挪威海南部区域袭击苏联本土的能力被大大提高，这才是苏联海军战略改变的主要原因。1957—1958 年，苏联人做出了依赖核潜艇的决定，因为核潜艇是可以在西方国家拥有水面和空中优势的情况下作战的唯一平台。这需要对海军建造规划进行许多修改，包括取消或减少 1954 年计划的常规潜艇和水面舰艇。[87]

据说斯大林只对常规部队感兴趣，因此潜艇的核动力推进的应用被推迟了。直到斯大林死后约三年，有关部门才开始为海军规划、批准和生产合适的核导弹和其他核武器，并为海军的某些潜艇规划、批准和生产核推进装置。[88] 而且直到 1956 年，海军现代化规划才受到最高层的最大关注。朱可夫告诉党代会的代表：在海军建设过程中，"我们要坚信，在未来战争中，海上战区的战斗比以前任何时候更为重要。"[89]

在 1953 年 3 月斯大林死后，有关部门提出了旨在建立一个平衡海军的十年规划（1955—1964 年）。此规划设想建造 9 艘航空母舰、21 艘巡洋舰、118 艘驱逐舰和 324 艘潜艇。[90]然而，苏联最高领导层不久就决定将海军建设的重点转向潜艇。苏联国防部长乔治·朱可夫元帅认为此决定有理，并说道："如想毁坏海上运输线，则需要一支潜艇部队……实现这些目标不能指望水面舰艇……提出加强水面舰艇的目的又不现实。"[91]苏联也降低了"帝国主义"从陆地和海上侵略的威胁程度。最优先考虑的是对付美国战略司令部（1959 年时拥有大约 1750 枚炸弹）的核打击威胁。[92]1953 年，赫鲁晓夫和朱可夫得出结论，即在任何一般战争中都有可能会使用核武器。按他们的观点，航母和其他大型水面舰艇很容易被核导弹所摧毁，因而苏联海军不应再建造它们。赫鲁晓夫后来透露说苏联共产党是在 1954 年决定从苏联高层领导人认为"过时的"水面舰艇转向主要以潜艇为基础的海军。[93]

技术进步（尤其是在核武器方面的技术进步）似乎是赫鲁晓夫决定大幅度缩小苏联武装部队规模（1955 年时大约 580 万人）的主要原因。这种缩小也为民用经济释放出了必要的资源。[94]在赫鲁晓夫时代，苏联进行了三次实质性裁军。1955 年 8 月，莫斯科宣布第一次裁军，在年底共裁员 64 万左右。[95]1956 年 5 月，苏联军队又裁员 120 万人。1956—1957 年的裁军包括淘汰 375 艘舰艇（大多数是过时舰艇，被封存），[96]并将海军人员减少至 60 万以内。1960 年 1 月，赫鲁晓夫宣布最后一次裁军，裁员约 120 万人。[97]

1960 年赫鲁晓夫宣布的新苏联政策高度重视核武器的应用，进一步降低了常规部队的作用。赫鲁晓夫通知最高苏维埃：潜艇部队已显得十分重要，水面舰艇可以不再担当他们曾经的角色。苏联最高领导层决定从海军淘汰大多数装备有常规军备的老舰艇、轰炸机、水雷、鱼雷、战斗机以及大部分海岸炮兵和海军航空兵防御，并且报废所有装备有常规武器的主要舰艇和已经建成的舰艇，甚至那些刚通过验收试验的舰艇。[98]

关于他们的潜艇方案，除"魁北克"级（615 型）海岸艇外，苏联在1951—1958 年还建造了大约 230 艘"威士忌"级（613 型）中型远洋潜艇和 32 艘"祖鲁"级（611 型）大型远洋潜艇。这些潜艇将以三层部署，以防卫苏联的入海口。[99]据报道，苏联计划到 1965 年建造大约 1200 艘潜艇，然而，早在 1954 年，他们就大量削减了"威士忌"级潜艇的建造数量，最终仅完工了 260 艘。"祖鲁"级的后续舰是"狐步舞"级（614 型），此间大约建了 50 ~ 60 艘。[100]

1954 年美国"鹦鹉螺"号潜艇的服役使得赫鲁晓夫指示海军启动一个核动力潜艇紧急方案。第一艘核动力弹道导弹潜艇"H"级（658 型）于 20 世纪 50 年代末投入现役。苏联还设计了第一艘装备有巡航导弹的核潜艇，即"E-1"级核潜艇。[101]第一代核潜艇（即"N"级核潜艇和"H"级核动力舰队弹道导弹潜艇）的推进装置相对原始。"E"级（659 型）核动力导弹潜艇是一种过渡品，作战价值有限。[102]

在 1955 年后期，赫鲁晓夫任命亚速海支队战时司令和黑海舰队战后司令、海军上将谢尔盖·G. 戈尔什科夫为海军司令。戈尔什科夫因极力支持海军采用导弹技术而闻名，[103]此外，还以不寻常的意志力和卓越的智力而著称。[104]尽管不是立即显现其态度，但戈尔什科夫不赞同领导层对以潜艇为中心的海军的新重视。在海军重要部门的几十年任职过程中，他不仅大大增加了苏联对海军的资源投入，而且使海军向平衡的、强大的、在全球存在的远洋海军大大迈进了一步。

为此，戈尔什科夫进行了激烈的斗争。他写道：

> 有些重要的部门认为，随着核武器的出现，作为武装部队的一部分的海军已完全失去作用。根据他们的观点，即使在广大的海域确实需要海军从事作战行动，在没有海军参与的情况下，未来的所有基本任务也可以完成。人们总是说，即使到那时，只要有陆基发射场的导弹，就可以摧毁水面攻击部队，甚至潜艇。[105]

弹道导弹支持者甚至认为两栖登陆已经完全失去它的重要性，并声称它以前从事的任务可以在核战争中通过空中袭击或地面的装甲人员运输车来完成。

戈尔什科夫在 1961 年才知道在当代条件下已失去作战价值的那些大型水面舰艇刚刚被肢解，但是他想被肢解的应该是老的战列舰，而不是新的"斯维尔德洛夫斯克"级中型巡洋舰。好在只有 4 艘老的战列舰被肢解，尚有 15 艘仍在役。显然，戈尔什科夫相信巡洋舰在现代海战中仍扮演着重要作用。[106]

1962 年 10 月的古巴导弹危机对苏联海军政策有很大影响。通过古巴导弹危机，苏联得出结论，即他们通过潜艇部署所构成的威胁已被证明无效，并且他们缺少足够的水面部队来集中在古巴水域。苏联还错误地认为他们的核能力能在海上危机时威胁美国的干预。苏联从危机中吸取的教训是应需要一个平衡的海军。按他们的观点，尽管苏联在战略核武器上有劣势，但如果他们能够在古巴水域部署更多更强的部队，结果将对自己更为有利。[107]危机的结果还说明苏联对核武器和弹道导弹的过分依赖以及对常规部队的规模和资金的大幅度削减自始至终都是错误的。

在20世纪60年代中期，戈尔什科夫提倡一支平衡的舰队，即以其他水面舰船需求为基础，使得潜艇能够执行任务。他强调说："现代的潜艇以及能够携载导弹的飞机构成了海军的主要打击力量，同时也是力量的精髓。然而，除了远程打击力量之外，应该还有其他力量。这些力量既能对一海上战区防御范围内的敌人做出积极的防御，又能够为海军主要的打击力量的作战活动提供广泛的支持。装有导弹的水面舰船、小型艇、战舰、反潜飞机和扫雷舰艇等都属于这种力量。"[108]

截止到1963年年中，通过两年持续的努力，戈尔什科夫从本质上来说已经从有关"水面舰船是海军不可或缺的一部分"的争论中胜出，而这也确保了苏联大型水面舰艇的存在。[109]戈尔什科夫不仅能够完成建造并保留大部分的巡洋舰，而且他也使赫鲁晓夫确信大型水面舰艇在核时代中持续的重要性。后来，戈尔什科夫的继任者海军上将弗拉迪米尔·N.切尔纳温披露了戈尔什科夫为避免巡洋舰被解体所做出的努力，目的是拥有一个平衡的海军，而不仅仅是潜艇部队。不过，他所做出的努力也降低了赫鲁晓夫对他的信任。[110]

为了对抗来自美国装备有"北极星"潜射弹道导弹的潜艇所造成的威胁，苏联决定将他们的海上力量布置得更前沿。1963年2月，戈尔什科夫解释说苏维埃社会主义共和国联盟的海上防御将依赖于远离苏联海岸的交战结果，其他苏联部队的任务就是防止敌方对"祖国"实施核打击。然而，苏联海军装备不良，准备不足，无法快速转变至前沿部署。

在战略火箭部队建立后，海上核威慑的作用暂时被降低，于是苏联高层领导决定削减弹道导弹和巡航导弹潜艇计划。最后的"H"级和"G"级（629型）弹道导弹常规动力潜艇在1962—1963年间完成。在接下来的5年里苏联并没有建造出新的弹道导弹潜艇。计划中的对其他潜艇的升级也被削减了。[111]

七、勃列日涅夫时代（1964—1982年）

赫鲁晓夫在莫斯科的权力斗争中失败，最终于1964年10月被解除党的领导人的职务，并被列昂尼德·勃列日涅夫所取代，然而他的下台并没有削弱戈尔什科夫的地位。1967年戈尔什科夫被提升为舰队司令，从而在军队的等级制度层面获得了与战略火箭部队和地面部队总司令相同的地位。[112]

在勃列日涅夫的任期内，苏联开始着手采取相应政策，加强其在东欧的统治，并对第三世界国家的各种"进步"运动提供支持。勃列日涅夫时代下的苏联军事政策旨在保护和扩展社会主义制度。苏联意识到不可能对装有核弹头的弹道导弹进行防御。这种意识使得苏联重视第一次核打击能力。按照苏联的观点，这是降低敌方攻击威力的唯一方式。

截止到1966年年末，苏联已转变至一新观点，即新的世界大战不一定是核战争，即使是核战争，也不一定涉及大规模攻击。苏联的原战时战略目的是攻击美国，但苏联也意识到这将不可避免地会招来美国袭击苏联本土。为此，苏联缩小了可能的战时战略目标，将原来攻击美国变为一个不那么雄心勃勃的目标，即在用非核弹道导弹攻击北美大陆的前提下，严重削弱资本主义制度。[113]

苏联对美国在朝鲜战争期间部署的"北极星"潜射弹道导弹以及其他新载体的应对措施是建立一个能力更强的"扬基"级（667型）弹道导弹核潜艇。据报道，苏联计划在十年内（1968—1977年）建造约七十艘"扬基"级潜艇。"扬基"级潜艇可能被保留在本土水域，以便于最高司令部将其用于第二次核打击。1967年，第一艘"扬基"级弹道导弹核潜艇被交付使用。[114]

在1967—1968年间，第二代核动力潜艇开始在苏联列装。截止到1972年，苏联共建造了34艘"扬基"级弹道导弹核潜艇。这一级之后，便是装备有4200海里SS-N-8导弹的"D-1"级。"D-1"级潜艇是第一种能够在苏联水域作业并能袭击美国大陆目标的潜艇。由于老一代的苏联弹道导弹核潜艇的不足，苏联决定将"G"和"H"级潜艇改为担负反航母任务。[115]

在20世纪60年代末和70年代初，苏联越来越强调海军的海洋任务和它对国家整体战略的独特和必要的贡献。[116] 1969年9月1日通过的1971—1980十年规划要求苏联研制一种潜射弹道导弹。这种导弹允许苏联的弹道导弹核潜艇在巴伦支海和鄂霍次克海的被保护区（"堡垒"）作战。（苏联早期级别的战略核潜艇不得不通过格陵兰岛、冰岛或英国之间的北约反潜战屏障。）苏联还研制了"熊"式海上巡逻飞机。十年规划中的另一个决定是建造三艘36 300吨"基洛夫"级（1143型）可携载垂直起降飞机和直升机的重型巡洋舰。此外，还计划在1974—1996年间建造四艘新的、强大的

"基洛夫"级（1144.2 型）重型导弹巡洋舰。[117]

在美国的战略从以陆地为基地和以航母为基地的装备有核弹头的导弹转变为陆基洲际和潜射导弹后，戈尔什科夫决定将重点转至公海的反潜战。为此，苏联开始着手建造"克里斯塔"和"卡拉"级现代反潜巡洋舰。在 20 世纪 70 年代早期"С-1"巡航导弹列装后，苏联也在他们的装备有巡航导弹的潜艇的能力方面取得了重大进步，这大大提高了他们对抗美国海军水面部队的能力。[118]

在 1973 年 10 月的"赎罪日战争"期间，苏联从其在地中海部署第五中队这件事中得到了一些有用的经验和教训。与古巴导弹危机相反，1973 年的苏联海军能力对美国海军是一个巨大的和令人担忧的威胁。莫斯科也能够利用美国和其北约盟国之间的政策差异。土耳其在危机期间放松了《蒙特勒条约》的限制，从而使得苏联能够迅速加强他们在地中海的海军部队。这也有助于苏联通过空中和海上将物料送至他们的用户叙利亚和埃及。在地中海东部，因政治原因，美国被迫保留了其航母部队，而这些航母部队在战争爆发时更容易成为苏联打击的目标。苏联得到的另一个主要经验和教训就是，尽管苏联海军在先进技术方面存在差距，但苏联海军表现得很好。[119]

在 20 世纪 70 年代早期，戈尔什科夫于苏联海军主要期刊《海军周报》上发表了 11 篇系列文章，合编后取名为《战争和和平时期的海军》。最后两篇文章谈及了苏联海军当前面临的问题。他强调，每个军种都要做出特殊贡献，但必须协调作战。在任何大型战争中，最后的胜利都要求地面部队占领敌人的领土。然而，任何一个想成为主要强国的国家必须有强大的海上实力。戈尔什科夫指出，作为食品、能源和其他重要资源的一种来源，海洋的重要性日益增加。在他看来，海洋在决定国家兴衰中总是起着很重要的作用。在这里，他给苏联的政治领导层传达了一个强烈信息，即苏联必须加强其战略中的海上部分。在 1917 年前后，这些前任领导都没有意识到这一点，而且忽视了海军。一些领导人甚至积极抵制海上力量的发展，认为苏联不利的地理位置只需沿海部队来防御其出海口即可。戈尔什科夫明确表示，即使在他担任海军司令期间，海洋的战略和经济重要性、苏联的海权保护以及海上利益也并非总能被人理解。他的中心思想是只有一个平衡的舰队才能使苏联在其战略上保持一个有效的海洋部分。戈尔什科夫认为，苏联海军的核能力和常规能力能消除来自海洋的核讹诈的威胁，并使苏联能为那些友好国家抗击所谓的"帝国主义的侵略"提供帮助。[120]

无论这些论据有无说服力，但很显然，戈尔什科夫的影响是有局限性的。在 20 世纪 70 年代早期，苏联领导层就是否要全面建造航空母舰产生了另一次内部争论。根据俄罗斯最近披露的一些账目信息，当时的计划是建造一艘可携载 60～88 艘飞机的大型核动力航母。初步设计于 1973 年被批准，但因项目成本过高，遭到了国防部长德米特里·F. 乌斯季诺夫的反对，最终仅初步通过了一个能携载 50 架飞机的小型航母。即便如此，此项目的工作最终还是于 1976 年被停止了。在 20 世纪 80 年代，一些采用类似方法进行的规模较小的努力同样也是无果而终。[121]

同时，在戈尔什科夫时代，潜艇部队绝对没有被忽视。在冷战后期，苏联在潜艇方面取得了长足的进展。一种新的钛船体"A"级（705 型天琴座）核潜艇被建成，并被广泛地认为即使不优于西方国家的同等物，也相差无几。1981 年，6 艘新的"台风"级弹道导弹核潜艇中的第一艘（941 型）开始服役；20 世纪 80 年代末和 90 年代初，"奥斯卡"级（949 型）核动力攻击型导弹潜艇也和其他一些不同类型的小艇一起开始服役。

八、戈尔巴乔夫的崛起和苏联的解体（1981—1991 年）

20 世纪 70 年代，苏联与美国的关系开始出现缓和，但这种缓和在 20 世纪 80 年代早期出现了停滞，同时苏联与西方国家的关系日益见长。在勃列日涅夫 1982 年 11 月去世后，尤里·安德罗波夫在莫斯科上台。然而，仅仅 15 个月后，他也去世了，之后由康斯坦丁·契尔年科继任。契尔年科于 1985 年去世。在那之后，米哈伊尔·戈尔巴乔夫成为了莫斯科的新统治者。从一开始，戈尔巴乔夫就试图通过一系列旨在使体制更有效、更民主的改革来拯救共产主义制度。因此，戈尔巴乔夫时代的特征是开放和改革。戈尔巴乔夫也开始寻求与美国和其他西方国家建立良好关系，以停止军备竞赛，从而将更多的资源用于国家经济。

在戈尔巴乔夫时代，苏联军事政策由刚毅自信、直言不讳的总参谋长尼古拉·奥加尔克夫元帅主宰。苏联将独立的常规战争选择为长期军事发展的目标。奥加尔克夫含蓄地质疑核武器的有效性。他和他的支持者将新技术进步称为新的"军事革命"。事实上，他坚持认为新的常规武器在射程和杀伤力等很多方面都等同于核武器。这些新武器将被用于那些不涉及美国和苏联领土或核力量的战争中。到 20 世纪 80 年代末时，苏联得出结论，即随着全球范围的侦察、打击和侦察的集成以及部队高机动性的出现，常规战争已发生根本性的变化。军事机器人的使用将使得越来越多的人的功能被机器所替代。[122]

在担任了不寻常的 30 年海军司令之后，谢尔盖·戈尔什科夫于 1985 年退休，由参谋长海军上将切尔纳温继任。这位新海军司令曾在潜艇上服役，于 1975 年成为北方舰队参谋长，两年后成为北方舰队司令。在切尔纳温成为海军司令的时候，苏联海军高官越来越关注美国于 1986 年正式通过的新的"海洋战略"。海军上将切尔纳温指责美国和其他几个北约国家急剧增加他们的海上活动，并惹起新一轮海军竞赛。这种竞赛反过来又增加了军事威胁，尤其是在世界各大洋，因为在这些地方军事冲突极有可能发生。[123]

20 世纪 80 年代早期和中期的苏联仍然具有有利条件，可以大规模建造舰艇，生产海军飞机，并用导弹和更先进的电子设备装备潜艇、水面舰艇和飞机。[124]至 1985 年年初，苏联海军估计有约 275 艘潜艇和 2320 艘水面舰艇（虽然这一数字包括约 109 艘沿海作战舰艇和 785 艘辅助船舶）。苏联海军航空兵估计有 1635 架飞机，但只有 375 架为攻击机/轰炸机，135 架为战斗机/战斗轰炸机。[125]

20 世纪 80 年代后期，苏联已经进入了不可避免的死亡阶段。戈尔巴乔夫的改革步伐对那些顽固不化的苏联掌权人物来说太快了，而对那些激进的改革者来说又太慢了。戈尔巴乔夫试图控制改革进程。然而，他低估了苏联面临的深层次经济问题，似乎也不完全理解苏联内部的民族性问题。开放政策使得越来越多的苏维埃共和国要求独立，特别是波罗的海国家。此外，苏联对华沙条约国家的控制越来越受到这些国家内部的挑战。最终，东欧的共产党政权于 1989—1990 年土崩瓦解，紧接着苏联也和平解体。苏联于 1991 年 12 月 21 日正式结束。

在苏联解体时，由于缺乏资金，许多海军舰艇被肢解或被闲置。1991 年以后，俄罗斯海军的整体实力从 450 000 人降低至 155 000 万人（包括战略核部队 11 000 人、海军航空兵 35 000 人和海军步兵 9500 人），[126]飞机的数量从 1666 架减少到 556 架，潜艇从 317 艘减少到 61 艘，水面舰船从 967 艘减少到 186 艘。除了黑海的塞瓦斯托波尔外，俄罗斯撤离了本土外的所有海军基地。在 170 家支援海军舰船建设的工厂中，俄罗斯只保留了其联邦内的大约 2/3，致使备品备件供应受到了干扰，船舶建造计划完全停止，直到 2000 年及之后俄罗斯海军再次开始建造新的舰船时，这种状况才得以好转，但这些舰艇不再像过去一样按系列建造。俄罗斯海军已开始为里海支队建造驱逐舰、护卫舰和小艇。2000—2005 年期间，在几乎默默无闻了 10 年后，俄罗斯舰艇开始越来越多地前往海洋执行时间越来越长的任务。[127]

今天的俄罗斯海军被分为四个战区舰队，即波罗的海舰队（总部设在波罗的斯克）、太平洋舰队［总部设在符拉迪沃斯托克（海参崴）］、北方舰队（总部设在北莫尔斯克）、黑海舰队（总部设在塞瓦斯托波尔）以及里海支队（总部设在阿斯特拉罕）。（此外，加里宁格勒特别区隶属于波罗的海舰队。）目前，俄罗斯海军的海基核威慑力量由14艘潜艇组成，其中2艘为"台风"级，6艘为"D-4"级（667AT型，"白鲸"号）和6艘为"D-3"级（667型，"卡尔玛"号）。这些核动力舰队弹道导弹潜艇被分别部署于北方舰队和太平洋舰队。（相比之下，苏联在1990年时有62艘可作战的核动力舰队弹道导弹潜艇）3艘先进的"北风"级核动力舰队弹道导弹潜艇正处于在建中。俄罗斯核动力舰队弹道导弹潜艇于2005年、2004年、2003年、2002年和2001年分别进行了3次、2次、2次、0次和1次威慑性巡逻（相比较，1990年就进行了61次）。[128] 2006年，除了核动力舰队弹道导弹潜艇外，海军的武器库里还有22艘常规潜艇、1艘航空母舰、2艘重型导弹巡洋舰、5艘巡洋舰、14艘驱逐舰、10艘护卫舰、8艘轻型护卫舰和23艘导弹护卫舰。[129]当时没有计划建造驱逐舰和巡洋舰。[130]在也许令人惊讶的发展过程中，2005年俄罗斯宣布一计划，准备在2013—2014年开始建造某一级别的4艘航母，2017年开始服役。[131]俄罗斯海军航空兵的主要目的是进行侦察/监视、反潜战以及从海上或陆上对舰艇攻击。[132]海军航空兵武备库中包括图-22/图-95轰炸机、伊尔-38/Be-12反潜飞机、苏-27/苏-17战斗轰炸机、米格-31战斗截击机和卡-27/米-8直升机。[133]

九、结束语

苏联海军正式产生于布尔什维克和其国内反对者之间的内战的最后阶段。大量的前沙皇海军士兵加入了布尔什维克。由于缺乏专家，前沙皇海军军官也被保留在役。像陆军一样，他们在布尔什维克的最后胜利中发挥了关键作用。然而，新政权不信任他们。为确保其持续的忠诚，他们受到政委严密监督。

20世纪20年代，苏联的落后经济以及布尔什维克领导层总体上对海上事务的缺乏兴趣极大阻碍了苏联海军的发展。尽管新政权存在政治极端主义，但苏联还是就海军未来发展的最佳方向展开了相当开放的辩论。马汉海洋控制论的支持者们可以公开大胆地发表他们的观点，但他们的主张严重脱离现实，因为苏联经济绝对无法承担所谓"年老学派"的支持者设想的舰队战列舰和巡洋舰规模。相比之下，"年轻学派"的观点对当前形势的判断更为现实。其支持者也完全接受苏联高级领导的观点，即在未来的战争中，海军部队必须支持陆军作战。

苏联第一个五年规划期间的海军建设规划是"年轻学派"支持者所取得成功的最有力证据。他们的胜利是短暂的。到20世纪30年代时，斯大林显然已决心建造一支大海军，这支海军要能与主要大国进行挑战，以控制通往苏联的出海口。斯大林的决定实际上是试图调和"年老学派"和"年轻学派"的想法。（然而，按他的本性，他也决定要彻底清除这两种海军战学派的主要支持者。）就在第二次世界大战爆发前夕，苏联采纳了新的所谓海军战苏联派观点。尽管在头两个五年规划中，苏联在工业方面取得了长足的进步，但苏联造船业还是无法建造斯大林设想的远洋舰队。另一个问题是苏联人在设计"超无畏"级巡洋舰、航空母舰和重型巡洋舰方面缺乏专业知识，因此，他们在20世纪30年代坚持从德国、法国、意大利和美国获得必要的设计图纸和先进的武器装备，但最终并不是很成功。

在第二次世界大战之后，斯大林并未放弃着手建立远洋海军的宏伟计划。然而，由于经济贫困，最初的重点是建设一大批潜艇和较小的水面战斗舰艇。苏联海军的主要任务是为苏联的海上通道建立多层防御。斯大林显然打算在20世纪50年代初完成他的大海军计划。然而，直到他1953年去世，这个愿望也没有变成现实。

斯大林的继任者对苏联的外交政策和国防政策做出了重大改变，但他们误解了新的技术进步的范畴和重要性。苏联将所谓的"军事革命"当做一项基本原理，用于将苏联国防政策的重点转移至核武器和弹道导弹。苏联常规力量的规模被大幅削减，大型水面战斗舰艇被宣布基本无用，海军建设规划被转向装备有导弹的潜艇和小型水面舰艇。这些观点的谬误直到20世纪60年代初才变得明显。海军上将戈尔什科夫已很难使赫鲁晓夫和高级军事领导层相信保留大型水面舰艇以确保一个平衡的海军的必要性。

1964年赫鲁晓夫下台后，苏联海军建设规划和学说深受国际安全环境的急剧变化和苏联国防政策的相应变化影响。直到20世纪80年代中期，苏联对外政策还强调有必要将苏联的影响传播至第三世界国家的许多地方。海军的存在已成为这些政策不可或缺的一项元素。戈尔什科夫终于实现了他的想法，即拥有一支能在世界海洋的最重要部分对美国海军进行大挑战的平衡舰队。20世纪80年代，当苏联国防政策从依赖于全面的核打击转移至打一次有限的常规战时，苏联仍急需一支平衡的舰队，以支持苏联的国防政策。

因苏联发生了一系列内部事件，苏联海军的结束来得十分急促。自1991 年以来，曾经显赫一时的部队已进入稳步衰败的时代。大部分的潜艇和大型水面战斗舰艇已被退役或被报废肢解。苏联海军几乎成为 1921 年前沙皇海军的翻版。然而，在过去的几年里，俄罗斯联邦的经济大有改善，这使得俄罗斯可以为其海军的新舰艇建造分配更多的资源。与过去几年相比，俄罗斯目前有更好的条件在不久的将来把海军建设成为一支更大、更现代化的军事力量。然而，尽管俄罗斯不利的海洋位置将继续对其力量投入能力方面产生不利影响，但俄罗斯政治精英们传统上的以领土为中心的观点在未来可能不会改变。

注释：

1. Ritter von Niedermayer, "Nord – und Ostsee: Eine wehrpolitische und strategische Betrachtung", in Th. Arps, R. Gadow, H. Hesse, and D. Ritter von Niedermayer, "Kleine Wehrgeographie des Weltmeeres" (Berlin: E. S. Mittler & Sohn, 1938), 95.

2. Office of Naval Intelligence (ONI), Russo – German Naval Relations 1926 to 1941: A Report Based on Captured Files of the German Naval Staff (Washington, DC: Office of Naval Intelligence, June 1947), 8.

3. Gunnar Asalius, The Rise and Fall of the Soviet Navy in the Baltic, 1921—1941 (London: Frank Cass Publishers, 2005), 46.

4. G. A. Ammon et al., The Soviet Navy in War and Peace (Moscow: Progress Publishers, 1981), 47.

5. ONI, Russo – German Navat Relations 1926 to 1941, 8.

6. Eric Morris, The Russian Navy: Myth and Reality (New York: Stein and Day Publishers, 1977), 18 – 19.

7. 同上，第 47 页。

8. Morris, Russian Navy, 18 – 19.

9. 相比较而言，1917 年，俄罗斯帝国海军拥有 18 艘超级战舰、14 艘巡洋舰、84 艘驱逐舰和鱼雷快艇驱逐舰、22 艘鱼雷快艇、41 艘潜艇、45 艘水雷和布网艇、11 艘炮艇、110 艘巡逻艇和 42 艘摩托艇。Juergen Rohwer and Mikhail S. Monakov, Stalin's Ocean – Going Fleet: Soviet Naval Strategy and Shipbuilding Programmes, 1953—1945 (London: Frank Cass Publishers, 2001), 8.

10. George E. Hudson, "Soviet Naval Doctrine under Lenin and Stalin", Soviet Studies 28, 1 (January 1976), 52.

11. Ammon et al., The Soviet Navy in War and Peace, 47.

12. Rohwer and Monakov, Stalins Ocean – Going Fleet, 12.

13. Andrei A. Kokoshin, Soviet Strategic Thought, 1917—1991 (Cambridge, MA: The MIT Press, 1998), 77.

14. Morris, Russian Navy, 18.

15. Rohwer and Monakov, Stalins Ocean – Going Fleet, 10.

16. David Woodward, The Russians at Sea (London: William Kimber, 1965), 202.

17. Åsalius, Rise and Fall of the Soviet Navy, 85.

18. Rohwer and Monakov, Stalin's Ocean – Going Fleet, 28.

19. 同上，第 35 页。

20. Rohwer and Monakov, Stalins Ocean – Going Fleet, 28; quoted in Asalius, Rise and Fall of the Soviet Navy, 126.

21. 同上，第 33 页。

22. 同上，第 34 – 35 页。

23. Robert Waring Herrick, Soviet Naval Doctrine and Policy 1956—1986, Book 1 (Lewiston, NY: The Edwin Mellen Press, 2003), 7.

24. 引用自 Bryan Ranft and Geoffrey Till, The Sea in Soviet Strategy (Annapolis, MD: Naval Institute Press, 2nd ed., 1989), 94.

25. Morris, Russian Navy, 19.

26. Herrick, Soviet Naval Doctrine and Policy 1956—1986, Book 1, 7.

27. Ranft and Till, Sea in Soviet Strategy, 95.

28. Herrick, Soviet Naval Doctrine and Policy 1956—1986, Book 1, 6.

29. Hudson, Soviet Naval Doctrine, 48.

30. 同上，第 56 页。

31. Kokoshin, Soviet Strategic Thought, 1917—1991, 79.

32. Herrick, Soviet Naval Doctrine and Policy 1956—1986, Book 1: 7 – 8.

33. Morris, Russian Navy, 20 – 21.

34. Ranft and Till, Sea in Soviet Strategy, 94 – 95.

35. Morris, The Russian Navy: Myth and Reality, 20 – 21.

36. Åsaiius, Rise and Fall of the Soviet Navy, 127.

37. Milan L. Hauner, "Stalins Big – Fleet Program," Naval War College Review, 57 (Spring 2004), 109.

38. Natalia I. Yegorova, "Stalin's Conception of Maritime Power: Revelations from the Russian Archives", The Journal of Strategic Studies 28, 2 (April 2005), 158.

39. Quoted in Kokoshin, Soviet Strategic Thought, 164.

40. Hauner, Stalin's Big – Fleet Program, 106.

41. Robert Waring Herrick, Soviet Naval Strategy: Fifty Years of Theory and Practice (Annapo-

lis，MD：Naval Institute Press，1968），29.

42. Rohwer and Monakov，Stalin's Ocean – Going Fleet，58.

43. Åsalius，Rise and Fall of the Soviet Navy in the Baltic，133 – 134.

44. Rohwer and Monakov，Stalin's Ocean – Going Fleet，63.

45. Hauner，Stalin's Big – Fleet Program，106.

46. Rohwer and Monakov，Stalin's Ocean – Going Fleet，63.

47. Hauner，Stalin's Big – Fleet Program，107.

48. Rohwer and Monakov，Stalin's Ocean – Going Fleet，63.

49. Hauner，Stalin's Big – Fleet Program，106.

50. Hudson，Soviet Naval Doctrine under Lenin and Stalin，58.

51. Rohwer and Monakov，Stalin's Ocean – Going Fleet，47.

52. Ranft and Till，The Sea in Soviet Strategy，96.

53. Kokoshin，Soviet Strategic Thought，1917—1991，164.

54. Morris，The Russian Navy，22.

55. Hauner，Stalin's Big – Fleet Program；113.

56. 同上，第 113 页。

57. Ranft and Till，The Sea in Soviet Strategy，96.

58. Herrick，Soviet Naval Strategy，32 – 33.

59. Kokoshin，Soviet Strategic Thought，1917—1991，164.

60. 在俄罗斯寻求外国援助时，英国对此不感兴趣，日本被排除在外。早在 1934—1935 年时，俄罗斯就与法国进行谈判，希望法国为其交付巡洋舰和领航驱逐舰，然而，法国不愿意签署协议。参阅 Hauner，Stalin's Big – Fleet Program 102.

61. Rohwer and Monakov，Stalin's Ocean – going Fleet，46. 苏联人还从位于不来梅的德国 Deschimag 公司的工程师那里得到了一些帮助。德国工程师为他们提供了潜艇设计资料，而这些资料同样用于德国的 I/U – 25 级 U 型潜艇。

62. 1935 年，苏联还请求三个意大利船厂为其建造一个速度特别快的驱逐舰领舰（项目 20）。意大利船厂为苏联建造了新级别的 2830 吨驱逐舰（世界上最快的舰）的领舰（塔什干号），并于 1939 年 5 月交付。由于很难在实践中适应意大利的设计，意大利没有再在苏联船厂建造此级别的剩余舰艇。苏联人还与意大利 Ansaldo 进行了接触，想购买与意大利 Littorio 级类似的 42 000 吨战舰。意大利 Ansaldo 船厂接受了苏联的请求，并于 1936 年提交了计划。苏联级"超级无畏号"基于此设计。同上，第 46，62 – 63 页。

63. Herrick，Soviet Naval Strategy，36 – 37.

64. 同上，第 38 页。

65. Hauner，Stalin's Big – Fleet Program，88.

66. ONI，Russo – German Naval Relations 1926 to 1941，76 – 77.

67. 同上，第 11 页。

68. 同上，第 11 – 13 页。

69. Rohwer and Monakov, Stalin's Ocean – Going Fleet, 119.

70. George E. Hudson, The Soviet Navy Enters the Nuclear Age: The Development of Soviet Naval Doctrine, 1953—1973 (Ann Arbor, Ml: Xerox University Microfilms, unpubl. PhD. diss. , 1975), 72 – 73; Richard T. Ackley, Soviet Maritime Power: An Appraisal of the Development, Capabilities, and International Influence of the Soviet Navy, Fishing Fleet, and Merchant Marine (Los Angeles: University of Southern California, unpubl. PhD. diss. , 1974), 44.

71. Ranft and Till, The Sea in Soviet Strategy, 97.

72. Sergei Chernyavskii, "The Era of Gorshkov: Triumph and Contradictions," The Journal of Strategic Studies 28, 2 (April 2005), 290.

73. Kokoshin, Soviet Strategic Thought, 1917—1991, 111.

74. Herrick, Soviet Naval Strategy, 59.

75. Yegorova, Stalin's Conception of Maritime Power, 159; Vladimir O. Pechatnov, "盟国正给你施压，希望你放弃你的愿望……" Foreign Policy Correspondence between Stalin and Molotov and other Politburo members, September 1945 – December 1946 (Washington, DC: Woodrow Wilson International Center for Scholars, Cold War International History Project Working Paper no. 26, September 1999), 3.

76. Michael MccGwire, "The Soviet Navy and World War," in Philip S. Gillette and Willard C. F rank Jr. , The Sources of Soviet Naval Conduct (Lexington, MA: Lexington Books, 1990), 198.

77. Herrick, Soviet Naval Strategy, 57.

78. Rohwer and Monakov, Stalin's Ocean – Going Fleet, 178.

79. 同上，第 178 页。

80. 由于它们与水面舰船的建造相冲突，斯大林将此计划削减到 40 艘大型潜艇。他还于 1945 年 10 月 27 日批准了 10 年的舰艇建造草案。据报道，1946 年准备建造 29 艘大型、197 艘中型和 58 艘小型新型潜艇。Yegorova, Stalin's Conception of Maritime Power: Revelations from the Russian Archives, 160 – 161.

81. Herrick, Soviet Naval Strategy: Fifty Years of Theory and Practice, 58.

82. Rohwer and Monakov, Stalins Ocean – Going Fleet, 185, 180; A. S. Pavlov, Warships of the USSR and Russia 1945—1995, trans. Gregory Tokar (Annapolis, MD: Naval Institute Press, 1997), xviii.

83. 1960 年中国海军将列宁号破冰船的核反应堆作为他们第一艘核动力潜艇（汉级）的电站。Christopher McConnaughy, "China's Undersea Nuclear Deterrent: Will the U. S. Navy Be Ready?" in Andrew S. Erickson, Lyle J. Goldstein, William S. Murray, and

Andrew R. Wilson, eds. , China's Future Nuclear Submarine Force (Annapolis, MD: Naval Institute Press in cooperation with China Maritime Studies Institute, 2007) , 84; Susanne Kopte, Nuclear Submarine Decommissioning and Related Problems (Bonn, Germany: Bonn International Center for Conversion, August 1997) , 9.

84. Rohwer and Monakov, Stalin's Ocean – Going Fleet, 210.

85. Herrick, Soviet Naval Doctrine and Policy 1956—1986, Book 1, 67.

86. Acldey, Soviet Maritime Power, 53.

87. MccGwire, The Soviet Navy and World War, 198.

88. Herrick, Soviet Naval Doctrine and Policy 1956—1986, Book 1, 92.

89. Herrick, Soviet Naval Strategy, 76.

90. Chernyavskii, "The Era of Gorshkov," 287.

91. 同上，第 287 – 288 页。

92. Michael MccGwue, The Soviet Navy and World War, 198.

93. Herrick, Soviet Naval Strategy, 91, 75 – 76.

94. 同上，第 131 页。

95. Herrick, Soviet Naval Strategy, 80.

96. Raymond J. Swider Jr. and John Erickson, Soviet Military Reform in the Twentieth Century: Three Case Studies (New York: Greenwood Publishers, 1992) , 129 – 130; Herrick, Soviet Naval Strategy, 80.

97. Swider and Erickson, Soviet Military Reform, 131, 127.

98. Herrick, Soviet Naval Doctrine and Policy 1956—1986, Book 1, 94 – 95.

99. John Jordan, "Future Trends in Soviet Submarine Development", in Bruce W. Watson and Peter M. Dunn, eds. , The Future of the Soviet Navy: An Assessment to the Year 2000 (Boulder, CO: Westview Press, 1986) , 2.

100. Michael MccGwire, "Current Soviet Warship Construction" in Michael McGwire, ed. , Soviet Naval Developments: Capability and Context (New York: Praeger, 1976) , 139.

101. 同上，第 3 页。

102. MccGwire, Current Soviet Warship Construction, 139.

103. Herrick, Soviet Naval Strategy, 70.

104. Chernyavskii, The Era of Gorshkov, 298.

105. Herrick, Soviet Naval Strategy, 68.

106. 同上，第 72 页。参见 Ackley, Soviet Maritime Power, 59.

107. Ackley, Soviet Maritime Power, 128 – 129; Andrew Pfister, Wakeup Call: Soviet Naval Policy and the Cuban Missile Crisis (Columbus: Ohio State University, unpubl. paper. May 2005) , 2.

108. Quoted in Herrick, Soviet Naval Strategy, 74.

109. 同上，第 80 页。

110. 同上，第 71 - 72 和第 94 页。

111. Jordan, Future Trends in Soviet Submarine Development, 5.

112. Ranft and Till, The Sea in Soviet Strategy, 80.

113. MccGwire, The Soviet Navy and World War, 199 - 200.

114. MccGwire, Current Soviet Warship Construction, 204, 138.

115. Michael MccGwire, "The Evolution of Soviet Naval Policy: 1960—1974", in Michael MccGwire, Ken Booth, and John McDonneIL eds. Soviet Naval Policy: Objectives and Constraints (New York: Praeger, 1975), 510.

116. Ranft and Till, The Sea in Soviet Strategy, 80.

117. Jordan, Future Trends in Soviet Submarine Development, 6; Pavlov, Warships of the USSR and Russia 1945—1995, xxv.

118. Jordan, Future Trends in Soviet Submarine Development, 8.

119. Lyle J. Goldstein and Yuri M. Zhukov, "A Tale of Two Fleets: A Russian Perspective on the 1973 Naval Standoff in the Mediterranean," Naval War College Review, 57 (Spring 2004), 57.

120. Ranft and Till, The Sea in Soviet Strategy, 81, 85, 87.

121. Norman Polmar, "Soviet Surface Combatant Development and Operations in the 1980s and 1990s", in Bruce W. Watson and Peter M. Dunn, eds., The Future of the Soviet Navy: An Assessment to the Year 2000 (Boulder, CO: Westview Press, 1986) 37 - 39.

122. Kokoshin, Soviet Strategic Thought, 1917—1991, 135, 139.

123. 同上，第 143 页。

124. Robert Waring Herrick, Soviet Naval Doctrine and Policy 1956—1986, Book 3 (Lewiston, NY: The Edwin Mellen Press, 2003), 1199.

125. James L. George, Appendix, "Soviet Navy Order of Battle, March 1985", in The Soviet and Other Communist Navies: The View from the Mid - 1980s (Annapolis, MD: Naval Institute Press, 1986), 423 - 436.

126. Jane's Sentinel Security Assessment: Russia and the CIS, Issue Nineteen - 2006 (London: Jane's Information Group Ltd, 2006), 601.

127. Yuri Krupnov, Defense Reform and the Russian Navy (Rome: NATO Defense College, 2006), 6.

128. Robert S. Norris and Hans M. Kristensen, "Russian Nuclear Forces, 2004", Bulletin of Atomic Scientists 60, 3 (July - August 2004), 72 - 74.

129. Jane's Sentinel Security Assessment, 601.

130. "Head of Russian Navy outlines plans for new aircraft carrier. Moscow NTV Mir," in Russian, 0500 GMT 28 Oct 06, https://wwv.opensource.gov/portal/server.pt/gateway.

131. Russian Navy, http：//www. answers. com/topic/russian_ air_ force.

132. "Russian Naval Aviation Chie Lt – Gen Yuriy Antipov Interviewed, Moscow Krasnaya Zvezda", in Russian, 15 July 2006, https：//www. opensource. gov/portal/server. pt/ gateway.

133. 同上。

第三部分

中国之海上转型

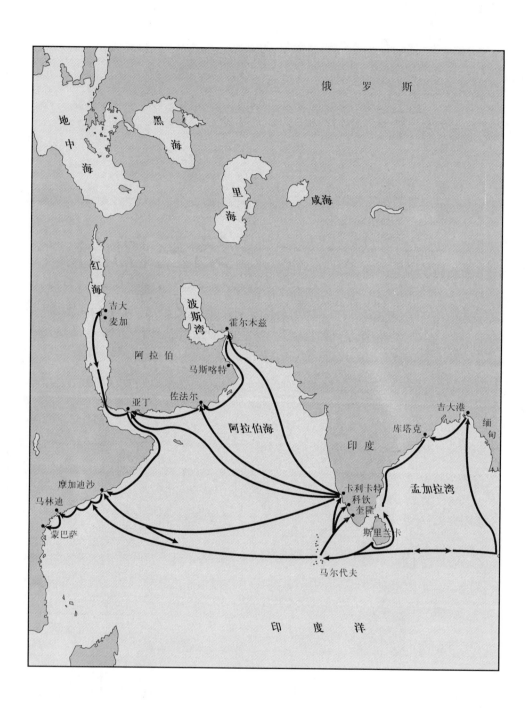

地
中
海

黑
海

里
海

咸海

红
海

吉大
麦加

波
斯
湾

霍尔木兹

阿 拉 伯

马斯喀特

亚丁　佐法尔

阿 拉 伯 海

吉大港

缅甸

库塔克

印 度

卡利卡特
科钦
奎隆

孟 加 拉 湾

摩加迪沙

马林迪

蒙巴萨

斯里兰卡

马尔代夫

印 度 洋

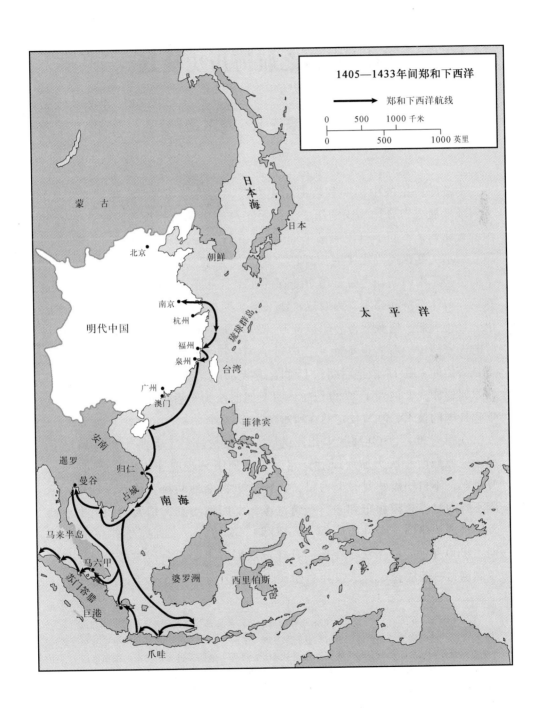

日本海

日本

北京

朝鲜

南京

杭州

明代中国

福州

泉州

台湾

广州

澳门

太 平 洋

琉球群岛

安南

菲律宾

遏罗

归仁

曼谷

占城

南 海

马来半岛

马六甲

苏门答腊

婆罗洲

西里伯斯

巨港

爪哇

1405—1433年间郑和下西洋

郑和下西洋航线

0   500   1000 千米

0   500   1000 英里

中国明朝之航海历史变迁

■ 安德鲁·R. 威尔逊[①]

　　本章所讨论的中国明朝航海历史变迁，仿佛最不寻常。粗略看上去，大明朝发展成为海洋强国的历史，似乎正与本书题旨相反。一般认为，中国的大明朝，不同于自发或被迫向航海大国转变的那些大陆国家，明朝在建立后不久便迅速失去了对海洋的兴趣，放弃了充当亚洲乃至世界海上霸主的机会。中国明朝之航海历史变迁的典型特征是：初期繁荣，继而停滞，然后，海洋经济和海军实力双双直线下滑。换言之，一个 15 世纪初曾经派出数百艘大船、搭载数万名船员远赴非洲东海岸的大明王朝，到 16 世纪中叶时连家门口的海盗也不能从容应对了。从技术角度而言，这种历史变迁也是必然的：在 14 世纪后期和 15 世纪早期的明朝初年，中国的自然科学与技术遥遥领先，但到了 17 世纪时，明王朝已沦为军事弱国，打仗需要完全依赖外国的技术，吃败仗定然在所难免。

　　众所周知，《明朝那些事儿》的确言之凿凿。三宝太监郑和于 1433 年率领完成最后一次大航海以后，北京的明朝中央政府连连出台严苛法令，开倒车，不再积极发展海上力量，并转向重视陆地防御。从海洋回退，原因不一而足。频频颁布和施行严苛法令，即所谓海禁，是大明朝错失航海发展机遇的典型，而海禁从 14 世纪晚期首次施行，一直持续至 16 世纪中期。1500 年制定一条法令规定，凡建造双桅以上船只者以重罪论处。1525 年制定另一条法令，要求毁弃海船和收监海上商贩。1551 年又制定一条法

──────────

　　① 安德鲁·R. 威尔逊，美国海军战争学院战略与政策教授。威尔逊教授毕业于加利福尼亚圣巴巴拉大学，获哈佛大学颁发的历史与东亚问题及语言学博士学位。在 1998 年进入海军战争学院授课之前，他曾在韦尔斯利学院和哈佛大学教授中国历史课程。他撰写过多篇关于中国军事历史、中国海上力量以及《孙子兵法》等文章，他还撰写过两部关于中国海外华人的专著、一部专论："Ambition and identity: Chinese Merchant-Elites in Colonial Manila, 1885—1916"，并编著了 "The Chinese in Caribbean"，最近，他又参与编著了 "China's Future Submarine Forces"，这是一套关于中国战争史（1937—1945）的系列丛书，及一本会议论文集，名为 "War, Virtual War and Society"，他即将完成《孙子兵法》的翻译。

令，甚至规定凡操纵桅船出海者按非法论处。明朝如此从海洋回退，抑制航海贸易交流，错失历史发展机遇，短视是显而易见的。尤其正当欧洲开辟新航道，世界贸易迅猛发展时期，施行上述法令，更容易出现其政策导向的失误。在中国的帝国时代晚期，史学研究并不重视海洋环境，使人们更容易认为明朝放弃了航海发展机遇，当然，对于这种认识近年也有人提出批评意见。[1]

虽然在郑和航海结束以后，施行了种种航海贸易限制措施（尽管各省以及省以下地区的执行情况并不相同），但是明朝仍然保留着航海经济部门以及庞大的近海和远洋船队。在国内经济份额中，对外出口虽少，但仍必不可少，随着白银进口对于财富和国力的日益重要，明朝的出口贸易也变得越来越重要。在15世纪和16世纪早期的长期和平繁荣年代里，保证航海安全一直是沿海地区官员的第一要务，地方官员维持着大量的水军战船，用于打击海盗和执行沿海防御任务。航海贸易和航海安全对于明朝中央政府而言也许是第二位或第三位的，但绝不是可有可无的，特别是在沿海地区。这意味着中国的大明王朝保留着向海洋强国发展的重要潜力，其中包括自然科技、航海技术和国家财力。

在史料中，除了郑和航海，前人对明朝的航海经济部门的活动关注很少，原因有三。首先，郑和航海规模庞大，如此空前壮举，自然使后来的一切航海能力展示都相形见绌。因此，不能拿明朝的航海实力与其全盛时期（1405—1433年）相比，而要和同时代的竞争对手相比，比如丰臣秀吉（1536—1598年）执政时期的日本。其次，明朝官方史料的关注重点在于朝廷以及上层官僚们最在意的事情，比如陆地边疆安全和国内政治，这是朝廷最为关注的。传统的历史观念在王朝记载的基础之上，研究重点在上层政治，因而忽视民间事务。[2]地方上施行的法令，一般不会引起朝廷的注意。此外，中国的航海贸易虽然量大，但多属私营，而非官营，瓷器买卖尤为如此，在王朝历史中自然缺少记载，即使有官方参与，也很难引起朝廷的关注。例如在14世纪后期和16世纪中期，中国沿海地区的省以及省以下的地方官吏负责建造、维修、配备和补给用于海防的舰船，对于倭寇所造成的航海安全挑战，并不需要中央进行协调，或动用帝国海军。换言之，明朝不像大英帝国那样设有海军部作为海军舰队的中央管理机构。于是，除了几次严重的航海危机之外，明朝的航海经济部门在官方史料中是难得一提的。但是，稍稍翻检一下重要沿海贸易区的地方官员传记或地方志之类的资料，就不难发现中华帝国晚期的商船规模及水军舰队的战斗力情况。

我们从明朝晚期的几份文献，如李兆祥《龙江船厂志》、毛苑仪（音译名）《武备志》及清无名氏《闽省水师各标镇协营战哨船只图说》，便可以断言，中国在此期间建造了大批的战船及商船。[3]值得注意的是，清朝的史料显示，清初比明朝或许更敌视航海贸易，其严苛的航海贸易禁令几乎使沿海贸易名存实亡。第三，编辑明史的新儒家学派是造成该种史料缺失的原因，他们痛恨军费开支，仇视航海冒险，对国家参与航海经济持反对意见，在他们所编辑的史料中，关于明朝的航海经贸权益和水军问题，自然会被轻描淡写，或者遭到挖苦讽刺。有讽刺意味的是，这帮新儒家学派，他们的根据地位于长江下游和东南沿海，是航海贸易的最直接受益者，很显然，他们不希望自己的乐土被朝廷插手并霸占。

虽说有上述种种原因，但毕竟是明朝在15世纪初主动放弃了海上扩张，政府不再直接参与航海贸易，并通过法令将航海经济贸易活动限制在可控范围之内，例如限制货物交易量，或通过执照审批程序来限制外商。明朝这样做，自有道理，也不失为划算之举。然而到了16世纪中叶时，安全威胁加重，但新的经济发展机遇的出现，却让我们不得不重新评价明朝的航海发展观念。尽管航海经济部门在此前受到抑制，但从明朝的快速反应来看，明朝绝非孱弱无能。从1550—1590年期间，明朝两次面对严重威胁，一是沿海地区的海盗，一是日本入侵朝鲜，这两次威胁均被成功排除。更重要的是，在16世纪晚期明朝的军事和经济振兴以及重振亚洲霸主地位，均与航海贸易和航海远征密不可分。这一航海发展势头持续到17世纪，但明朝政府却很快失去了对航海部门的控制。随着1630—1640年的农民起义以及1644年满清入关，明王朝在陆地上的控制能力也逐渐丧失，明军旧部在海上坚持作战，甚至把荷兰殖民者从台湾赶出。清朝于1683年采取大规模水陆两栖作战攻占台湾岛，才最终消灭明朝水军余部。

因此，大明朝的航海历史不是一个由弱变强的过程，而是大陆国家的一个特例，其得天独厚的财力、物力、技术和创造能力，使其在建立伊始便迅速成为航海强国。这个特例也说明，不同国家在各自的资源限制、体制机制和思想观念影响下，其战略与经济优先任务选择也会不同。明王朝在物力、人力或战略资源上，当时无可与之争锋者，但由于存在制度缺陷以及思想和体制上的根本矛盾，明王朝的航海领先地位未能长期保持。

最后要说的是，尽管仔细检讨大明王朝的历史有其固有价值，但我同样期待这样的研究可以为当代中国的海洋构想提供一些观察视角。因为东亚地区的主要国家及其地理版图和600年前无异，该地区的战略经济合作模式也依然存在。而且，如今的全球及地区贸易网络以及中国对世界经济的推动作用，均与明朝晚期非常相似，因此，我敢断言，21世纪的中国将比近代中国更像16世纪时的中国。尽管中国基本上是一个大陆国家，但有大量的历史证据表明，中国可以成为一个海洋大国，成为航海技术创新国家，而且在东亚和东南亚乃至印度洋地区扮演重要角色。这并不是什么新生事物。

一、明朝建立过程中的海战与河流战

明朝从宋、元两个前朝继承了深厚的航海传统。南宋（1127—1279年）是中国唯一一个以港口城市作为首都的王朝。都城杭州位于长江下游，不仅是当时中国的政治和文化中心，而且是内河水道和沿海贸易的集散地，并拥有大型的造船厂。中国的航海技术在南宋时期达到了一个崭新高度。此外，中国北方的军事威胁，首先来自女真人建立的金朝（1115—1234年），其次来自蒙古部落，因此南宋必须保持强大的航海实力。其实，航海实力包括海洋测量学、航海技术和海战能力，用于保证南宋王朝在遭受蒙古人连续进攻时能够生存。当南宋抵抗了45年而最终灭亡时，其原因在于南宋水军大部已倒戈投降了蒙古人。[4]蒙古人所建立的元朝（1271—1368年）希望投降的水军发挥其航海热情和技术优势，但几次航海远征均告失败，元朝从海上远征日本、越南和爪哇，如果没有舰队和各种战术，那是不可想象的。[5]事实上，蒙古人在1274年和1281年对日本的两次远征，很可能是中世纪时代规模最大的两栖作战行动。

14世纪时的中国在航海和海战方面，均处于世界领先水平。经过几个世纪的发展之后，长江下游及东南沿海地区的船木加工厂已经引进横舱设计（很可能是密封舱设计的前身），采用了箱式铆接船板、轴向船舵、多级船桅和折叠式船帆。中国海员还掌握了天文学、测绘和罗盘针技术。东亚和东南亚地区各国之间的航海技术交流，也促进了中国航海技术发展。此外，中国把船尾进行最大限度地加宽，使之更适于海上航行和低速航行中的操控。[6]中世纪时代的中国拥有木材、大麻、黄麻、石灰，为船木加工、生产桐油和纺织船帆提供原材料，而且国内经济规模大、门类复杂，能够保障造船物资运输。宋、元时期的战船，配备有各种各样的钩具、索具和火炮、填弹及投射装置、弓弩等。大型战舰配备有投石机，小船上搭载水手。[7]14世纪的中国战船配备有大炮，以增强火铳等射击武器。但从1371年的四川战役记载来看，这些仍然无法同明朝的水军实力相提并论。[8]

　　元朝末年，内战连连。明朝是中国历史上军队由南向北夺取政权的少数例子之一，与之相比，更为普遍的例子是由北向南征战最终夺取胜利。明朝的缔造者来自南方叛军，与元、清两朝的蒙古人和满洲人偏重于大陆经济相比，他们更善于利用海战和河流战，更熟悉南方的商业经济。明军在夺取政权的征战中，两个中心战场便在长江下游和东南沿海地区。正因为这样的地理特征，水军自然而然成了缔造大明王朝的主力部队。鄱阳湖之战（1363 年 8—10 月期间）以汉王陈友谅进攻南昌的一场河流战为开端。据不同史料记载，陈友谅部拥兵 30 万～60 万人马，其作战舰队由高大的楼船组成，船员数百人，船身配有装甲和弓弩发射台。明军由后来称帝的朱元璋统领，首先从赣江撤退至鄱阳湖。明军人数远远不敌陈友谅部，而且战船也很小，但明军决定以快速灵活的小船应战。8 月 30 日和 31 日的两次交战并不成功，明军指挥控制不利，而且很多稍大型的船只在浅水中未能派上用场。在 31 日的再次进攻中，明军使用了战船、火炮及其他火器，大获全胜，重创陈军数百艘战船。9 月 2 日再战，陈军将战线拉开，以避免受到火攻威胁，但明军采取集群式进攻战术，使陈军多艘战船起火或被俘。两军战罢之后的几个星期，朱元璋又集中兵力，成功阻止陈军从鄱阳湖退守上游都城武昌。

　　10 月 4 日进行最后一战，陈友谅被杀，其子作为继任者亦被俘虏。汉军大乱，并于当晚投降。通过这次河流战，汉军被彻底打败，使朱元璋完全控制了长江中游地区。从此以后，朱元璋把进攻重点转向长江下游的吴国，通过几次征讨，最终于 14 世纪 60 年代中后期把吴国剿灭。[9]朱元璋又乘势发兵向南征讨广东、福建等地，于 1367 年对盘踞在东南沿海地区的元朝旧部发动了几次海战，还在 1368 年发动了陆路协同作战。与此同时，朱元璋从陆路向北进兵，把蒙古人赶出北京。[10]唯此鄱阳湖关键一战，使明军在南方夺取了军事优势，否则，朱元璋取得征讨胜利并建立大明王朝断难想象。1371 年进行了最后一次河流战，直捣约 2100 千米外的长江上游的重庆，并从陆路进攻成都，最终夺取四川。此外，若以鄱阳湖游泳战为例，我们可以断言在大明王朝建立之初，其水军的大型战船数量必不下数百艘，水军将士必不下数十万。[11]

二、明初的航海政策及海防体系的呈现

　　尽管河流战在明朝的建立过程中发挥了中心作用，或许正是因为这样，明太祖朱元璋（洪武帝，1368—1398 年在位）对于水军和航海经济反而心

存芥蒂。[12]明朝的这位新皇帝太熟悉水军了，所以才更不放心。从一开始，明朝的皇帝就乐于把贸易和海盗混为一谈，认为它们是法令、秩序以及长治久安的威胁。这并非惊人之论，因为朱元璋手下有两位高级水军将领，一个是俞通海，一个是廖永忠，其中廖永忠在 1371 年 7 月的四川瞿塘峡河流战中大获全胜，而他在 1360 年加入明军之前，正是 1340—1350 年期间巢湖上的水贼。[13]明初的航海贸易政策和沿海防御战略，以否定或限制航海经济为目标，使航海贸易规模不能超过其他战略经济优先安排。尽管大明王朝的缔造者来自南方，但却吸收了前朝蒙古人的很多观念，包括制度、统治手段以及战略和作战关注点，即陆地扩张和内部巩固，这也是和我们的研究关系最密切的方面。明初也有与前朝大不相同之处，比如宋、元时期，朝廷允许合法经商并收取赋税，尽管会伴随产生一些风险，但朱元璋宁愿冒更少的风险，发展更可靠的指令性经济，使国家的财政收入几乎完全出自土地税收。朱元璋的专断，又被 14 世纪 60 年代前来依附的新儒家学派推波助澜。[14]然而，朱元璋确立新政权所推行的强制性法令和重农主义思想，恰好与以巧取豪夺和乱中取胜为特征的航海经济社会相悖。航海经济是一个活跃的经济部门，很难由国家控制。在东南沿海地区，水道交织，重峦叠嶂，这种地形特征限制了明朝政府对航海经商人口的有效管控力量。[15]此外，大明王朝从根本上仍然属于陆地国家，在战争和建立政权的过程中，河流战始终是陆路用兵的补充，其地位从未胜出过陆上作战。蒙古人及其他蛮族长期虎视中原，也吸引着明朝政府把军队向内陆转移。[16]

1372 年惨败在蒙古人手下，是明初扩张达到顶峰的标志，紧随其后的是南方少数民族叛乱。从此以后，明朝在北方边界转入防守态势。对于海上或向南扩张，洪武帝明令禁止继任者征讨东亚及东南亚主要岛国，[17]其主要目标在于推行朝贡制度，即把中国和邻国的关系确定为宗主国与附庸国的关系，把附庸国定期向大明王朝都城进贡作为规范的贸易方式。朱元璋对于海外贸易不感兴趣，对于众多的航海人口也无心经营。他对于航海贸易所产生的财富并不在意，而对航海经济伴生的政治与社会影响却心存芥蒂。他只欢迎真正独立的国家前来朝贡。他只允许官方参与的航海贸易，而且只在朝贡过程中完成，禁止国人从事航海活动并同蛮族私相交易。[18]

尽管如此，洪武帝无法完全漠视航海经济部门，因为明初时期仍有安全威胁需要应对。[19]元朝后期，海盗已经兴起，其原因不一而足，比如日本南北朝时期（1336—1392 年）的内战不断波及地方水域，此时恰逢政治和经济动乱的中国元朝末年，而且投机商和散兵游勇互相勾结，疯狂进行抢劫和走私，大发国难之财。[20]这种突然形成的海盗统称"倭寇"，"倭"指日本人，"寇"指盗贼。但倭寇不仅包括日本人，还包括朝鲜人等。此外，元末的叛军当中，包括方国珍和张士诚，他们拥有步兵和水军，盘踞在沿海地区，先后对元、明两朝构成威胁。[21]甚至在方、张被剿灭或招抚之后，被遣散的追随者仍能通过航海贸易而自我维持。沿海的安全威胁需要采用军事和经济手段应对。[22]在统治期间，朱元璋对军事体制进行全面改革。改革的模式是其在 14 世纪 60 年代内战期间收编败军将士的方法。与此同时，军队重组也是执行崭新任务和维护明朝统治的需要。[23]内战期间，朱元璋及其子嗣、偏将牙将等，连年征战，在马背上执政，因此军队与政府无法明确分开。征服四川之后，朱元璋要把军事作战体制改造成政府管理体制，使民事管理和军事指挥地位相当。[24]朱元璋需要保持足够的军力以进一步巩固政权，并保卫大明王朝发展壮大，同时他必须裁减数十万军队使之退役为民。

朱元璋采取世袭兵役制来解决这一难题，同时划拨土地给世袭兵役家族用以自给自足。他还提出了组织创新方案，以配合这项制度，即设立"卫、所"编制，各地辖区设立旅级指挥部门，称为"卫"，拥有 5000 ~ 5600 人，含 5 个营级单位，每个单位称为"所"，执行地区防御任务，并驻扎在军垦区内。[25]为消除海上和水路威胁，朱元璋从 1370 年开始并在 1371 年设立了水军卫所，首先是位于山东、南直隶、浙江和福建境内，后又扩编达 50 个卫（另含 80 ~ 85 个所），担负从渤海湾到南海之间的巡防任务。在陆上，步兵单位集中驻防在大型军垦区内，而水军各所通常都分散驻扎，这是由地形特征、人口密度以及曲折的海岸线决定的。[26]水军的卫所，其规模和编成也多有不同，有的地方一个卫的人数只有 200 人，而在位于长江入海口处的南直隶（即南方的大都会地区）一个卫的人数多达 11 000 人，甚至达到 13 000 人，[27]因为长江下游地区是明初的政治、经济中心所在地，所以派重兵防守也是格外谨慎之举。[28]此外，海盗和水贼威胁着运往都城南京的税赋钱财。从总体上看，明初的水军规模庞大，富有战斗力，也奠定了整个明朝海防指挥体系的基础，但朱元璋的政策目标基本上却是否定的，他希望抑制航海经济部门，而非加以利用，编制体制设置也由此决定。水军的卫设在倭寇掠夺的重点地区，用于阻止和封锁倭寇袭扰，而解决问题更直接的办法恐怕应该是通过水陆进兵，去捣毁盘踞在琉球及日本南部的倭寇老巢。尽管明朝的军队有能力进行海外作战，而且在 14 世纪 70 年代也进行过两次，但明朝的皇帝一般都拒绝发兵，认为那是劳民伤财之举。[29]即使在中国大陆的福建和广东沿海，因为地形和曲折的海岸线，也时常妨碍对之进行有效控制。换言之，海盗问题使明朝疲于应付，但是由于贸易政策不对头，以及其他更为棘手的安全问题，再加上地理环境的限制，以致明朝始终未能根除海患。

除了这些影响深刻而且完全是防御性的军事策略之外，洪武帝还使用了外交手段以及海禁措施，第一次实施海禁是在 1371 年。按爱德华·德莱耶的说法，明朝皇帝此举反而使海盗问题更加严重了："明朝与日本以及其他东南亚岛国间的关系，在经历了 14 世纪 70 年代初的甜蜜之后，已经开始变酸了。问题就在于洪武帝试图压制私营贸易，而与此同时又拒绝在朝贡制度之下进行等量的贸易往来。"[30] 换句话说，明朝政府的禁令迫使中外航海商贩干起了海盗或走私营生。到了 14 世纪 80 年代末，"海盗热"虽已降温，或许是洪武帝所推行的贸易与渔业禁令有所放松，但航海经济部门仍然面临各种政策阻力，私营航海贸易遭到敌视。这或许还造成了双重的损害，因为在接下来的一个半世纪里，东亚地区总体上是和平的，此时应该着力执行更为积极的经济政策，鼓励和促进方兴未艾的私营商业发展。然而，基于明朝皇帝的法令，这种困境根本无法摆脱，并且每隔一段时间就需要重申禁令，这件事情本身就彰显着明初的海洋经济活力以及明朝遏制这种活力的种种尝试。[31]

三、郑和航海：明朝海军鼎盛时期

1405—1433 年是明朝初期航海和海上经济利益的全盛时期[32]。虽然西方海军至上主义思想对郑和航海的描述不一定完全准确，[33] 但指出了这支庞大舰队的组建与部署威胁并影响了盟友，对手和归顺者，打通或扩大了明代中国与东南亚以及印度之间的官方贸易海上通道。[34] 郑和七次航海是由明朝第三位皇帝永乐发起的，永乐（1402—1424 年）——明成祖朱棣，是明朝开国皇帝朱元璋的第 4 个儿子，一位明朝崛起年代勇敢的军事指挥家，后被封为燕王，建都北平（后改名北京）。朱元璋立长子朱标为太子，后朱标不幸病死。1398 年洪武（朱元璋）死后，他的侄子朱允炆成为建文帝。1402 年 7 月，朱棣起兵谋反，成功地攻占了南京，废除建文皇帝。[35] 明朝总督陈萱（1365—1433 年）反叛并率兵横渡长江。[36] 获封永乐帝后，朱棣开始了其外交、军事、基础设施和政府机构等一系列改革，其中包括重修大运河、建新都于北京、攻打安南、多次交战于蒙古国以及郑和航海。郑和下西洋并非是永乐年间唯一的重大海上活动。

1415 年大运河重新开放前，长江下游和北方驻军之间的粮食靠沿岸航线运输，但易被海盗截获，需要护航队保护。明朝对这种威胁很重视，1406年，明朝海军船队护航归来后，赴辽东半岛打击海盗，并把所有海盗驱之朝鲜沿海。陈萱 1402 年投诚朱棣，之后多次指挥护航船队在福建和浙江沿海打击海盗。[37]另外，早期阶段的安南入侵和占领（1406—1427 年）在东京湾和南海引起诸多沿海作战。[38]李约瑟、王铃和鲁桂珍指出，永乐年间"明朝海军总共有大约 3800 艘船，1350 艘巡逻船和 1350 艘战船……主舰队有400 艘大型战船……，和 400 艘粮食运输船。"[39]然而，明朝早期的沿海作战要比太监官郑和（1371—1433 年）的功绩逊色得多。

中国明朝通往高官贵禄的途径有三种：科举考试、从军或做太子或皇帝的随从太监。郑和占了其中的两种。郑和（原姓马，小名三宝），出生在中国西南部云南的一个穆斯林家庭，明军进攻云南时，被掳入明营，受宫刑成为太监，后进入朱棣的燕王府。在河北郑州（今河北任丘北）靖难之变中，为朱棣立下战功。朱棣夺取政权即位称帝后，郑和被封为内官监太监，深得燕王的信任，后被选拔担任正使。[40]他显然是皇帝选择率船队出海的最佳人选。

郑和七次航海可分三个阶段。第一阶段包括第一次航海（1405—1407年）、第二次航海（1407—1409 年）和第三次航海（1409—1411 年），这三次航海的目的是重新开通马六甲海峡，扩大印度洋的交流，尤其是与印度洋的重要贸易中心卡利卡特（今印度马拉巴海岸的科泽科德城）的交流。第二阶段包括第四次航海（1413—1415 年）、第五次航海（1417—1419 年）和第六次航海（1421—1422 年），这三次活动使明朝的贸易和外交延伸到了中东和东非地区。第三阶段就是第七次航海（1431—1433 年），这次航海是永乐皇帝死后第七年进行的，沿着以前的航线最远到达了霍尔木兹海峡，并向东非派遣小规模的使节。[41]除了航行距离远外，航海船队规模和费用也很惊人，一次航海要包括 250 余艘船只，27 000 人员，不含牲畜、马和其他役畜，这些船中，40~60 艘是宝船或"金银船"，最大的船长 440 英尺（1 英尺 = 0.3048 米），宽 180 英尺，排水量 20 000 余吨，是建造的最大木制船。船队规模庞大，船只数量多，技术先进，郑和船队航行速度较慢（最高速度不到 2.5~3 节），完全靠顺季风前行。因为船不能迎风行驶，所以船队乘东北季风出航，西南季风返航，大部分航海航程是整 2 年的周期。另外，这些船不像我们今天所说的战舰，虽然船上装有大量用于攻防的大炮，但这些船不是真的在海上与其他海军交战，而是为了恐吓潜在对手，或防止舰上大量人员离船逃走。

郑和航海的最主要目的：外交方面，与南海和印度洋沿海岛国建立朝贡关系；文化方面，宣传新明朝的强大、繁荣和权势；军事方面，恐吓、胁迫或强迫；经济方面，加速扩张已有的贸易线。他们不是去欧洲发现新大陆或新市场的航海探险，因为他们是沿着早已有的贸易线航行。这四种目的中，外交和文化是最重要的，军事方面也不能被否认。永乐和他的心腹郑和都是军人，航海船队的组织和指挥都很军事化，郑和也不反对使用武力，第一次航海期间，他就在南部苏门答腊的巨港（中国史料注释三佛齐或旧港）[42]擒杀海上巨盗陈祖义。第三次航海大败锡兰国王。另外，每次航海都在占城的主要港口归仁停靠，占城是永乐征服安南战争中的重要盟友，《航海叙事》一书中说，他们是可靠的、强有力的战略合作伙伴。

按中国现在的说法，郑和航海在军事上是和平和"友谊"的航海之行，不同于欧洲模式的征服和殖民航海，他们由明朝军队按照军事化管理。正如许多官方和非官方资料所述——郑和航海完全不带军事色彩，只是走得有点太远了。[43]《解放军报》最近一篇文章认为这些航海带有军事色彩，郑和和他的船队擒杀了海上巨盗陈祖义，惨败了锡兰国王率领抢劫宝船的武力部队，使"诸国震动，无与争锋"。文章结论说，郑和航海的物质影响力远远大于外交——组建船队并战胜威胁，并批评郑和航海扬威而不得利，入不敷出，极大地削弱了明朝的经济实力。[44]另外，和平与战争的区别是基于一个错误的二分法。[45]在明朝建国战争时期，永乐和郑和都不能辨明"民"和"军"之间的区别，他们把明朝所有势力视为一体。所以，没有必要分析航海的"硬实力"和"软实力"。[46]

在经济方面，欧洲人走出去找贸易，而中国市场的吸引力备受青睐。这种贸易是在朝廷体制下进行的，所以朝廷是直接受益者。永乐当然极为高兴，因为他一直酷爱珍品和奢侈品，但贸易不能和航海的软实力分开。经济利益对中国文化大国的影响是第二位的。[47]这并不是说航海对中国的经济或贸易没有推动，他们一直持续到15世纪30年代，这些航海代表明朝永远载入亚洲海上贸易史。但郑和航海的主要目的是宣传在朝廷制度下明朝政府的国威，新皇帝的权势，扩大明朝势力范围，特别是在朝页体制范围内。换言之，其更大动机就是使新明朝和篡位皇帝永乐合法化，恢复元朝受损的中国外交关系，以及元末内战和明朝巩固时期中断的外交关系。在明朝的朝贡制度下，"外国统治者要承认中国皇帝独尊的地位就像是上帝的儿子，是天堂、人间和人类之间的使者。他们在与中国交流时，要献出自己国家的贡品，接受和使用中国的年历。"[48]郑和船队很快就成了明朝政府和东南亚及印度洋之间相互交流的主要渠道，他们能使外国密使往来中国，贸易贡品赐给明朝新盟友。然而，1422 年航海活动突然停止，只有额外的一次是 15 世纪 30 年代进行的。停止航海的原因很多，[49]航海船队费用太大，并且陆地开发和新都建设早已耗尽了国库资金。[50]

卷土重来的蒙古威胁使明政府的战略重点由沿海贸易转向北部和西北陆地的边境争战。明朝将首都由长江下游的南京迁移至北京使这一转移得到了加强。迁都和重新开通大运河，使长江地区的粮食通过大运河运往北方首都地区，自然淡化了明朝统治阶层的海上贸易和海上事宜。另外，明朝新儒家官僚对安南的败仗、军事冒险、朝政规划也不满，他们认为郑和航海有违朱元璋的法令，既浪费钱财，又很不符合孝道。

永乐帝在实现其海上宏伟计划时遇到很多方面的障碍，他的另一宏伟计划，特别是蒙古战役和建新都，争夺了明朝资源和战略重点。1421 年，他抗击蒙古入侵计划引起争议，致使郑和第 6 次航海的费用缩减。1424 年，永乐帝在征伐蒙古的归途中死去，他的后人很难说清楚已耗尽的费用。最后一次航海是 1431—1433 年，由朱元璋的孙子发起，并用事实证明了当时的船队仍能胜任航海活动。

大多数历史学家认为郑和远航结束是远离大海的根本转变，对此有很多种说法，如明朝把重点放在陆地前沿对军事和经济都有意义。15 世纪 30 年代后，明朝不再重视海上势力，而把重点转向地缘政治形势。当时明朝是世界上最强大、最富有的陆地国家，中国势力只在陆上发展，期待新皇帝关注海上是不切实际的，特别是面对官吏们的反对。明朝统治尽可能多的领土和人口，这并不是说明朝在 15 世纪没有错过海上发展的历史机遇，而明朝的政体体制表明国家可以像洪武时期那样对海上进行遏制，也可像永乐年间那样对海上进行控制。两者之间没有更开明、更高效的方式来体现国家和商业之间的关系。

约翰·E. 韦尔斯在其明朝晚期海洋世界研究文章中谈到，海洋周边都属于明朝，因为中国周围是辽阔的海洋，16 世纪以前很少有重大贸易机会。他说，明朝没有把距福建沿海百英里远的台湾列为殖民地是典型的边缘化。[51]然而，政治选择和物质或商业障碍不能表明明朝已完全放弃海洋。此外，即使在朝廷试图控制海上区域时，中国独特的河流环境，还有内陆航运带来的许多国内贸易和税收，支持中国保持领先的海上技术。

明朝海上衰退被说成是对海上贸易和造船业的严密有效控制，永乐帝的继承人已意识到让中央政府涉足海上贸易的费用和愚蠢之举，并又回到朱元璋在可控范围内控制航运业的那种有缺陷但很务实的模式。明王朝以及从宋朝时期开始的所有中国朝代都有独裁的倾向，农业生产力低下，税收有限。大量税收已用于帝王随从的开支，基础设施维护（特别是大运河）、官吏费用，朝贡体制和地面部队。这就很难使政府把精力投入沿海地带，严重限制了他们能优先考虑的事务，结果是用于海上事务的专项资金所剩无几，国家不能直接控制，而是委托给信任的监护人（如同从宋代开始所有王朝都把思想指挥棒交给了新儒家文人），或试图通过传达圣旨来施行。但很明显，海上贸易不可能由朝贡体制管控或被政府所垄断——郑和航海的一项任务——明朝尽量减少海外贸易，这样既不滥用政府的开支，也不会出现严重的安全问题。

从长远观点来看，爱德华·德雷尔认为郑和下西洋没有给中国带来多大实质性利益，特别是 15 世纪 30 年代以后，外交利益和朝贡体制发展迅速消失。然而，有一点笔者不敢苟同：由于马六甲与巨港的友好合作，航海经济优先得以满足，中国与印度洋地区之间的贸易得以继续发展，明朝政府允许外商通过中国港口进行贸易。虽然体制对中国商人很不利，但海外贸易只是不断增长的国内经济的一小部分。经济史学家拉蒙·迈尔斯将明朝经济形容成"网状"或"网络状"，被既不水平也不垂直的结构所控制，[52]换句话说，经济基础差，但也发挥了作用，因为国家的经济政策基本上自由放任，政府的作用就是确保运河和航线贸易畅通。[53]这明显不同于海上大发现时代的欧洲国家，他们是被迫开辟新市场。中国明朝缺少这种动力。15 世纪中叶到 16 世纪中叶，东亚地区没有发生重大战争，尤其是海上战争。[54]明朝中期这段时间，朝廷有足够的海上力量来满足其需求，海洋意识尽管保守，但也很现实。

四、16 世纪初中国明朝的海洋边界

1433—1550 年间，明朝没有全面的海洋战略，正如我们所看到的，也真的不需要什么战略。然而，到 16 世纪，欧洲人来到亚洲海上，再加上海上经济膨胀和中国涉足海外贸易人数的增多，明朝起初对这些挑战反应有点慢，因为在 15 世纪，沿海防御配系（以及较大的卫、所和军事用地）已年久失修，缺少人力和资源，另外，以前的惯例也影响政策及时改革。[55]

在中国，经济的商业化和货币化，以及人口南移表明航海人员和海上贸易的价值比陆地和国内市场增长得快。[56]换言之，中国的战略和经济布局发生了根本性改变。欧洲人的到来——受中国市场吸引带着充足的欧美洲

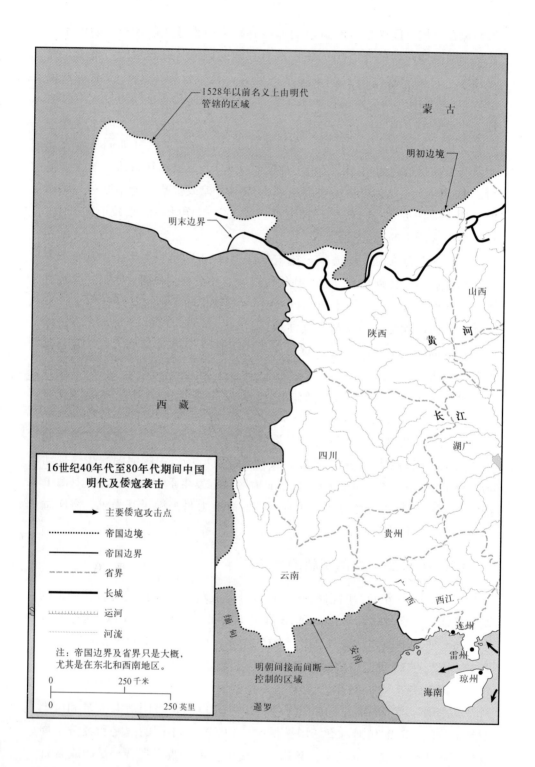

1528年以前名义上由明代
管辖的区域

蒙　古

明初边境

明末边界

山西

陕西　黄　河

西　藏

长　江

湖广

四川

16世纪40年代至80年代期间中国
明代及倭寇袭击

主要倭寇攻击点

帝国边境

帝国边界

省界

长城

运河

河流

贵州

云南

广　西　江

连州

雷州

琼州

海南

注：帝国边界及省界只是大概，
尤其是在东北和西南地区。

0　　　　　　250千米

0　　　　　　　　　　250英里

明朝间接而间断
控制的区域

遥罗

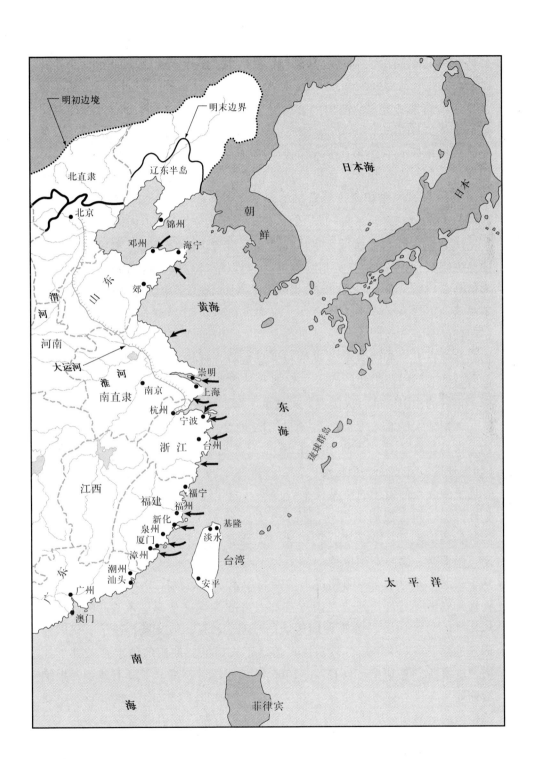

明初边境

明末边界

北直隶

辽东半岛

北京

锦州

邓州

海宁

郊

山东

黄海

渭河

河南

河南

淮

大运河

南直隶

南京

崇明

上海

杭州

宁波

台州

浙江

东

海

琉球群岛

江西

福建

福宁

福州

新化

基隆

泉州

淡水

厦门

漳州

台湾

潮州

汕头

安平

广

东

广州

澳门

南

海

菲律宾

日本海

日本

朝鲜

太平洋

银了来到亚洲——以及 1530—1540 年日本大金矿的开发，使中国对贸易的管控减少，种类增多。明朝中期，成千上万吨货物、数以千计的商人和移民航经南海、黄海和印度洋的航线，到 16 世纪 40 年代，明朝的丝绸和瓷器在里斯本和安特卫普的商店随处可见。[57]中国一些官员和许多商人建议解除海上禁令，但明朝起初的反应是延长禁令，甚至包括 1515 年禁止捕鱼。[58]禁令的延长和禁止所有海上贸易导致的结果如同明朝初期的那样：商人被迫成了海盗。因为海上经济和人口规模扩大，不说欧洲技术，新兴海盗威胁要比 14 世纪的严重得多。[59]这也不奇怪，因为严重失职的明朝军队对这种挑战准备不足。

16 世纪中叶海盗横行，明朝权势和军事管理能力下降。实际上（真实迹象表明），由于沿海卫所制度在 16 世纪以前被忽视，这给海盗创造了许多机会。当然，我们不能理直气壮地期待明朝能保卫中国的整个沿海地区，不受活动猖獗的海盗袭击。另外，海盗危机也说明明朝的繁荣富强，而不是明朝的衰败。最后，尽管早期有点失策，但明朝官员很快就开始打击海盗，并施行了一系列的军事改革和平息危机、遏制威胁的政策，如我们后来所看到的那样，明朝的战术、作战和技术创新后来在壬辰卫国战争中发挥了很好的作用。第二次倭寇危机展示了军事和经济的复苏。

葡萄牙人是涌入亚洲海上最早的欧洲人，15 世纪 90 年代，瓦斯科·达·伽马航海之后，葡萄牙人在 16 世纪初期横跨印度洋，1510 年在果阿（印度地区）建立了一个基地，第二年推倒了马六甲伊斯兰教君主的地位，开通了南海与葡萄牙的贸易往来。占据马六甲还表明葡萄牙控制了中国和全球经济之间主要通道之一，随后不久，葡萄牙商人想和中国直通贸易，但被朝廷拒绝了。1517 年，葡萄牙一支官方使团，包括 8 艘战船，在费尔南·佩雷斯·德·安德拉德率领下，想与明朝建立正式关系，但还是被拒绝了，因为葡萄牙不在明朝进贡国的名单里。最后，1520 年，葡萄牙大使托梅·皮雷斯因行礼到位在南方首都南京准予拜见正德皇帝（1506—1521年）。随后，托梅·皮雷斯使团想陪皇帝随从回京，但又被拒绝了。只因葡萄牙推翻了马六甲伊斯兰教君主，朝廷正式拒绝了他们的请求并关押了托梅·皮雷斯，[60]嘉靖皇帝（1522—1566 年）即位后，重申了海上禁令，拒绝给葡萄牙人合法交易的机会。这不太容易被说服，费尔南·佩雷斯德·安德拉德的兄弟森马奥·安德拉德试图通过武力在广东沿海建立贸易站，但他和后来的援军都被明朝海军成功击退。[61]1540 年，中国和葡萄牙之间的敌对行动再次爆发，当时欧洲贸易商被福建和浙江总督朱纨的队伍驱出沿海内地，不久，明朝成功击退了葡萄牙的军事行动。亚洲海上拥入大量的海上力量，明朝当时的海上政策很不适合，换句话说，海上禁令是一个腐朽的大坝，只能阻挡中国商业活力，中外商人急欲摧毁这座大坝，但明朝还要支持其不合时宜的政策，因此就涌现了大量的海盗活动。

五、第二次倭寇危机

16 世纪中叶，海盗危机只出现在本国内部，然后发展为跨国活动。[62]16 世纪 50 年代，王直，当时中国海盗商人之一，因商业失意，聚集起好几百艘舰船和数千名追随者袭击了浙江沿岸，抢劫掠夺官家的粮仓和国库。1555—1556 年间，大多数由中国西南部当地人组成的帝国军队，几乎每次交战都被击溃。有一次，王直曾主动提出投降，以换取赦免，并允许他经商，在谈判似乎达成可能时，其同行大名鼎鼎的徐海还想继续反抗。王直最终在 1557 年投降，随后根据嘉靖皇帝的命令被处以死刑。在这期间，胡宗宪采取绥靖与合作政策，于 1556 年击败徐海，多少对危机有所缓解，但没有解决根本问题。[63]另外，如何用最好的方法应对海盗，朝廷上下莫衷一是。一些官员，如胡宗宪和赵文华，建议废止海上禁令，对海盗头目实行赦免，同时对拒不投降者采取军事行动，另一些官员则为加强禁令进行游说，坚决反对任何形式的绥靖政策。而且，王直和徐海已暴露出中国沿海的战略弱点和商业机会，他们的失败只是为新一代中国和日本海盗大开方便之门。这些海盗对明朝海岸的骚扰一直持续到 16 世纪 60 年代。日本大名特别注重利用利润丰厚的中国贸易，来增加其 16 世纪晚期内战中的财富和实力。[64]

最终，1563 年，明朝军方开始解决海盗问题。戚继光被派到福建，清除几个海盗基地。戚出生于一个世袭的军人家庭，尽管非常年轻，却已经在山东指挥了几次海岸防御作战，并且在 16 世纪 50 年代的反海盗战役中在胡宗宪手下任职。[65]戚继光反对使用外籍部队，他更喜欢使用当地人，因为他们在地区防御中存在既得利益，并且戚继光认为他们更容易进行训练和操练。海盗袭击团伙经常由日本武士训练和领导，他们强调有凝聚力的小规模行动和近距离作战。戚继光发展了操练技术，组织创新和合成兵力队形，来反击倭寇的战术优势。[66]他的部队很快在反击海盗登陆战斗中取得优势，而其作战很快演变成两栖作战，将海盗从沿海基地驱逐出去，并在海上拦截入侵的海盗。在 16 世纪 60 年代的晚些时候，明朝已经部署大量的海上船只，几乎所有的船只都装备有大炮，以应对海上威胁。

　　恢复活力的明朝"海军"不反对把倭寇驱逐到离陆地很远的地方，1575 年明朝军队将海盗林凤一直驱逐到吕宋。林是广东人，他在早期海盗生涯中曾是林道乾的门徒，他们在福建、广东沿岸乃至马来半岛东海岸的帕达尼亚港都有基地。明在 1563 年发动进攻，由俞大猷和戚继光指挥，将"二林"从沿海基地驱逐出去，并使其在台湾设防。然而，1572 年晚些时候，林凤再一次骚扰广东和福建，战争委员会发起了消灭他和他的追随者的战役。1574 年，由福建总督胡守仁领导的进攻战重创林凤的几条船只，迫使他再次撤退到台湾和澎湖岛。林在慌乱撤退中捕获了一支从吕宋返回的中国商队。看到商人们在马尼拉获得的金条银块，听到西班牙人在那里不堪一击的防御，林和他的船队离开澎湖岛的基地，南下驶往吕宋，其明显的意图是驱逐西班牙军队并在马尼拉建立基地。[67]

　　1574 年 11 月 30 日早晨，林的几百人马在马尼拉登陆，并袭击了该城市。这次袭击和 12 月 2 日进行的第二次袭击都被击退，但林凤下定决心在吕宋建立一个基地，大概是因为这些岛屿远离明朝海军的活动范围。为此，他离开马尼拉湾，沿着吕宋海岸线向北行驶到仁牙因湾，并在那里修建了两个有重型防御工事的立足点。同时，中国朝廷对林攻击马尼拉很警惕。1575 年 4 月，一艘西班牙船只遇到了由王望高率领的中国使者船，王望高当时是福建知府刘尧海府内的一名军事长官，他被派去寻找林凤，抓捕他并劝说他的随从人员进行叛变。在明朝大部队到达吕宋之前，林凤设法逃离了仁牙因湾，撤退到台湾海峡区域，不到一年，明朝通过各种军事行动和诱使他的下级背叛，削弱了林的权力基础。[68]

　　16 世纪 70 年代初，倭寇危机已开始减退，明朝的军事胜利也得益于1567 年海上禁令的撤销，以及"海洋开放"政策的启动，该政策允许中国商人赴海外经商，此决策尤为及时，因为它的实施与在澳门（1557 年）和马尼拉（1571 年）两处的贸易中心的开放几乎同时，不久就会有银两源源不断地流向中国。明朝新的贸易政策限制外国商船停靠中国港口，禁止中国与日本实行贸易，从而促使了偷运和海盗行为。虽然在短期内，与日本的贸易禁令不会成为问题，因为日本在织田信长和丰臣秀吉统治下政治稳固，主要精力已转向国内事务。然而，反海盗行动依然是朝廷的战略重点："明朝的警戒和效率持续了几十年，甚至到 1588 年晚期，我们仍能看到大规模海盗船队在浙江近海附近沉没，约 1600 人在溃退中丧命于明朝手中。"[69] 17 世纪早期，海上防御发生了明显的改变，明朝开始在澎湖岛加固工事，作为反海盗作战的前沿基地。明朝海洋复兴程度在明军参与壬辰战争

1360—1683年间的明朝海军作战行动

图例	
....	帝国边境
———	帝国边界
—·—·—	省际边界
▬▬▬	长城
··········	运河
·········	河流

注：帝国和省边界只是大概，尤其是在东北地区。

0   250   500千米

0   250   500英里

日本海

日本

早期明朝边境

晚期明朝边界

陈埠的反强盗行动 (1406)

辽东

北直隶

北京

锦州

邓州

海宁

郓

辽东半岛

朝鲜

露梁海战 (1598)

大运河

山西

渭

河

黄海

平户

长崎

山东

黄 河

河

种子岛

河南

淮 河

长 江

崇明

南京

苏州

上海

宁波

郑成功北方防御 (1658—1659)

鄱阳湖战役 (1363)

南直隶

浙

江

琉球群岛

瞿塘峡之战(1371)

江西

台州

反强盗行动

东海

湖 广

福 建

延平

朱元璋征服东南沿海(1367—1368)

贵州

福州

泉州

漳州

基隆

齐兰迪亚港/安平 (1624—1662)

台湾

广西

梧州

广 东

厦门

汕头

澎湖海战(1683)

西 江

广州

连州

澳门

中荷战争 (1622—1624)

雷州

中葡战争 (1521—1522)

太 平 洋

东京湾 (北部湾)

海南

林加延湾

菲律宾

马尼拉林风事件 (1574—1575)

南 海

安南入侵 (1406)

中得到最充分的体现。

我们可以看到，面对当时严重的海上安全威胁——16世纪50年代和60年代的倭寇危机以及丰臣秀吉入侵朝鲜（1592—1598年），这点我将在下一节论述——明朝能够奋起挑战，部署大规模军事力量，特别是海上力量。在倭寇事件中，军事力量大多数来自中国当地人的回应，同时也得到一些地区和欧洲伙伴的帮助。[70]丰臣秀吉对朝鲜构成的威胁，以及最终对明朝的主要威胁，需要更大规模的力量，这迫使明朝向外求援，不仅在经济上而且在技术上，向当时在亚洲舞台上的新列强——荷兰、葡萄牙和西班牙求援。外援反应出根本性的变化，不仅在地区经济，特别是美洲的银两不断流入这一地区，而且在技术上，欧洲的火药武器新技术已在所有这些战役中发挥了重要作用，特别是在朝鲜防御战中。这些变化并不像通常认为的那样一边倒，在应对所有列强时，无论亚洲或欧洲，明朝恰当地扮演着霸主的角色，把其他都视为伙伴关系。这一点非常自然，考虑到中国市场的巨大吸引力，日本只好寄希望于与北京的良好关系。[71]而且，在技术领域，军事先进技术不仅从西方流向东方，中国先进的航海技术，火药武器的大批量生产，以及明朝对欧洲武器的引进和改进能力，使中国和欧洲很相似。一个反映技术成就的具有讽刺意味的例子说，一名在马尼拉服役的西班牙军官对中国大炮设计深感震撼，他建议用50门这样的大炮来入侵中国。[72]

六、壬辰战争时期明朝海上力量

16世纪晚期是东亚海上巨大变化时期。荷兰人、西班牙人和葡萄牙人日益显现在这一地区的存在，而亚洲本地势力正积极投入海上贸易和安全。中国明朝在海上贸易的蓬勃发展中受益巨丰。据计算，仅1597年一年通过马尼拉流入中国的银子就将近35公吨（超过850万两[73]），比中国先前50年的银矿生产总量还要多。这个总数比明朝这一年税收两倍还要多。对外贸易给中国带来的实惠是可观的。中国的茶业、瓷器和丝绸产品利用海外市场在东南沿海扩展。需求促使了中国沿岸贸易蓬勃发展，供应商们抢夺商机，为福建和广东的商人提供外销产品。需求提高了价格，并且为有野心、聪明的以及运气好的商人创造了财富，从而使明朝末年的中国社会和文化发生了巨大的变化。[74]其中最大的变化之一是传统上将自己的子孙培养成官员的南方和东南方官吏阶层也越来越多的选择商业行业。来自南方家庭的有知学者仍旧掌控明朝的民事机构，他们为小政府游说并且反对帝国主义，但他们也是商业发展的主要受益者。[75]

16 世纪 90 年代，明朝并不是一个垂死没落的国家，而是亚洲一个很有活力的国家。万历年间（1573—1620 年[76]），明朝发展的强大军事力量很快就能应对丰臣秀吉侵略朝鲜的挑战。[77]这些战争的战术和组织革新揭示了全球，特别是"火药帝国"，17 世纪战争的军事现实：专业军官指挥大规模步兵部队，装备标准化枪炮，由炮兵、骑兵和海军部队支援，所有这些都要依靠庞大而复杂的后勤组织。[78]银两是军事力量的基础，这一事实明朝皇帝牢记在心，他抱定决心为其军队积攒银两。然而，万历的抱负，尤其是军事战役，不断受到南方反对中央集权的精英们攻击，这不仅因为这些战争是积极主动的，需要增加财政收入（也就是说，将国家放入南方经济中，这可是南方精英们的惯用手段），而且，因为这能使万历提拔和奖赏军事将领，而不是主流的官僚们。[79]从新儒家学派（即官方正统学派）的观点来看，"理想的皇帝是一个公正的裁定者，对官员们的争论进行裁决，并且是礼教仪式的毫无感情的化身……限制和阻碍皇帝努力维护自己的威严。"[80]这种模式既不符合万历的个人风格，也不适合 16 世纪晚期的挑战。尽管他们的动机可能令人质疑，南方精英们的论点却尤为有力，因为它基于明朝开国之君朱元璋严格的意识形态倾向。在 15 世纪，类似论据的成功运用推翻了多项永乐革新的倡议；郑和下西洋就是一个成功例子。而且，因为明朝建立者不用政策就能使国家合法从商业中获得税收，所以他的继任者要么彻底改变体制，要么回到干涉和强求勒索的老路上来。

这个时候，一些读者也许会发现"新儒家学派"或"南方精英们"与明朝国家之间的明显区别。因为明朝官僚机构的官员在很大程度上是新儒家学派的精英，其中许多人是南方人，尽管南方精英们的许多利益从分析的角度来看与国家的利益有区别，但是两者却从未完全分开。精英们和这个国家在社会链条中有效结合，彼此相互渗透，相互依赖。精英们构成国家的人力基础，并且代表着当地社会，而国家通过皇家的考试体制保留和平、合法的精英人士，确保他们在类似农民起义这些大变动中的优势地位。这样，精英们不再铁面无私地反对国家的权力或国家税收的扩大，尤其是轮到他们穿上官袍时，所有的精英们都希望能从国家税收中捞取好处。然而，他们特别反对任何税收方案，只要国家税收与农业有关系（这部分通常代表着国家税收的最大一部分），精英们站在财政系统的支点——国家如果不把征税交给精英们，就无法介入这些税收——这将不会有任何问题。然而，国家的贸易税收暗示着国家机构的扩大（因为贸易代表都是国家雇员，经常是朝廷的宦官，而农村的"税收包办人"仍然是个体私人）和地方精英们收入之外的税收。尽管政府内部总是存有利益集团（皇帝、朝廷宦官、军队），其前景显而易见地令精英们感到不安（即使服务于国家本身的官吏们）。因此，只要国家是一个精英治、精英有、精英享的国家，不可逾越的体制阻力将阻止国家永久或深层次地渗透商业或海上经济。任何反对这些体制和思想障碍的举动都被视为对朝廷的威胁。

中国明朝和其朝鲜盟国（朝鲜王朝）以及丰臣秀吉日本之间进行的 6 年激烈争斗，被称为壬辰战争。在这 6 年战争期间，万历似乎取得了与其官僚机构斗争的优势。丰臣秀吉的意图是把朝鲜作为其最终征服明朝的跳板，这样，中国的介入最多是为了保护传统盟友，同时也是在挽救王朝。[81]因此，在这场危机中，万历实施了一系列政策，这些政策在和平时期几乎是不可想象的，朝廷可直接选择对外贸易部门来支付战争的开支。[82]如果没有充满活力的海上经济和这些紧急措施，明朝想在壬辰战争中获得胜利是很难。这些财政手段中最受争论的是 1596 年的矿业监督人制度，这个制度允许朝廷宦官（在矿业监督人身份的掩盖之下）直接从地方精英们和商人身上勒索白银，或者使国家逐步进入南方的白银经济中。[83]明朝的财政机构已不能适应 16 世纪晚期和 17 世纪早期的挑战。像张居正这样的改革者，在 16 世纪 70 年代赢得皇上的信任，他调整税收机构，合理使用农业税，并向地方官吏重申国家的重要性。然而，张居正的改革在众多强烈的反对声中失败了：地方官员反对中央扩张，朝廷宦官们反对张的个人权力，新儒家学派团结起来反对国家增加任何征收能力。尽管有瑕疵和分裂性，但短期内，监督人体制使中央政府官员负责对外贸易和国内市场之间的联系。[84]

明朝在朝鲜军事战役的胜利得益于高人一筹的领导能力、机动性和创新性，包括广泛使用枪炮和火炮、职业化军官和列兵。[85]明朝在海上和两栖作战中的成功也基于第二次倭寇危机的经验以及大量远洋航海人员加入明朝舰队和强大的造船设施。战争初期，明朝指挥官就意识到他们在海上战争中的优势，而日本则在陆上战争中更胜一筹——这对于日本是个岛国而明朝是个大陆国家来说是个极大的讽刺。然而，中国通过这场冲突保住了其海上优势，并且也提高了其地面作战能力。[86]明朝建立的海上力量和能力为其争取了宝贵时间，并且成为战争本身的关键推动者。同样重要的是丰臣秀吉没有足够的海上部队扩大战争，包括攻击中国北方和南方的港口，或者骚扰中国的海上贸易。换句话说，明朝的海上力量阻止了丰臣秀吉封锁战区和否定中国发动战争的意图。朝鲜的海上力量也很重要，特别是李舜臣将军的行动以及铁甲船"龟船"的引进，它能近距离接近日本舰船，并用火炮对其进行攻击。在壬辰战争的最后海战中，露梁海战（1598 年 12 月 16 日），150 艘船和 15 000 名部队组成的中朝联合舰队击溃了航海技能和枪炮都处于优势的日本军队，彻底摧毁了日本想毫发无损地把部队撤出半岛的企图。[87]

然而，从长远来看，万历帝却破坏了在朝鲜取得的战略上的巨大成功，即便是朝鲜和其他地区的危机已经过去了，他还想使 16 世纪 90 年代实行的财政措施永久化。到 1604 年，万历年间的反中央集权对手，后来并入东林党，最终挫败了他想使国家涉足海上贸易的努力。在 17 世纪相对和平的年代，16 世纪 90 年代实行的应急措施几乎已没有什么效力，特别是政治环境已经不需要南方文人交纳税收，这些文人不希望国家干涉南方经济。针对万历帝的政策举措，派性和耻辱阻碍了朝廷处理边疆威胁的能力和保持明朝在 16 世纪 90 年代获得的军事优势能力。军事胜利后就开始调整具有创新性的财政政策和前瞻性的海上政策。东林党最终被强有力的宦官大总管魏忠贤所肃清，派系内斗和自毁行为使明朝晚期陷入瘫痪。[88]到 17 世纪 30 年代，面对不断增长的国内外威胁，明朝发现自己税收可怜，军事羸弱，而国内经济又直接受财富全球化流动影响。16 世纪晚期，明朝发展的海军能力虽然没有郑和下西洋那样炫耀和壮观，但很适合一个有着漫长海岸线和广泛海外贸易链的大陆帝国。由于明朝精英们的思想倾向以及明朝财政机构的体制缺陷，朝代不能维持这方面的能力，这就为新的争夺者在垂死的明朝之外聚集海上力量大开了方便之门。

七、郑氏家族的沉浮

壬辰战争之后，明朝开始忽视海洋，让地方官员管理海上事务。反海盗作战仍在继续，欧洲和日本想占领台湾和澎湖基地引起了几场小规模海上冲突，包括 17 世纪 20 年代初期应对荷兰的那场短而成功的海战，但由于种种原因使朝廷的关注点放在别处。活跃的海上领域对延缓明朝最终灭亡至关重要。而且，正如本书中布鲁斯·埃勒曼所著章节中所说，如果明朝拥有清朝在航海和战争方面的成功经验，就不会在台湾遭到最终失败。17 世纪初期，聚集的海上活动和官员疏忽导致强大的商业和军事力量在明朝的控制之外，其中最著名的就是郑氏家族。

郑家的海盗、商人、官员缔造者是郑芝龙，福建人，在葡萄牙的领地澳门长大，并受洗礼，成为一名天主教徒。[89]郑在日本南部李旦的庇护下开始了他的商人、海盗生涯。李旦是在平户的中国头人，是厦门违法贸易的头目。由于明朝长时间禁止中国和日本之间的贸易,日本在平户、长崎和种子岛的港口则成为偷运及西方和亚洲勾结的温床。[90]在1625年李旦去世之后,郑卷入了掌管李的商业和舰队的争斗之中。在斗争中,郑与荷兰在台湾的东印度公司结成联盟。荷兰人尤其渴望扩大他们的中国市场,并且打破葡萄牙人和西班牙人对地区贸易的垄断。郑芝龙的私掠船在攻击伊比利亚航运和打通明朝商业和外交的通道中,很明显都发挥了重要作用。[91]在17世纪20年代晚期,郑掌控了福建和台湾之间的贸易,明朝不仅原谅了他掠夺性的过去,而且还授予他官方头衔,命他指挥台湾海峡地区的反海盗行动。[92]到17世纪30年末和40年代初,郑芝龙可能是在亚洲海域活动的最强大的中国个体,也是晚明时期中国航海文化的代表人物。从某种程度上讲,明朝外包了海上安全。荷兰人在台湾南部建立贸易站以及把澳门割让给葡萄牙人也清楚地表明明朝非常乐意将贸易中心包给非中国人,这些人吸引中国商人、水手以及手艺人来经营这些贸易中心。不仅台湾和澳门这样,离岸更远的马尼拉、马六甲、巴达维亚以及日本也是这样。欧洲人来到亚洲水域使中国从事航海的人口增多。因此,郑芝龙就是这种经济和军事势力的代表,他在中国海岸之外的无人管辖水域聚集力量,这也是明朝愿意与他合作的原因。

然而郑转而效忠的朝廷却在迅速的分崩离析。中国北部和中部发生的一系列巨大的具有毁灭性的起义严重地削弱了明朝的力量。同时,满族的新清朝——1636年宣布成立——开始侵入长城以内,甚至在17世纪30年代晚期威胁到北京。1644年4月,起义军进入首都,明朝皇帝自杀了。叛军统治只持续了几个星期,满族和先前的明朝部队就重新夺回了首都。同时,朝廷的遗老遗少逃到南方,他们在南京建立起临时政府,福王为"国家的保护者",后来成为弘光皇帝。巩固南方和重新夺回北方的计划面对不断增加的债务、战略上的不连贯以及政治上的钩心斗角很快破碎了。清朝的部队在1645年拿下南京,并将皇帝赶跑了。

明朝的崩溃令郑芝龙进退维谷、左右为难:是支持分崩离析的明朝还是像许多明朝的官员和军事将领那样向清朝投降。郑最初接受了明控制福州的防御指挥官职务,并且努力争取日本的军事支持。在福州,明朝摄政王、唐王(后来的隆武皇帝)给郑丰厚的报酬,甚至"过继"了他的儿子郑森,并赐这个年轻人新名字郑成功以及国姓爷的头衔。尽管受皇家宠爱,当清1645年开始聚集部队袭击港口城市时,郑转移了他的忠效目标,让满族占领了福州,并杀戮皇帝及其家人。[93]

郑芝龙的叛变分裂了郑家。老郑被送到北京，郑成功却举起了明朝的大旗。在17世纪40年代晚期，他建立起自己的权力基础，并在沿海骚扰清朝的部队。期间，他替代了他的叔父和兄弟，成为郑氏家族的继承人。在17世纪50年代中期，郑控制了福建沿海的大部分地区，并且计划对长江下游地区进行大规模两栖攻击，大约包括25万名部队和2000多艘船。郑的实力迫使清努力地筹划迫使其叛变明朝，满族的使者传递了郑芝龙的一封信，劝说他的儿子放弃明的事业；相反，郑成功却利用谈判给他带来的时间为他的长江战役做准备。

郑的北方战役在规模和目的上都很大胆。由于受到恶劣天气和其他不幸事件的拖延，这次进攻在1658年才有效地展开，到1659年8月份，郑的部队包围了南京。这场战役的大胆也是其失败的原因。支持这样一支深入内陆的部队耗尽了郑的资源，而且他逐渐成为一支陆上力量与清朝的部队周旋。到1659年的晚些时候，忠于明朝的这些部队开始在陆地上被击溃，而郑通过海路逃到了他在厦门的基地。尽管他依然在海上牢不可破，他的沿岸基地在清的进攻下却状若危卵。因此，1661年，郑离开厦门，南下到台湾，在那里，他庞大的海上力量包围了荷兰殖民地热兰遮城。[94] 9个月后，荷兰人投降了，郑成为台湾中荷殖民地无可争议的领主。他还打算占领远在南边的马尼拉。在这些战役中，郑保持着对明朝的狂热忠诚，但实际上，他是一个完全独立的领主。[95] 1661年，郑芝龙被满族处死，在最后一位明朝皇家的继承人也被抓时，明朝的事业遭受了又一次挫败。这两次打击使郑成功在肉体上和精神上都被压垮，于1662年6月病故，留下了庞大的海上帝国由他的儿子郑经继承。[96]

短期内，清无法将郑从台湾清除出去。满族人不熟悉海洋，并对他们所能招募的海军将领们深怀疑虑。1664年和1665年发起的两次进攻都失败了。再者，清还要巩固它在大陆上的控制，没有能力承担两栖攻击的费用，而同时朝廷命官对明朝继续实施忽视台湾的政策也存有争议。尽管如此，这个新朝廷还是对台湾实施经济制裁并且要求居民从福建沿海撤出。但其结果是毁誉参半，因为台湾的大部分贸易是与日本和欧洲贸易商达成的，不受清廷禁令的影响。同时，从1673年开始，清朝受到了三藩叛乱的震动。郑经希望利用清的这些不利因素，从台湾出发，重新夺占福建沿海的基地。然而，到1680年，清朝逐渐占据了上风，打败了陆地上的大多数叛乱者，将郑的部队驱逐出福建。

到1681年，复兴的清朝终于把眼光投向台湾，并且最终消灭其统治的最后一个主要障碍。为了完成这项艰巨任务，清朝求助于施琅——郑氏家族的一个前将领，在郑经下令杀戮了他的全家后，他叛变投降了清朝。施琅在与郑氏最终的较量中尤其讲究方法。而且，清朝的计划也不仅仅是军事上的。1682 年，福建总督大赦了所有郑的部队，导致了大量人员从台湾叛逃到福建。这种贿赂逐渐毁掉了郑在台湾的地位。再者，施琅迟迟不直接进攻台湾，而是迫使郑的海军在台湾海峡中部的澎湖列岛展开厮杀。1683 年 7 月，施琅率领几百艘舰船和两千多名士兵与元气耗尽的郑家部队展开澎湖海战。施琅在这次海战中获得决定性的胜利，1683 年 9 月郑氏家族投降了，清朝实现了对台湾的收复（作为福建省的一个府）。将台湾直接并入大陆行政区是明朝和前朝历代所没有尝试过的一步。[97]因此，在最后一次海战中，重新恢复明朝的微弱愿望也最终破灭了。

八、结束语

本章的目的不是证明明朝是现代所说的海上强国，而是论证其整个朝代的战略焦点一直置于大陆。有时，海洋领域上升为战略重点，例如在 15 世纪早期的永乐年间，16 世纪晚期和 17 世纪早期的嘉靖和万历年间，但是海洋从来都不能始终是重点，这对中国的明朝来说是可行的。将明朝演变成一个海上强国是不明智的，大陆问题是政策的不二选择。虽然有这些地缘战略事实，但是海上行业的持久性——尽管明朝努力去容纳它——以及中国市场对地区及全球贸易的吸引力意味着明朝保持着海上强国所特有的基本特征：财富、原料、市场、先进技术以及天生的聪明才智。在大胆皇帝的领导下，或者在有较大威胁时刻，明朝可以利用这种潜能，正像它在郑和下西洋、倭寇危机和壬辰战争中所做的那样。

明朝的问题是不能始终如一的资助和管理海军，除非彻底改革其财政机构。体系改革需要改变重大的习俗和制度，需要一个时间过程，而且朝廷在危机时刻也很难进行。另外一个选择是国家直接参与商业或者海上经济，就像万历帝在 16 世纪 90 年代实施的那样。只有让南方的文人在皇家的机构里任职，并且不断卷入商业和对外贸易中，这两种做法在一段时间后才能成为可能。这种任职是不大可能的，因为这些文人为了自己的既得利益，会将国家置于商业和海上经济之外。万历之后，没有一位皇帝愿意改变这种事态，或者与强有力的意识形态的论点进行争辩，这些论点被文人们用来约束中央经济统制论。因此，尽管有海上强国的潜力，但在把这种可能变为实际的海上强国时，明朝在思想上和制度上都有障碍。

这些障碍也影响了明朝在大陆和海上强国之间的平衡。在 16 世纪晚期，明朝暂时能够建立和维持与它新的战略地理相适应的海军力量，但是在之后几十年又回到了将海上安全承包给郑芝龙之类的人物。在 17 世纪 30 年代，明朝对大陆的控制逐渐松懈，党派内斗普遍，使得朝廷所能做的就是依附于这些海上领主，而不是像以前那样指派海上机构。在这一点上，即使是强大的郑氏家族也不能拯救明朝这个陆上政权。正如我们将看到的那样，清朝继承了明朝许多的制度和思想缺陷，并使它们延续到 19 世纪，那时海洋世界的危险和机会已完全是另一种情景了。

最后，有一种流行的说法，无论明朝拥有什么样的海上特点——特别是在 15 世纪早期海军至上的短暂迸发期——都是偏离传统的大陆孤立主义的反常行为。我敢断言，中国过去两个世纪的悲惨海上历史一直都这么反常，而中国正在使大陆和海洋之间更加自然的平衡，这一点从南宋到清朝中叶都是这样。因此，中国明朝与邻居和全球经济相互作用的方式，特别是在 16 世纪晚期，跟中国当前的海上嬗变史高度相关，并且意味着 21 世纪的海上中国将更加与明朝时代的海上中国相似，而不是与晚清或者中华人民共和国早期相似。如果事情果真是这样，其意义将是深远的，值得进行仔细的观察。尽管经过一百多年的外国统治和后来毛泽东时代的中国政府的领导，当代中国仍保留明朝所享有的海上强国的基础。在过去的 30 年内，中国逐渐放开了对这种活力进行审查的限制，也获得了海上贸易的利益和责任。中国是否能够避免体制缺陷和思想障碍，这两点曾经阻止明朝合法而持久地利用中国的海上潜力去确保海上安全和繁荣，问题是怎样定义 21 世纪的亚洲历史。

注释:

1. 参见 John E. Wills Jr. , "Maritime China from Wang Chih to Shih Lang: Themes in Peripheral History," in Jonathan Spence and John E. Wills, eds. , From Ming to Ch'ing: Conquest, Region, and Continuity in Seventeenth – century China (New Haven, CT: Yale University Press, 1979), 201 – 38; and Robert Gardella, "The Maritime History of Late Imperial China: Observations on Current Concerns and Recent Research," Late Imperial China6, no. 2 (December 1985): 48 – 66. 最近有本书说郑和后来的撤退表明 "中国在 16 世纪和 17 世纪的亚洲霸权斗争中已不发挥作用了，即使明朝在壬辰战争中发挥作用，这种说法也不必研究"。Jakub J. Grygiel, Great Powers and Geopolitical Change (Baltimore: Johns Hopkins University Press, 2006), 123 – 163. 对于修正主义观点参见 Gang

Deng, Maritime Sector, Institutions, and Sea Power of Premodern China （Contributions in Economics and Economic History） （Westport, CT: Greenwood Press, 1999）.

2. 秦大树，谷艳雪，越窑的外销及相关问题，见沈琼华，中国越窑高峰论坛论文集，北京：文物出版社，2008：177-206.

3. 选自李昭祥的《龙江船厂志》, contains descriptions and dimensions for the large vessels built at the imperial yards in Nanjing; 古籍《闽省水师各标镇协营战哨船只图说》, contains illustrations, dimensions, and schematics for the smaller coastal defense ships constructed in Fujian province. Mao Yuanyi's 1621 compilation covers the entire array of late Ming military technology and tactics. 茅元仪. 武备志. 22 卷. 台北：华世出版社，1987.

4. 张铁牛，高晓星，中国古代海军史，北京：解放军出版社，2006：117-147.

5. 同上书，147-160.

6. 马可·波罗和伊本·巴图塔（Ibn-Battutah）都描写了中国船的长度、大小和技术性能。Joseph Needham, Wang Ling, Lu Gwei-Djen, Science and Civilisation in China, Vol. 4, Physics and Physical Technolog y, Part III. Civil Engineering and Nautics （Cambridge, U. K. : Cambridge University Press, 1971）, 379-477, 561-587.

7. 同上书，678-695；同时参见张铁牛，高晓星，中国古代海军史，第176-206页.

8. 张铁牛和高晓星的《中国古代海军史》，第191-192页；有关中世纪火药武器更多描述参见 Joseph Needham, with Ho Ping-Yu, Lu Gwei-djen, Wang Ling, Science and Civilisation in China, Vol. 5, Chemistry and Chemical Technology Part 7. Military Technology; the Gunpowder Epic （Cambridge, U. K. : Cambridge University Press, 1987）.

9. 这次战役的最好英文版本是 Edward L. Dreyer, "The Poyang Campaign, 1363: Inland Naval Warfare in the Founding of the Ming Dynasty," in Frank A. Kierman Jr. and John K. Fairbank, eds. , Chinese Ways in Warfare （Cambridge, MA: Harvard University Press, 1974）, 202-240. 还可参见 Peter Lorge, "Water Forces and Naval operations," in David A. Graff and Robin Higham, eds. , A Military History of China （Boulder, Co: Westview Press, 2002）, 89-91; José Din Ta-san and Francisco F. olesa Mu? ido, El Poder naval chino: Desde sus orígenes hasta la caída de la Dinastía Ming （Barcelona: Ariel, 1965）; and Zhang and Gao, Ancient Chinese Naval History, 160-167.

10. Edward L. Dreyer, Early Ming China: A Political History, 1355-1435 （Stanford, CA: Stanford University Press, 1982）, 61-64.

11. 据估计明朝海军兵力在1370年有大约1200艘舰船和130 000名士兵。杨金森，范中义，中国海防史（上册），1368-1644，北京：海洋出版社，2005：91.

12. 明朝所有皇帝都是朱元璋父亲后裔，都姓朱。史学描写皇帝常用年号、名字或庙号，如：朱元璋是名字，年号洪武，庙号明太祖；朱棣年号永乐，庙号明成祖；朱翊钧年号万历，庙号明神宗。本文作者称朱元璋和朱棣用名字，用年号称其他明朝皇帝。

13. Dreyer, "Poyang Campaign," 223; and "Liao Yung – chung" and "Y? T'ung – hai" in L. Carrington and Fang Chaoying, eds. , Dictionary of Ming Biography, 1364 – 1644 (New York: Columbia University Press, 1976) , 909 – 910, 1618 – 1621.

14. John W. Dardess, Confucianism and Autocracy: Professional Elites in the Founding of the Ming Dynasty (Berkeley: University of California Press, 1983) .

15. 哈佛大学博士卜正民 (Timothy Brook) 很有说服力地证明了明朝限制贸易的政策界限。其实，明朝早期基础设施项目和国家对市场的忽视促使了贸易的发展。Timothy Brook, The Confusions of Pleasure, Commerce and Culture in Ming China (Berkeley: University of California Press, 1999) .

16. 王日根，"明代海防建设与倭寇，海贼的炽盛"，中国海洋大学学报（社会科学版），2004（4）：13 – 18.

17. Edward L. Dreyer, Zheng He: China and the Oceans in the Early Ming Dynasty, 1405 – 1433 (Library of World Biography Series) (New York: Longman, 2007), 15 – 16.

18. Dreyer, Zheng He, 40.

19. 中国海防史（上册），第 57 – 95 页。

20. 同上书，第 22 – 23 页和第 57 – 65 页。

21. Frederick W. Mote, "The Rise of the Ming Dynasty, 1330 – 1367," in Frederick W. Mote and Denis Twitchett, eds. , The Cambridge History of China, Vol. 7: The Ming Dynasty, 1368 – 1644, Part I (Cambridge, U. K. : Cambridge University Press, 1988), 29 – 37.

22. 李末醉，李魁海，"明代海禁政策及其对中暹经贸关系的影响"，兰州学刊，2004：253 – 255.

23. Dreyer, Early Ming China, 55 – 57；也可参见陈文石，"明代卫所的军"，中央研究院史语所集刊 48, no. 2, 1977：222 – 262；洪淑湄，"明代的海防经营"，史学会刊，1989：231 – 232；以及刘金祥，"明代卫所缺伍的原因探析"，北方论丛，2003：71 – 74.

24. Edward L. Dreyer, "Military origins of Ming China," in Frederick W. Mote and Denis Twitchett, eds. , The Cambridge History of China, Volume 7: The Ming Dynasty, 1368 – 1644, Part I (Cambridge, U. K. : Cambridge University Press, 1988), 104.

25. Dreyer, Early Ming China, 78. 卫所的影响将在后来的汉代显现 "agricultural garrisons" （屯田），Qing – era "military colonies" （兵屯），and even the PRC – era "construction corps" [e. g. , the Xinjiang Production – Construction Corps (XPCC, 新疆生产建设兵团)]. 后者是为了通过到遥远地区安家、从事农业生产、自力更生、发展遥远地区的经济而设计（例如：黑龙江、内蒙古和新疆等地区），同时参与边防和抵御潜在外来入侵者等。这是冷战时期沿海发展和中国将大陆作为焦点的见证。

26. 王日根，"明代海防建设与倭寇，海贼的炽盛"，13 – 14.

27. 沿海驻军的扩展可解释为大量殖民地土地不足和海盗威胁的分散性。和平时期，卫所的人员编制被削减为看守所和维修所级别。张铁牛、高晓星，中国古代海军史，

A 206 - 220。也可参见吴智和，"汤和与明初海防"，明史研究专刊，第二卷（台北：大立出版社，1984），145 - 221；和 孔东，"明代卫所制度之研究"，文史学报，no. 2（July 1976）.

28. 于志嘉，"明代江西卫所屯田"，中央研究院史语所集刊，67，no. 3（September 1996）：654 - 742；于志嘉，"明代江西卫所军役的演变"，中央研究院史语所集刊 68，no. 1（March 1997）：1 - 53；黄中青，明代海防的水寨与游兵——浙闽粤沿海岛屿防卫的建置与解体（台北：中国文化大学史学研究所硕士论文，1996）.

29. 陈仁锡，"太祖高皇帝宝训"皇明世法录，第六卷（台北：学生书局，1965），164。关于明初反对建立海上基地活动，参见 John D. Langlois Jr. ，"The Hung - wu Reign，1368 - 1398，" in Frederick W. Mote and Denis Twitchett, eds. , The Cambridge History of China, Vol. 7：The Ming Dynasty, 1368 - 1644 (Cambridge, U. K. ：Cambridge University Press, 1988), Part I, 168 - 169.

30. Dreyer, Early Ming China, 102.

31. 陈文石，"明洪武嘉靖间的海禁政策"，台北：台湾大学文史丛刊，1988.

32. 很多读者对本章这一节内容很失望，我认为郑和下西洋众所周知，有些事情还存有争议，参见 Gavin Menzies' very problematic 1421：The Year China Discovered the World (New York：Bantam, 2003); Robert Finlay's "How Not to (Re) Write World History：Gavin Menzies and the Chinese Discovery of America，" Journal of World History 15, no. 2 (June 2004)：229 - 242。有关航海最好的英语著作是德雷尔所著的《郑和》，我强烈推荐此书给所有研究这些船队的学者们，另外，本章节的目的是研究郑和的深远影响和明朝海上更多其他情况。

33. 很多读者熟悉威氏拼音法"Cheng Ho"，而不是拼音"Zheng He"，虽然翻译不同，但读音相同。

34. 雷德尔说得不错，他警告我们不能把这些航海看成西方的海权论，特别是马汉的海权论。我们应该把它们看做是明朝初期的产物：区域贸易和外交概念。Dreyer, Zheng He, 3 - 4.

35. 建文帝下落不明，有人猜测后来的航海是为了追查出逃皇帝。大多数文献认为在朱棣的进攻下，皇帝死于烧毁宫殿的大火里。Dreyer, Zheng He, 20 - 21.

36. 陈萱在永乐统治期间是个很有权势和影响力的人，他监督从长江流域到中国北部驻军的重要粮食运输系统，后来成为修建运河的主要建设者，促进了明朝商业发展和大运河南部港口的重新开放，参见陈萱，富路特，房兆楹著，明代名人录（1368—1644），纽约哥伦比亚大学出版社，1976，157 - 159；参见范金民，"明朝地域商人群体出现的社会背景"，中国古代史第二卷，第 3 期，2007 年 7 月，345 - 378.

37. "Ch'en Hsuan，" 157.

38. Jung - pang Lo, "The Decline of the Early Ming Navy，" Oriens extremus 5 (1958)：150 - 51.

39. Needham, Wang and Lu, Science and Civilisation in China, 484；也可参见鲍彦邦，明代

漕运研究，广州：暨南大学出版社，1996.

40. "Cheng Ho," in L. Carrington and Fang Chaoying, eds. , Dictionary of Ming Biography, 1364 – 1644 (New York：Columbia University Press, 1976), 194 – 200；and Dreyer, Zheng He, 22.

41. Dreyer, Zheng He.

42. 三佛齐名字来自旧时的海洋帝国斯里维爪亚（Sri Vijaya）（梵文），其首都设在巨港。郑和时期，巨港仍很有名，但最终衰败，爪哇的麻喏巴歇帝国和后来的马六甲王朝兴起时，它也只是其前身的影子。用旧地名只是中国没有赶上时代的一个例子。

43. 中国海军官方报纪念郑和下西洋600周年刊登的系列报道参见徐起，"敦睦友邻——郑和下西洋对中国和平崛起的启示"，人民海军，2005 年 7 月 12 日，第 3 版。

44. 唐明伟，"郑和靠什么推行和平外交"，解放军报，2008 年 8 月 4 日，第 10 版。

45. 明朝显示力量带有强制性，后来欧洲重武装舰船出现在中国沿海追求贸易自由，被称为"炮舰外交"。另外，马六甲王朝自觉与明搞好外交关系，以抵制来自泰国大城王朝的威胁。

46. 中国对郑和下西洋的解释和定调，参见，薛克翘，"纪念郑和下西洋六百周年"，当代亚太，2005（1）：3 – 7. 这仅仅是 2005 年刊登数十篇纪念郑和下西洋六百周年的文章之一，Joseph Needham 在科学与文明系列（Science and Civilisation series）文章低估了郑和下西洋的军事作用，德雷尔对尼德汉和中国的解释进行了有说服力的反驳。Dreyer, Zheng He, 28 – 30.

47. 我同意德雷尔的这个观点，但也有人认为航行是一个突出的经济机遇和长远的经济利益。参见罗荣邦的《明初海军的衰落》和陆韧的《试论郑和下西洋的商贸活动》（海交史研究），2005 年，第 22 – 23 页.

48. Dreyer, Zheng He, 34.

49. 杰夫·韦德认为明朝部分海上活动是为了寻找同盟以抗击潜在的蒙古族威胁，另外，中国历史记载永乐试图追踪逃往南海的建文皇帝，以根除对永乐地位的潜在威胁。然而，随着永乐权势的巩固，这一恐惧在 15 世纪 30 年代在很大程度上平息了。杰夫·韦德，十五世纪的明朝中国和南洋：重新评估，2003 年 5 月 1 至 2 日在新加坡举行的 15 世纪南洋研讨会《明朝因素》一文中提出。

50. 拿破仑时代，英国海军的舰船寿命不足 30 年，大约每 10 年大修一次。即使铜底结构和英国最先进的船厂建造的也一样。这说明，15 世纪初期为郑和船队建造的船只不可能使用到 15 世纪 30 年代，1418 年派遣的最后一批宝船也已接近其在海上航行的寿命期。

51. Wills, "Maritime China," 201 – 238.

52. Ramon H. Myers, "How did the Modern Chinese Economy Develop? A Review Article," The Journal of Asian Studies 50 (August 1991)：604 – 628.

53. 这类似于中国政府 1978 年后放弃经济集中控制，重点关注大陆和海洋基础设施发展。

54. 蒙古人在北方边境存有很大的安全问题，1449 年卫拉特蒙古人入侵中国北部，他们再也不是王朝稳定的威胁了。普林斯顿大学教授牟复礼（Frederick W Mote）"1449 年土木之变"，Frederick W. Mote, "The T'u' – Mu Incident of 1449," in Frank A. Kierman Jr. and John K. Fairbank, eds., Chinese Ways in Warfare (Cambridge, MA：Harvard University Press, 1974), 243 – 272。这并不是说 15 世纪末明朝中国一切都很好；瘟疫、饥荒和恶劣气候很普遍。William S. Atwell, "Time, Money, and the Weather：Ming China and the 'Great Depression' of the Mid – Fifteenth Century," The Journal of Asian Studies 61, no. 1 (February 2002)：83 – 113.

55. 吴摠，"明初卫所制度之崩溃，"吴摠文集第一卷，天津：天津人民出版社，1988.

56. Brook, The Confusions of Pleasure.

57. Atwell, "Time," 100.

58. James Geiss, "The Chia – ching Reign, 1522 – 1566," in Frederick W. Mote and Denis Twitchett eds., The Cambridge History of China, Vol. 7：The Ming Dynasty, 1368 – 1644 (Cambridge：Cambridge University Press, 1988), Part I, 490 – 504. 关于禁海令演变的争论参见施瀚文，"浅谈明清时期开放海外贸易思想的发展及其历史导向"，湖南财经高等专科学校学报. 20, no. 1 (February 2004)：13 – 15.

59. 肖智慧，"明朝中晚期私人海上贸易的地位"，宜宾学院学报，2005：41 – 43；吴光会，向远莉，"明朝私人海外贸易刍议"，唐山师范学院学报，27 no. 2005（3）：76 – 79.

60. 正德在南方镇压宁王子的叛乱，这似乎使读者认为明朝政策完全逆转，因为广州和福建的沿海官员坚决反对对欧洲人开放。然而，正德因奇怪和不切实际的想法已声名狼藉，皇帝有可能已看到与葡萄牙合作的一些可得利润。Geiss, "The Cheng – te Reign," 423 – 436.

61. 参见元邦建，袁桂秀，澳门史略，香港：中流出版社，1988. 也可参见 Chang T'ien' – tse, Sino – Portuguese Trade from 1514 to 1644：A Synthesis of Portuguese and Chinese Sources (Leiden：Brill, 1934). The Shenzong shilu contains several references to the various engagements of the 1521 – 22 Sino – Portuguese War. 参见明实录，神宗实录 The Veritable Records of the Ming Dynasty, The Veritable Records of the Shenzong Emperor, 台北：中央研究院历史语言研究所，1961 – 1966.

62. 有关这一时期的沿海海盗动态详史参见 Robert J. Antony, Like Froth Floating on the Sea：The World of Pirates and Seafarers in Late Imperial South China (Berkeley：University of California Berkeley, 2003)；以及 So Kwan – wai, Japanese Piracy in Ming China during the 16th Century (East Lansing：Michigan State University Press, 1975).

63. 胡宗宪是曾任中国国家主席胡锦涛的祖辈。

64. Wang Rigen, Coastal Defense, 15 – 18.

65. 参见 "Ch'i Chi – kuang," in L. Carrington and Fang Chaoying, eds. , Dictionary of Ming Biography, 1364 – 1644 (New York: Columbia University Press, 1976), 220 – 224.

66. Kenneth M. Swope, "Cutting Dwarf Pirates Down to Size: Amphibious Warfare in Sixteenth Century East Asia," paper presented at the Naval History Symposium, U. S. Naval Academy, Annapolis, Maryland, 20 – 22 September 2007, Maochun Yu, ed. (Annapolis, MD: Naval Institute Press, forthcoming, 2009) . For more on Qi Jiguang, see also Ray Huang, 1587, A Year of No Significance (New Haven, CT: Yale University Press, 1981), 156 – 188.

67. "Lin Feng," in L. Carrington and Fang Chaoying, eds. , Dictionary of Ming Biography, 1364 – 1644 (New York: Columbia University Press, 1976), 917. See also Chen Jinghe, Shiliu shiji zhi feilupin huaqiao [The Overseas Chinese in the Philippines during the Sixteenth Century] (Hong Kong: Southeast Asian Studies Section, New Asia Research Institute, 1963), 31 – 41.

68. 围攻时，林想与西班牙讲和，并帮助他们征服中国。一些西班牙人愿意考虑这一荒谬的想法，实际上，在马尼拉的最初几年，西班牙人很担心中国两栖入侵。Chen, Shiliu shiji, 44 – 47.

69. Swope, "Dwarf Pirates".

70. 有证据表明葡萄牙和明朝政府关系升温，最终北京同意在澳门的葡萄牙贸易区，因欧洲人帮助反击倭寇而得到奖赏。

71. 秀吉的终极目标是征服明代中国，而不是做中国霸权国的仆人。

72. "Letters from Francisco Tello to Felipe II," in Emma H. Blair and James. A. Robertson, eds. , The Philippine Islands, 1493 – 1898, 55 Vols. (Cleveland, oH: Arthur H. Clark, 1903 – 1909), Vol. X, 162.

73. 这个数字的标准重量是每两银子 40 克，这是保守估计，因为每两重最低约 33 克，最高 40 克。William S. Atwell, "Notes on Silver, Foreign Trade, and the Late Ming Economy," Ch'ing – shih wen – t'i 8, no. 3 (December 1977); and "International Bullion Flows and the Chinese Economy," Past and Present 95 (1982), 89 – 90.

74. 除了大量的银两外，马尼拉贸易还引进了新的农作物，这对中国的农业和人口统计学发展影响巨大。

75. Brook, The Confusions of Pleasure; and Craig Clunas, SuperfluousThings: Material Culture and Social Status in Early Modern China (Cambridge, U. K. : Polity, 1991).

76. Ray Huang, especially his 1587, A Year of no Significance and his "Lung – ch'ing and Wan – li Reigns, 1567 – 1620," in Frederick W. Mote and Denis Twitchett, eds. , The Cambridge History of China, Vol. 7: The Ming Dynasty, 1368 – 1644 (Cambridge, U. K. : Cambridge University Press, 1988), Part I, 511 – 584.

77. 有关这些战争和其损失的全面论述详见 Kenneth M. Swope Jr.，"The Three Great Campaigns of the Wanli Emperor, 1592 – 1600：Court, Military, and Society in Late Sixteenth – Century China," unpublished PhD diss.，University of Michigan, 2001.

78. William H. McNeill, The Age of Gunpowder Empires, 1450 – 1800（Washington D. C.：American Historical Association, 1989）; and Geoffrey Parker, The Military Revolution：Military Innovation and the Rise of the West, 1500 – 1800（Cambridge, U. K.：Cambridge University Press, 1996）. 更多关于 16 世纪晚期明朝武器和船只雇佣的内容参见 Zhang and Gao, Ancient Chinese Naval History, 176 – 206.

79. "中央集权"和"反中央集权"以及万历年间的战争和其官员监督体制均摘自 Harrison Stewart Miller, "State Versus Society in Late Imperial China, 1572 – 1644," unpublished PhD diss.，Columbia University, 2001.

80. Geiss, "The Chia – ching Reign," 509.

81. 樊树志，"万历年间的朝鲜战争"，复旦学报（社会科学版）2003（6）：96 – 102.

82. 早期的斗争似乎会出现朝鲜战争有可能蔓延到东南亚，如，1591 和 1592 年，秀吉首次南下佯攻是向马尼拉派遣使者，要求西班牙顺从他，并支援他抗击明代中国的战争。不久，万历皇帝答应朝鲜国王（King Sonjo of Choson）在其他地区大国之间调遣暹国（Siam）和西班牙、菲律宾援助。然而，正式联盟几乎没有什么表现，朝鲜战争国际影响主要大国也只表示认可，各方承认严重依赖对外贸易，以投资外国军事专业技术，应对陆地和海上的敌人。西班牙尽力避免直接卷入战争，似乎很关注日本侵略南部，包括占领台湾。他们倾向于明的决定看似主要基于他们与中国利润丰厚的贸易的经济计算。李光涛所编《朝鲜壬辰倭祸史料》第 5 册（台北：中央研究院历史语言研究所，1970 年）第 29 页。

83. 在满足 16 世纪 90 年代战争特殊需求中，矿业收税吏宦官只享有有限的成果，帝国分裂行动也许弊大于利。Ray Huang, "The Ming Fiscal Administration," in Dennis Twitchett and F. W. Mote, eds. The Cambridge History of China, Vol. VIII, The Ming Dynasty, Part 2（Cambridge, U. K.：Cambridge University Press, 1988）, 106 – 171; and Richard von Glahn, Fountain of Fortune：Money and Monetary Policy in China, 1000 – 1700（Berkeley：University of California Press, 1996）.

84. 肯尼斯·斯沃普估计中国在壬辰战争中耗资 7 万 ~ 8 万两白银，只用了从马尼拉流入银两的百分之十，将大大抵消那些债务。人际关系杂志，2008 年 3 月。

85. 荷兰和葡萄牙在实际战争中影响最大，然而，肯尼斯·斯沃普通过展示中国 16 世纪晚期枪炮技术是如何的先进和创新挑战东西方技术传播的传统智慧。他建议更加辩证的关系和军事技术的多向流动。Kenneth M. Swope, "Crouching Tigers, Secret Weapons：Military Technology Employed during the Sino – Japanese – Korean War, 1592 – 1598," The Journal of Military History 69, no. 1（January 2005）：11 – 41.

86. Swope, "Dwarf Pirates".

87. 参见 Stephen Turnbull, Samurai Invasion: Japan's Korean War (New York: Cassel, 2002),
226; and Zhang and Gao, Ancient Chinese Naval History, 263 - 269。另参见, 张铁牛, 高晓
星, "露梁海战 中朝联军水师大胜日本水军", 军营文化天地, 2006 (3): 25.

88. John W. Dardess, Blood and History in China: The Donglin Faction and Its Repression,
1620 - 1627 (Honolulu: University of Hawai'i Press, 2003).

89. C. R. Boxer, "The Rise and Fall of Nicholas Iquan," T'ien Hsia Monthly 11 no. 5
(1941): 401 - 39.

90. Seiichi Iwao, "Li Tan, Chief of the Chinese Residents at Hirado, Japan, in the Last Days
of the Ming Dynasty," Memoirs of the Research Department of the Toyo Bunko 17 (1958):
27 - 83。另参见李金明, "16 世纪漳泉贸易港与日本的走私贸易", 海交史研究, 2006
(2): 70 - 74; 崔来廷, "16 世纪东南中国海上走私贸易探析", 南洋问题研究, 2005
(4): 92 - 98; 孟庆梓, "明代的倭寇与海商", 承德民族师专学报, 2005 (3): 51 -
52.

91. 李德霞, "17 世纪初荷兰在福建沿海的骚扰与通商", 海交史研究, 2004 (1): 59 -
69; 卢建一, "明代海禁政策与福建海防", 福建师范大学学报 (哲学社会科学版),
1992 (2): 21 - 24.

92. Tonio Andrade, "The Company's Chinese Pirates: How the Dutch East India Company
Tried to Lead a Coalition of Pirates to War against China, 1621 - 1662," Journal of World
History 15 (2004): 415 - 444.

93. Lynn A. Struve, "The Southern Ming, 1644 - 1662," in Dennis Twitchett and F. W.
Mote, eds., The Cambridge History of China, Vol. VIII, The Ming Dynasty, Part 2 (Cam-
bridge, U. K.: Cambridge University Press, 1988), 663 - 676; and Wills, "Maritime
China".

94. Struve, "Southern Ming," 710 - 725.

95. 有关这一时期中荷关系互动情况参见 Tonio Andrade, "Pirates, Pelts, and Promises:
The Sino - Dutch Colony of Seventeenth Century Taiwan and the Aboriginal Village of Favor-
olang," Journal of Asian Studies 64, no. 2 (2005): 295 - 320; "The Company's Chinese
Pirates: How the Dutch East India Company Tried to Lead a Coalition of Pirates to War a-
gainst China, 1621 - 1662," Journal of World History 15 (2004): 415 - 444; and How
Taiwan Became Chinese: Dutch, Spanish, and Han Colonization in the Seventeenth Century
(New York: Columbia University Press, 2006).

96. 有关郑统治时代的台湾更多情况请参见 John Robert Shepherd, Statecraft and Political
Economy on the Taiwan Frontier 1600 - 1800 (Stanford, CA.: Stanford University Press,
1993), 91 - 104.

97. 施琅的功绩通俗比喻了中国和台湾的未来统一, 王政尧, "南堂诗钞与施琅收复台
湾", 北京社会科学, 2002 (2): 31 - 36.

俄 罗 斯

边境，1757—1864

外 蒙 古

内 蒙 古

新 疆

甘 肃

青 海

西 藏

四 川

印 度

云 南

中国清朝，1911

割让给俄罗斯的领土

省界

长城

运河

河流

安 南

0	250		500 千米
0		250	500 英里

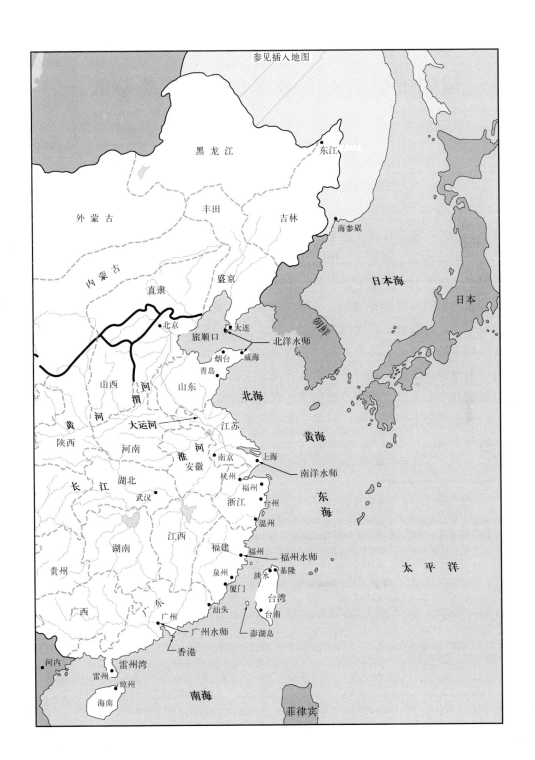

参见插入地图

黑龙江

东江

外蒙古

丰田

吉林

海参崴

日本海

内蒙古

盛京

直隶

日本

北京

旅顺口

大连

北洋水师

山西

烟台

威海

河渭

朝鲜

青岛

黄河

山东

北海

陕西

大运河

江苏

黄海

河南

河淮

长江

湖北

安徽

南京

上海

南洋水师

杭州

福州

台州

东海

武汉

浙江

温州

湖南

江西

贵州

福建

福州

福州水师

泉州

淡水

基隆

太平洋

广西

厦门

台湾

广东

广州

汕头

台南

广州水师

澎湖岛

河内

香港

雷州湾

雷州

琼州

海南

南海

菲律宾

清朝统治下中国海洋政策的疏忽与低谷

■ 布鲁斯·A. 埃勒曼①

1839 年，两广总督林则徐呈给满族皇帝一份奏章，其中指出了英国舰船的不足。如同这份总体上言辞鄙夷的奏章中所强调的那样，中国所看重的是能在运河、河流及近海航行的船只，而不是英国及其他海洋强国所青睐的远洋船只。事实上，海防一直为中国历朝所重视，但其重点主要在于保卫中国沿海及内陆水道，而不是在远海作战的海军。海防的目的有三：一是阻止海盗对中国沿海进行劫掠；二是粉碎其他国家声称中国领土为自己所有的企图；三是防止有叛变倾向的集团或野心勃勃的附属国利用海军夺取皇帝的宝座。对许多中国人来说，英国人的到来似乎跟日本及越南等其他几个亚洲国家先前所做的并无两样——那些国家经常从事一些小规模的袭击和海上劫掠行为，但却从未成功地从海上侵入过中国的沿海地区和内陆水道。

---

① 布鲁斯·A. 埃勒曼博士，1982 年在伯克利大学获学士学位，1984 年在哥伦比亚大学获文学硕士学位及哈里曼学院结业证，之后于 1987 年又获哲学硕士学位，1988 年获东亚学院结业证，1993 年获博士学位。另外，于 1985 年在伦敦经济学院获理学硕士学位，2004 年在美国战争学院获国家安全与战略研究学硕士学位。他是美国海军战争学院海军作战研究中心海洋历史部研究员，其主要作品包括："Waves of Hope: The U. S. Navy's Response of the Tsunami in Northern Indonesia"（海军军事学院出版社，2007 年），与 S. C. M. 佩因合作编著了 "Naval Coalition Warfare: From the Napleonic War to Operation Iraqi Freedom"（Routledge 出版社，2008 年），以及 "Naval Blockades and Sea Power: Strategies and Counter-strategies 1805—2005"（Routledge 出版社，2006 年），"Japanese-American Civilian Prisoner Exchanges and Detention Camps, 1941—1945"（Routledge 出版社，2006 年），与克里斯托弗·贝尔合作编著了 "Naval Mutinies of the Twentieth Century: An International Perspective"（Frank Cass, 2003）；"Wilson and China: A Revised History of the Shandong Question"（M. E. Sharpe, 2002）；"Modern Chinese Warfare, 1795—1989"（Routledge 出版社，2001 年）；与史蒂文合作编著了 "Mongolia in the Twentieth Century: Landlocked Cosmopolitan"（M. E. Sharpe, 1999 年）；和 "Diplomacy and Deception: The Secret History of Sino–Soviet Diplomatic Relations, 1917—1927"（M. E. Sharpe, 1997 年）。埃勒曼博士的数本著作已翻译成外文，包括中文译本 "Modern Chinese Warfare: Jindai Zhongguo de junshi yu zhanzheng"（Elite 出版社，2002 年）和捷克译本 "the Naval Mutiny book: Námoφní Nvzpoury ve dvacátém století: mezinárodní souvislosti"（Bart 出版社，2004 年）。

为了解释中国海洋政策在清朝所发生的变化，本文将清朝划分为四个时期。在第一个时期，即 1644—1839 年，在海军部队收复台湾、帮助巩固了满族统治这一短暂的时期之后，清朝皇帝关注的主要是在陆地上进行的战争，尤其是征服蒙古人、回族人和藏族人的战争以及阻止俄国扩张的战争。为了巩固对汉族人的少数民族统治，清朝将军队按满汉分开，并进一步将海军分割成互不相干的地区舰队，以削弱潜在的军事对手。最后，为了控制桀骜不驯的外国人，满族人强迫所有外国商人在广州和澳门等南方城市经商，中国政府可以在这些城市施加严厉的贸易限制。清朝的这些政策无一需要强大的海军，因此，随着时间的流逝，中国海军逐渐萎缩。

在第二个（1839—1842 年）和第三个（1843—1864 年）时期，满族人与外国人在数个事件中发生了冲突，其中包括由于外国的鸦片贸易引起的中国白银储备的外流；远洋航运所构成的威胁，这种航运可能与中国以河流和运河为基础的贸易系统展开竞争，从而破坏中国传统的税收结构；以及中国政府丧失外贸垄断权的可能。1842 年之后，满族人逐渐被迫改变其政策。在与英国和法国进行的第二次灾难性的海战——即第二次鸦片战争或称亚罗号战争——之后，清政府最终意识到有必要开始对中国海军进行现代化改造。

最后，在第四个时期，即 1865—1895 年，满族人逐步试图改革与建设中国的海军，但是他们起步太晚，进展太慢。在第一次中日战争（1894—1895 年）中，中国海军很快就被现代化程度相同但更为训练有素、领导有力的日本海军给击败了。1895 年中国海战的失败使其海军陷入湮没无闻的境地，除了第二次世界大战后国民党政府统治下一段时间短暂而且在很大程度上没有什么效果的复兴之外，这种状况一直维系到人民解放军海军更为近期的成长与发展。

一、第一个时期：1644—1839 年

当满族人于 1644 年南侵，攻克北京时，他们占领的那个中国自古以来就是一个海洋国家：在汉朝（公元前 221—前 202 年），中国的舰队甚至早在公元 42 年就曾与越南舰队交战并取得了胜利，那是亚洲历史上第一次在公海发生的国际海战。[1]然而，公元 605—610 年，隋朝修建了大运河，将扬子江流域的商业中心与洛阳及后来的北京等北方城市连接起来。此后，就不那么需要有海军舰队来保护中国的海岸线了。大运河的完工意味着中国国内南北贸易的大部分都能在内地完成，远离航海可能遇到的威胁，而且

最适于在浅浅的运河里航行的舢板船去远海航行是不安全的。谁控制了大运河，谁就控制了中国主要的国内贸易路线。不过，与东南亚国家之间的海上贸易依然重要，而且由于 9 世纪初以来丝绸之路的衰落，其重要性在事实上有所增加。[2]

1644 年明朝土崩瓦解之后，满族统治下由汉族、蒙古族和满族人混合组成的军队入侵中国北部，并缓慢南下。由郑成功[3]（1624—1662 年）率领的一群明朝遗民决定撤退到 1624 年被荷兰人占领的台湾。1661 年 4 月，依照"开劈荆榛逐荷夷"的战略，郑成功率部 2.5 万人由金门经澎湖列岛前往台湾。1661 年 4 月 29 日，在鹿耳门完成两栖登陆后，郑成功的部队包围了荷兰人的齐兰迪亚城（即今天台南市附近的安平）。在经过 9 个月的围攻之后，该要塞有条件投降，要求允许荷兰人毫发无损地离开台湾。郑成功就这样控制了该岛。尽管郑成功与地处北京的中央政府相对抗，但他还是被当代人民解放军海军的各种资料描述为"爱国将领""中国民族英雄"和"指挥登陆作战，赶走荷兰殖民者，收复台湾"的军事领导人。[4]

击败荷兰人之后，郑成功在台湾建立了一个反对派政府，并将军队驻扎在台湾。他还为福建省汉族人的大规模迁入提供了支持。现在很多台湾本地人的家谱都可以追溯至这次大迁移，正如许多在大陆出生的台湾人在 1949 年来到这个岛屿。尽管郑成功有意从台湾继续发起进攻，反对满族统治，可是他很快就于 1662 年去世了。郑成功的继任者又与清朝对抗了 20 年，但是 1683 年，台湾最终被施琅（1621—1696 年）将军所率领的清朝 300 艘战舰和 2 万军队所攻陷。[5]1683 年 7 月 16—17 日的澎湖海战再次强调了控制近海岛屿的战略重要性。

清朝继续支持拥有一支强大的海军。例如，一个世纪之后，清朝的海上力量成功地干涉台湾，镇压了一场起义（1787—1788 年）。然而，在中国的海上安全所面临的这些威胁消失之后，本来就不多的资源通常被从海上改拨到陆地边界。因此，尽管满族人仍然控制着台湾，在 19 世纪之前，台湾一直是一处穷乡僻壤，几乎没有什么经济或战略上的重要性。

相较于海上威胁，对清朝而言更为重要的是对包括蒙古、新疆和西藏在内的内陆领土的征服以及抵抗俄国对北方的入侵。自从第一个蒙古游牧部落横扫俄国，占领莫斯科，最后被波罗的海沿岸的沼泽地挡住步伐，俄国与亚洲的互动已有 800 余年。俄国人在伊凡雷帝统治时期开始东进。1584 年，伊凡雷帝将其领土从白海一直扩展到西伯利亚，使俄国成为一个亚欧强国。17 世纪初，俄国人开始在西伯利亚西部定居。到 17 世纪 30 年代晚期，他们在鄂霍次克海上建立了定居点乌德斯克。俄国的迅速扩张很快导致了与清朝的冲突。长期以来，清朝一直认为这些领土或者完全属于他们，或者附属于他们。

首次正式接触发生在 1618 年。当时一支俄国贸易考察团抵达了北京。17 世纪中期，俄国探险家进入具有战略意义的阿穆尔河谷。该地拥有东西伯利亚内陆唯一适于耕作的土地，还有一条河流提供了东北亚唯一一条东西运输要道。1650 年，探险家亚罗非·佩乌洛维奇·哈巴罗夫在雅克萨建立了一座堡垒。他和他的手下从这座堡垒向阿穆尔河下游走，一路上与当地土著作战。哈巴罗夫下令在注入阿穆尔河的松花江江口附近建立了第二座堡垒，即伯力。这些举动很快就引起了中国的注意，清朝军队于 1652 年 3 月 24 日对伯力发起了进攻。尽管俄国人在数量上不占优势，但还是击溃了满族人。

俄国人仍然立足不稳，1655—1658 年间冲突仍在继续，在此期间满族人的一支部队打败了俄国人。尽管如此，俄国定居者不断搬进阿穆尔河谷。17 世纪 70 年代，俄国政府将雅克萨设为保护领地。第一个官方代表团在尼古拉·米列斯库·斯帕法里的率领下于 1676 年抵达北京，但未能建立外交关系。由于俄国移民越来越多，17 世纪 80 年代早期，满族人派远征军前去将其赶出了阿穆尔河谷。尽管中国军队设法收复了雅克萨，数量更多的俄国人很快就卷土重来了。

1689 年，费耀多罗·果罗文和清朝两名皇室成员——索额图与佟国纲——在尼布楚进行了边界谈判。1689 年 8 月 27 日，谈判以《尼布楚条约》的签署而告终。该条约是中国与欧洲强国签订的第一个条约，在接下来的 170 年中都有效。阿穆尔盆地中占优势的清朝军队迫使俄国人撤退，俄国获取了额尔古纳河以西和以北的大片土地。该条约还给予俄国宝贵的贸易特权，尤其是紫貂和黑狐的毛皮，莫斯科垄断了这些物品的贸易。1727 年 8 月 20 日的《布连斯奇条约》解决了大部分边界争端，而 1727 年 10 月 21 日的《恰克图条约》开放了两个边界城镇从事贸易。这些贸易中心在某些方面就是一个多世纪后西方列强在中国沿海设立的条约港口在陆地上的前身。[6]

由于俄国是陆地强国，中国将其与西方海洋强国区别对待。就行政管理而言，将俄国人与居住在北部边疆的其他未被汉化的蛮夷划为一类。明朝通过礼部行人司来管理所有汉化的蛮夷，满族人则设立理藩院来与这些亚洲内陆邻国打交道。这种地位，再加上《尼布楚条约》和《恰克图条约》，给予俄国其他欧洲国家所没有的特权。除了向北京直接派遣特使之外，俄国还维持着一个常设的基督教会驻外机构，扮演着领事馆和语言学校的角色。直到与中国两次交战并取得胜利后，其他强国才于 1860 年获得了在首都正式的外交特权；1861 年，在恭亲王的监督下设立了总理衙门，负责处理中国与欧美国家的外交关系。

17 世纪末 18 世纪初，中国的战略重点仍在陆地而不在海洋，其中包括 1755 年清朝发动两次战役，镇压大西北准噶尔的蒙古人，1755—1757 年将塔里木盆地的土耳其穆斯林镇压到南部，1747—1749 年及 1771—1776 年发动两次战役镇压四川金川少数民族叛乱，1766—1770 年和 1788—1789 年分别试图征服缅甸和越南并均以失败而告终，1790—1792 年则试图将尼泊尔人赶出西藏。政府在这些陆地战争方面的花费使税收所得远离了海岸，不然这些钱可能本可以用于海军建设。在 1839 年第一次鸦片战争爆发之前，人们认为对中国而言，这些陆地上的威胁比可能的外来的海上威胁更为危险，尤其是在俄国急切地想向蒙古和新疆进一步扩张的情况下。

中国没有进行海洋政策改革的另一个原因关乎清朝军队的组成。1644 年之后，清朝将军队按民族进行了划分，满族、汉族和蒙古族的军队各有八旗。八旗遍布全国，尤其是规模庞大的满族骑兵驻扎在北方敏感的前线地区及扬子江沿岸的主要城市以保护运河系统。与此相反的是，地位相对较低的步兵和海军主要由汉族人组成，这些人被派往中国漫长的海岸线及南方的驻地，远离北京。地区舰队由于统治者的别有用心而力量薄弱，并且很多海军军官被授予现职是因为在科举考试中所表现出的学术上的成就，而不是因为其真正了解军事或海军事务。[7]

18 世纪末，大批欧洲商人最初开始抵达中国时，皇室八旗子弟的数量约有 25 万，而汉族军队有 66 万。[8] 由于被派往沿海地区的中国主力部队非常之少，负责中国海防的海军并不怎么专业。这就意味着就组织结构、实力部署及武器和舰船的相对落后而言，由汉族人构成的中国海军无法与其西方同行有效竞争，而越来越多的西方海军正出现在中国领海。

阻止海洋政策变革的第三个因素是对对外贸易的限制。合法的对外贸易只能在南方城市广州进行（尽管在没有得到法律承认的情况下，对外贸易一直在葡萄牙殖民地澳门进行着）。第一次鸦片战争（1839—1842 年）之前，清朝海军的注意力主要放在中国的近邻上，尤其是日本和越南，在亚洲只有这两个国家过去曾成功地击退过中国海军。受到攻击时，中国海军通常的做法是用浮木栏障和绑在一排漂浮的舢板船上的铁链来封锁港口。

中国人还可以利用近海岛屿来阻挡敌人，这些岛屿中有许多配备大炮的坚不可摧的堡垒，至少根据当时的标准而言如此。中国政府还可以停止广州的对外贸易，静等进攻者力量逐渐变弱并散去，威胁一旦解除，正常的贸易又可以继续。

19 世纪之前，由海上而来的威胁大多是地区性的，因此，这种威胁可以由小规模的汉族主导的海军来应对。这支海军主要依靠防御性的战略，例如贸易禁运。清朝的海防战略包括三个主要因素：①与海上威胁保持一定的距离，但通过歼灭战来打击陆地上的敌人；②派不那么可靠的汉族部队驻扎在南部和东南部来保卫沿海，同时派忠诚的满族八旗子弟保护易受攻击的陆上边界和大运河；③采取贸易限制和防御性的海防战略，而不是使用更具进攻性的战略。

尽管这三个因素在对付地区敌人时极为有效，但对中国战略思想家该如何面对新近从欧洲而来的威胁有着消极的影响。在与亚洲国家的舰队进行了数个世纪的战争之后，在应对欧洲远洋海军的到来方面，清朝海军明显准备不足。使这些战略局限性进一步加强的是这样一个事实：由汉族主导的中国海军的相对落后在某种程度上是中国的满族统治者蓄意造成的，因为他们清楚地认识到提供给汉族部队的任何武器都可能在某一天发生叛乱时转向他们。[9] 因此，使中国海军力量弱小分散是有利于满族统治的。在中国海军力量初次与西方交战时，这种出于国内安全的考虑最终导致了 19 世纪初的一场国际军事灾难。

二、第二个时期：1839—1842 年

从事海上贸易的欧洲人最初开始进入中国时，他们就被纳入既有的由政府控制的进贡体系。在这一体系中中国是地位较高的一方，而其他国家则被认为地位较低。对外贸易的中心是广州（但部分贸易是在澳门进行的），外国商品在中国内部通过陆路和运河运输，商业由获得政府特许的商人垄断，而这些商人则由直接向中央政府汇报的官员管理。这一体系削弱了对活跃的海上贸易的需求，而活跃的海上贸易本来是需要一支庞大有力的中国海军的保护的。该体系一直运作至 19 世纪早期，直到由于欧洲正在发生的工业革命而不断增强的英国军事力量首次使欧洲海军敢于挑战中国的海上优势。由于天生的保守及无法做出共同的反应，中国官员大多不愿承认这一改变需要清朝在军事方面进行积极的回应。

19 世纪早期由汉族人组成的海军是专门设计和训练来镇压国内叛乱，

通过阻止海盗进入中国的河流系统来保护运河体系，以及禁止通商并惩罚少数不守规矩的外国商人的。从 1683 年清朝派海军远征军收复台湾算起，在 100 多年的时间里，中国海军并非一支真正的攻击性力量。中国海军从未碰到过与其势均力敌——更不用说比其强大的海上威胁，其设计、装备及训练都无以与欧洲强国作战，何况是当时世界上数一数二的海军强国英国了。

第一次鸦片战争的导火索是由于向正在中国西部的新疆进行的一场战役提供经费而引起的严重的银两短缺。[10]清朝皇帝所做出的反应并不是停止所有的鸦片贸易，而只是涉及鸦片的对外贸易，正是后者导致了银两的大量损耗。然而，中国所选择的战略，即禁止与英国和其他国家的商人从事交易，产生了适得其反的结果，因为这被视为阻碍自由贸易的单边行动。渡海而来的欧洲商人，尤其是荷兰人和英国人，长期以来一直是自由贸易的倡导者，甚至曾为维护其贸易权而进行过战争，其中包括拿破仑一世进行的历次重大战争。

英国要求进行自由贸易，这是第一次鸦片战争的核心问题，但是负责禁烟的中国官员——两广总督林则徐严重低估了中国的贸易对英国的价值。毫无疑问，林则徐没有意识到中英贸易的紧张局势可能导致战争，这部分是因为他低估了东印度公司及其他在华商人可能对英国政府产生的经济方面的影响。1839 年 8 月 25 日，英国代表查理·义律上校对中国禁止贸易的决定提出抗议，并同意以英国王室的名义购买外国鸦片，从而使那些鸦片在交付中国官员销毁时成为英国的资产。这种所有权的转移接下来给予英国政府向中国索要资金赔偿的合法权利。

外国商人被赶出广州后，英国的贸易船只并未像中国所预想的那样回国，而是聚集在一个名为香港的近海岛屿附近，这座小岛不但缺水，而且几乎是一片荒芜。适于远航的英国船只已经能够控制中国的海滨和外海。不过，英国海军将香港作为基地，很快就能将其注意力集中于入侵中国的河流体系，甚至最终控制中国海防的核心——护卫森严的运河。

除了禁止进行鸦片贸易之外，引起紧张局势的第二个因素是外国人希望从事南北方之间的海上贸易。19 世纪早期，有关南方的贡米应通过大运河还是海路运输在中国引起了很大的争议。清朝皇帝赞成通过大运河运送。海上航线更为直接可靠，因此也更为便宜，而且自 1824—1827 年间，由于大面积的运河淤塞，海上航线一度占据主要地位。但是清朝的皇帝知道，许多政府官员的生计靠的就是这些贡船缴纳的运河费，而且中央政府的收入也与这些费用息息相关，因此支持加以修缮，重开运河。为了鼓励使用大运河，政府对海上贸易进行了严格的限制，尽管航海船只能将盐等北方货物运往南方，但是这些船只无法合法地将大米等南方货物运回北方。因此，许多航海船只空船北归。

为大运河贸易提供津贴的决定损害了中国的海上贸易，这一点为外国人所痛恨。但是如果海上贸易确实有所增长，那将主要以牺牲内陆运河贸易为代价，可能会使数以百万计的船工陷入混乱，更别提那些收入以贸易税为基础的省政府官员了。为了确保国内安定，巩固自己对贸易的控制，清朝皇帝坚决反对对这一传统的以运河为基础的贸易体系进行任何根本性的改变。不过，与海上贸易相似，运河贸易在某些阻塞点是脆弱的，在这些阻塞点不同的贸易路线交汇互联。其中一个阻塞点在镇江附近，大运河与扬子江在那里相交，另一个阻塞点是大运河北方终点附近的城市天津。

为了维持自身对对外贸易的垄断，使广州和澳门的外国商人尽量符合中国政府的利益。因此，中国的贸易体系天生就是不平等的，因为向中国派出朝贡使团的亚欧国家可以访问北京并在北京从事贸易，而且受一个机构——理藩院管理。与此同时，海洋国家被置于远离首都的地方，并且受另一个机构——礼部管理。[11]由于中国安全所面临的威胁主要来自北面和西面，所以陆地国家往往会得到更多的尊重。此前，对统治中国的历代王朝而言，海洋国家从未构成过威胁，因此，这些国家所得待遇较低。西方海洋国家对这一不平等的待遇非常恼怒。

这些双重贸易体系对英国等欧洲主要的航海国家而言，就意味着他们被隔离在南方，距中国的政治首都北京有数千里之遥，而俄国却在北京有自己的代表。早些时候，英国于1793年派出以马戛尔尼勋爵为首的使团前往北京，试图改变这一局面，但是他们提出的在首都设立代表的要求遭到了拒绝。商业因素也发挥了一定的影响，因为由于船运费和运河税，北方商品的价格在南方要高得多。英国商人尤其迫切地想在中国北方为欧洲商品开拓新的市场，同时通过直接前往产地而得到更低价格的中国商品。英国与俄国正在世界其他地方展开竞争，也难怪英国人首先站出来反对他们所认为的不公平的待遇。

林则徐认为，鸦片战争的第一阶段是一种均衡，英国的船只可能占领了近海岛屿和沿海水域，但是中国继续控制着河流和运河的入口。因为中国保有沿海城市，而且这些城市是大多数贸易发生的地方，所以中国人认为他们的防御性战略正在取得胜利。在这种僵局的基础上，英国人和中国人通过谈判议定了一项临时协议，暂时结束了这一冲突。尽管中国海防的形象受损，但对许多官员来说，似乎是中国成功抵挡了外国人的攻击。中国官员仍普遍对英国海军不屑一顾。例如，直到 1840 年 9 月 12 日，江苏巡抚裕谦还写道，外国舰船很容易在沙洲搁浅，由于船只随海浪上下颠簸，舰炮射击精度不高，而且这些船还怕火，如果进行火攻，这些船将会被彻底地烧掉。[12]

然而，到了 1840 年，在冲突再次爆发之后，也是于 1839 年 11 月 3 日中英海军在穿鼻之战中第一次交手之后，林则徐逐渐开始改变自己对外国舰船作用的看法。他首次提出"师夷长技"。由于他进行现代化变革的努力，后来他被誉为"开眼看世界第一人"[13]。林则徐关于海防的观点也发生了根本性的转变。他开始提倡一种三个层次的战略以击败英国人：①采用"以守为战"战略；②建立一支现代化的海军；③发动民众参与海防。[14]杨志本在《中国海军百科全书》中称，林则徐不但是第一个倡导购买西方舰炮的现代中国政治家，而且是在其所率陆军和海军中确实使用过这些武器的第一位"学者将军"。[15]

林则徐意识到，中国的舰船无论是从大小、数量还是实力来说都不是英舰的对手。因此，中国海军的最佳战略是避开英国人占有优势的深水，而将重点放在保护中国港口的入口。

要很好地做到这一点，中国人首先必须修理旧炮台，建造新的远程大炮炮台，并把金属链和木筏排成一串，置于港口入口处，使英舰无法进入。其次，应该建造更大的舰船并更好地训练水兵。第三，需要建造火攻船进行夜袭，摧毁"夷船"。第四，必须包围敌人的阵地并保卫周界，从而延长冲突。最后，通过激化英国与俄国甚至法国等其他西方国家旧有的矛盾，中国人可以削弱英国人的意志。[16]

作为该计划的一部分，林则徐提议建设一支现代化的海军。他推断称，因为中国的海岸线绵长，港口众多，不可能保卫每一个港口免遭外国侵略。因此，在建立一支现代化的海军之后，中国人可以在公海——在林则徐的想法中其实就是沿岸浅海，而不是真正的"蓝水"击败敌人。林则徐认为一支现代化的中国海军的基础有四，即优良的武器、技术经验、勇气力量以及中国水兵的同心协力。他的建造计划也同样雄心勃勃，他主张建造 100 艘大型舰船、50 艘中型舰船和 50 艘小型舰船，此外还要有 100 门大炮和一支由 1000 名经过专门训练的领航员和舵手组成的船员队伍。林则徐还进一步提出在制造这些武器时要注重实用性。[17]

与以往中国的许多海防理论家不同的是，林则徐能够将其理论付诸实践。跟他的观点相一致，他加固了中国的沿海要塞，并在广州港的入口处拉上了粗大的链条。他还倡议建立由农民组成的民兵组织与英国人作战，由此可见，他的建设一支现代化海军的计划是最具革命性的。正如林则徐在 1840 年 10 月 24 日写的一封信中所表现出来的那样，他对外国舰船的重视已经到了一定程度，以至于默认中国的舢板船和枪炮无法与外国人的舰炮相匹敌。[18]

林则徐试图通过分析和复制西方技术来建设一支现代化海军，但 1841 年中英再次爆发冲突时，中国政府在很大程度上忽视了林则徐的这一努力。相反，由于官僚们通常不愿接受新的而且是更加难以承受的金融负担，中国官员自然而然地转而求助于中国历史上的先例，以强化传统的海防技巧。其中包括试图切断英国人在当地的食物和淡水供给。还包括使英国人无法直接进入中国的河流和运河。最后，人们普遍认为只要诱使英国人在陆地上作战——这可是中国人的强项，就可以击败英军。正是由于这些原因，中国建设现代海军的最初努力尚未开始就失去了动力。

中国政府认为自己战无不胜，这一点无论从哪个方面来看都是错误的。事实上，英国人引进的新的海军技术——具有固定水密舱的平底铁船再加上防水步枪一些新近的改进，使其无论在海上还是在陆上皆可展示其优势。这使其得以突破中国的海防，直接进入中国最具战略地位的阻塞点所在的重要的河流和运河系统。

意识到大运河所起的关键作用，在这场战争最后的战役中，英国人无视中国北方的政治中心，攻打了扬子江沿岸中国的商业核心地带。1842 年 6 月 19 日，上海陷落，英军得以长驱直入扬子江。1842 年 8 月 19 日，负责进行和谈的钦差大臣耆英上奏称 80 多艘外国舰船控制了扬子江，占领了运河，切断了中国的南北交通。这一阻塞点确实是至关重要，因为没有南方供给的粮食，首都北京无法支撑下去。因此，耆英劝皇帝同意进行必要的让步，并给予巨额赔款。他指出，英国人的船坚炮利之前只是传闻，但其已登上英舰并亲眼看到了英国人的大炮，因此更加坚信中国人无法以武力制伏英国人。[19]由于中国主要的贸易通道掌握在英国人手中，清帝被迫进行和谈。

中国传统海防的失守使皇帝大为震惊。毕竟在战争的初始阶段看起来中国的海滨城市是不会被外国人攻破的。然而，1842 年 6 月 5 日，在鸦片战争末期，皇帝开始对自己的军队绝望了，认为军队里的将士普遍认为外国人的坚船利炮是无法抵抗的，因此他们在战场上一看到敌人就放弃战斗了。[20]由于缺乏有效的军事手段，皇帝同意进行谈判。其官方代表于1842年8月29日签订了《南京条约》。

《南京条约》给予英国人更多的贸易特权，并通过上海及其他条约港口使其拥有了更多进入中国内地的渠道。这给外国鸦片的持续销售提供了便利。尽管条约没有使外国鸦片销售合法化，但其买卖仍普遍在持续。这再次加剧了银两的流失，而这本是贸易冲突的最初起源。中国政府还将香港这一近海岛屿割让给了英国。尽管该岛地势起伏陡峭，缺乏淡水，且坐落在遥远的南方，距北京有数千英里之遥，但是一旦英国控制了任何近海岛屿，就有了一个固定的基地来扩张其贸易帝国，英国的舰船也可以由此处对中国进行军事上的威胁。正如郑成功试图利用台湾来抗击清朝那样，即使是最小的近海岛屿也可能成为对中国海防的重大威胁。鸦片战争对英国而言无疑是一场战略性的军事胜利，对中国而言则是具有同等重大意义的一次失败，尽管当时中国人普遍没有认识到这一点。

三、第三个时期：1843—1864年

对大多数中国人而言，鸦片战争似乎只是暂时的挫折，因为外国敌人在中国政府同意签订《南京条约》之后就撤走了，而且传统上皇帝可以废除任何对中国不利的条约。不过，不得不制定新的海防战略，将来自国外的新的威胁考虑进去。林则徐建设一支现代化海军的雄心勃勃的建议之所以失败，部分原因在于他误解了英国人要求进行自由贸易的目的。早期林则徐认为英国人不过是之前中国的"倭寇"的西方版本。因此，对林则徐及其崇拜者而言，英国人自始至终不过是另一种"海寇"，无法长久侵入大清帝国固若金汤的腹地，而且被其自身对于现金和补给品的迫切需求束缚在受走私者控制的东南沿海。[21]

中国在鸦片战争中失败之后，许多新的海军理论家认识到西方技术的价值，并提倡使用西方技术。鸦片战争后不久，魏源（1794—1857年）就写出了著名的《海国图志》。他批评英舰太过笨重，无法在中国的河流和运河使用，指出英国的蒸汽机轮船效率不高。关键是诱使英国进入不适于其活动的地区，因为一旦舵轮为炮火所毁或被海藻、灯芯草阻塞，这些舰船就变得脆弱无助。[22]

但是魏源进一步写道，中国必须主动"师夷长技以制夷"。这就包括研究西方的舰船、大炮、部队的选拔与训练以及部队的支援方法，以便对中

国的军队进行彻底的改革。为了迅速而轻松地完成这项任务，他建议利用中国利润丰厚的对外贸易所得来修建造船厂和兵工厂。魏源还进一步构想了像先前明朝海军那样由 100 艘舰船组成的一支现代化的中国舰队，配备 30 000 名将士。该舰队在和平时期驻扎在中国各地的各个港口，但在战争时期则被集中起来作为一支舰队而共同作战。[23]

鸦片战争时期中国海防所谓的抵抗派的一位重要代表是姚莹（1785—1853 年）。姚莹所关注的是台湾的海防。如同香港一样，台湾也面临着落入外国侵略者手中的危险。他承认台湾的防守特别困难，因为其远离大陆，为海洋所隔绝，海岸线漫长，而且有众多不设防的港口。就像与其同时代的林则徐和魏源那样，姚莹提倡进攻性的海防政策，建议建设一支现代化的舰队，并用普通百姓来作为自卫力量。然而，其他两位理论家认为中国处于有利的地位，姚莹却有不同的观点。他承认外国人在攻打台湾方面占有优势，建议使用诈术和诡计，诱敌深入，将其围困，然后利用狭窄的水道对其进行伏击。[24]

在第一次鸦片战争中及战争结束后不久，林则徐、魏源和姚莹都认为中国需要进行军事和海军方面的改革。最重要的是，中国的军队需要演习外国技术，使用外国方法，以建立强大的海防。为组建一支精锐的海防部队，他们提议启动大规模的建设项目，以建立一支强大的中国海军并训练地方民兵组织。最后，他们支持强调高度协调的防御性而非进攻性的海军战略的切实可行的政策。这些防御性政策使外国人无法进入港口，最终使其搁浅或诱使其进入埋伏圈中。

尽管这些中国海事理论家提倡更为积极的海防战略，阻止西方国家的侵略，但清政府在很大程度上并没有关注他们的建议。10 年之间，中国中部和南部的大部分地方都卷入了内战；1851—1864 年，以南京为据点的太平军试图获得汉族人的支持，推翻北京的满族王朝，却以失败而告终。19 世纪 50 年代中期至晚期，中国与西方列强——主要是英国和法国再次就其条约权利产生了分歧。在 1856—1860 年的亚罗号战争——又称第二次鸦片战争期间，中国还是毫无准备地面对这一现实，即西方的制海权在决定这场冲突向有利于外国人方向发展方面起到了决定性的作用。[25]1857 年 12 月 28 日，英法联军炮轰广州导致广州被占领，而 1859 年 6 月 25 日发生在天津附近的大沽之战证明是中国所取得的一次短暂的胜利，很快英国人和法国人就重整旗鼓，并向北京派出了远征军。尽管这座城市并没有被占领，但是清朝的欧式园林圆明园被洗劫一空并被纵火焚烧，以报复满族人对外国囚犯的虐待。

中国在进行海战的同时，无法专注于陆地上的威胁。在亚罗号战争进行得如火如荼时，东西伯利亚总督尼古拉·穆拉维约夫和黑龙江将军奕山议定了《瑷珲条约》，确定了阿穆尔河和乌苏里江沿岸的中俄边界。1860年，俄国人议定的《北京条约》确定了新疆的边界，而1864年的《勘分西北界约记》则割让给俄国约35万平方英里的土地——相当于英国和法国面积的总和。通过这三个条约，俄国共攫取了66.5万平方英里的土地，几乎是日本总面积的5倍。[26]

19世纪60年代早期，中国试图从国外采购新型舰船以打败太平军。1863年，执掌皇家海关总税务司的李泰国和为中国工作的英国海军军官舍纳德·阿思本帮助协调从英国购买了7艘现代化汽船和1艘供应舰。这些船只被称为李泰国—阿思本舰队，用来保护对外贸易免遭由太平军支持的海盗的破坏；因此，根据李泰国最初的计划，这些船将留在由外国人任职的皇家海关总税务司而非中国的管辖之下。为了实现这一目的，他任命阿思本少校担任这支中国舰队的指挥官，为期4年。

然而，这支计划中的舰队被取消了，因为清政府坚称总司令应该由他们来任命；阿思本将成为其助手，且只能管理外国海军军官。这一计划对英国人来说是不可接受的，他们怕一支真正现代化、西方化的中国舰队可能会有一天被用来反对他们。当看起来这些船可能完全落到中国人控制之下时，这一计划就取消了。这些船在途中被召回，返回印度孟买，并最终回到了英国。

这一事件遭到了中国的猛烈抨击，被当做西方不合理对待中国的另一例证。正如一位中国海军史学者后来所评论的那样，中国是被迫花钱来买屈辱，因为中国没有得到指挥自己的舰队的权利。[27]虽然这一计划最终破产了，李泰国—阿思本舰队即使不是在事实上也是在理论上是中国建设现代化海军的最初的尝试。如果在19世纪40年代而不是60年代就做出这样的努力，那么中国后来的海军史，也许甚至包括中国的历史，可能会是截然不同的。

四、第四个时期：1865—1894 年

第一次鸦片战争之后，中国拒绝采用西方的技术、武器和海军战略，因而错过了进行现代化的良机。相反，也许是为了保留稀少的财政资源，中国官员接到命令，回顾中国自身的历史，从中寻找海防的典范。然而，时间不是静止不动的，英国、欧洲大陆和美国的海军继续发展壮大。直到

1864年太平军被打败，中国政府才开始着手建设一支现代化的海军。

中国海军的发展在很大程度上要归功于地方行政官员，其中包括福州船政局的创建者左宗棠和1870—1895年间担任直隶这一北方省份总督的李鸿章，后者是中国海军现代化的主要倡导者。对地方商业新征收的赋税被用于这一进展迅速的现代化，如1853年，扬州首先开始征收厘金，很快各省都开始征收这项税款以支付军费。[28]不过，这种对地方主动性的依赖也意味着海军现代化的努力经常缺乏全国范围内的协调。

自1866年起，左宗棠执意要求中国开始建造自身的现代化舰船。在法国官员日意格的协助下，左宗棠创办了福州船政局，开始按西方模式建造现代化的中国军舰。法国政府有意在此方面提供援助，以免英国人占了先机，同时也是因为日本向冲绳南扩引起了法国政府的担忧。1867年，在左宗棠的支持下，法国帮忙在福建省福州市创建了一所海军院校和造船中心（即马尾船政——译者注）。其他海军院校很快就要在天津、南京和广州附近的黄浦建立起来。在接下来的6年半时间里，由法国人协助设立的福州船政局建造了15艘船，其中包括1艘250马力、排水量约为1400吨的轻型护卫舰。[29]不过，军官培训并没有跟上步伐，许多中国海军军官并没有丰富的海上经验，这也解释了为何中国没有充分利用这些新式海军装备。

1870年，李鸿章成为直隶总督。19世纪70年代，他复兴了中国海军现代化计划，指出亚罗号战争表明北京更易受到来自海疆而非西北内陆边境的攻击。1875年，李鸿章得到资金从外国购买舰船，但数额远少于划拨用于内陆边境防卫的资金。李鸿章的海军被称为北洋水师，驻扎在辽东半岛的旅顺和山东半岛的威海卫，保卫着通往北京的海上通道。清政府最终下令组建了另外三支舰队：驻扎在广州的广东水师，驻扎在扬子江的南洋水师和驻扎在中国东南部福州船政局的福建水师。如同各省份陆军的组建政策一样，各舰队在行政上彼此分开，这样单个的军队首领就无法发动兵变，使整个海军与满族人对抗了。

与此同时，皇家海关总税务司的主要工作是向输入中国的欧洲商品征税。起初，这一收入的40%被用来支付1860年的《北京条约》所规定的各项赔款，但在1866年之后，全部收入都归中央政府所有。不过，实际上，关税收入经常被外国人扣留，以支付中国的外债或赔款，例如数额之大尤其令人难以承受的庚子赔款。不过，上海的外国关税收入很快就成为中央政府收入的一个主要来源，特别是用于紧急军事开支，比如19世纪70年代左宗棠重新征服新疆就花费了巨额资金。汉族人的传统战略是使蛮夷相斗，

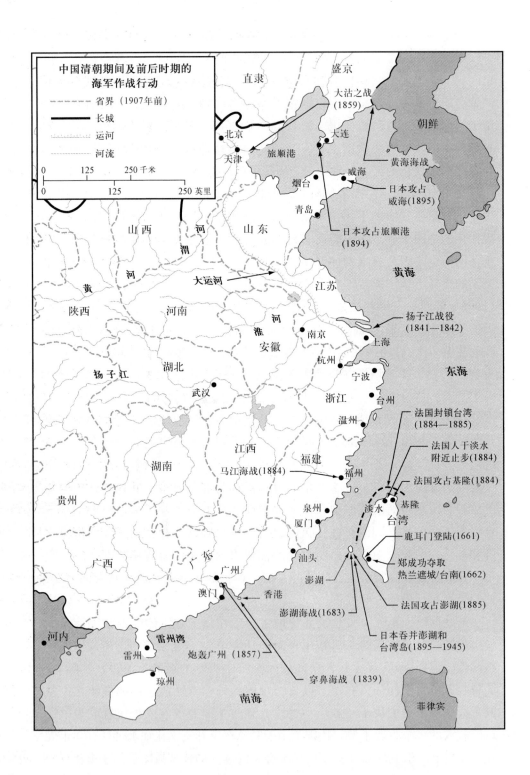

中国清朝期间及前后时期的
海军作战行动
- - - 省界（1907年前）
——— 长城
⋯⋯⋯ 运河
- - - - 河流

0 ___ 125 ___ 250 千米
0 ___ 125 ___ 250 英里

直隶
盛京
大沽之战
(1859)
朝鲜
北京
天津
旅顺港
大连
黄海海战
烟台
威海
日本攻占
威海(1895)
青岛
日本攻占旅顺港
(1894)
黄海
山西
河
渭
河
山东
黄河
陕西
河南
大运河
江苏
淮
安徽
南京
上海
扬子江战役
(1841—1842)
湖北
扬子江
杭州
宁波
台州
东海
武汉
浙江
温州
法国封锁台湾
(1884—1885)
江西
福建
法国人于淡水
附近止步(1884)
湖南
马江海战(1884)
福州
法国攻占基隆(1884)
贵州
泉州
淡水
基隆
厦门
台湾
鹿耳门登陆(1661)
广西
汕头
郑成功夺取
热兰遮城/台南(1662)
广州
澳门
香港
澎湖
法国攻占澎湖(1885)
河内
雷州湾
澎湖海战(1683)
日本吞并澎湖和
台湾岛(1895—1945)
雷州
炮轰广州 (1857)
琼州
穿鼻海战 (1839)
南海
菲律宾

满族人也采取这一战略，用与西方进行贸易的关税所得为军队远征镇压回民起义提供资金。

1871 年，俄国占领了新疆西部的伊犁河谷，以防止正在进行的回民起义（1862—1878 年）蔓延至其领土。但是，俄国占领伊犁，其目的不只是防御性的，这也是俄国向中亚迅速扩张过程的一部分。在 1854 年建立了维尔诺市之后，俄国人于 1865 年吞并了塔什干，1868 年吞并了布哈拉，1873 年吞并了希瓦，1876 年吞并了浩罕。俄国行政体系将这些地区吸纳进来，设立了土耳其斯坦总督区（1867 年）、塞米巴拉金斯克省（1854 年）、锡尔河州和七河州（均设于 1867 年）以及其他三个州乌拉尔斯克、图尔盖和阿克莫林斯克（1868 年）。1871 年 6 月，俄国土耳其斯坦总督区总督命令俄国军队跨过中俄边界，占领了伊犁。1873 年，俄国正式将该地区作为库尔德扎州纳入俄国行政体系。

为了平息穆斯林叛乱，中国派出了由左宗棠率领的庞大的军队并重新建立起了秩序，这一点很让俄国人吃惊。不过，俄国人并不想放弃对新疆山口的控制，因为这些山口在应对中国方面给予俄国战略优势，同时提供了通往甘肃、陕西和蒙古的直接的贸易路线。因此，俄国人对其撤退要价很高。俄国提出要继续控制具有战略地位的穆素尔关口，取得新疆、蒙古及越过长城进入中国腹地的贸易特权，并拿到一笔 500 万卢布的赔款以支付占领费用。俄国人还要求得到在满洲里的松花江航行的权利。1879 年 10 月 2 日，中国的外交代表崇厚签署《里瓦吉亚条约》，同意了这些条件。中国政府当知道了条约中的条件，就马上表示拒绝接受该协议。由此产生的外交丑闻似乎要以中俄一战而结束。

尽管崇厚在长达 10 个月的谈判期间似乎定期向北京的官员汇报情况，不过在北京的官员最终读到条约内容后，朝廷拒绝批准这一条约。俄国有数千人的军队驻扎在伊犁附近，并且向中国领海调派了 23 艘战舰，但是中国在战区内的兵力更多，因为左宗棠刚刚镇压完回民起义。清朝将镇压过太平天国起义的最为著名的将领安插在重要位置上，甚至还雇用了前常胜军首领查尔斯·戈登来提供军事方面的建议。

最终外交取得了胜利，俄国同意接受一位新的谈判代表——时任中国驻英公使的曾纪泽。在圣彼得堡进行的谈判非常艰难，但最终俄国接受了一大笔赔款，而不再进行一场昂贵的战争，此外俄国还归还了大多数争议领土，并作为交换获得了 900 万卢布的赔款。俄国减少了对更多贸易特权的要求，还放弃了关于松花江航行权的条款。结果，1881 年 2 月 24 日的

《圣彼得堡条约》取代了《里瓦吉亚条约》。这至少是暂时地阻止了俄国向中国的扩张。

尽管赔款数目增加了，但中国人还是普遍将《圣彼得堡条约》视为一次外交上的胜利，因为他们使最为强大的国家之一放弃了原来的主张。实际上，该条约强化了以金钱而非合理的军事和海军战略来进行外交的先例。中国不断支付巨额赔款以安抚外国列强，这最终阻碍了其自身内部的经济发展。1884年，即签订《圣彼得堡条约》后不久，中国政府正式使新疆成为一个省，将其纳入中国的行政管理体系。

在陆上形势紧张的同一时期，李鸿章率领一群进步的清朝官员推动建设一支拥有48艘舰船的海军，并令人信服地指出当前北京更容易受到主要是来自沿海而非西部边陲的攻击。但是由于俄国人在新疆构成了威胁，清政府还是继续将大多数军费拨往边界而非海防。海军的资源浪费到了分配至各地区舰队的无法兼容的装备上。此外，1874年，满族人的朝廷决定修建颐和园以替代在第二次鸦片战争中被毁的圆明园，因而挪用了先前特别划拨用于发展海军的资金。中国海军宝贵的资金的一部分就这样被用来建造一艘用于礼仪场合的大理石船。

不过，李鸿章坚持在他辖区范围内的中国北方领海建设北洋水师。[30]李鸿章获得朝廷批准，自1875年开始由国外购置舰船，那正是在中国被迫将冲绳割让给日本后不久，但朝廷只拨给他200万两银子来完成这项任务。这只相当于那些年清政府在新疆的花费的一小部分[31]。在资金有限的情况下，李鸿章不得不做出决定，船只是由中国自己来建造，还是向英国、法国和德国的造船商去购买。由于他的犹豫不决，至19世纪80年代初期，中国各地区舰队远未达到标准化的程度，而且很难作为一个整体采取行动。就像罗林森所说的那样："在那种购买加建造的混乱状态中，没有计划，也没有抓住问题的实质。只有对中国的几个外敌不同程度的敌意。花费甚多，但成效甚少。装备上的参差不齐反映了海岸的政治性区域分割，导致了协调行动和宏伟战略的缺失。李鸿章对舰船和武器老谋深算且机会主义的采购只是添乱而已。"[32]

在这一时期，香港的海防理论家王韬开始审视中国的海事问题，甚至建议中国与英国结为友好，对抗俄国，保护台湾，提防日本。在写给李鸿章的一封信中，王韬建议中国在增长国力的同时保留经济实力。为了实现这一目的，他建议仿效英国修建铁路，使用电力，建造工厂。这将使中国有能力应对俄国和日本所构成的更大的挑战。[33]

尤其值得一提的是，王韬是首批认识到装甲舰的价值的中国人之一。他提议采购许多相对较小的舰船组成舰队与西方的大型舰船抗衡。他给出的理由包括：这样价格更低，将总投资分散购买多艘而非仅仅一两艘舰船；这些船只能够联合起来对抗敌人；小型船只在浅水中更为有用；容易撤退到沿海地区及中国的数条河流。王韬建议组成四支舰队，分别驻扎在满洲里、山东、上海和厦门。他乐观地指出，如果一支舰队未能获胜，就召来另一支，如果第二支舰队未能获胜，就召来第三支，由此不断强化坚定不屈的意志。[34]

中国政府在很大程度上忽视了王韬购买多艘小型舰船的建议，反面试图购置几艘大型舰船。同时，为了自我保护，使海军的几支舰队处于地理上分隔、体制上各异的状态。至1882年，清朝海军由约50艘体积、设计各不相同的汽船组成。尽管其中有一半是在中国的上海船政局或福州船政局建造的，另一半则采购自国外。例如，4艘炮艇和2艘1350吨级的巡洋舰订购自英国，而其他2艘斯德丁型战舰及1艘钢制巡洋舰则订购自德国。为了给这些大型舰船配备人员，至19世纪80年代晚期，少量中国学生曾出国到英国格林尼治的皇家海军学院、法国瑟堡造船学校和美国罗德岛州纽波特的海军战争学院访问或学习。

丁汝昌（1823—1882年）是另一位著名的海防战略家。在舰队基地选址方面他与王韬有不同的见解。他建议以广州、扬子江口和山东半岛的威海卫为基地创建三支舰队。成功的海防战略取决于对水兵进行恰当的训练，大力发展海运工业，以及明白成功保卫中国的秘密是获取并保持民心。丁汝昌强调，从战略角度来看，保持对台湾的控制至关重要，尤其是要防止日本可能发动的入侵。[35]

中国政府最初决定以广州、中国东南部的福州船政局和北方沿渤海湾入口为基地建立三支舰队。这三支舰队后来扩展成为以广州、福州和上海为基地的四支舰队，接着北洋水师又进一步分散到威海卫和旅顺两地。起初，这些部队大部分在南方，这就忽视了王韬将其三支舰队中的两支驻扎在北方的建议。此外，各舰队不是彼此密切合作，而是具有独立的管理和人员体制，而且各舰队都有按地理位置划分的不同职责，这些职责虽相互有所触及，但不存在交叠。这样的结构没有强制各舰队在困难时期向其邻近舰队提供支援，而是确保了各居一处的舰队无法联合起来反抗中央政府，因为兵变是一个不断出现的威胁。[36]

在意料之中的是，考虑到李鸿章在北京的政治影响力，那些性能最佳、现代化程度最高的舰船中有多艘列入了李鸿章的北洋水师，但这些舰船在1884—1885年的中法战争中并没有参战。事实上，一种观点认为，最南部的省份始终被视为与国家北部和中部全然不同的实体。[37]由于害怕失去对北洋水师的控制权，1884年福建水师处于危急关头时，李鸿章拒绝了将其舰船派往南方进行支援的迫切请示。李鸿章声称，如果其舰队南下，中国北方将无法抵御日本的侵略，但是他的这一决定普遍被批评为中国地方主义思维的表现。由于拒绝支援南方，中国的总体海军实力大为削弱，从而使他们的法国对手得以逐一彻底摧毁南方各个舰队。

到1883年，即在中法战争的初始阶段，中国新近现代化的海军——尤其是中国南方的海军人员素质及装备较差。尽管中国由西方制造的舰船是最新型的，但没有关于如何有效使用这些舰船的计划，在沿用西方海军战略方面也几乎没有什么进步。大多数军官海上经验甚少或几乎没有。例如，据统计，在将要到来的中法战争中作战的14艘舰船的船长中只有8名接受过一些现代化的训练。[38]如前所述，中国北方和南方的各个舰队之间几乎不存在什么协调。这就意味着在任何一段时间，法国海军对抗的只是中国海军总体的一部分。由于这些原因，法国海军在即将到来的冲突中的优势得到了切实的保证。

1884—1885年，中国试图阻止法国将越南变为其殖民地，但以失败告终。1884年8月23日，一支由8艘军舰组成的法国舰队在马江海战中将福建水师摧毁在港内。然后，法国人在扬子江上封锁南洋水师，切断了贡粮沿大运河前往首都的运输线路。他们还进攻台湾基隆，并于1884年最终占领了这座城市，但是他们向内陆前进的步伐被阻挡在淡水附近。法国人采取封锁台湾的方式，于1885年3月占领了澎湖列岛，在战争的最后4个月一直控制着该列岛，将其作为谈判的筹码。由于地处中国北方的北洋水师无视南方南洋水师的请求施以援手，法国海军从未接触过中国海军中现代化程度最高的那些武器装备。1885年6月9日，中国政府停止抵抗，将越南让给了法国，以换取对澎湖列岛的重新控制及使法国人停止封锁台湾。

法国的胜利凸显了中国的软弱，也许还刺激了日本后来企图向朝鲜的扩张。自1868年明治维新以来，日本人迅速对其海军进行了现代化和西方化的改造。1894年夏末，日本舰队企图与北洋水师的一支舰队交战，但后者非常不情愿与之交手。日本人在鸭绿江附近截住了这支舰队，当时该舰队正运送部队前往朝鲜。两支舰队大体上势均力敌，中国舰队的火力更强大一些，而日本舰队的速度更快一些。在1894年9月17日的黄海海战中，

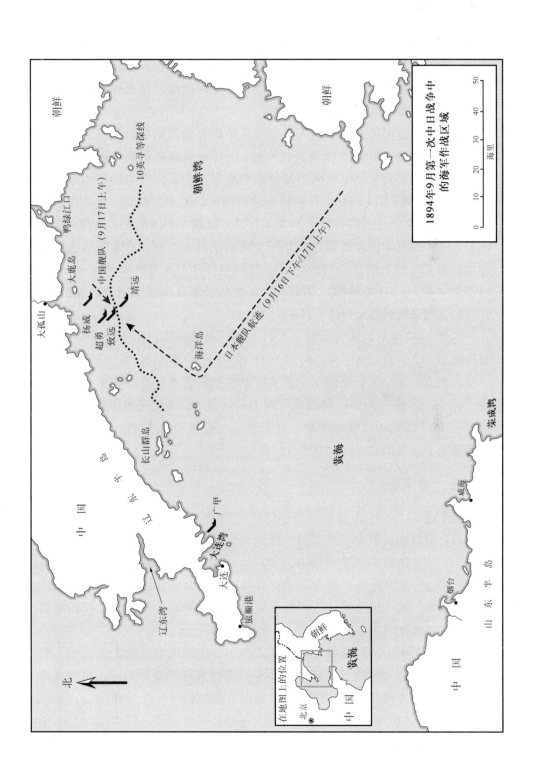

1894年9月第一次中日战争中的海军作战区域

日本击沉了 10 艘中国舰船中的 4 艘，而自身没有损失 1 艘舰船，可谓大获全胜。腐败导致供给中国舰队的大炮口径有误，火药也不合格，从而抵消了其火力的优越性。不服从指挥及无法组成基本的海军队形使日本舰队得以反复地对中国舰队进行舷炮齐发。

黄海海战表明，没有使部队作为一个整体协同行动的西式训练，现代化的海军装备毫无价值。[39]清朝虽然同意——尽管有些勉强购置西方的海军装备，但拒绝派大量学生出国学习使这些装备产生实用效力的知识及教育体制。由于 1894 年 11 月 21 日中国在旅顺港被日本人击败，后来北洋水师又于 1895 年 2 月在威海卫被日本海军封锁并摧毁，中国丧失了之前作为亚洲最为强大的海洋国家的地位。如同先前的法国人一样，日本军队占领了澎湖列岛并入侵台湾，但与法国人不同的是，日本人没有归还这些岛屿。1895 年 4 月的《马关条约》结束了这场战争，使日本成为朝鲜的保护国，并将台湾和澎湖列岛割让给了日本。

尽管 1907 年清朝试图采取一系列为时已晚的改革，甚至于 1910 年 12 月设立了一个单独的海军部，但是 1911 年 10 月 10 日的武昌起义成功推翻了中央政府，至少部分原因在于被政府派往镇压这场起义的海军发动了兵变。[40]结果，清政府于 1912 年放弃了权力，被西式的立宪民主所取代，这揭开了近 40 年混乱和内战的序幕，直至中华人民共和国政府统一了全中国，这才开始了漫长而曲折的海洋政策变革。

五、结束语

由于强有力的中央政府，弱小的海上敌人，以及基于对运河、河流、海岸线和沿海水域的完全控制的有效的海防，中国精英官员一直秉持大陆心态，对当前的海事状况也颇为自得。中国在第一次鸦片战争中的失败改变了这一切。尤其是英国在香港建立作战基地，对中国的海防形成了新的战略性威胁，而其他沿海城市对对外贸易的开放则打破了中国政府的贸易垄断，并逐渐削弱了中国传统的运河贸易。

由于害怕失去自身所掌控的脆弱的权力，中国的满族统治者在很大程度上无视海军理论家提出的建议，并拒绝进行重要的海军变革。只是在第二次鸦片战争失败、太平天国起义结束后清朝统治者才决定建设一支现代化的海军。不过，中国的海军改革幅度过小，为时过晚。到 19 世纪 90 年代，日本已经能凭借极为成功的明治维新超越其庞大笨重、深受传统束缚的邻居中国。凭借新近获得的军事力量，日本海军彻底击败了北洋水师，作为和约条款的一部分控制了台湾，并且使中国失去了先前作为东亚海军强国的地位。与此同时，主要的欧洲列强——包括法国、德国和俄国利用中国在海军方面的弱点来扩大其领土范围，使中国成为受害者，这进一步削弱了清政府的权力。[41]

或许，中国在海上遭遇失败的直接原因是第一次鸦片战争之后清朝没有下定决心，对海军进行现代化和西方化的改造。总之，满族人越推迟进行全面改革，中国就越落后。清朝统治者没有像其岛国邻居日本在 1868 年那样决意迅速进行改革，立即建设一支全面现代化的西式的远洋海军，而是采纳了一系列倒退的、无果而终的海防战略。日本为大海所保护，人口相对单一。与其不同的是，满族人无法忽视众多的陆地威胁，其中最主要的是来自俄国的威胁，他们也无法对陆军和海军进行现代化改革，因为担心占人口大多数的汉族人会用这些新式武器来推翻他们的统治。除了这些现实的恐惧之外，权力不断分散、过度官僚化的国家结构也使得全面改革很难推进。直到今天，部分地由于这一系列有关海洋政策的错误决定，使得中国不得不重新设法恢复先前在整个东亚水域无可匹敌的影响。

注释：

1. Lo Jung – pang, China as a Sea Power（UC Davis Archives, unpublished manuscript, 1957）；"国际"在此指的是汉朝与越南这样的非汉朝的对手进行较量。
2. 在中国与东南亚的早期贸易期间关于此问题以及其他相关问题，参见 Qi Dongfang, "Maritime Trade and Tang Dynasty Yangzhou"；Ke Fengmei, "A Study of 'The Record of the Xiangying Temple' Stele from Putian—A Synopsis of Findings"；Chen Kuo – tung, "Archeological Finding and Its Connection with Chinese Exort Ceramics," papers presented at the Symposium on the Chinese Export Ceramic Trade in Southeast Asia, 12 – 14 March 2007, Asia Research Institute, National University of Singapore.
3. 该音译来自明朝头衔，老百姓称其为"国姓爷"。
4. 杨志本，中国海军百科全书，北京：海潮出版社，1998, 1912—1914.
5. 施琅主张将台湾纳入清朝版图。施琅获胜后，台湾正式归中国福建省管辖。参见 Andrew Erickson and Andrew Wilson, "China's Aircraft Carrier Dilemma," in Andrew Erickson, Lyle Goldstein, William Murray, and Andrew Wilson, eds. , China's Future Nuclear Submarine Force（Annapolis, MD：Naval Institute Press, 2007）, 260.
6. Mark Mancall, China at the Center：300 Years of Foreign Policy（New York：Free Press, 1984）, 57.
7. Frank A. Kierman Jr. and John K. Fairbank, eds. , Chinese Ways of Warfare（Cambridge,

MA：Harvard University Press，1974）；当然，情况并非总是如此，如左宗棠、李鸿章等19世纪汉族官员的军旅生涯就极为成功.

8. Ralph L. Powell, The Rise of Chinese Military Power, 1895—1912 (Princeton, NJ：Princeton University Press, 1955), 8 – 13.

9. Bruce A. Elleman, "The Chongqing Mutiny and the Chinese Civil War, 1949," in Christopher Bell and Bruce Elleman, eds. , Naval Mutinies of the Twentieth Century：An International Perspective (London：Frank Cass, 2003), 232 – 245.

10. James A. Millward, Beyond the Pass：Economy, Ethnicity, and Empire in Qing Central Asia, 1759—1864 (Stanford, CA：Stanford University Press, 1998), 146 – 147.

11. Mancall, China at the Center, 17 – 20, 77.

12. P. C. Kuo, Critical Study, 251 – 261.

13. Gideon Chen, Lin Tse – hsu：Pioneer Promoter of the Adoption of Western Means of Maritime Defense in China (New York：Paragon Book Gallery, 1961), 31.

14. 杨志本，中国海军百科全书, 1268 – 1269。

15. Chen, Lin Tse – hsu, 31.

16. 杨志本，中国海军百科全书. 1268。

17. 同上。

18. P. C. Kuo, Critical Study, 268.

19. 同上, 296 – 299.

20. 同上, 288 – 292.

21. James M. Polachek, The Inner Opium War (Cambridge, MA：Harvard University Press, 1992), 140.

22. 杨志本，中国海军百科全书, 1727 – 1728。

23. 同上。

24. 同上, 1814 – 1815.

25. Douglas Hurd, The Arrow War：An Anglo – Chinese Confusion, 1856 – 1860 (New York：Macmillan Company, 1967), 205 – 241.

26. S. C. M. Paine, Imperial Rivals：China, Russia, and Their Disputed Frontier (Armonk, NY：M. E. Sharpe, 1993), 252.

27. 于祖范，中国舰队实录，沈阳：春风文艺出版社，1997：9 – 12。

28. Philip A. Kuhn, Rebellion and Its Enemies in Late Imperial China：Militarization and Social Structure, 1796 – 1864 (Cambridge, MA：Harvard University Press, 1970), 91.

29. Gideon Chen, Tso Tsung T'ang：Pioneer Promoter of the Modern Dockyard and the Woollen Mill in China (New York：Paragon Book Gallery, 1961), 14 – 35.

30. Thomas L. Kennedy, "Li Hung – chang and the Kiangnan Arsenal, 1860—1895," in Samuel C. Chu and Kwang – Ching Liu, eds. , Li Hung-chang and China's Early Moderniza-

tion (Armonk, NY: M. E. Sharpe, 1994), 197 – 214; Stanley Spector, Li Hung-chang and the Huai Army: A Study in Nineteenth-Century Chinese Regionalism (Seattle: University of Washington Press, 1964).

31. Bruce A. Elleman, Modern Chinese Warfare, 1795—1989 (London: Routledge Press, 2001), 66.

32. John L. Rawlinson, China's Struggle for Naval Development, 1839—1895 (Cambridge, MA: Harvard University Press, 1967), 63 – 81.

33. Lam Kai Yin, "A Study of Wang Dao's Idea of Coastal Defense", Modern Chinese History Studies (Jindaishi Yenjiu), 2 (1999), 136 – 150.

34. 同上。

35. 杨志本，中国海军百科全书，226 – 227。

36. L. C. Arlington, Through the Dragon's Eyes: Fifty Years' Experience of a Foreigner in the Chinese Government Service (New York: Richard R. Smith Inc. , 1931), 61 – 63; 1911 年武汉发生的海军兵变帮助推翻了清朝。从这一点来看，满族人的担忧不无道理。

37. Richard N. J. Wright, The Chinese Steam Navy, 1862—1945 (London: Chatham, 2000), 14.

38. Rawlinson, China's Struggle, 94.

39. Bruce A. Elleman, "Western Advisors and Chinese Sailors in the 1894—1895 Sino – Japanese War," in John Reeve and David Stevens, eds. , The Face of Naval Battle (Crows Nest, Australia: Allen & Unwin, 2003), 55 – 69.

40. Edward Dryer, China at War, 1901 – 1949 (London: Longman Group, 1995), 34.

41. S. C. M. Paine, "The Triple Intervention and the Termination of the First Sino-Japanese War," in Bruce A. Elleman and S. C. M. Paine, eds. , Naval Coalition Warfare: From the Napoleonic War to Operation Iraqi Freedom (London: Routledge, 2008), 75 – 85.

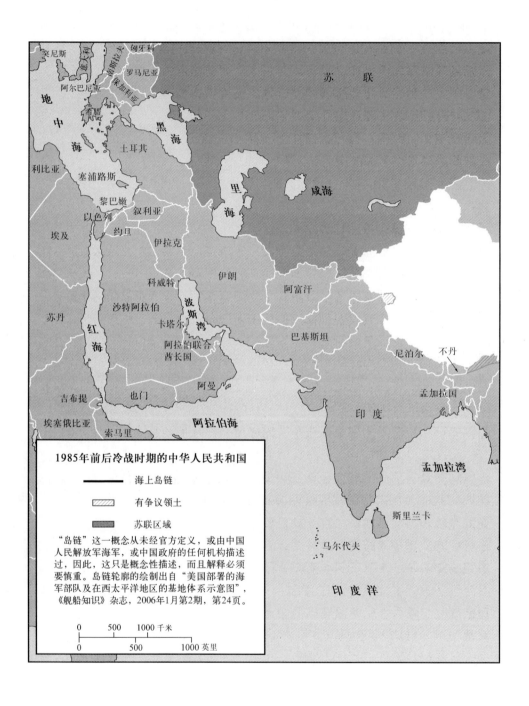

塞尼斯 匈牙利
意大利
南斯拉夫
罗马尼亚
阿尔巴尼亚 保加利亚
希腊 黑海
地中海 土耳其
利比亚 塞浦路斯
黎巴嫩 里海 咸海
以色列 叙利亚
埃及 约旦
伊拉克
科威特 伊朗 阿富汗
沙特阿拉伯 波斯湾 巴基斯坦
卡塔尔 尼泊尔 不丹
苏丹 阿拉伯联合酋长国
阿曼 孟加拉国
吉布提 也门 印度
埃塞俄比亚 阿拉伯海
索马里 孟加拉湾
苏联

斯里兰卡
马尔代夫
印度洋

1985年前后冷战时期的中华人民共和国

———— 海上岛链

▨ 有争议领土

▨ 苏联区域

"岛链"这一概念从未经官方定义，或由中国
人民解放军海军，或中国政府的任何机构描述
过，因此，这只是概念性描述，而且解释必须
要慎重。岛链轮廓的绘制出自"美国部署的海
军部队及在西太平洋地区的基地体系示意图"，
《舰船知识》杂志，2006年1月第2期，第24页。

0   500   1000 千米
0   500   1000 英里

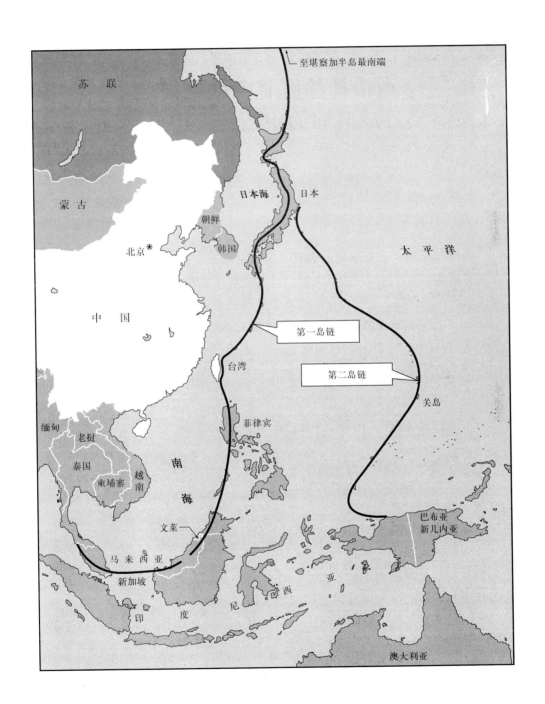

至堪察加半岛最南端

苏联

蒙古

朝鲜
韩国

北京⊗

中国

日本海   日本

太平洋

第一岛链

第二岛链

台湾

关岛

缅甸

老挝
泰国
柬埔寨   越南

南海

菲律宾

文莱

马来西亚

新加坡

印   度   尼   西   亚

巴布亚
新几内亚

澳大利亚

政治挂帅而非内行当家：
冷战时期的中国海上力量

■ 伯纳德·D. 科尔[①]

1949 年中国共产党取得的胜利是依靠陆军取得的，当时的解放军甚至无法跨越狭窄的台湾海峡投送力量。冷战时期，尽管中国政府对 1.8 万千米的海岸线和数千座其占有或有主权要求的岛屿所造成的海上问题有所认识，但陆军一直是解放军内部占优势地位的军种。本文着重阐述冷战时期（1949—1991 年）中国的军事战略观点，以了解中国人民解放军海军的作用和地位：为何陆军在解放军内部及中国政府的军事战略观点中持续占据优势地位？

一、冷战初期：1949—1954 年

（一）冷战初期中国海军的任务

蒋介石领导下的国民党军队尽管在 1946—1949 年的内战中输给了解放军，但其逃往台湾的海军仍有能力将解放军阻挡在大陆水域边缘。[1]台湾海军还继续袭击沿海军事设施，送特务登陆，攻击商船和渔船，并威胁发动规模更大的进攻。北京的新政府设法保卫其海岸线和岛屿领土，使其免遭美

① 伯纳德·D. 科尔博士，美国海军退役上校，华盛顿特区国家战争学院世界历史学教授。他主要研究中国军事及亚洲能源问题。他曾在海军担任水面作战军官长达 30 年，均在太平洋区域服役。他曾担任"拉斯伯恩"号（FF1057）护卫舰的舰长和第 35 驱逐舰中队中队长，他还曾在越南的第三陆战旅担任海军舰炮炮击联络军官、太平洋舰队司令计划官、负责远征作战的海军作战部长专职助理。科尔博士撰写过多篇文章及多部著作。他的主要作品有："Gunboats and Marines：The U. S. Navy in China"（1982）、"The Great Wall at Sea：China's Navy Enters the 21st Century"（2001）、"Oil for the Lamps of China：Beijing's 21st Century Search for Energy"（2003）、"Taiwan's Security：History and Prospects"（2006）、"Sealanes and Pipelines：Energy Security in Asia"（2008）。科尔博士获得北卡罗莱纳大学历史学学士学位、华盛顿大学国家安全事务学硕士学位和奥本大学的历史学博士学位。

国和台湾国民党政权的攻击。1950 年 1 月新成立的华东军区司令部表明了对近海防御的重视，该司令部驻地在上海，由 450 000 余人组成。

政府交给这些部队的任务是保卫中国沿海免遭"帝国主义从海上发起的进攻"，继续与蒋介石军队作战，并为经济重建提供支援。[2]中华人民共和国的第一支海上力量——华东军区海军于 1949 年 5 月 1 日作为该司令部的一部分而组建。这支海上力量主要由败给新的北京政权的前国民党第二海防舰队组成。[3]中共领导人认为，需要由这支新的海军来"抵御帝国主义侵略，保卫中国的独立、领土完整和主权……摧毁对解放了的中国的海上封锁，支援陆军和空军保卫中国领土，清除所有的反动势力残余"[4]。

交付给中国海军的任务还包括在近海和河流水域建立法律与秩序，协助陆军攻占仍被国民党占领的岛屿，并准备攻克台湾。中共政治局还使这支新的海军承担起"保卫中国（东部和东南）沿海与长江"的任务。[5]华东军区海军的第一任司令（兼政委）是张爱萍将军。

张爱萍是人民解放军海军早期领导人的典型。他是中国革命的产物，整个职业生涯都是作为陆地指挥官而度过的，进入海军是由于其政治可靠且战功卓越，而不是由于其在海军中具有任何独特的经历。事实上，这种趋势持续了整个冷战期间；人民解放军海军司令中最具创新思想的刘华清将军在 1982 年被任命领导海军之前几乎全部职业生涯都是作为陆军军官而度过的。在作为海军司令度过了辉煌的 6 年之后，刘华清又重新成为陆军上将，当上了中央军委副主席。[6]

张爱萍最初的举措包括于 1949 年 8 月在南京建立华东军区海军学校，组建起基本的维修和后勤基础设施，并于 9 月出访莫斯科，以获取苏联对这支新的力量的支援。之后，人民解放军海军于 1950 年 5 月正式组建。[7]中国想要一支防御性的部队，组建成本低，人员配备及训练速度快。[8]1949—1950年间，一支有战斗力——尽管作用有限的新中国海军成立了，但这一成功发生在"一边倒"的战略环境中。所谓"一边倒"是由毛泽东于 1949 年 6月提出的，他宣布要与苏联结盟，组成国际联合阵线。[9]毛泽东决定与苏联结盟来对抗美国，在很大程度上是由于担心华盛顿会插手中国内战，尽管蒋介石政府已逃往台湾。[10]他的战略目标是避免与美国发生武装冲突。此外，中国政府在国家安全方面的关注点主要集中在打击大陆国民党残余抵抗势力，巩固共产党在新中国的统治，尤其是在新疆和西藏。

（二）引入"年轻学派"

1949—1950 年，张爱萍和毛泽东数次出访苏联，获取了苏联在金融、物资及顾问方面对人民解放军海军的援助。中国领导人计划用苏联第一笔数额为 3 亿卢布的货款中的一半来采购海军装备；新的人民解放军海军还从英国订购了 2 艘新的巡洋舰，并试图通过香港获取更多的外国战舰。但是，这些努力都由于 1950 年 6 月朝鲜战争的爆发而终止。[11]因此，中国获得的大多只是小型舰船，只适用于阻止台湾海军对大陆海军设施进行破坏。

指派到中国的苏联顾问带来了莫斯科的"年轻学派"海洋战略，强调由拥有小型水面舰船和潜艇的海军进行近海防御。"年轻学派"于第一次世界大战后不久在苏联产生，是俄国革命后特有条件下的产物：

（1）新政权受到多个资本主义国家的军事和政治攻击，内战尚未完全平息；

（2）该政权还可能被资本主义国家包围并攻击，尤其是来自美国这一帝国主义终极堡垒的两栖进攻不但是当前的现实，而且是未来的威胁；[12]

（3）海军处于混乱状态，人员几乎全部由俘获或叛变的前敌军成员组成；

（4）预算短缺，缺乏足够的资金购置昂贵的海军装备；

（5）缺乏工业基础设施，无法在本土生产现代海军装备；

（6）海疆被敌人的舰队和基地所包围。

这些条件也适用于 1949 年的中国，而且中国也存在现代海洋传统非常薄弱的问题。

1950 年苏联向中国派去了首批 500 名海军顾问，至 1953 年，派遣的海军顾问人数在 1500～2000。这些顾问使中国由北京各总部到单舰和各个中队的指挥链处于平行状态，以便向这支新海军灌输苏联的海军学说，包括继张爱萍之后担任海军司令的肖劲光将军在内的大批中国军官在苏联接受了训练。[13]肖劲光将军是毛泽东早期的战友之一，曾两次前往莫斯科学习，说一口流利的俄语；他既是"一位出色的管理者"，又是"毛泽东思想的忠实拥护者，无论毛主席采取何种路线都必然会遵循"[14]。

中国最初从苏联获得 4 艘旧式潜艇、2 艘驱逐舰和大量巡逻艇。这支新部队还包括约 10 艘小型护卫舰、40 艘之前属于美国的登陆艇及数十艘各种各样的江河炮艇、扫雷艇和港口船舶，这些都是从国民党那里夺取的。[15]苏联还帮助建立了大量岸上基础设施，包括船坞、海军学校及绵长的海岸防御工事。[16]

毛泽东将解放台湾视为"其统一中国的伟业中不可或缺的一部分"[17]。因此，中国政府想要组建一支海军，帮助解放军攻占这些仍为国民党占据的近海岛屿。这一努力将最终导致 1951 年夏对台湾发起的进攻。尽管毛泽东缺乏海战的经验，但他很快认识到要在对台作战中取胜，需要有充分的两栖训练、海上运输、"有安全保证的空中掩护"以及岛上"第五纵队"的配合——这些条件至今仍然适用。[18]

1950 年 6 月，在朝鲜战争的初始阶段，美国总统哈里·杜鲁门命令美海军第 7 舰队进入台湾海峡，以阻止大陆和台湾相互进攻。[19]这加剧了中国对美国入侵的恐慌。中国政府明白，杜鲁门此举表明美国承担起了保卫台湾的责任，尽管在数月间美国曾拒绝这样做。如此一来，美国的军事力量又回到了中国内战中。[20]中国政府对美国在西太平洋地区绝对的空中和海上优势也有充分的认识。

1953 年 2 月德怀特·艾森豪威尔总统将第 7 舰队撤出了台湾海峡，怂恿台湾的国民党军队进攻大陆，从而使中国政府对于美国入侵的恐惧进一步加深。[21]1953 年 12 月，毛泽东交付人民解放军海军三项优先任务：第一，消除国民党海军的干扰，确保大陆海上贸易安全进行；第二，做好准备，收复台湾；第三，抵抗海上侵略。[22]中国这支年轻的海军所面临的问题之一是缺乏训练有素的人员及两栖舰船，这一点从其对国民党占据的沿海岛屿发起的战果不一的进攻即可看出。人民解放军海军还缺少空中力量，而且仍处于组建维修及后勤基础设施的建设过程中。这些问题全在意料之中，但在整个冷战期间都没有得到解决，而且由于苏联在 1959—1960 年间撤回援助而变得更加严峻。

二、加强对沿海水域及近海岛屿的控制：1955—1959 年

朝鲜战争带给中国有关海军方面的种种教训。1950 年 9 月的仁川登陆是这场战争的转折点，盟军具有制海权，可以自由运用航母和其他战舰攻击中朝军队。但是，联合国军至少遭受了一次严重的海上挫败，即本计划于 1950 年 10 月对东部海港兴南发起的两栖进攻由于朝鲜海军的水雷战而被取消。不过，总体而言，朝鲜战争的主体并非海上冲突，解放军在朝鲜取得的陆战和空战的胜利导致其继续依赖于防御性的近海海军对作为中国主要军事力量的陆军提供支援。

解放军指挥官显然并非一致认同朝鲜战争之后得出的这条结论：在朝鲜亲眼目睹了现代武器的威力之后，一些解放军领导人提议将毛泽东的"人民战争"理论修订为"现代化条件下的人民战争"。但是，由于必须继续遵循毛泽东思想，这些领导人按照该原则建设解放军的能力受到了限制。

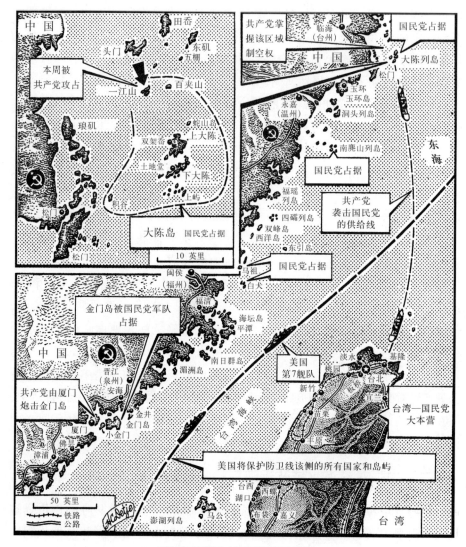

中国

田岙

头门

东矶

五棚

本周被
共产党攻占

一江山

百夹山

琅矶

蛇山岛

双架岙

上大陈

土地堂

下大陈

松门

积谷

上屿

大陈岛 国民党占据

10 英里

共产党掌
握该区域
制空权

临海
(台州)

国民党占据

中国

大陈列岛

松门

玉环

玉环岛

永嘉
(温州)

洞头列岛

南鹿山列岛

国民党占据

共产党
袭击国民党
的供给线

东
海

福瑶
列岛

四礵列岛

双峰岛

西洋岛

东引岛

马祖

白犬

国民党占据

闽侯
(福州)

福清

海坛岛

平潭

金门岛被国民党军队
占据

南日群岛

湄洲岛

中国

晋江
(泉州)

安海

共产党由厦门
炮击金门岛

金井

金门岛

厦门

小金门

佛昙

漳浦

美国
第7舰队

淡水

桃园

新竹

苗栗

基隆

台北

宜兰

台湾—国民党
大本营

台湾海峡

美国将保护防卫线该侧的所有国家和岛屿

50
英里

铁路
公路

澎湖列岛

马公

台西

湖口

西螺

布袋

嘉义

台湾

1950年前后的中国沿海海军态势

这就意味着重点仍放在庞大的陆上兵团，而海军仍只是起着辅助作用。

20世纪50年代，中国仰仗苏联的核力量对抗美国的核威慑。不过，随着时间的流逝，对于与莫斯科结盟的强调逐渐出现了不同的声音，部分原因在于毛泽东认定中国应发展自己的核威慑力量。20世纪50年代晚期和60年代核武器项目大量的资源需求导致了中国海军资源的匮乏。

20世纪50年代中后期人民解放军海军的主要作战任务仍然是应对国民党进攻大陆及夺回仍被台湾控制的岛屿。这10年间的突出事件是1954—

1955 年和 1958 年的两次台海危机，在这两次危机中大陆分别炮击了台湾所占据的金门和马祖。

这两次危机中，大陆并无意攻占这两座岛屿，但这些事件使美国更加坚定地插手干预大陆和台湾之间的冲突，也凸显了人民解放军海军力量的相对薄弱。[23]50 年代结束时，大陆占领了除金门、马祖、澎湖列岛及台湾之外的所有争议岛屿。[24]值得注意的是，凭借占优势的空中力量和协同性良好的两栖进攻，解放军确实于 1954 年占领了大陈岛。[25]这是迄今为止人民解放军海军最为纯熟的力量展示。解放军还阻止了台湾对大陆发动的大部分进攻及对商船和渔船进行的大部分攻击。[26]

人民解放军海军并非中国唯一的海上力量。公安部门于 1955 年成立了海上分支机构，负责保卫港口、河流和渔船队。具有讽刺意味的是，在执行这些任务时，公安部门经常在比人民解放军海军所到之处还远的海域作业。海军的地区防卫部队还组织起来，与陆军共同执行近海海岸防御任务。[27]

人民解放军海军航空部队这一海军的空中力量于 1952 年组建，其任务是支援反水面舰艇和反潜防御作战。[28]该部队最初由 80 架飞机组成，其中包括米格－15 型喷气战斗机、伊尔－28 型喷气轰炸机（至今仍在服役）和螺旋桨驱动的图－2 型强击机。至 1958 年，人民解放军海军航空部队已拥有约 470 架飞机，但在作战上仍服从人民解放军空军指挥员的指挥。[29]

北海舰队是人民解放军海军潜艇数量最多的部队，这也许是因为该舰队与驻日美海军距离最近。[30]总部位于宁波的东海舰队是人民解放军海军最为繁忙也是最为重要的部队，因为该舰队直接应对由美国支持的国民党军队。1954—1955 年和 1958 年的两次台海危机就发生在该舰队辖区内。自 1950 年由国民党军队手中夺回海南、1954 年越法战争结束之后，南海舰队面对着充满敌意的东南亚条约组织，但海上环境相对平静。至 1960 年，在成立 10 周年之后，人民解放军海军已经有了基本的组织编成，接受派遣出海作战，并证明了自身是一支有战斗力的海防部队。

三、新形势：1960—1976 年

20 世纪 60 年代国内外发生的一系列重大事件进一步限制了中国远洋海军的发展。其中最重要的国际事件是与苏联关系的破裂。这一破裂以 1959 年 10 月尼基塔·赫鲁晓夫与毛泽东的北京会晤为标志，并随着 60 年代中期苏联顾问（及其计划）撤离中国而戏剧性地成为现实。如同解放军其他军

种一样，海军的军事发展项目因此而陷入混乱。

20世纪60年代初国外其他重大事件还包括与印度的战争、与越南再次爆发的冲突、新独立的非洲国家的混乱以及遍及东南亚的革命运动。这些重大国际事件在本质上与海洋无关，因此没有给人民解放军海军的发展提供正当的理由，反而对海军的现代化构成了限制。正统的毛泽东思想继续统治着人们的战略思维。国防部长林彪制定了发展技术的方针（尽管是"政治挂帅"），可能是想改变这一局面，却没有取得成功；60年代结束时，林彪坚定地倒向了"政治"一边，写下了"人民战争胜利万岁"。[31]

美国卷入越战以及台湾没有将入侵大陆的言辞转化为现实，这些意味着60年代的中国大陆没有什么严重的海外威胁。[32]然而，60年代末中苏关系恶化，以至于1969年因为黑龙江的珍宝岛而爆发了武装冲突。60年代苏联所构成的巨大威胁以及解放军机动性的缺乏使得中国仍将国家安全政策的重点放在发展大规模陆军上面，近海海军仍是配角。以前的朋友现在成了敌人；不久美国将成为中国的盟友。

此时，中国政府将苏联海军视为可能发动两栖入侵的严重威胁。之所以产生这样的结论，很可能更多是因为由北方而来的威胁和入侵的历史以及苏联与北京和中国东北经济资源的邻近，而非苏联太平洋舰队的两栖兵力。[33]

就国内形势而言，无产阶级"文化大革命"（1966—1976年）使海军极难取得任何显著的发展。人民解放军海军仍作为陆军的辅助力量而存在，现代化程度受限，因为"人民战争"学说认为与毛泽东思想武装的革命战士相比，技术和武器是微不足道的。

但是，毛泽东决意让中国加入核俱乐部。尽管20世纪50年代晚期和60年代意识形态一片混乱，但是中国政府下大力气发展核弹和可以发射核弹的核动力潜艇。60年代核动力攻击潜艇和弹道导弹潜艇的发展使人民解放军海军作用有限的状况发生了改变，这两种潜艇后来于1970—1991年间进入舰队服役。[34]不过，这些是国家的装备而非海军的，并未显著增强海军获取现代化所需军事资源的能力。[35]

在整整10年间（1966—1976年），无产阶级"文化大革命"从整体上严重阻碍了技术上的发展；即使是相对神圣不可侵犯的导弹、潜艇和核武器项目也受到了影响。[36]这10年间由这场政治灾难所引起的项目限制和人员损失使得人民解放军海军的现代化更是步履维艰。[37]

1976年无产阶级"文化大革命"结束之际，人民解放军海军的现代化仍然受到"四人帮"的阻挠。江青带头对海军导弹的研制展开抨击，张春桥则表明了该团伙反海军的立场，支持大陆主义观点。[38]这一旷日持久的政治动乱意味着中国海军在组织、装备采购、学说及任务界定等方面必不可少的现代化成为转瞬即逝但仍影响深远的意识形态制约的牺牲品。直至1981年"四人帮"受审这一时期才最终结束。实际上，朝鲜战争后毛泽东及其追随者加诸人民解放军海军的枷锁在这段时期仍然存在，彭德怀及其他较为客观的将领也为此付出了代价。政治仍然在压制海军专业化的发展。

尽管存在这种看法，也缺乏大力发展常规力量所需资源，到1970年人民解放军海军已经进入了导弹时代，部署有1艘苏联设计的弹道导弹潜艇和10艘苏联建造的配备巡航导弹的巡逻艇。[39]无产阶级"文化大革命"末期"四人帮"相对迅速地倒台使这些前期的成果得到了巩固。

四、无产阶级"文化大革命"之后

据报道，1975年5月，毛泽东在一次中央军委会议上指示要建设一支现代化海军。[40]这可能是对苏联的威胁及中国的宿敌日本建设强大海军的反应。实际上，在20世纪70年代，防御苏联可能从东北发起的两栖进攻一直是人民解放军海军的第一要务。其他任务包括打击走私、海上劫掠和非法移民等犯罪行为，海上和空中支援以及确保航行安全。

中国认为自己受到20世纪70年代苏联海军变革的威胁，尽管这一变革就其动机而言是防御性的，而且主要针对的是美国及其北约盟友。中国政府还认为，对苏联政府而言，自己也是其国家安全的一大忧患。1975年，苏联在代号为"海洋"的演习中展示了其崭新的全球性海军力量，在中国政府看来，这进一步确立了苏联作为中国最严重的威胁的地位。[41]

20世纪70年代晚期和80年代，苏联海军所威胁到的中国的利益包括对中国政府迅速发展的商船队至关重要的海上交通线，因为苏联的海上力量在印度洋和阿拉伯海北部持续保持存在。在70年代，苏联太平洋舰队的规模几乎扩大了一倍，并且由于包括核动力及配备核武器的水面舰船和潜艇在内的最新型武器的入列实力得到提升。苏联商船和渔船遍布太平洋海域，而这片海域从历史上讲对中国的经济利益极为重要。

此外，仍有多种因素阻碍着中国海军的发展壮大与现代化。首先是无产阶级"文化大革命"的政治余震；1976年10月"四人帮"被捕后，华国锋总理大陆主义的立场似乎不那么坚定了，至少开始强调人民解放军海军核威慑的任务。[42]但是接着华国锋和邓小平开始争夺后毛泽东时代的领导权，这场争夺战以 1980 年邓小平取得胜利而告终。

其次，1979 年的对越自卫反击战是一场严格意义上的陆地争端。人民解放军在这场战争中表现不佳，从而突出了对中国的陆地力量进行改革和投资的必要性。在稳健的军方领导人的支持下，邓小平于 1977 年 7 月再次成为人民解放军总参谋长。与此同时，他还成为中央军委副主席，从而有效地牢牢掌控着人民解放军在作战和行政方面的领导权。1981 年，邓小平成为中央军委主席，将参谋长的位置让给了杨得志将军，进一步巩固了自己的地位。如今大权在握，邓小平领导人民解放军走上了军事现代化的道路，其中就包括弱化军队的政治作用。

出于提高陆军能力的需要，1980 年之后邓小平重新强调了海军作为近海防御力量的角色，这一观点在 20 世纪 90 年代前半期持续发挥作用。邓小平坚称，中国海军应执行近海作战任务。这是一支防御力量。海军建设中的一切事项均应遵循该项指导原则。[43] 尽管这限制了 20 世纪 80 年代给予海军现代化的关注和资源，人民解放军海军确实从中国领导人逐渐重视改进本国的军事态势中获益。

第三，与上文所提到的第一个因素相关联的是，中国经济和社会结构的混乱在无产阶级"文化大革命"结束后仍然存在。特别是这种混乱影响了中国的军工综合体，阻碍了人民解放军现代化的努力。

第四，中国、苏联和美国之间的三方博弈意味着至 1980 年中国政府可以仰仗世界上规模最大、现代化程度最高的海军来反击苏联的海上威胁。这使得中国没有必要建设一支类似的军队。此外，由于美日安保条约的存在，中国政府与美国政府建立战略关系可使其不再担心日本可能发动的入侵。[44]

然而，20 世纪 90 年代中国国内及国际形势的重大变化很快就改变了中国政府对人民解放军海军的看法，海上力量成为国家安全战略一项更为重要的工具。确保对近海领土的主张成为继反击苏联构成的威胁之后中国政府海上事务的第二大重点。

台湾是其中最为重要的一项主张，但是南海也非常重要。尽管 1974 年对南越海军采取的成功行动使中国占领了存在争议的西沙群岛，可是这场战争表明，南海岛礁的其他声索者不会温顺地同意中国政府的领土主张。此外，20 世纪 70 年代末，越南金兰湾的苏联海军基地正处于兴盛时期。这些因素导致了南海舰队编制中的一项突出变化：最初于 1953 年组建并于 1957 年撤编的海军陆战队于 1980 年作为一支两栖攻击力量被再次组建，并编入南海舰队。人民解放军海军较新的两栖舰船集中在南方，南海舰队的训练计划从一开始就包括夺岛演练。例如，1980 年在南海举行的一场重要的舰队演习重点演练夺取并保卫西沙群岛中的诸多岛屿。[45]

随着 20 世纪 80 年代人民解放军海军的部队结构越来越以国产军舰为基础，南海舰队的能力得到了提升。尽管依然严重依赖于苏联设计，"旅大"级导弹驱逐舰、"江湖"级护卫舰及"候间"级快速攻击导弹艇标志着中国海上力量的大幅跃升。[46]潜艇部队包括国产的第一批核动力攻击潜艇及约 60 艘常规动力潜艇。根据毛泽东早期的指示，即必须将海军建设得"令敌人畏惧"[47]，海上核威慑力量继续发展。

五、邓小平时代的海军

20 世纪 80 年代中国蓬勃发展的经济日益集中到沿海地区，从而为海军的壮大及现代化提供了理由。此外，由于中国经济引人注目的发展和财富的增加，建设一支现代化的人民解放军海军所需的资源越来越触手可及。到 1985 年，军工综合体也正从无产阶级"文化大革命"中恢复过来。这一综合体经过了复兴，但更为分散了。

20 世纪 80 年代，有三件大事显著推动了中国海军的发展。第一件大事是邓小平在 1975 年的一次中央军委扩大会议上对军队的评估，认为军队人员过剩，懒散自大，装备简陋，准备不足，无法进行现代战争。[48]1979 年人民解放军在与越南的冲突中糟糕的表现更是强化了这一观点。虽然冲突之后的改进措施主要使地面部队获益，中国领导人显然也认识到了海军现代化的必要性，即使只是将其作为陆军的辅助力量。[49]

第二个因素是 1985 年做出的战略决定，即苏联不再在世界核战争方面对中国构成主要威胁，相反，未来解放军不得不为国家"周边的小规模战争"做好准备。[50]对周边的、在很大程度上是海洋而非大陆战争范式的强调、提升了人民解放军海军在解放军内部获取资源的地位。

第三个因素，也许是最重要的因素，是刘华清将军地位的上升。刘华清曾在苏联学习，职业生涯中的大部分时间在解放军的科技军兵种（为聂荣臻元帅工作）度过，与邓小平关系密切。[51]任命刘华清领导海军是不同寻常的，因为他实际的军衔（上将）高于人民解放军海军司令通常的军衔（中将）。因此，其晋升表明了中国政府改革海军的决心。刘华清作为一名经验丰富、有着良好的政治关系的管理者而走马上任，成为人民解放军海军司令。他着重强调的是他职业生涯前期大部分时间所重视的发展，而这正是海军此时所需要的。

从 1982—1987 年间作为海军司令到后来担任中央军委副主席至 1997 年，刘华清对海军的发展产生了深远的影响。他最为人所知的是为中国制定了三个阶段的海洋战略，人民解放军海军军官及其他海军至上主义者可以以此为据制订计划，建设一支规模更大、现代化程度更高的海军。更为重要的是他在改组海军、重建海军陆战队、升级基地和研发机构以及调整海军院校体系方面所取得的成就。[52] 尽管岛链说常常被视为刘华清作为战略家的证明，但更为可能的情况是他提出的这一三个阶段的构想为人民解放军海军从解放军预算中分得更多的份额而提供支撑，并使中国领导人深刻感受到海军在达成重要的国家安全目标方面所能发挥的重要作用。刘华清有时被称为"中国的马汉"，但作为启动了海军所急需的现代化的海军上将，将其称为"中国的朱姆沃尔特"可能更为合适一些。

随着 20 世纪 80 年代中国海上利益的不断扩展和预算资源的不断增加，人们开始有意建设一支更为强大的海军。人民解放军海军的现代化沿着这三条道路前进——本土制造、国外采购及倒序制造，正如 100 年前李鸿章提出"自强"海军时所做的那样。不过，20 世纪 80 年代的这一项目步伐慎重，中国政府没有启动大规模的海军建造项目。

所建舰船包括导弹驱逐舰和护卫舰、海上补给舰、常规动力、核动力攻击潜艇，以及导弹跟踪舰和训练舰在内的支援舰。人民解放军海军还采购了其唯一 1 艘"夏"级舰队弹道导弹潜艇。1988 年"巨浪-1"中程弹道导弹成功发射，表明中国首次具备了在海上部署战略核武器的能力。[53]

国外采购主要集中在西方，其中美国出售给中国少量新式舰船发动机及鱼雷，西欧国家也向中国政府出售武器及传感器系统。中国政府开始更加注重保护近海石油资产、其他海底矿藏及渔业。[54]

在这 10 年中，人民解放军海军在其他海上任务中也展示了其日益增强的能力。中国投资建造了 4 艘大型航天测量船，以支持其不断发展的军事和商业太空项目，这些舰船成为人民解放军海军为支援 1980 年的航天发射而进行远程部署的第一批舰船。特遣部队对北极和南极的科考活动提供了支援；1985 年东海舰队的两艘舰船访问了孟加拉、斯里兰卡和巴基斯坦，这是人民解放军海军第一次访问外国港口。1989 年，训练舰"郑和"号对夏威夷进行了港口访问，成为人民解放军海军第一艘访问美国的舰船。

六、冷战之后

中国政府于 20 世纪 70 年代开始建设海军，冷战后继续对其进行扩编及现代化改造，但步伐仍很谨慎。人民解放军海军还在东亚和南亚进行了一系列远航活动，并于 1998 年向西半球派遣了一支由 3 艘舰船组成的编队，访问了美国、墨西哥和智利。中国从俄罗斯购得"现代"级导弹驱逐舰、"基洛"级潜艇及苏 –27 型战斗机，这些从国外采购的行进舰船、潜艇和飞机为人民解放军海军做了宣传。

七、结束语

除了倭寇和 16 世纪荷兰入侵台湾等具体问题之外，帝制时代的中国在大部分时间里都忽视了海洋。共和国时代的中国不得不将注意力集中于内战及日本的侵略，这些基本上完全是地面战。共产党政权早期意识到有必要处理海洋问题，但是直至 30 年后国际形势发生剧变时中国政府才认识到一支强大的海军的重要性。冷战时期，中国国家安全的基石是边境安全及巩固国家主权。中国领导人对过去一个世纪以来的外敌入侵及周期性的内战记忆犹新。1960 年之后，重点放在了应对苏联的陆上威胁方面，海军得到的关注相对不足。

然而，冷战结束后，中国政府将海洋视为其主要的战略防御方向，因为中国的政治和经济核心区域都在沿海地区，而且，当前和未来相当长一段时期，中国的战略重点是在海上。[55] 中国海军在 20 世纪 90 年代早期开始了面向 21 世纪的建设，这在很大程度上是由于人们对海洋在中国国家安全中的重要作用有了新的认知。

由于与他国海军接触较少，冷战时期中国海军的发展受到限制，苏联及东欧国家的海军成为其榜样及现代化的源泉。缺少的是与世界其他国家海军的互动所带来的装备及海洋理论的发展。到那时为止，苏联对中国海军思想的发展产生了最为深远的影响。[56] 后冷战时期中国发展海军的努力由于中国经济的飞速发展而得以实现，在此意义上，中国建设海军的努力是马汉式的——与国家经济的发展密切相关。[57]

尽管在冷战时期中国政府毫不犹豫地运用海军来达成国家安全目标，这些努力只取得了有限的成功，如 1950 年、1954—1955 年和 1958 年的事件，尽管 1974 年和 1988 年在南海发生的事件取得了更多的成效。历史上，中国曾经因主权问题——关于国家对特定岛屿或省份的控制而运用过海军。

在冷战时期，中国运用海军基本上也是由于主权问题，如台湾、近海岛屿及南海的领土主张，尤其是西沙和南沙群岛。

曾经，中国政府的国家安全政策制定者一直将海军视为国家政策的有用工具，但认为其无法单独达成诸如完成中国统一、保卫中国海岸和富有的经济区域，以及保护丰富的海洋资源等重要目标。在冷战近半个世纪的时间（1949—1991年）里，这一观点尤为盛行。直到苏联解体以及冷战后财力大增，海军才在中国领导人眼中成为重要的战略必需。

回顾冷战时期人民解放军海军的发展历程为中国及其当前的海军提供了数种可能的结论。这段历史揭示了海军被军事和文职领导人视为主要任务是支援陆军的一个组织。中国政府的海洋策略是防御性的，美国最初被看做可能的敌人，接着是苏联。那些年中国海军被苏制平台、设备和战略所主导，在国家防御事务尤其是预算分配方面处于较低的优先等级。人民解放军海军在国家核威慑结构中的作用也非常有限。

中国海军深受后朝鲜战争时代在总体上影响了整个国家的意识形态混乱之害，无产阶级"文化大革命"就是这一时期的显著事件。这一灾难性事件的结束使人民解放军海军重获部分平静，但其仍处于接近军事现代化优先等级底层的位置。在20世纪90年代中期之前，中国海军的这一地位从未发生显著的改变，尽管刘华清的领导在显著改变中国领导人对其国家的海军的认知方面发挥了至关重要的作用。在刘华清的领导下，人民解放军海军至少是获得了战略地位，进而在20世纪末21世纪初取得了如此巨大的进步。

人民解放军海军在冷战中表现出的特点是由于这段时期中国的战略形势而产生的，其中许多特点在21世纪仍是人民解放军海军的特色，但是发生了显著的变化。最为重要的是，今天的中国海军不再局限于支援地面部队的地位，预算分配、海洋战略的成熟以及海军的作战使用都证明其成为了一支更为传统的海军力量。对于俄制平台和设备的依赖大为减少，而在核威慑方面的作用则显著增强、迅速发展。也许最为重要的是，尽管海军的主要任务仍被视为是防御性的，中国、俄罗斯和美国之间的军事平衡的改变使中国政府认识到海军作为实现国家安全目标——尤其是考虑到台海可能有事时的有效手段的价值。

注释：

本文中仅为作者本人的观点，并不代表美国防大学、国防部或美国政府任何其他组织的政策或分析。

1. 国民党的撤退是近代史上规模最大、速度最快的海上重新安置项目之一，几乎与 20 世纪 70 年代中期开始的 300 万越南 "船民" 逃亡事件相当。更为世人所知的向巴勒斯坦的 "非法移民" 运动则相形见绌，仅包括 10 万人。由于这次大撤退，1949—1958 年间台湾人口由 770 万人增至 980 万人。http：//www. zum. de/whkmla/region/china/taiwan19451949. html.

2. 中国海军副司令员周希汉，于 1957 年引用 David G. Muller Jr. , China as a Maritime Power (Boulder, Co：Westview Press, 1983)，47. 另参见 Shu Guang Zhang, Mao's Military Romanticism：China and the Korean War, 1950—1953 (Lawrence：University Press of Kansas, 1995)，48.

3. Larry M. Wortzel, "The Beiping – Tianjin Campaign of 1948—1949：The Strategic and operational Thinking of the People's Liberation Army," paper prepared for the U. S. Army War College's Strategic Studies Institute, Carlisle, PA, n. d. Chart 1。至 1949 年 7 月，中国人民解放军实际拥有 77 艘军舰，其中包括国民党的 25 艘舰艇，既有坦克登陆艇，又有驱逐舰，约占国民党海军力量的 1/4。Gene Z. Hanrahan, "Report on Red China's New Navy," U. S. Naval Institute Proceedings 79 (August 1953)，847.

4. Gen. Zhang Aiping, quoted in Hanrahan, "Report on Red China's New Navy", 848.

5. Shu Guang Zhang, Mao's Military Romanticism, 51.

6. 也发生过相反的情况。2000 年 5 月，本文作者在与青岛卫成部队负责民兵和预备役事务的副参谋长交谈时谈到了人民解放军的一位大校，此人曾在海军服役 22 年，后因其在工程方面的专长而调遣至陆军。

7. Muller, China as a Maritime Power, 46 – 54，描述了中国人民解放军的创立阶段。

8. 1949 年投奔共产党政权的约 2000 名国民党海军人员构成了新建成的中国人民解放军海军的核心。参见 Muller, China as a Maritime Power, 13.

9. Chen Jian, China's Road to the Korean War：The Making of the Sino – American Confrontation (New York：Columbia University Press, 1994)，64.

10. 参见上书，64 – 65；另参见 Chen Xiaolu, "China's Polity toward the United States, 1949—1955," in Harry Harding and Yuan Ming, eds. , Sino – American Relations：1945—1955 (Wilmington, DE：SR Books, 1989)，185, 188.

11. He Di, " 'The Last Campaign to Unify China'：The CCP's Unmaterialized Plan to Liberate Taiwan, 1949—1950," Chinese Historians 5 (Spring 1992)，8. 本文可能是关于中国人民解放军海军在这一阶段与台湾海峡岛屿相关行动的描述最全面的一篇文章。本文作者在中国社会科学院美国研究所工作，因此，在做该研究时，他大概能够接触到中国人民解放军的档案资料。

12. Vladimir Lenin, cited in Bruce W. Watson, "The Evolution of Soviet Naval Strategy," in Bruce W. Watson and Peter M. Dunn, eds., The Future of the Soviet Navy: An Assessment to the Year 2000 (Boulder, Co: Westview Press, 1986), 115.

13. Muller, China as a Maritime Power, 15. 1951 年，100 多名人民解放军军官被送往伏罗希洛夫海军学院学习，还有 275 名军官在旅顺的苏联潜艇中队学习。Andrew Nien – Dzu Yang, "From a Navy in Blue towards a Blue Water Navy: Shaping PLA Navy officer Corps (1950—1999)," paper prepared for the Center for Naval Analyses conference on "The PLA Navy: Past, Present and Future Prospects," Washington, D. C., April 2000, 4.

14. 斯旺森还注明肖劲光在长沙与毛泽东上过同一所学校。Bruce Swanson, The Eighth Voyage of the Dragon: A History of China's Quest for Seapower (Annapolis, MD: Naval Institute Press, 1982), 194.

15. 布莱克曼提供的这些数据仅为估计数据。Raymond V. B. Blackman, ed., Jane's Fighting Ships: 1955—1956 (London: Jane's Fighting Ships Publishing Co., 1956), 151ff.

16. Swanson, Eighth Voyage, 196；斯旺森这样描述这些宏伟工程："250 英里长、10 英尺宽的交通壕，与长江南岸平行，由吴淞一直延伸到河流上游的九江……沿上海以南的海岸还修建有一条类似的长约 200 英里的堑壕。"

17. 毛泽东数次将攻打台湾的日期延后，这是因为人民解放军在数次离岛争夺战中的失利表明要成功实施大规模两栖进攻尚需时日。He Di, " 'The Last Campaign to Unify China,' " 2.

18. 同上，4.

19. 关于杜鲁门决定重新布置第七舰队的问题，参见 Robert J. Donovan, Tumultuous Years: The Presidency of Harry S. Truman, 1949—1953 (New York: W. W. Norton, 1982), 206. 68 号国家安全委员会政策文件有效地重新武装了美国，以应对冷战以及可能与苏联领导的共产党军队发生的全球战争。美国政府是这样考虑这份文件的实施的："1950 年 7 月的最后一天，杜鲁门和艾奇逊就大战略进行了交谈。美国人民的眼睛都紧紧地盯着朝鲜……总统和国务卿的目光却凝视着莱茵河和易北河。"

20. Mao Zedong, "Speech Delivered at the Eighth Meeting of the Government Council of the People's Republic of China (28 June 1950)", in Jerome Ch'en, ed., Mao, Gerald Emanuel Stearn, gen. ed., Great Lives Observed (Englewood Cliffs, NJ: Prentice – Hall, 1969), 115.

21. Fred L. Israel, eds., "Dwight D. Eisenhower, First Annual message," The State of the Union Messsages of the Presidents, 1790—1966, vol. III, 1905—1966 (New York: Chelsea House Publishers, 1967), 3015. 1953 年 2 月 2 日，艾森豪威尔在致国会的国情咨文中称，既然中国共产党已经插手朝鲜战争，他感到已无必要再"保护"其免遭蒋

介石发动的入侵。另参见 Leonard Mosley, Dulles：A Biography of Eleanor, Allen, and John Foster Dulles and Their Family Network（New York：Dial Press, 1978）, 305.

22. Swanson, Eighth Voyage, 187.

23. 托马斯 J. 韬达描述了这些早期战斗，这些战斗包括中国人民解放军的成功与失败。Thomas J. Torda, "Struggle for the Taiwan Strait：A 50th-Anniversary Perspective on the First Communist-Nationalist Battles for China's offshore Islands and Their Significance for the Taiwan Strait Crises," unpublished manuscript, 1999, in the possession of the author. 关于中国人民解放军海军这一阶段作战运动的列表统计总和，参见 Alexander Huang, "The Evolution of the PLA Navy and Its Early Combat Experiences," paper presented at the Center for Naval Analyses Conference on the People's Liberation Army Navy, Washington, DC, April 2000, 3. Gordon Chang and He Di document this（1504, 1510）（n7, n8）。还指出蒋介石利用炮轰事件迫使美国务卿约翰·福斯特·杜勒斯与"中华民国"签署了《共同防御条约》。Gordon H. Chang and He Di, "The Absence of War in the U. S. -China Confrontation over Quemoy and Matsu in 1954—1955：Contingency, Luck or Deterrence?" American Historical Review 8, no. 5（December 1993）.

24. 其他岛屿仍在台湾控制之下，其中包括离台湾西南海岸不远的澎湖列岛以及南海的东沙群岛和太平岛。

25. 在这次作战行动中，"由 10 000 人组成的中国人民解放军部队彻底击败了 1086 名国民党士兵"。Gordon H. Chang and He Di, "The Absence of War in the U. S. -China Confrontation over Quemoy and Matsu in 1954—1955：Contingency, Luck, or Deterrence?" The American Historical Review 98（December 1993）, 1514.

26. 台湾对于大陆的进攻部分持续至 20 世纪 60 年代。这些海战参见 Xiaobing Li, "PLA Attacks and Amphibious operations during the Taiwan Straits Crises of 1954—1958," paper presented at the CAN Conference on the PLA's operational History, Alexandria, Virginia, June 1999. 关于中国人民解放军作战行动的详细描述，参见 Alexander Huang, "The PLA Navy at War, 1949—1999：From Coastal Defense to Distant operations," paper presented at the CNA Conference on the PLA's operational History, Alexandria, Virginia, June 1999.

27. Swanson 关于帝国前辈部队的数据，参见 Swanson, Eighth Voyage, 204.

28. 关于中国人民解放军海军航空兵资源的公开信息很少；一个合理的假设是海军航空兵的飞机是中国人民解放军空军的较老型号飞机。Kenneth W. Allen, Glenn Krumel, and Jonathan D. Pollack, China's Air Force Enters the 21st Century（Santa Monica, CA：RAND, 1995）, 205 n11. Allen, Krumel, and Pollack. 在附件 E, 第 221 - 229 页中描述了中国人民解放军航母采办项目。

29. Swanson, Eighth Voyage, 205.

30. 中国人民解放军海军潜艇基地的选择可能受到苏联顾问的影响。在 20 世纪 40 年代与盟国及 1950 年与毛泽东讨论时，斯大林表示有意在旅顺港修建一个苏联潜艇基地。

31. Swanson, Eighth Voyage, 236.

32. 如果中国利用美国忙于越战之机进攻台湾，美国可能会向台湾提供保护，但是对中国政府来说，"无产阶级文化大革命"更为紧要。

33. 布莱克曼相信苏联海军仅有 4 艘大型（排水量为 4000 吨）两栖舰船及 30 艘较小的（600～1000 吨）舰船，不过这些舰船分散在苏联的 4 个舰队中。Raymond V. B. Blackman, ed., Jane's Fighting Ships, 1970—1971（London：Jane's Yearbooks, 1971），610.

34. 中国模仿美国的乔治·华盛顿级和苏联的 H 级潜艇制造了 2 艘夏级舰队弹道导弹潜艇。Richard Sharpe, ed., Jane's Fighting Ships：1995—1996（London：Butler and Tanner, 1996），114.

35. John Wilson Lewis and Xue Litai, China's Strategic Seapower（Stanford, CA：Stanford University Press, 1984），206ff.

36. 即使是周恩来也无法完全保护这些项目。参见 Lewis and Xue, 231, 236.

37. 该结论仅为猜测，但笔者基于这 10 年间全球海军的发展状况做出了这一猜测。除了海基核力量之外，中国人民解放军海军错失或滞后发展多数作战领域，这些领域包括：用于防空战、反水面战和反潜战的导弹、指挥和控制的自动化和计算机化、舰载直升机的扩充、枪炮操作和传感器系统的自动化，甚至还有舰船推进装置方面的自动化和燃气轮机技术。奥唐纳将中国人民解放军海军政委、作战部长、东海舰队司令、两名副司令以及两名舰队政委列入"被精简的 120 名高级海军军官和成千上万名较低级别人员"的名单。John R. o'Donnell, "An Analysis of Major Developmental Influences on the People's Liberation Army-Navy and Their Implication for the Future," Master's thesis（Ft. Leavenworth, KS：U. S. Army Command and General Staff College, 1995），42.

38. Lewis and Xue, China's Strategic Seapower, 147－148, 223.

39. 中国人民解放军海军还拥有 30 多艘其他潜艇、一批外国（苏联、日本、美国、英国、加拿大和意大利）建造的驱逐舰和护卫舰船以及 400 多艘中国建造的巡逻艇，其中一部分为水翼艇，大部分配备鱼雷。Blackman, ed., Jane's Fighting Ships：1970—1971, 61ff.

40. Foreign Broadcast Information Service（FBIS）reports, cited in Muller, China as a Maritime Power, 154.

41. Bernard D. Cole, The Great Wall at Sea：China's Navy Enters the 21st Century（Annapolis, MD：Naval Institute Press, 2001），24.

42. 华的决策的讨论参见 Lewis and Xue, China's Strategic Seapower, 223.

43. 引自同上，224.

44. 驻冲绳的美海军陆战队第三陆战远征部队司令亨利·斯塔克波尔中将将美国描述为"日本这个瓶子的盖子"，这一表述令人印象深刻。该表述引自 Fred Hiatt，"Marine General：U. S. Troops Must Stay in Japan，" Washington Post, 27 March 1990, A14.

45. Tai Ming Cheung, Growth of Chinese Naval Power：Priorities, Goals, Missions, and Regional Implications (Singapore：Institute of Southeast Asian Studies, 1990), 28. 1957 年，中国海军陆战队由于"不必要"而撤编。两栖部队集中在南海舰队而非东海舰队或许揭示了中国人民解放军海军对针对台湾发动两栖攻击这一非常困难的任务的矛盾态度。

46. John E. Moore, ed., Jane's Fighting Ships：1976—1977 (New York：Franklin Watts, 1977), 100ff. 中国人民解放军海军还拥有中国第一艘用于跟踪导弹飞行轨迹的航天远洋测控船和第一批国产两栖运输舰。

47. Muller, China as a Maritime Power, 171.

48. Deng Xiaoping, "Speech at an Enlarged Meeting of the Military Commission of the Party Central Committee," 14 July 1975, in Joint Publications Research Service, China Reports, no. 468 (31 October 1983), 14 - 22, cited in Paul H. B. Godwin, "Change and Continuity in Chinese Military Doctrine：1949—1999," paper presented at the CAPS-RAND Conference on the PLA, Washington DC, 1999, 23.

49. Alfred D. Wilhelm Jr., China and Security in the Asian Pacific Region through 2010, CRM 95 - 226 (Alexandria, VA：Center for Naval Analyses, 1996), 42.

50. 同上，32ff.

51. 此前刘华清曾为邓小平至少工作过两次。1956 年党的总书记邓小平任命聂荣臻为科学规划委员会主任兼国防工业与装备项目主任；聂荣臻为副总理，也是"周恩来在科技政策制定方面的主要顾问"。John Wilson Lewis and Xue Litai, China Builds the Bomb (Stanford, CA：Stanford University, 1988), 50, 51.

52. Liu's accomplishments are summed up in Wilhelm, China and Security, 43.

53. 参见 Lewis and Xue, China's Strategic Seapower, for the best account of the development of the FBM and JL-1 programs. 1982 年由水下平台进行了一次成功的发射，1985 年由"夏"级潜艇进行的一次试射失败，1988 年的一次试射成功。显然"夏"级潜艇本身就是个失败，因为它的作战行动从未规律过。Richard Sharpe, ed., Jane's Fighting Ships, 1999—2000 (London：Jane's Publishing Group, 1999), 115. 另有传言称该级潜艇的第二艘已建成，但在出海前就毁于一场火灾。还有报道称该潜艇可能最近大修过，准备编入舰队。

54. Michael Leifer, "Chinese Economic Reform and Defense Policy：The South China Sea Connection," paper presented at the IISS/CAPS Conference, Hong Kong, July 1994; and John W. Garver, "China's Push through the South China Sea：The Interaction of Bureaucratic and National Interests," China Quarterly (December 1992), 1019, 1022.

55. Lt. -Gen. Mi Zhenyu, PLA, "A Reflection on Geographic Strategy," Beijing Zhongguo Junshi Kexue [China Military Science], no. 1 (February 1998): 6 – 14, in FBIS – CHI – 98 – 208.

56. "总而言之，不断发展变化的苏联军事伦理和模式，尤其是在军队作用、指挥官职权与战略方面，主要受欧洲的影响，从而改变了中国的传统观点。" William H. Whitson, with Huang Chen – hsia, The Chinese High Command: A History of Communist Military Politics, 1927 – 1971 (New York: Praeger, 1973), 473.

57. 中国在全球海上贸易中的份额快速增长，这也可能部分是因为台湾早期大型集装箱船的发展。后者之所以成为可能，是因为 1949 年"国民党带走了大部分海军以及大型商船"。John Franklin Copper, Taiwan: Nation-state or Province (Boulder, Co: Westview Press, 3rd ed., 1999), 46 – 47.

第四部分

不同人眼中的中国

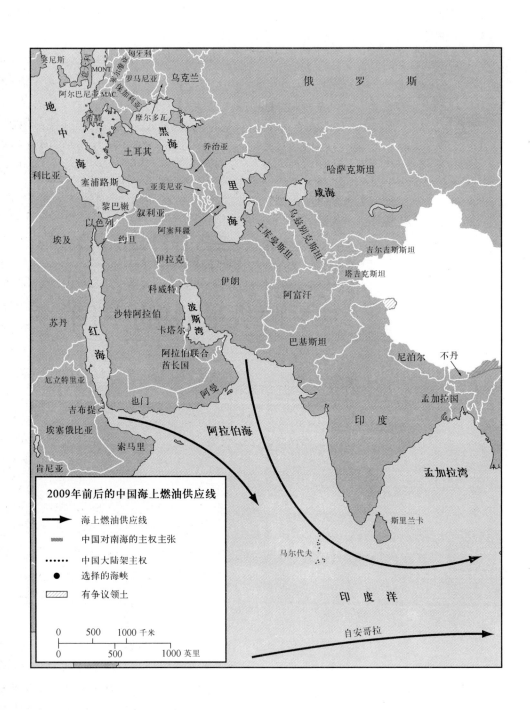

塞尔维亚 匈牙利
MONT 罗马尼亚 乌克兰
阿尔巴尼亚 MAC 保加利亚
希腊 摩尔多瓦
地 黑海
中 土耳其 乔治亚 哈萨克斯坦
海 亚美尼亚 里 咸海
利比亚 塞浦路斯 阿塞拜疆 海 乌兹别克斯坦 吉尔吉斯斯坦
黎巴嫩 叙利亚 土库曼斯坦
以色列 塔吉克斯坦
埃及 约旦 伊拉克 阿富汗
苏丹 科威特 伊朗 俄 罗 斯
红 沙特阿拉伯 波 巴基斯坦
海 卡塔尔 斯 尼泊尔 不丹
阿拉伯联合 湾
厄立特里亚 酋长国 阿曼 孟加拉国
吉布提 也门 印 度
埃塞俄比亚 阿拉伯海 孟加拉湾
索马里
肯尼亚 斯里兰卡

2009年前后的中国海上燃油供应线

→ 海上燃油供应线

▨ 中国对南海的主权主张

⋯ 中国大陆架主权

● 选择的海峡

▨ 有争议领土

0　　500　　1000 千米
0　　500　　1000 英里

马尔代夫

印 度 洋

自安哥拉

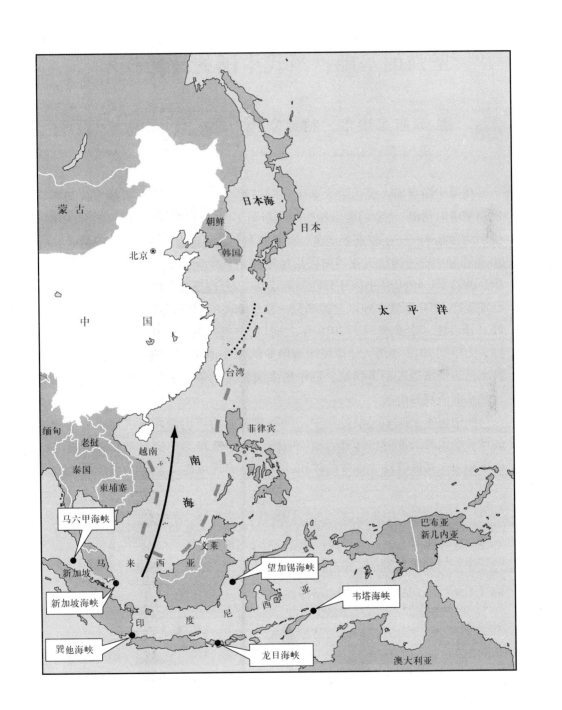

蒙古

日本海

朝鲜

韩国

日本

北京⊗

中　国

太　平　洋

台湾

缅甸

老挝

越南

菲律宾

泰国

柬埔寨

南

海

马六甲海峡

马

来

西

亚

文莱

巴布亚
新几内亚

望加锡海峡

新加坡

新加坡海峡

韦塔海峡

巽他海峡

印

度

尼

西

亚

龙目海峡

澳大利亚

坚强的基础：当代中国的造船技术

■ 加布里埃尔·柯林斯[①]   迈克尔·格拉布[②]

在第十届全国人民代表大会上，时任军委主席胡锦涛对解放军代表团发表演讲时指出："我们应当积极探索新路子、新方法，把军用生产和民用生产结合起来……不仅在经济上，而且在科技上。"[1] 为了实现这一目标，从30年前邓小平将国防工业转向民用生产开始，中国的造船工业经历了令人瞩目的转型。1980年中国还只能制造仅有22万载重吨的民用船只，2006年已能生产1300万载重吨以上的船只，预计2010年这个数字将超过2000万吨（译者注：本文撰写于2010年之前。）。中国官方设定了更快的增长目标，力争到2015年跨入全球民用造船业的领先地位。[2]中国不断改进的造船技术已逐渐渗透进军事领域，近年来中国海军已服役了好几艘新一级的现代化水面战舰和潜艇。

在中国本土海军建设过程中，民用造船业的产出量和先进性所占比例的增长令人难以置信，这有力地说明民用造船业作为中国经济和军事发展的推动力，发挥着日益重要的作用，同时也表现出海洋文化在中国的地位

---

① 加布里埃尔·柯林斯，自2006年8月任美国海军战争学院中国海洋问题研究所（CMSI）OSD/OND研究员。他是普林斯顿大学优秀毕业生（2005年，政治学学士），精通汉语和俄语，主要研究领域是中国和俄罗斯能源政策、海洋能源安全、中国造船和中国海军现代化。柯林斯关于造船和能源的作品发表在《石油天然气》《简氏情报评论》《能源地缘政治》《美国海军学会会报》《美国海军战争学院评论》《国家利益》《哈特的石油和天然气投资者》《液化天然气观察》和《世界事务》（"Oil & Gas Journal" "Jane's Intelligence Review" "Geopolitics of Energy" "Proceedings" "Naval War College Review" "The National Interest" "Hart's Oil & Gas Investor" "LNG Observer" and "Orbis"）等杂志上。

② 迈克尔·格拉布少校，美国海军潜艇军官，目前在美国海军"宾夕法尼亚"号（SSBN735）潜艇上担任机电长，他曾在"迈阿密"号（SSN755）潜艇上服役，还曾担任第22驱逐舰中队参谋职务。他曾两次被派往阿拉伯湾执行支援海上安全行动，一次执行战略威慑巡逻任务。他于2000年在密执安大学获得海军造船学及船舶工程学士学位，2007年在美国海军战争学院获得国家安全及战略研究学硕士学位。他在海军战争学院所从事的学术研究领域主要涉及商船船运及造船业，其研究成果刊登在《美国海军战争学院评论》（"Naval War College Review"）和《美国海军学会会报》（"U. S. Naval Institute Proceedings"）上。

日益提升。从某种程度上讲，与先前努力成为海洋强国的其他国家相比，中国的海洋发展之路有所不同。苏联、日本明治时代和威廉德国时期都是先组建海军，然后才促进商船队的发展。因此这种关系的基础是国家的"推动力"，而不是先由商业利益吸引，然后国家才插手进来并建设海军力量来保护这些新生海上商业利益而形成的"拉动力"。中国正沿着一条与众不同的道路前进，其特点是通过重点发展海洋商业来带动海军的发展。如果中国要继续扩大其海军规模，则这方面的推动力还将包括在国际社会中获得地位的愿望和保护经济利益的主观需要，其唯一最重要的原因就是中国决策者要努力与蓬勃发展的民用造船厂的步调保持一致。从这种意义上讲，中国的海洋和海军发展道路与失败的苏联、明治时期的日本和"一战"前的德国相比，更近似于美国的成功道路。中国当前的海上转型很大程度上是以其极具活力的商业海事部门为主导的，而商业海事部门则对海军发展起到了强有力的协同作用。

到 2020 年，中国的海上贸易额有望达到每年 10 亿美元，而这些收入中的大部分将通过中国建造、拥有并经营的民用船舶来获得。³中国中央政府最近将造船业确认为需要"专门监督和支持"的战略产业，强化了造船业在未来中国海洋发展中的核心作用，从而为这一综合性海洋产业的增长提供了坚实的基础。⁴

本文将简单回顾中国造船业的历史，重点讨论该产业如何成功地将自己从一个以防御为重点的社会主义庞然大物转变为兴旺繁荣的商业企业。我们将对中国造船业的当前结构和产出进行分析，重点强调国务院、中央军委、地方当局、私人机构和国际公司在中国造船业界所发挥的日益重要的控制和影响作用。随后我们将进行一项更为详尽的测试，看一下中国海军的发展是否能够取得与民用造船领域的骄人增长同样重要的进步。最后我们将讨论中国造船业发展的战略方面，并提供中国造船业优先发展重点由民用向军用转变的指示和蕴含。

一、中国造船业——从郑和下西洋到邓小平改革开放

中国从帝王时代开始就有了高超的造船工艺，1405—1433 年间明朝郑和率领的船队浩浩荡荡驶入印度洋和红海，在中国乃至世界航海史上写下了光辉的一页（在本书安德鲁·威尔逊所撰的章节中已有详述）。这些规模宏大的船队由 2100 多条大船组成，其中包括令当时的欧洲船只望尘莫及的巨型"宝船"。"宝船"具有许多创新性特点，如装备有航海罗盘，船体按

功能分割成许多小舱，并配备火药武器，技术上比西方舰船领先了好几个世纪。[5]然而在郑和辉煌的远洋航行之后的几个世纪，由于明朝之后的历代王朝忙于应付陆上疆域的利益和威胁，因而导致造船业逐渐衰退。所以，技术上的创新只停留在传统的木帆船（"舢板"）的水平，直至19世纪欧洲人到来。越来越多的西方船只出现在中国水域，促使现代海上设施的需求迅速增长，在欧洲公司的帮助下，一大批船厂在厦门、广州、福州、旅顺、上海、青岛和威海等地迅速建立起来。这些造船厂中有许多都建有现代化的干船坞，欧洲人可以利用这些干船坞将金属造船工艺和蒸汽推进技术引入中国。[6]创建于1865年的江南兵工厂和造船所（即今天的江南船厂）很快确立了自己在中国造船业中的领先地位，并于1868年制造出了中国首艘钢壳船（配备当地制造的蒸汽锅炉），1908年为美国道拉尔·里恩公司制造了数艘7000吨级的船只，20世纪20年代又为美国海军建造了6艘"长江"级炮艇。[7]尽管中国在造船方面陆续取得了一些成功，但长期的政治、经济和社会混乱严重阻碍了国内造船业的持续发展，致使造船业在1949年中华人民共和国成立之前实际上一直处于停顿状态。

社会主义时代的到来给中国造船业带来了新机，第一和第二个"五年计划"中均对造船和其他重工业的发展做了重点规划。20世纪50年代中苏战略联盟在很大程度上推动了造船业的复苏。从1950年中国和苏联签署的《中苏友好同盟互助条约》开始，苏联通过一系列协议，为新生的中国造船工业基地提供了大量技术援助。大连和旅顺的造船设施的控制权归回到了中国（"二战"结束后一直由苏联占领）手里，其他主要造船厂也在苏联帮助下多数实现了现代化，[8]其中包括由苏联启动的在辽宁葫芦岛建立的"中国的北德文斯克"专门项目，这是中国初生的核潜艇项目中至关重要的一步。[9]

改进基础设施，转让关键技术，提供设计帮助以及授权生产协议，这些使中国在20世纪50年代末建造了4艘"成都"级护卫舰（主要是在苏联"里加"级的基础上建成的），以及许多小型鱼雷艇、扫雷艇和辅助船。在此期间，中国的造船厂也恢复了民用船只生产，在苏联的技术援助下建造了数量不多的小型货船和客船、捕鱼船和拖船。新建的商船吨位较小，民用生产相对于军事优先重点而言仍然位于次要地位，与过去600多年一样，大约36万条传统的"舢板"继续充当着中国贸易商船队的主力。[10]

随着1960年中苏关系破裂，50年代以来中国造船能力一直保持稳定增长的步伐戛然而止。苏联撤回了技术专家和顾问，停止供应造船用的苏制部件，使中国不能自给自足，造船业领域出现巨大空白。这种负面效应立竿见影，军用造船很快便无法继续实施手边现有的已过时的苏联设计。民用船舶制造几乎完全搁浅陷入停顿，60年代初期建造的远洋船舶还不到10艘。[11]为了解决这种混乱局面，中国于1963年成立了第六机械工业部，通过协调组织统一管理全国造船事务。这一重要举措旨在促进造船工业的发展，技术上很大程度实现自足。[12]但在"文化大革命"期间，局部管理混乱，技术专家遭到迫害，使绝大部分努力和成果付诸东流。同时，20世纪60年代毛泽东提出"三线"战略防御计划，将资源部署重心偏向内陆国防工业，这在随后十多年中对中国造船业的发展形成了严重的负面作用。[13]

20世纪70年代中期，邓小平在中国共产党的领导地位得以确定，实行"改革开放"政策，中国造船工业的发展因此突飞猛进，获得迅猛增长。邓小平全面改革的新举措通过引进国外先进技术和思想，促进出口贸易，通过"国防工业转型"将生产力低下的国防工业转变为有活力的商业企业，从而使中国停滞萧条的经济得到了发展。[14]

1982年5月，第五次全国代表大会决定撤销第六机械工业部建制，转而成立中国船舶工业总公司来取代其位置。这不仅仅是名称的改变，这一决策将中国船舶工业总公司管辖的全部国家造船业务纳入了"企业化"的轨道，并允许在一定程度上实行基于市场的经济独立，这在社会主义经济体制下是前所未有的。中国船舶工业总公司主要负责直接管理从造船厂到技术研究和设计大学等153家机构，全权管理所有军用和民用船只的建造和维修，与外国公司组成联合企业以及通过新成立的中国船舶工业贸易公司进行出口销售谈判。[15]

从更广泛的角度来看，中国船舶工业总公司在该阶段早期所选择的船舶发展战略，与日本20世纪五六十年代和韩国70—90年代在造船领域取得卓越成就所采取的战略相类似。如同日本和韩国在早期发展阶段所采取的措施一样，中国将造船业确定为发展国家经济的支柱产业以及刺激其他产业部门（如钢铁部门）增长的推动器。中国船舶工业总公司调整劳动力成本优势，从世界造船业领先的国家引进关键技术和生产工艺的最佳做法，并将出口销售作为获取硬通货的手段，来有效支持经济进一步发展。[16]尽管中国的造船业发展与日本和韩国具有诸多共同之处，但如果近距离观察，则会发现许多实质性的区别。日本经连会和韩国财阀的商业网本身的经济结构就不相同，两类企业组织均不同于中国船舶工业总公司所采取的中国"集团式"跨行业经营模式。此外，日韩造船企业从根本上讲属于资金积累型企业，从发展之初就在规范化的市场经济环境下运行。相反，中国船舶工业总公司则要对中央政府负责，且作为一个极为罕见的"企业"实体在社会主义计划经济环境下运行，为实现自我转型而苦苦挣扎。[17]

在中国的国防工业转型过程中，不管造船业在多大程度上采用了国外的发展模式，但其成功应对转型的能力仍然值得关注。相对而言，中国航天及先前以国防为重点的其他产业在试图进入商业市场时表现得不那么成功，我们在考虑这一点时尤其需要注意。中国造船业的成功转型得力于几方面的原因。首先，经济自由化和官僚制度改革使中国船舶工业总公司在转型中走在其他工业部门的前面。虽然中国船舶工业总公司早在1982年就成立，但航空航天工业部一直到1993年才完成"企业化"，由中国航空工业总公司和中国航天工业总公司所取代。[18]当时中国船舶工业总公司已大部分完成了"军转民"转型，到1992年，其产品的80%主要提供给民用部门，许多子公司已完全脱离军工生产的行列。[19]

其次，在由军向民转型的过程中，中国造船业遇到的技术障碍相对较小，有助于其顺利完成转型。20世纪80年代初建造的"旅大"级驱逐舰、"江湖"级护卫舰和"明"级潜艇，只是在苏联50年代的设计上稍做了改进，技术上更接近于当时西方商船而非军舰的标准。此外，多数造船厂拥有军事建造设施，已经具有建造商船的一些基本经验。

第三，中国船舶工业总公司早期在国际市场中的参与，使其获得了与外国公司从事商业的重要做法和经验。在转型中，中国船舶工业总公司很快获得了国外帮助，对其造船厂进行民用生产的升级改造，与日本三菱重工和英国造船公司签署合作伙伴协议，升级江南造船厂和大连造船厂。这些技术援助协议建立在20世纪70年代与西方国家主要船用柴油发动机生产商签订的许可生产协定的基础上，同时与英国和香港的公司签订合作协议，从而有助于将中国制造的舰船推向国际市场。西方船级社首次获准对中国制造的舰船进行检验并提供技术认证。1983年，中国船舶检验局正式采用英国劳氏船级社批准的技术标准，这是吸引国际市场潜在买家必需的质量管理方面的关键一步。[20]此后不久，中国船舶工业总公司副董事长潘增喜指出，"船舶是根据市场形势必须能够出售的一种商品"，清楚地说明了中国造船工业所遵循的新型经济模式的动力。[21]

中国造船业成功实现国防工业转型的第四个主要原因就是国内需求和出口需求的良性均衡。出口销售虽然是获取硬通货（从国外购买更高级的技术子部件以及维持长期增长所必需的）的主要手段，但中国国内商业船队的需求对推动中国造船工业转型也起到了至关重要的作用。中国商业船

队在过去几十年内几乎不受重视，到 1986 年为止，商业船队的船只中仅有
18% 为中国制造，中国从事国际贸易的绝大多数船只都是租借或外籍船
只。[22]中国经济对外开放扩大了海上贸易的需求，1980 年中国的商船队伍规
模只有 955 艘，总吨位 680 万吨，到 1990 年猛增至 1948 艘，总吨位 1390
万吨。[23]中国的造船厂在生产量和生产能力方面还很不成熟，无法提供国家
商船队所需的许多大型油船和集装箱船，但国内市场对中小型船只的稳定
需求为中国造船业提供了重要的订单来源，同时造船业已逐渐克服打通国
际市场的挑战。[24]

　　第五，地理位置对中国造船工业的成功转型和增长起到了不可忽视的
推动作用。中国造船业为 20 世纪 60 年代中国实施的"三线"建设策略付
出了高昂的代价，但建造吃水较深的大型船只所面临的地理限制因素，在
一定程度上将内地工业化运动的影响减小到最低限度（尤其当与其他国防
工业部门相比较时）。中国规模最大、生产力最强的造船厂仍分布在沿海一
带，距离过去 30 年为中国经济增长做出巨大贡献的上海、大连、广州和香
港等商业中心很近。[25]

　　最后，大量廉价劳动力所催生的具有竞争力的价格优势是推动中国造
船业转型的一个重要因素，这一点不容忽视。25 年前，源源不断的廉价劳
动力为中国造船企业进军竞争激烈的国际造船市场助了一臂之力，如今，
这些劳动力依旧具有强大的市场优势。截至 2002 年，中国船厂工人的平均
工资估计为每月 325 美元，而相比之下，韩国、日本和西欧船厂工人月均工
资分别为 1400 美元、1800 美元和 2400 美元。[26]尽管这种劳动成本优势大部
分被中国船厂的其他方面的不足（下文将详细讨论）所抵消，但这种廉价
劳动力可随时提供，不仅为中国造船业的发展起到了重要的推动作用，而
且在可预见的将来也可能继续保持下去。

　　在小心翼翼地顺利通过国防工业转型的雷区之后，随着 20 世纪 80 年代
末全球造船业市场逐渐走出低迷，中国造船工业跌宕起伏的命运终于尘埃
落定。1993 年，中国造船厂的民船产量达到每年 100 万吨（约占出口总吨
数的 50%），1995 年，中国一跃而成为全球第三大民船生产国，仅次于日本
和韩国。当历史即将走完 20 世纪时，中国已成长为一支新兴的商用船只建
造力量，并满怀信心准备在新的世纪实现更加史无前例的增长。

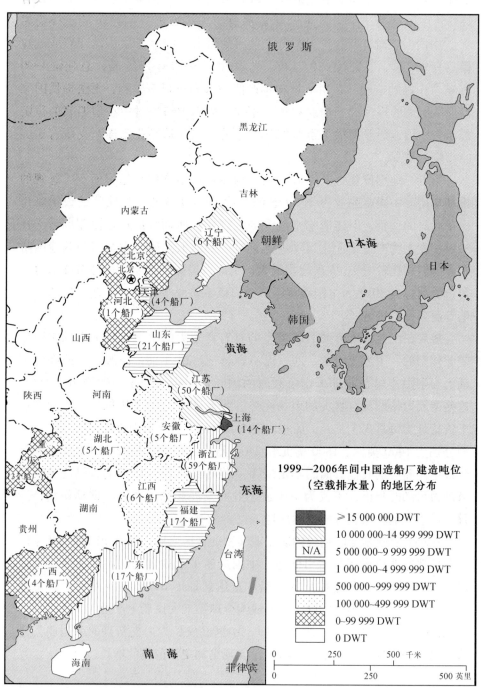

俄罗斯

黑龙江

吉林

内蒙古

辽宁
（6个船厂）

朝鲜

日本海

日本

北京
北京

天津
（4个船厂）

韩国

河北
1个船厂

山西

山东
（21个船厂）

黄海

陕西

河南

江苏
50个船厂

上海
（14个船厂）

安徽
（5个船厂）

湖北
（5个船厂）

重庆
（3个厂）

浙江
（59个船厂）

1999—2006年间中国造船厂建造吨位
（空载排水量）的地区分布

江西
（6个船厂）

东海

湖南

福建
17个船厂

贵州

广东
（17个船厂）

广西
（4个船厂）

台湾

≥15 000 000 DWT

10 000 000–14 999 999 DWT

N/A   5 000 000–9 999 999 DWT

1 000 000–4 999 999 DWT

500 000–999 999 DWT

100 000–499 999 DWT

0–99 999 DWT

0 DWT

海南

南 海

菲律宾

0   250   500 千米

0   250   500 英里

（本图不包含台湾、香港和澳门地区数据）

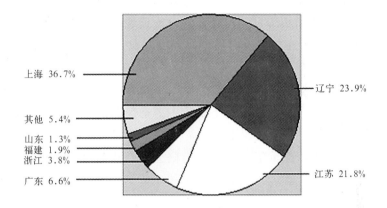

1999—2006 年各地船只建造占总吨位（空载排水量）的百分比示意图

二、中国造船工业现状

过去十多年里，中国造船工业的结构发生了较大变化。1999 年，最主要的国有造船商中国船舶工业总公司一分为二。无数私营船厂如雨后春笋般拔地而起，到 2010 年几乎占中国船舶总产量的 50%。

（一）中国船舶工业集团公司（CSSC）和中国船舶重工集团公司（CSIC）造船厂

1999 年 7 月，一直坐中国造船业头把交椅的中国船舶工业总公司被拆分为两个独立实体，即中国船舶工业集团公司（简称中船公司）和中国船舶重工集团公司（简称中船重工）。中船公司继续负责掌管上海和长江以南的大部分造船厂和相关子公司，而中船重工则负责北半个中国的造船业务。这两个大型集团公司都是囊括了许多造船厂、船舶部件制造公司、研究设计机构以及为数不多的非造船相关公司的庞大组织。[27]中船公司和中船重工是主要的国有企业，两者都通过国务院国有资产监督管理委员会向国务院汇报工作。[28]

中国船舶工业总公司的拆分是中国领导层反垄断重要举措的一部分。中国船舶工业总公司这样的国有垄断企业被打破，转而引入自由市场竞争，这样有利于推动每个国防工业部门内部的改革和创新。中船公司和中船重工均握有国家赋予的重要的投资和资本管理自主权，两个公司都获许与国内政府合同商直接展开竞争或在国际市场竞争。[29]两个公司拥有相似的工业能力，同时又拥有相似的民用和军用生产线，这大大推动了两者之间的适度竞争。中船公司和中船重工都在国内和国外积极寻求承接集装箱船和巨型油轮等高竞争性船舶的订单，并在各自的造船厂建造潜艇和先进水面作战舰。鉴于中国航空航天工业具有产品高度专业化和总体非竞争性等特点，这两个国有造船商在该领域展开的良性竞争值得关注。[30]

中船公司和中船重工自身的业务结构中也存在自我改进和技术创新的刺激因素。中船公司和中船重工下属的主要造船厂进一步细分成几个较大的造船集团公司，如中船公司下属的沪东中华造船（集团）有限公司和中船重工下属的大连船舶重工（集团）有限公司。这些公司又管理一些下属的造船厂，并在很大程度上具有独立公司实体的职能。日常运作和大多数合同投标由这些船厂直接处理，宏观层面的资源管理和大宗（或非常重要）的业务问题则由中船公司和中船重工的管理部门来处理。为了在全球范围内更具竞争力，中船公司和中船重工还积极采取措施，努力成为公开上市交易的公司。中船公司和中船重工旗下许多造船公司都已在上海和香港的股票交易所上市（广州广船国际股份有限公司的股票已在 1993 年公开上市），中船公司还推出了一项综合性"三步走"计划，以增加在整个组织的公开募股数量。中船公司旗下的柴油发动机制造商沪东重机有限公司近期向公众发行股票 4 亿股，总价值超过 120 亿元人民币（15 亿美元），这只是中船公司对其核心业务单位进行优化组合进程中的"第一步"。[31]

中船公司和中船重工的业务结构改革以及所采取的优化组合措施，旨在提高中国国有造船厂的竞争力，改进管理做法，但同时也是为了给中国造船业的长期增长计划提供资金。2000 年，党中央和国务院将造船业确定为关键发展产业，2002 年 5 月，国务院总理朱镕基明确批示"中国有希望成为世界第一造船大国"。依照这条指示，国防科学技术工业委员会（简称国防科工委）设定目标，使中国力争在 2015 年成为世界领先的造船大国。[32]这是一个崇高的目标，因为 2005 年中国造船业产量仅占全球总吨位数的13.8%，远远落后于当时日本和韩国分别所占的 35.0% 和 37.7%。[33]

为了提高基础设施能力以支援不断增长的产量和市场份额，中船公司和中船重工将很大一部分资金投入到扩建中国造船工业基地上。用于基础设施扩建的资金来源于国家补贴、免税、再投资利润以及私营部门融资。中国官方媒体《中国日报》刊登报道突出强调了中国经济转型的特征，报道称"中央政府支持大型造船公司发行公司债券或公开募股，用于造船基础设施建设"，这种思想在改革前简直是无法想象的。[34]

通过这些举措，中船重工对其大连船舶重工和渤海船舶重工的设施扩建进行投资，其青岛北海船舶重工造船厂近期也开始施工建造两座 50 万载重吨的造船坞。同样，中船公司正在实施数十亿美元的项目，在上海长兴岛和广州龙穴岛新建大型"造船基地"。[35]这些扩建项目旨在提高中国造船能力，建造技术上更复杂的船舶，尤其是那些高价值领域的大型集装箱船、巨型油轮/超巨型油轮、液化天然气船和豪华游轮。如果所有的计划均顺利完成，中船公司和中船重工将合力使生产能力提升约 1200 万载重吨，使中国实现 2015 年达到 2400 万载重吨、占全球造船总量 35% 的宏伟目标。[36]

（二）航运公司、合资企业和私营企业造船厂

中国造船业的发展并不仅限于中船公司和中船重工。从产量上看，中船公司和中船重工麾下的 26 家造船厂几乎占中国民船产量（按载重吨计算）的 70%，但从数量来看，这些船厂仅占 1999 年中船公司/中船重工拆分以来新建造船厂的 12%。还有数十个船厂因为只从事船舶维修而未列入新建船厂的统计范围，如果把这些船厂计算在内，上面的百分比可能会更低。

除中船公司和中船重工之外，国务院还管辖着由各省和地方政府管理的许多小型船厂以及由中国国家海运公司经营的为数众多的船厂。随着自由市场改革已经普及到中国经济的各个层面，许多新建的船厂开业，还有许多船厂合并或更名，因此无法统计各省和地方船厂的准确数字。部分造船厂由非常有组织的集团公司管理，这些集团公司主要从事国际业务，能满足国际客户的需求，而也有一部分造船厂则属于暴发户那样的"沙滩船厂"（类似于"皮包公司"/译者注），基础设施相对较少，也缺乏政府监管。[37]举几个例子来说明这种不均衡发展。福建省马尾造船股份有限公司久负盛名，目前正为德国客户建造一批小型集装箱船。反之，中国一位分析人士近日这样描述许多省级小型船厂："负债累累，组织涣散，技术落后，不具备风险管理能力。"[38]尽管在管理结构和个体表现方面欠佳，但省级和地方船厂聚合起来，也对中国造船业的发展发挥了重要作用。1999 年以来，各级船厂共建造了 1168 艘新船，总载重吨达 510 多万吨（占整个中国总产量的 10.7%），从 1982—1999 年，省级船厂和地方船厂的总产量翻了一番。[39]

与省级和地方船厂不同，中国航运公司所管控的船厂更加类似于中船公司和中船重工下属的造船集团公司。从历史观点来讲，航运公司的造船厂业务重点主要是本公司船舶的维护和修理，但近年来他们也越来越趋向于建造新船，以补充自己的船队，也供应国内和国际客户。中国长江航运集团总公司是继中船公司和中船重工之后的第三大国有造船企业，1999 年以来共新建船舶 128 艘，总产量达 140 万载重吨。中国长江航运集团总公司拥有四家造船厂和多家船舶修理厂，主要分布在长江沿岸的湖北、安徽等内地省份。

中国其他主要的国营航运公司，如中国海运（集团）总公司（简称中国海运）和中国远洋运输（集团）总公司（简称中远集团），也拥有自己的船厂。中国海运通过其分公司中海工业有限公司掌控上海和广州的 5 家船厂，这些船厂都主营专业船舶维修。[40]中远集团在大连、南通和广州拥有多家大型船厂，也主营船舶维修和改装，但与中海工业有限公司不同的是，中远集团还从事新船舶的建造。南通中远川崎船舶工程有限公司是由中国中远集团和日本川崎重工对半出资的合资企业，是中国领先的商用造船企业之一，主要为中远集团和国际客户建造新船，1999 年以来生产量为 370 万载重吨（占中国总生产量的 7.7%），仅仅 2006 年就交付 110 多万吨。[41]

南通中远川崎船舶工程有限公司的成功，有力说明了中国船舶工业的发展正日益趋向于合资企业和私人企业公司。1999 年以前，中国仅有两家合资船厂，一家是烟台莱佛士船业有限公司，是 1994 年由中国石油天然气集团公司、烟台市机械工业总公司和新加坡章立人集团（Brian Chang Group of Singapore）联合创办的合资企业。另一家是上海爱德华造船有限公司，1997 年由中船公司与德国汉莎造船厂合资创办。[42] 1999 年，第九届全国人民代表大会通过宪法修正案，正式肯定了私营部门对中国经济的重要性，中国船舶工业总公司拆分后，政府开始公开鼓励造船厂走合资发展的道路。[43]

最初，许多合资企业中外国投资额都被限定在最高 49% 的股份，协议中也包含强制性规定，以确保只要建立合作伙伴关系，中国都能够获得国外的技术。在新船舶建造和低速船用柴油发动机生产中，外国公司被限制在非控制权益之内，但可以在中国创建全资的船用设备工厂。[44] 2001 年中国加入世贸组织后，要求中国经济对外国直接投资逐步开放以及外国公司在所有部门拥有所有权，这些限制条件才在一定程度上有了放宽。[45]

外国造船企业很快抓住中国市场开放的机会，渴望利用从中国的低成本劳动力获得的利益来抵消中国造船企业日益严酷的竞争。实际上，新加坡所有的船舶建造和维修公司都在中国建立了合资企业或全资子公司，日本和韩国的主要造船商也大规模进军中国市场。日本的辻产业重机株式会社和常石造船株式会社以及韩国的三星重工业公司和大宇造船厂，都在中国建立了船体分段制造设施，并在一定程度上获得授权由其在中国的子公司建造整船。[46]到 2006 年年底为止，总共有 8 家合资企业、私营企业和外资经营的船厂已交付了成品船舶，截至 2007 年 1 月，另有 6 家非国营船厂已承接到造船订单。[47]

这并不意味着中国造船工业被推向了由跨国公司掌控的风口浪尖。相反，中国政府最近对中国造船领域的外国投资进行了严格控制。2006 年 9 月，国家收紧了对外国在造船业投资的限制条件，再次将外国公司在中国船厂、柴油发动机和曲轴制造企业中拥有的股份限制在 49%。此外还规定，外国公司"必须建立技术中心，将自己的专有技术转让给当地合作伙伴"。[48]中国官方媒体《上海日报》评论称，中国国防科工委制定的这些规定是一项积极的策略，"既可以控制羽翼初丰的（造船）工业，又可以获得国外的先进技术"，并指出"外资股权最高只能占 49%，意味着船舶制造属于中央政府的'战略'产业范畴，需要专门的监督和支持"。[49]这些限制条件清楚地证明，中国政府对外资实施限制，是想让中国造船业朝着具有西方特色的企业模式发展，重申中国的造船工业发展的战略内涵。恢复对外国投资的限制也可能会导致欧洲及造船业的其他竞争对手对中国是否遵守世贸组织的规定提出质疑，而且随着中国在全球船舶市场占据的份额越来越多，这种质疑将不断加深。[50]

（三）中国的军用造船厂

中国的造船工业结构中，规模最小、经济影响力最低、了解最少的部分就是由中国人民解放军直接管理的一系列造船厂。与国务院直接管辖的中国国营船厂不同，中国军方的造船厂隶属于中央军委下属的总装备部。几乎很难获取公开资源来准确描述中国军方船厂的能力及其业务范围。这些船厂的核心任务是负责中国海军舰艇的维护和修理，但在过去 25 年中，至少有 5 家船厂不同时间不同程度地参与民用船舶的制造。目前，位于福建的中国海军 4807 工厂和青岛 4808 工厂仍在建造民用船舶，两个工厂都为希腊和沙特的客户承建用于运输化学品和油产品的小型油轮。[51]

（四）中国造船业的地理因素：集中和分散

正如人们所预料，中国造船工业所取得的成果绝大部分来自沿海各省。[52]1999 年以来，在从事船舶制造的船厂中，90.7% 都位于沿海的 11 个省份，所建造的船舶数量占全国的 91.9%，生产的总吨位数占全国的 97.6%。在沿海地区，中国造船业的生产量甚至过度集中。仅上海、辽宁和江苏三个地区，1999年以来生产量就占全国总吨位数的80%以上。上海14家船厂的生产量占到全国总吨位数的36.7%，而辽宁和江苏两省的产量则分别占23.9%和21.8%。其中值得注意的是，辽宁省生产量的83%来自于中国最大的船舶企业——大连船舶重工（集团）有限公司的两个造船厂。

尽管中国造船业的生产主要集中在沿海地区，但造船基础设施也分散到了几个内陆省份，这种情况也值得关注。从一定程度上讲，造船设施分散至内陆是20世纪60年代毛泽东"三线建设"战略所造成的人为后果，但为了取得正常的经济利益，长江沿岸的大部分船厂仍保持运作。长江长期以来一直适于航行，远洋船舶从上海可溯游约600英里至湖北武汉。2008年三峡大坝建成后，通航距离可延长至内陆城市重庆。小型船只在长江的航程更长，可达166英里。因此，长江同欧洲的多瑙河和美国的密西西比河一样，是重要的商业运输交通线。时任中国国务院副总理黄菊曾拨款150亿元人民币（合18.5亿美元），以进一步发展"造船现代化"以及这一重要内陆水道沿线的航运相关活动。[53] 在中船重工下属的位于武汉的武昌造船厂建造了中国海军"宋"级潜艇，中国长江航运集团公司也在长江沿岸的四个船厂兴建商业设施，这进一步体现了长江沿岸造船工业的重要性。上述四个船厂当中包括湖北省的宜昌达门船舶有限公司，这是由长江航运集团和荷兰达门造船集团联合成立的合资企业，专门建造用于出口的船舶。[54]

中国其他河流沿岸的造船基础设施虽然不像长江沿岸那样重要，但在山东省境内的黄河沿岸和南方的珠江沿岸，也分布着许多造船厂。随着中国远洋航务继续向湄公河扩展，未来中国很可能会进一步发展内陆造船或维修基础设施。[55]

（五）根据船型建造的船舶数量

自20世纪80年代中国造船业获得逐步发展以来，所建造的舰船多年来一直相对简单。民用方面，中国所建造的船只主要包括散装干货船、小型油船和杂货船。而在海军舰船方面，整个20世纪80年代主要建造了"旅大"级驱逐舰、"江湖Ⅰ/Ⅱ"级护卫舰和"明"级柴油发动机潜艇。按西方标准来讲，当这些舰艇刚刚入役中国海军时，西方国家就已经开始逐步废弃了。

中国民用造船厂所建造的船只在过去25年中越来越具有多样性和复杂性。中国已挺进了具有丰厚利润的大型集装箱船和巨型油轮/超巨型油轮的国际市场，中船公司下属的沪东中华造船厂于2007年交付了首艘中国制造的液化天然气船。[56]中国船厂有能力建造这些体积更大、结构更复杂的船只，很大程度上可归因于国人不断增长的经验与大量外国技术的结合，同时这也是对现代化的造船设施投资的结果。

1995 年以前，中国还没有能建造巨型油轮或其他大型民用船舶的大型造船坞。2002 年，大连船舶重工下属的第二造船厂（即以前的大连新船重工有限责任公司）在 30 万载重吨的船坞交付了中国建造的首艘巨型油轮，从那时起，中国更有 8 个能建造巨型油轮规模的造船坞陆续建成。[57]随着中国船厂扩建项目的实施，中国巨型油轮级的造船坞总数到 2015 年有望达到 30 个。这一数字不仅远远超过日本，而且是韩国的两倍（此前全球巨型油轮市场一直被这两个国家所支配）。[58]随着许多新建的大型船舶建造设施在未来几年内上线，中国的船舶生产将主要由巨型油轮所占据，而且船舶生产将越来越趋向于《中国造船工业中长期计划》中正式确定的综合性船舶：

（1）高科技、高功能的专用船舶以及 10 万载重吨及以上的船舶；

（2）客轮、客滚船、客货船和火车渡轮；

（3）处理能力在 5000 厘米及以上的液化石油气运输船和液化天然气运输船；

（4）容量为 3000 标准箱及以上的集装箱船；

（5）大型远洋渔业船、海上钻探船、石油钻塔、浮式储油卸油装置及其他海洋工程设备。[59]

中国向建造更大、更复杂的船舶方向发展，这种情况并不限于商业部门。据称 1999 年当中船重工接到第一笔巨型油轮的订单时喜出望外，将其称之为"天赐之物"，因为他们"长期以来一直有两个梦想，一个是建造航空母舰，另一个就是建造巨型原油运输船"。[60]尽管中国还没有建造出航母（中国第一艘航母"辽宁舰"已于 2012 年 10 日正式服役——译者注），但已经具有相应造船能力的船坞，而且过去十年中在建造更复杂的海军舰船方面已取得重大进展。[61]近年来江南造船厂建造了旅洋Ⅱ级（052C 型）导弹驱逐舰，沪东和广州黄埔造船厂建造了江凯级（054 型）隐身护卫舰，葫芦岛市渤海船舶重工有限责任公司还建造了两个级别的核动力潜艇。这一切都见证了中国的军舰制造在技术和难度上取得了比以前更为瞩目的进步，很多船厂都有能力同时承接民船和军舰的制造。

综观历史，中国民船建造能力的提高在一定程度上推动了中国海军的发展，这一点毋庸置疑。如前所述，中国大部分船厂都经历了大规模的基础设施改善，大宗的船舶外售为中国船厂（和中央政府）提供了必需的资源，使其能更好地培训工作人员，为海军建设做准备。此外，商业船舶制造领域的成功对中国海军发展的推动作用究竟达到了何种程度，要界定这个问题非常困难。虽然船舶设计和建造的一些基本方面对任何船型而言都是通用的，但是，军舰的独特设计要求和操作特点通常使军用造船厂与经济需求背道而驰，不像建造油船和集装箱船那样为了更具国际商业市场竞争力而极其注重经济需求。[62]

为了更好地理解中国民船制造业的发展对海军现代化的启示作用，本文其余部分将重点关注军用和民用造船可能出现重叠的五个关键的程序和技术领域：先进的造船方法、系统整合、冶金学、推进装置和商业现成技术。探究中国本身在这些关键领域所具备的能力，可以使我们对中国商业造船领域的进步有更准确的了解，更加重要的是，可以深入探寻这些领域的进步如何能（或者不能）影响未来中国海军发展的步伐。

三、中国造船业的技术和人才

（一）技术因素

尽管目前中国造船业所造的船只绝大部分用于国际市场销售，但近期建造的"旅洋Ⅱ"级（052C 型）导弹驱逐舰、"江凯"级（054 型）隐身护卫舰和新一级核动力潜艇，使人们对商业船舶制造能力对中国海军现代化的推动力度提出了更多问题。

从历史观点来看，中国不断改进的民船建造能力的累积效果在一定程度上推动了中国海军的发展，这一点毋庸置疑。中国造船厂目前在采用先进的模块化造船模式，制造引擎等船用设备，并迅速获取整船装配的经验。上海外高桥造船厂等顶级的中国船厂也跳出"机械复制"的圈子，开始与船东建立长期的合作关系。在确立类似的长期联系时，重要的一点就是建立"反馈"机制，造船厂向船东征询对不同船型的改进需求，然后利用不断提高的内部设计能力进行创新，将改进融入未来的船舶设计中。

（二）人力因素

如果获取了新的造船技术，却缺乏能熟练运用这些技术的人力资源，新技术也就难以发挥作用。这些技术包括推动研究和设计创新所必需的工程技术和制造高质量舰船所必需的高级技术技能以及有效运作大型造船设施所必需的商业管理技能。这些技能通常在造船领域内通用，因此会直接影响民用和军用造船的发展。

迄今为止，这些人力资源和管理方面的问题仍然阻碍着中国造船业发展的进程。根据西方国家和中国机构的评估，中国制造船厂的总体生产力大约只有日本或韩国民用造船厂的六分之一，更详细的预测则认为中国造船厂甚至远远落后于全球领先国家。中国的造船产业是劳动密集型企业，庞大的劳动力人数大概是日本、韩国等竞争对手的两倍，如此臃肿的劳动力结构严重妨碍了中国造船企业的生产力。[63]

从某种程度上讲，中国造船企业拥有庞大数量的工人，也是国家政策造成的后果之一。为国内大批人口提供就业是国有造船厂的一项重要任务，尤其在大批农村劳动力涌入的主要沿海城市。此外，由于政治原因，许多船厂仍背负着社会主义式就业政策的沉重负担，严格限制甚至禁止解雇工人。正如大连船舶重工集团的管理层所总结的，"如果不管上不上班都能照拿工资，就很难对工人进行管理"，这些做法对提高造船厂的生产力和效果具有明显的负面效果。[64]

生产力问题并不仅限于工人这一层面。据称，许多中国造船厂还缺乏有效的人力资源管理，在材料管理、进度安排、系统的质量管理措施以及工业安全管理方面都面临着高层管理人员缺失的现象。这种缺失导致中国船企不能像日本、韩国和欧洲造船企业那样保持一贯质量并按时交付，而且一些西方船东对部分中国造船厂普遍漠视工人安全表示严重担忧。一些接受采访的西方国家造船业人士强调，中国小型的省级船厂和大型国营船厂在绩效和商业惯例方面存在巨大差异，但同时又对类似于中船公司/中船重工这样结构完善的造船企业依照不协调的内部成本控制做法来获得真正利润的能力表示怀疑。中国政府一名高级官员近期评论指出，"中国的廉价劳动力弥补了造船厂生产力方面的差距"，这也明显证明了西方人士的评价。[65]

从狭义的角度来看，可以猜测到这些生产力和管理方面的问题会继续对中国海军的造船事业产生同样的负面影响，中国船厂臃肿的劳动力大军对提高生产力毫无帮助；但从广义的角度来看，数量巨大的船厂工人可以产生对中国海军有益的附带战略效应。中国造船厂拥有越来越多的造船工人，他们不断提高技术技能，并有助于在长期缺乏浓厚海洋文化的国家更好地培养海洋意识。此外，相当规模的造船劳动力大军中包括越来越多的大学毕业生。中国各所大学每年可培养约1500名造船学人才，加上在海外求学的学子，投身造船工业且拥有造船相关技术学位的大学毕业生，在数量上已经与竞争对手持平（或超过）。[66]

四、结束语

在明代郑和航海时代，中国堪称拥有世界上最先进的造船和航海技术，不但是一个陆上强国，而且完全有可能成为一个海洋强国。然而明朝统治者并未决定沿着这条路走下去，中国海上的崛起因此遭受夭折。接下来的数个世纪，西方国家，首先是欧洲，随后是美国和日本，纷纷迅速赶上并超过了早期中国所取得的成就。面对西方列强的疯狂掠夺，中国为保护主权和利益而苦苦挣扎，但由于内乱纷争，国力软弱，最终再也无力赶上历史的车轮。中国无力掌控自己的命运，最终不得不求助于欧洲殖民国家的支援，美国商人则决定保护自己刚刚从日本人手中夺来的在中国的商业利益。中国虽有机会获得一些西方的造船设施，但由于缺乏熟练工人和技术基础，因而不能有效地将这些资源化为己用。

清朝一些官员仿效日本明治维新，试图在中国实施改革，但最终被封建帝制所封杀。当时的清朝政府闭关锁国，对现代科技盲目排外，对时代变革麻木不仁，所有这些都最终导致 1911 年清朝灭亡，中国两千多年的封建帝制被推翻。随后的内乱纷争和（1931 年后）与日本之间的冲突，使原本就分散和原始的造船部门没有得到任何巩固和改进。1949 年中国共产党夺取政权，从苏联手中获得了重要的造船技术、设施和专门知识。冷战初期中苏关系的复杂化，使苏联在 1960 年终止了对中国的技术援助，然而，中国国内政策的重点仍放在刚刚起步、尚不完整的造船基础设施上，直至 1978 年中美关系正常化，邓小平巩固了政权，高举起现代化和发展经济的伟大旗帜。

今后 30 年，中国能否再次成为海洋强国与其民用造船业的发展有着极为密切的联系，这也是本文讨论的重点。中国已经向世界证明自己能够维持苏联和其他陆上兼海洋强国很少或从未具备的海洋影响力。我们可以想象，中国不可能像帝王时代那样，轻易放弃自己的海军梦而成为一个闭关锁国、自给自足的内陆国家。然而，"路漫漫其修远兮"，如果中国想要遵循荷兰、英国或美国的模式成为一个海洋强国，则还有很长的路要走。荷兰、英国和美国三大海上霸主统治着海洋，也在民用造船业的各个层面占尽优势，不仅在综合国力，而且在人员素质和能力，最重要的是在创新能力方面。

荷兰、英国和美国的造船业在其各自称霸海洋的时代最具创新性和商业活力，现代中国也必须达到这样的成就。以最低成本建造较为简单的舰船，这不足以使中国挑战美国的海上统治地位，甚至在东亚海洋也无法保证。但是，如果中国掌握了更为尖端的造船技术，商业发展和海军发展方面将出现新的战略转机，中国将能够重新塑造亚洲地区的海上秩序，甚至争取在世界舞台上扮演更重要的角色。与世界经济紧密联系的现代化进程，将使中国通过前所未有的商业途径，来全面挑战美国的海上统治地位。

注释：

本分析中的观点和评价仅代表作者个人，不应视为美国政府官方的评价或政策。有关本文更详细的技术版本发布于《中国海上研究》1号刊，"关于蓬勃发展的中国造船业的综合性调查：商业发展和战略启示"。"A Comprehensive Survey of China's Dynamic Shipbuilding Industry: Commercial Development and Strategic Implications," China Maritime Study, no. 1（Newport, RI: Naval War College/China Maritime Studies Institute, August 2008）.

1. 胡锦涛，引自 Cao Zhi and Li Xuanliang, "Authorized Released by Two Session," Xinhua, 11 March 2006, OSC – CPP20060311001006.

2. 来自新制造及订货书的统计数字，Lloyd's Register – Fairplay, Ltd. , Register of Ships, Sea – web database, http: //www. sea – web. com（hereafter cited as Lloyd's Sea – web database）.

3. Xu Qi, "Maritime Geostrategy and the Development of the Chinese Navy in the 21st Century," trans. Andrew Erickson and Lyle Goldstein, Naval War College Review 59, no. 4（Autumn 2006）, 47 – 67.

4. "China to Limit Foreign Investment in Shipyards," Shanghai Daily, 19 September 2006, http: //www. shanghaidaily. com/article/? id = 292385&type = business.

5. Bruce Swanson, Eighth Voyage of the Dragon: A History of China's Quest for Sea Power（Annapolis, MD: Naval Institute Press, 1982）, 25 – 28. 对"宝船"的准确尺寸有争议，据估计该船为 180～440 英尺长。相比较，哥伦布的"圣玛利亚"号是 85 英尺长。参见 James R. Holmes and Toshi Yoshihara, "Soft Power at Sea: Zheng He and China's Maritime Strategy," U. S. Naval Institute Proceedings 132, no. 10（october 2006）, 34 – 38, n7.

6. Richard N. J. Wright, The Chinese Steam Navy: 1862 – 1945（London: Chatham Publishing, 2000）, 21 – 29; John L. Rawlinson, China's Struggle for Naval Development: 1839 – 1895（Cambridge, MA: Harvard University Press, 1967）, 41 – 62, 145 – 148.

7. Wright, Chinese Steam Navy, 21 – 23; Rawlinson, China's Struggle, 41 – 41, 146 – 146; Kemp Tolley, Yangtze Patrol: The U. S. Navy in China（Annapolis, MD: Naval Institute Press, 1971）, 177 – 183; and the Jiangnan Shipyard（Group）Co. Ltd, http: //

www. jnshipyard. com. cn/en/indexmain_ e. htm. 注释中，该炮艇（USS Luzon）（PG -
47）由江南造船厂建造，Richard McKenna 曾在该艇上服役，他的书 The Sand Pebbles
的大部分内容也是基于此（后来拍成电影，由电影明星 Steve McQueen 主演）。这些
炮艇还包括 USS Panay（PG - 45），该炮艇于 1937 年被日本击沉。参见 Tolley, Yan-
gtze Patrol, 224, 245 - 252；Bernard D. Cole, "The Real Sand Pebbles," Naval History
14, no. 1 (February 2000), 16 - 23；Richard McKenna, The Sand Pebbles (New York:
Harper & Row, 1962).

8. Daniel Todd, Industrial Dislocation: The Case of Global Shipbuilding (London: Routledge,
1991), 216；Irwin Millard Heine, China's Rise to Commercial Maritime Power (New York:
Greenwood Press, 1989), 36；Evan S. Medeiros, "Revisiting Chinese Defense Conversion:
Some Evidence from the PRC's Shipbuilding Industry," Issues & Studies 34, no. 5 (May
1998), 79 - 101.

9. Mikhail Barabanov, "Contemporary Military Shipbuilding in China," Eksport Vooruzheniy,
1 August 2005, OSC - CEP20050811949014. 北德文斯克造船厂一直是造船业的领军船
厂，该造船厂建造了苏联/俄罗斯的大部分潜艇。

10. David G. Muller Jr., China as a Maritime Power (Boulder, Co: Westview Press, 1983),
59；Todd, Industrial Dislocation, 216 - 217；中国的造船业统计数据摘自 Lloyd's Sea -
web database.

11. Todd, Industrial Dislocation, 217, 仅仅引证 3 艘舰船是在 1961—1963 年间在中国建
造，而 Lloyd's Sea - web database 却列出在同一时期建造的 7 艘舰船，总吨位为
13 439 吨。不管准确数字是多少，在更大背景下来分析，该产量确实是不现实的。

12. Medeiros, "Revisiting Chinese Defense Conversion," 84；Todd, Industrial Dislocation,
217.

13. 如需更多 "Third Front" 工业规划及其影响的信息，参见 Medeiros, "Revisiting Chi-
nese Defense Conversion," 86 - 87；Barry Naughton, "The Third Front: Defense Indus-
trialization in the Chinese Interior," The China Quarterly, no. 115 (September 1988):
351 - 386.

14. 根据邓小平著名的国防工业转型 "十六字方针"，其目标为 "军民结合、平战结合、
军品优先、寓军于民"。参见 Jorn Brommelhorster and John Frankenstein, ed., Mixed
Motives, Uncertain Outcomes: Defense Conversion in China (Boulder, Co: Lynne Rienner
Publishers, 1997), 20 - 21. 更多关于攻防转换的，参见 Paul Humes Folta, From
Swords to Plowshares? Defense Industry Reform in the PRC (Boulder, Co: Westview Press,
1992)；Mel Gurtov, "Swords into Market Shares: China's Conversion of Military Industry
to Civilian Production," The China Quarterly, no. 134 (June 1993), 213 - 241；Medi-
eros, "Revisiting Chinese Defense Conversion.".

15. Heine, China's Rise, 37 - 39；Medeiros, "Revisiting Chinese Defense Conversion", 89.

不受中国船舶总公司（CSSC）管控的船厂就只有几个小型船厂，这些船厂仅从事舰船维修，而且由军方管理。

16. 如需更多关于日本和韩国的造船业发展信息，参见 Takafusa Nakamura, The Post War Japanese Economy: Its Development and Structure, trans. Jacqueline Kaminski (Tokyo: University of Tokyo Press, 1981), 71 – 75; Daniel Todd, The World Shipbuilding Industry (New York: St. Martin's Press, 1985), esp. 286 – 296, 340 – 345; Todd, Industrial Dislocation, esp. 136 – 150, 183 – 199.

17. 关于中国与日本和韩国的贸易状况比较，参见 Richard J. Latham, "A Business Perspective" in Jorn Brommelhorster and John Frankenstein, ed., Mixed Motives, Uncertain Outcomes: Defense Conversion in China (Boulder, Co: Lynne Rienner Publishers, 1997), 151 – 178, 158 – 161.

18. Evan S. Medeiros et al., A New Direction for China's Defense Industry (Santa Monica, CA: RAND, 2005), 157. 更多关于防守转换和中国航天现代化的，参见 Howard O. DeVore, China's Aerospace and Defense Industry (Surry, U. K.: Jane's Information Group, 2000); Kenneth W. Allen, Glenn Krumel, and Jonathan D. Pollack, China's Air Force Enters the 21st Century (Santa Monica, CA: RAND, 1995).

19. Medieros, "Revisiting Chinese Defense Conversion", 90.

20. Todd, Industrial Dislocation, 218 – 221; Heine, China's Rise, 38, 47 – 49. 现在已经解散的英国造船厂在 20 世纪 70 年代是英国大部分造船工业国有化后形成的保护机构。英国造船厂与中国船舶总公司之间具有重要意义的贸易订单是于 1982 年 11 月签订的。参见 Heine, China's Rise, 108 – 109.

21. Lloyd's List, 16 August 1985, as quoted in Heine, China's Rise, 49.

22. Heine, China's Rise, 18, 37; Muller, China as a Maritime Power, 58 – 61.

23. Lloyd's Register of Shipping, Statistical Tables 1992 (London: Lloyd's Register of Shipping, 1992), 30. 统计数据不包括 100 吨以下的船只，因此大多数"舢板船"未包括其中。

24. Heine, China's Rise, 47 – 48; Todd, Industrial Dislocation, 218.

25. Medeiros, "Revisiting Chinese Defense Conversion," 86, 98.

26. European Industries Shaken Up by Industrial Growth in China: What Regulations Are Required for a Sustainable Economy? (Brussels: European Metalworkers' Federation, 2006), 57.

27. 两家公司与非造船业务相关的领域不仅包括大型钢结构制造，如桥梁、港口机械和货物装卸装备，还涉及房地产控股公司。CSSC 和 CSIC 旗下贸易单位的生产范围及贸易量参见，China State Shipbuilding Corp. (CSSC), http://www.cssc.net.cn; and China Shipbuilding Industry Corp. (CSIC), http://www.csic.com.cn.

28. State – owned Assets Supervision and Administration Commission (SASAC), Central Enter-

prises List, http：//www. sasac. gov. cn.

29. Medeiros et al. , A New Direction for China's Defense Industry, 114 – 115.

30. 中国航空工业集团也于1999年拆分为中国航空工业第一集团和中国航空工业第二集团。两个公司的生产线几乎没有重叠，竞争也非常有限。中国航空工业第一集团主要生产作战飞机，而中国航空工业第二集团则专业生产直升机。参见 Medeiros et al. , A New Direction for China's Defense Industry, 175. In 2008, the AVICs were recombined to avoid resource waste.

31. "CSSC Aims to Be a Shipbuilding Leader Globally," SinoCast China Transportation Watch, 14 February 2007. Also see "Asset Injections Boost Listed SoEs", Xinhua, 15 February 2007；"China State Shipbuilding to Incorporate Its Business," SinoCast China Transportation Watch, 19 october 2005.

32. "China's Drive toward World Dominance," WartsillaMarine News, March 2005, 4 – 5；Farah Song, "China Shipbuilding 'Juggernaut' Gains on Leaders Japan, Korea," Bloomberg. com, 22 March 2005.

33. 按载重吨划分，2006年中国造船业占全球总生产吨位数的20%，日本占30%，而韩国则占35%。参见 "Shanghai Company Breaks into Shipbuilding Top 10," China Daily, 4 January 2007, http：//www. china. org. cn.

34. "Getting Ship – Shape," China Daily, 31 December 2003, Hong Kong edition, http：//www. chinadaily. com. cn/en/doc/2003 – 12/31/content_ 294778. htm.

35. Andrew Cutler, "World Leader by 2015？ Shipbuilding in the PRC & the YRD," Business Guide to Shanghai and the YRD, october 2005, http：//www. hfw. com/l3/new/newl3c075. html；China State Shipbuilding Corp. , http：//www. cssc. net. cn/enlish/index. php.

36. "Getting Ship – Shape," China Daily, 31 December 2003；Cai Shun, "Full Steam Ahead", Beijing Review 48, no. 10（10 March 2005）, 36.

37. Cutler, "World Leader by 2015？" 关于高端省级管辖的造船厂，参见 Fujian Shipbuilding Industry Group Co. （FSIGC）, http：//www. fsigc. com.

38. Zhang Kai, "A Life and Death Test for Jiangsu's Shipbuilding Industry," Mechanical and Electrical Equipment 3（2006）, 16.

39. Lloyd'sSea – web database. By Lloyd's data, provincial and local shipyards produced 1 939 441 dwt from 1982—1999. 来自这些船厂的产量统计精确度在早些年可能有疑问，但是省级船厂和地方船厂的相对增产幅度是很大的。

40. China Shipping Industry Co. （CIC）, http：//www. csgcic. com/en/gsjj/index. htm；Lloyd's Sea – web database.

41. Lloyd'sSea – web database. 关于完整的 CoCSo 船厂列表，参见 Barbara Matthews, ed. , World Shipping Directory 2006—2007（Surry, U. K. ：Lloyd's Register – Fairplay, Ltd. ,

2006），1，1027－1030；CoSCo Group，http：//www. cosco. com.

42. Yantai Raffles Shipyard，http：//www. yantai－raffles. com/？page_ id＝4；Hansa Tru-hand－Schiffsbeiligungs AG & Co. KG，Die Unternehmensgruppe（Corporate Profile），2004，available at http：//www. hansatreuhand. de.

43. Chen Wen，"Fueling the Engine，" Beijing Review 49，no. 11（March 2006），28－32；"Getting Ship－shape，" China Daily，31 December 2003.

44. "Getting Ship－shape，" China Daily，31 December 2003. NACKS 造船厂是各占 50% 股份的合资企业，说明49%的投资限制不是不可变的。

45. 参见 "National Shipbuilding Group to Embrace More opportunities and Challenges"，People's Daily，29 January 2002；"WTo Boosts Ship Building，" People's Daily，15 october 2001，http：//english. peopledaily. com. cn/english/200110/15/eng20011015_ 82288. html.

46. "Tsuji Heavy Is First Foreign Yard to Build Ships in China，" Lloyd's List，19 July 2006；the Tsuneishi Corporation，http：//www. tsuneishi. co. jp.

47. 中国私营修船厂的具体数量不详，另外，据悉小规模省级修船厂私有化趋势正在扩大。参见，European Industries Shaken Up，35；"Shipbuilding as one of China's Key In-dustries"，Toplaterne，no. 80（January 2006），5－8；"Private Enterprise Shipbuilding Group with Focus on International Customers，" Toplaterne，no. 80（January 2006），16. Both Toplaterne articles available at http：//www. mak－global. com/news/pdf/Toplat-erne80e. pdf.

48. "China to Limit Foreign Investment in Shipyards，" Shanghai Daily，19 September 2006.

49. 同上。

50. European Industries Shaken Up，41.

51. Lloyd's Sea－web database. 其他原先也承建商船的中国人民解放军船厂包括位于汕头的海军4803厂，位于舟山的4806厂和位于大连的4810厂。其他原先也承建商船的中国人民解放军船厂包括位于汕头的海军4803厂，位于舟山的4806厂和位于大连的4810厂。

52. "省"这一术语的使用范围并不严谨，还包括中国的直辖市和半自治区（即，上海、天津和重庆三个直辖市，以及广西壮族自治区）。

53. "Coordination Stressed in Developing the Yangtze River，" Xinhua，22 November 2006.

54. Matthew Flynn，"From Two Different Rivers Flow the Same Dreams，" Lloyds's List，31 January 2007.

55. 参见，Marwaan Macan－Markar，"Sparks Fly as China Moves oil up Mekong"，Asia Times Online，9 January 2007，http：//www. atimes. com/atimes/southeast_ asia/ia09ae01. html.

56. "China to Deliver First Liquefied Natural Gas Ship in September，" Xinhua，19 February 2007，OSC－CPP20070219968046.

57. Geoffrey Murray，"China's Largest Shipyard Formed by Merger in Shanghai，" Kyodo News

Service（Tokyo），13 April 2001，OSC‐JPP20010413000153；Lloyd's Sea‐web database.

58. "Chinese Shipmakers Threaten Korea's High‐Value Builders," Chosun Iibo（Seoul），1 March 2007，OSC‐KPP0301971163；"Current Capacity, Future outlook for Japanese, Chinese Shipbuilding Industries," Tokyo Sekai no Kansen，9 March 2006，OSC‐FEA2006030902654.

59. Wu Qiang, "China Maps out Ambitious Goal for Shipbuilding Industry," Xinhua, 24 September 2006. 引用的舰艇类型表引自更大目标列表，表中还包括船用动力系统、电子设备以及其他分组系统。这些额外系统在以后讨论。

60. Chen Xiaojin, quoted in Murray, "China's Largest Shipyard".

61. 就造船船坞而言，大连造船厂的 2 号码头包括有一个 550 米×80 米的干船坞，规模小于美国纽波特纽斯造船厂 658.4 米×141.7 米的 12 号干船坞，用于建造 10.2 万吨尼米兹级航母，但远远大于英国巴布科克公司乐塞船厂的 1 号干船坞。1 号干船坞规模为 310 米×42.1 米（扩建后），计划用于英国 6.5 万吨伊丽莎白女王级航母的最后总装。参见，Mathews, ed.，World Shipping Directory 2006—2007，1‐1031 and 1‐1‐1323；Richard Sunders, ed.，Jane's Fighting Ships 2006—2007（Surry, U. K.：Jane's Information Group, 2006），829，871；Richard Beedall, "Future Aircraft Carrier（CVF）," parts 19, 21, http：//navy‐matters. beedall. com/cvf1‐12. htm.

62. 关于整体讨论情况，参见 John Birkler et al.，Differences between Military and Commercial Shipbuilding：Implications for the United Kingdom's Ministry of Defense（Santa Monica, CA：RAND, 2005）.

63. European Industries Shaken Up, 31；"Current Capacity, Future outlook for Japanese, Chinese Shipbuilding Industries," Tokyo Sekai no Kansen，9 March 2006，OSC‐FEA2006030902654.

64. Paul Sun Bo, quoted in Stewart Brewer, "China：Building for the Future," Det Norske Veritas Forum, 19 July 2006, http：//www. dnv. com/industry/maritime/publications and-downloads/publications/maritime_ news/2005/6_ 2005/building_ for_ the_ future. asp. 关于中国船厂雇佣惯例的全面讨论（包括案例研究），参见 European Industries Shaken Up, esp. 38‐40, 72‐74.

65. Zhang Xiangmu, COSTIND, as quoted by Wu Qiang, "China Maps out Ambitious Goal for Shipbuilding Industry," Xinhua, 24 September 2006. 关于中国造船业的企业管理问题，船主/船舶经纪人方面，参见 Purchasing New Buildings in China：A Practical Guide to the Key Commercial and Legal Considerations（Neuilly sur Seine, France, and Uxbridge, U. K.：Barry Rogliano Salles Shipbrokers and Curtis Davis Garrard LLP, March 2006）.

66. 基于在中国经营的西方造船公司代表和造船技师与轮机工程师学会的信件往来统计数据。与造船技术相关学位包括四年的造船学、海洋工程学和造船技术的学士学位。

中国人民解放军海军舰队、资产、院校及
其他机构，2009年

- - - - - 舰队界线
———— 军区界线
⚓ 舰队司令部所在地

海军资产来源于中华人民共和国国防部办公室
发布的《2008年度政府工作报告》，军事实力
部分，第55页。

0   250   500 千米
0   250   500 英里

俄罗斯

沈阳军区

日本海

朝鲜

日本

北京军区

韩国

葫芦岛
秦皇岛
⊛北京
天津
大连
旅顺口
烟台
威海
姜各庄
青岛
（北海舰队）

北海舰队
4艘核攻击潜艇
22艘柴电攻击潜艇
12艘驱逐舰
9艘护卫舰
7艘两栖舰
10艘导弹巡逻艇

黄海

济南军区

蚌埠
南京
武汉
上海

宁波
（东海舰队）
定海/舟山
象山县

东海及南海舰队
1艘核攻击潜艇
32艘柴电攻击潜艇
17艘驱逐舰
36艘护卫舰
47艘两栖舰
35艘导弹巡逻艇

南京军区

温州
台州
宁德

东海

厦门

台湾

太平洋

广州军区
广州
东莞
江门
香港
北海
湛江（南海舰队）
海口
陵水 海南
榆林 亚龙湾

南海

菲律宾

中国人民解放军海军编制、院校和舰队下辖部队及所在地

该海军设施及司令部列表的编制是依据几份非保密资料，包括海军情报部资料室编纂的《中国海军手册，2007》《简氏》以及相关网站。支队为师级单位，大队为团级单位。

北京
* 海军总部
 – 司令部
 – 政治部
 – 后勤部
 – 装备部
* 海军军事学术研究所
* 海军装备研究院

北海舰队
青岛
* 北海舰队司令部
* 潜艇学院
* 保障基地
* 海军航空兵
* 航空训练基地
* 驱逐舰第一支队
* 潜艇支队
* 快艇支队
* 支援舰支队
* 训练基地
青岛/姜各庄
* 潜艇第一基地
大连
* 大连舰艇学院
* 第二航空师
* 驱逐舰第十支队
* 小平岛潜艇基地

* 水警区
* 试验区
旅顺
* 飞行学院
* 试验基地
* 试验区
烟台
* 航空工程学院
* 海军航空师
秦皇岛
* 山海关训练基地
* 试验区
天津
* 后勤学院
威海
* 水警区
东海舰队
宁波
* 东海舰队司令部
* 潜艇支队
* 海军航空兵
* 雷达旅部队
* 工程指挥部
定海/舟山
* 保障基地
* 驱逐舰第三支队
* 逐舰第六驱支队

* 作战支援舰支队
上海
* 保障基地
* 海军航空兵第六师
* 登陆舰第五支队
* 猎护第五支队
* 舰艇训练中心
南京
* 海军指挥学院
* 海军电子工程学院
武汉
* 海军工程大学
 – 工程学院
蚌埠
* 士官学校
象山县
* 潜艇支队
台州
* 海军航空兵第四师
温州
* 快艇支队
宁德
* 快艇支队
厦门
* 水警区
南海舰队
湛江

＊南海舰队司令部	＊第 32 潜艇部队	＊水警区
＊第二驱逐舰支队	亚龙湾	东莞
＊作战支援舰支队	＊核潜艇基地	＊训练基地
＊陆战队第一旅	海口	北海
＊陆战队第 164 旅	＊海军航空兵	＊水警区
＊试验区	＊海军航空兵第八师	西沙
＊工程指挥部	＊快艇第 11 支队	＊水警区
广州	陵水	南沙
＊兵种指挥学院	＊海军机场	＊巡逻区
＊保障基地	江门	香港
榆林	＊快艇支队	＊驻港舰艇大队
＊保障基地	汕头	

今日中国海军：展望远海

■ 埃里克·麦克瓦顿[①]

一支新型且具较强作战能力的中国海军正在崛起并投入部署，这是中国向真正海洋国家转型的标志。尽管这支海军在作战方面尚不是很成熟，但是其快速发展且给人们留下深刻印象的现代化建设使其成为唯一一支美国必须特别努力才能威慑或能够打败的主要海军。因此，建议中美双边关系应向着相互合作的方向发展，而不是相互间发生冲突或恶意竞争。对于解决人们预见的这种敌对关系的可行性选择方案，则是中美两国海军在公海的合作伙伴关系，为实现这一目标而付出努力是值得的，因为中国正在进行海上转型，以期成为像美国那样的海洋大国。

在过去的十几年里，中国做出了不懈努力，使其海军部队逐步实现现代化，包括水面舰艇、潜艇、飞机、武器、电子系统以及其他设备等。尽管不是很令人鼓舞，但目前在基本作战原则、训练、指挥与控制以及情报保障等方面还是取得了长足进步，使其成为了一支真正的现代化海军。中国共产党及其政府做出了主要的政治性和纲领性决策并提供丰厚的资金以加快这迟到的现代化步伐。中国军方耐心等待国家经济条件的好转，以期能够更多地投入军队现代化。另外，关键领域的技术和技术支持是通过国

---

① 埃里克·麦克瓦顿，美国海军少将（退休），以出任美国驻华国防和海军武官（1990—1992 年）结束了其 35 年的海军职业生涯。作为亚洲安全事务顾问，他的工作与美国政策和情报界以及国防部有直接或间接的联系，他的著作在西方和亚洲大量出版。同时，他也是美国外交政策分析研究所（IFPA）亚太问题研究室的高级顾问、荣誉主任和美国大西洋委员会的非常任会员。他在海军工作经历丰富，曾从事空中反潜战和政治/军事事务，曾任北约和美国驻冰岛联合分部司令以及就任于美国海军参谋部、美国防部长办公室和美国参谋长联席会议主席办公室。他还曾担任过 P－3C 巡逻机中队中队长及驻冰岛美国海军站站长。麦克瓦顿将军 1958 年作为一名选派的海军飞行员毕业于图莱恩大学，并获得乔治·华盛顿大学国际事务专业的硕士学位。他是海军战争学院研究生院（指挥与参谋专业）和国家战争学院的优秀毕业生。他和他的妻子都来自路易斯安那州的巴吞鲁日，生活和工作在弗吉尼亚州的大瀑布村。主要发表文章有："China and the United States on the High Seas' in China Security", 2007 年出版；"China's Maturing Navy'in the China's Future Nuclear Submarine Force", 2007 年出版。

内的技术发展以及从俄罗斯和其他国家的引进得以发展的。

一、现代化建设的双重诱因：台湾问题和经济需要

促使中国人民解放军（包括陆军、海军、空军和导弹部队的中国武装部队）进行现代化建设的诱因在过去几年里越来越强烈，因为中国领导人越来越关注台湾在"独立"方面会采取何种行动。然而，北京方面也已经意识到要解决"台独"问题，中国就必须拥有符合这一变化的中国武装部队，中国已经成为一个全球性而非地区性的经济、政治和军事强国。而且，中国领导层已经完全认识到这一点。自1978年以来，国内经济飞速发展是中国崛起的最重要方面，这也是依赖于海洋贸易，包括来自海洋的能源（石油和天然气）。中国必须要成为一个综合性海洋国家，才能保证其船运业在持续一段时间内受到威胁或破坏时的统治地位免受因严重经济衰退而造成的极其危险状态的影响。

中国必然成为一个21世纪有远见的新兴海洋强国的典范，然而，对于中国成功转向海洋非常重要的海军发展进程会受到来自陆军高级军官的影响，甚至大多数中国海军高级军官也缺乏像其他国家的海军将领那样有全面了解世界的机会。尽管实行对外开放，但仍然存在限制他们与其他海洋国家广泛自由交流和相互影响的障碍，也就无法将国外的观点带到国内。然而，中国海军转型以及全面转向海洋的步伐正在加快，而且，影响加快转型的障碍即将消除，至少也会减少。

中国人民解放军海军的现代化进程正在复杂、矛盾和战略背景下进行，中国领导人迫切需要达到以下战略目标：

（1）阻止台北采取无法容忍的行动，或有能力采用武力制服台湾；

（2）阻止、延缓美国干预中国以武力控制台湾；

（3）保持稳定的地区环境，促进中国最重要的国家经济持续增长；

（4）寻求和平解决"台湾问题"的办法，包括在台湾人民心中营造对中国大陆的友好态度；

（5）保持与美国的良好双边关系，美国是世界上唯一的超级大国，而且是中国最重要的贸易合作伙伴；

（6）通过积极履行新的进步以及自信的对外政策提高中国作为国际共同体成员国的地位。

这一新政策表明了北京成立上海合作组织（SCO）[1]的关键作用，另外，还有中国在关于朝鲜核武器问题的六方会谈以及东南亚国家联盟（简称东

盟）扩大进程中的作用等，所有这些问题都有待商榷。

（一）中国希望能避免冲突，威慑对方而不是击败它

在经济上大获成功，在国际事务中日益主动的中国领导人并不想与台湾和美国（可以想象，后者也会得到其盟友日本的支持）发生军事冲突，从而危及本国光明富裕的发展远景；他们所期待的恰恰与此相反。然而，假如"台湾问题"（在中国领导人看来）的发展超过了可以容忍的限度，北京将会备有一支为应对这种危机而专门设计和装备的强大军队。如果有效地部署了这样一支解放军部队，那么，尽管其总体能力尚有欠缺，但是从硬件（包括火力）角度讲，它足以对本地区的台湾和美军（虽然不能肯定，但可以推定）发动一场双重攻势。可能中国领导人确信，自己能够在美国尚未有效突破中国人民解放军为防止美军干预而设置的障碍之前就制服台湾并迫使其投降。

换一个说法，即跨越台湾海峡的战争并不是迫在眉睫。尽管如此，北京还是要通过军队现代化的方式来进一步确保台湾的事情不会出偏差，希望其恫吓与军事威胁的政策能够比较长久地促进统一大业。本文试图对中国人民解放军，特别是中国人民解放军海军现代化的主要特点，以及这一现代化进程对中国这个新兴海上大国的重要意义进行探讨。在美国忙于对恐怖主义展开全球大战的这个时代，做这样的探讨就显得颇合时宜了。了解今天的中国人民解放军海军及其发展变化，这个命题之所以重要，是因为美国可以通过对这支军队的了解来实现一种正确的平衡关系：即威慑、合作，甚至（我们希望）在公海上与中华人民共和国建立伙伴关系。

（二）一支日益成熟但仍处于青少年期的海军

中国人民解放军海军可以被描述为一支处于青少年期的海军。但是请注意，青少年往往表现出从幼年到成年之间几个年龄段上的各种特点：他们一般表现良好，偶尔闯入成年人的世界，而且其成长过程不可预测。让我们将这个有关青少年的比方稍微扩展一点。可以说，中国人民解放军海军正在引人瞩目地扩大其规模和实力，甚至可以说是在迅速膨胀（美国民间流行语）。人人都在说："自从上次见到中国海军以来，它又长大了很多。"[2]

不过，仅仅依靠部署许多现代化装备这种方式，并不能使中国海军成为一支真正的现代化作战力量。中国国家领导人和中国海军领导人在运用其新生作战能力方面受到某些限制，这才是真正重要的不足之处。而且能

否成功克服这些不足之处还是个未知数。换句话说，虽然中国海军在采购平台和装备（舰艇、潜艇、飞机、雷达等）以及武器（反舰巡航导弹、防空导弹、鱼雷等）方面的成长壮大是令人吃惊的，但是这支军队在其他有关方面尚未完全成熟起来，包括如何演练各兵种的部队，如何开发充分成熟的 C4ISR 系统，[3]以及如何组装能使这支部队变成真正有效的目标保障手段等——与其头等重要的潜在对手美国海军比较起来则尤其如此。[4]

（三）中国海军领导人的素质

受过良好教育的、更具有世界眼光的军官正在崛起——如果他们能够晋升到最高层。中国海军认识到，要想实施复杂的联合作战，大幅度提高指挥与控制的灵活性，有效地利用现代化武器装备，就需要有一支教育良好、阅历多样化的军官队伍。海军正在努力培养这些军官，或者说海军正在这样做。[5]中国海军军官正在战略研究机构中担任更加重要的职位。例如，近年来就出现了海军军官任职的两个第一次。张定发上将担任了军事科学院的院长（此后他又担任了中国海军的司令，直至因健康原因退休），杨毅少将最近担任了位于北京的国防大学战略研究所所长（担任过这个职务的海军军官仅此一人）。他在那里是一位多产的研究员，受到大家的尊重。中国海军重视地方一流大学毕业的军官。[6]然而，他们似乎把重点放到了具体的科技教育人才方面。[7]看起来，这样做的结果似乎忽视了一个同等重要的人才需求，即他们同样也需要作战、安全问题、战略研究和国际事务方面的专家。[8]

暂且将专业化教育问题放到一边不谈，有待回答的另外一个问题是，中国海军是需要更有能力、受过更好教育的军官呢，还是需要更可靠的"红色"军官。也就是说，将选择能力突出、思想超前的军官来担任将级军官呢，还是继续将对党忠诚和个人关系作为首要的遴选标准？[9]本文作者曾经在国防大学和其他解放军学术机构做过几次讲座和座谈。在这些场合，一些上校军官踊跃提问，侃侃而谈，而作为学员的将官们则一言不发——至少部分原因是将官们担心在这些富有活力和见地独到的讨论会上露怯。看起来，到了某个时刻，现代化的需要将迫使解放军提拔大批那些看问题尖锐、具有创新思维的军官。

（四）编制体制中的障碍

编制体制正在改善，但是还不够。中国海军的结构得到了调整和优化，海军航空兵不再是一个独立兵种，与中国海军陆战队建立了更密切的联系，而且指挥系统的层次也减少了。[10]然而，根据本文作者的观察和了解，在顶层指挥机构中还存在着很大的改进空间。就像海军军官们说的那样，目前还有许多穿绿军服的，肩扛两颗或更多星星的人（解放军陆军的将领们）固执地将海军看作陆军的依附。另外，还有很多缺乏远见的高级军官不愿意果断地向真正的联合作战转型。如果海军与第二炮兵和空军实现了真正的协同（"联合性"），即可大大提升作战能力，终结台湾问题，威胁美国的干涉能力并让日本不知所措。而这些陆军将领则成了时代的障碍。我们很快将对这个问题加以说明。

（五）在演练部队时未能发挥武器系统的全部潜力

中国海军一直未能实施任何能够发挥其全部潜在作战能力的演习。它基本上仍然在濒海区（"褐水"和"绿水"，而不是蓝水）进行操练。然而，中国海军渴望在比较远的海区进行演习，而且不定期地演习，以使其训练更近似于实战；演习中设置主动出击的机动敌对兵力进行自我挑战；而且以种种方式使训练和演习变得更加逼真。这支海军甚至有勇气与俄罗斯海军联合举行了一次大规模多阶段演习[11]（2005 年 8 月）。跟它近些年与法国海军、英国海军、澳大利亚海军、巴基斯坦海军以及印度海军一起搞的几次小规模基础性演习[12]相比较，这可是一个值得关注的进展。若是在几年前，中国海军根本不会参加这样的演习，因为他们不但怕被刺探军情，而且也担心暴露出自己的弱点和落后状况，丢了自己的面子。中国海军领导人现在似乎对自己的舰员和装备有充分的信心，开始在国际上寻找演习伙伴。（还不清楚演习结束后俄罗斯媒体发出的几篇不留情面的报道是否会重新引起这样的担心：搞双边演习恐怕会引起别人的嘲弄，丢自己的面子。）[13]

尽管如此，我们对俄中演习的意义还是不宜估计过高。许多人最初将这场演习说成是与该地区美军抗衡的前奏。然而，根据后来发表的比较准确的说法，它的主要目的是展示强大的中俄双边关系，特别是两国军队之间的关系以及武器销售协约。这次演习的举行，意味着俄罗斯为中国提供后勤支援和情报支援的可能性要超出我们的想象——具体地说，俄方会主动为中国重新提供导弹和对台对美开战所使用的重要俄罗斯武器系统的零备件。[14]

虽然不能夸大这次演习的意义，但是中国海军确实正在慢慢走向真正的蓝水海域，在那里进行合成兵种的特混舰队（包括水面舰艇、潜艇和航空兵）演习。迄今为止，它只是在孤立偏远的潜艇航道上才偶尔执行过近似对抗敌军（即美国海军）的任务，即在距离中国海岸几百海里的海域接近敌舰，但需要保持一定的安全距离。[15]总之，中国海军并没有公开进行过对抗美国海军的真实演练（不论是单独演练还是与其他军种联合演练）。但是美国应该对这支新兴力量的这一发展趋势保持警惕，因为根据这支部队的建设方案，它要拥有的作战能力必须足以对抗日益逼近的美国海军，而且要表现出中国海上变革运动给海军带来的巨大发展。

（六）多轴线协同攻击的前景

在中国海军走向成熟的进程中，有一个时隐时现的新趋势非常值得我们注意，可以开玩笑地称之为"社会化"。那就是，中国海军和第二炮兵可能（从中国不断提升的作战能力来看，也应该）联手支撑起这个国家攻击台湾的作战能力，并对美国干预该地区事务的能力形成多种重大威胁。中国的中程和近程弹道导弹（MRBMs 和 SRBMs）数量正在大大增加，精度也已大大改善，再加上从中国战略与技术文献中得到的各种信息都充分表明，中国军方高级领导人已经认识到，有了弹道导弹和陆地攻击巡航导弹的支持，海军的作战能力（协同打击能力）将会大幅度提高。中国的常规弹头中程弹道导弹（DF‐21C）和近程弹道导弹（DF‐15 和 DF‐11）所具备的作战能力已远远超越常人所熟悉的"对台心理恐吓"水平[16]。这些新型导弹武器极其有效，非常精确，将大大提升作战能力，破坏敌方的空防和导弹防御体系，压制台湾的进攻性和防御性空中力量，支援对该岛屿实施的两栖攻击和空降攻击作战，打击设在该地区的美军基地，而且有可能在台湾海军力量尚未离港之前就使之遭到重创。

1. 弹道导弹对舰攻击——潜在威胁

中国的弹道导弹威胁正在日益增大，其中隐藏着一个最重要的潜在威胁。那就是，在短短几年的时间内，中国就可能拥有机动重返大气层运载工具（MaRVs），不但严重威胁美国陆上基地，而且威胁航母攻击群。[17]加载常规弹头的机动重返大气层导弹（MaRVs）具备很强的机动能力，既能提高弹头的生存率（战胜敌方的导弹防御体系）又能对机动（或固定）目标进行自导引攻击。[18]这一即将实现的第二炮兵作战能力对中国海军来说，当然具有重大意义；因为它能削弱对美军来说是生死攸关的防御能力（包括宙斯盾空防和导弹防御系统，以及航母飞行甲板）。如果能够通过先期打击成功地压制敌方的大部分防御系统的话，那么随之将由中国海军的水下、空中和水面作战力量发动多层次、多样化，并且适当冗余的、大量的反舰巡航导弹、鱼雷，甚至舰炮攻击。[19]

通过这一点以及下面将谈到的各方面问题，可以大致描述出中国人民解放军和中国海军期待着对美国海军施加什么样的威胁。中国人所重点构建的这支精准作战力量（以及他们所撰写的，有关这支力量的使用方法的论证文章）已经使人们对他们的意图不存任何疑问——虽然仍有人严重怀疑他们是否有能力实现这个意图。[20]即使能够解决技术问题，只靠硬件本身也还不能形成完整的作战能力。对于一支没有相关作战经验的军队来说，实施一场针对台湾和美国的双重战役确实是一项相当艰巨的任务。这一点将在后面予以详细讨论。

2. 潜射反舰巡航导弹——现实威胁

不论上述反舰弹道导弹的威胁是否能够，或者需要多久才能够成为中国海军威慑、迷惑、延迟或对抗美国海军力量的作战能力，发射反舰巡航导弹（ASCM）实施致命打击的能力确实是中国海军已经成熟或者接近成熟的一个领域，尽管其探测、识别和瞄准美军部队的作战能力还不够稳定可靠。为了抵消其他方面的缺陷，中国海军很早以前就已经成为了一支巡航导弹海军。而现在我们必须说，它已经发展成了一支现代化的巡航导弹海军，至少就它部署的平台和致命性机动规避导弹而言是这样的。[21]在对美军构成有效（或潜在）威胁的武器排行榜上，中国海军最新4款反舰巡航导弹潜艇的排名仅次于机动重返大气层弹道导弹。

在各种威胁中，来自潜艇方面的顶级威胁是8艘购自俄罗斯的新型"基洛"级柴电潜艇，最近正陆续（迅速地）向中国交货。这些潜艇能够在距离目标100海里外潜航发射 SS－N－27B/"日炙"反舰巡航导弹。[22] SS－N－27B以亚音速飞至目标区后，再对目标进行超音速掠海机动规避攻击。[23]据其推销商和其他一些人说，它在世界上最佳巡航导弹家族中占有一席地位，而且根据某些人的看法，它能够战胜美国的宙斯盾空防和导弹防御体系，那可是航母攻击群防御体系的核心。[24]

新制造的"商"级（093型）核动力攻击潜艇有可能成为"基洛"级潜艇的合作伙伴。这一新级别核动力攻击潜艇的后续艇建造速度令人吃惊，说明它们将在台湾发生应急状况时发挥特殊作用。如果"商"级潜艇确有充分的消音能力和较快的航速，并装备有适当的传感器，那么这种潜艇可能成为中国海军针对美军航母攻击群构建的定位识别网中的一个组成部分。[25]如果是这样使用的，那么它就会成为一个由卫星、商船，甚至配备卫星电话的渔船等组成的巨大探测报告矩阵的一部分。

（七）其他的多轴线攻击可能性

核动力"商"级核潜艇在为弹道导弹和"基洛"级潜艇探测目标的矩阵中完成任务之后，就会与"宋"级和"元"级常规动力潜艇（SSs）协同，有选择地攻击那些（如解放军的顺次攻击理念所期待的那样）其空防和导弹防御体系此前已经遭到重创的美军力量。[26]这三个级别的潜艇可能会在几条攻击轴线上从水下齐射大量反舰巡航导弹。虽然都是些亚音速导弹，但是仍然非常有效。当然，如果有必要，还会进一步实施后续的鱼雷攻击。

中国还有一项新制定的核动力潜艇计划，即"金"级（094工程）弹道导弹潜艇。尽管这个级别的潜艇是中国战略威慑力量的组成部分，装备了远程潜射核弹道导弹（SLBMs），但是，它在台海作战中不可避免地要起到一定作用。[27]虽然这个型号的远程潜射核弹道导弹潜艇与那些能够直接提升中国海上力量的平台（比如中国的现代化增强版陆基洲际弹道导弹）有明显的区别，不过它使得北京在与美国的大胆对抗中显得更为自信，因为他们知道，自己的战略力量有适当的冗余，而且更加可靠。有了"金"级弹道导弹潜艇以后，北京就可以把赌注下在这一点上：尽管美国的导弹防御系统非常有效，但是它仍然会饱和、会受到欺骗并会因资源耗尽而枯竭，而且华盛顿也应该对此心知肚明。当然，华盛顿也必须考虑到这一事实：它所面对的是一个有能力的核大国，这个国家的导弹已经具备相当高的机动水平，无论从陆地上还是从海上都很难探测到。

1. 令人望而却步的挑战——反潜作战

在此所设想的，中国海军潜艇利用潜射反舰巡航导弹实施的成功打击在某种程度上要取决于能否挫败或者应对美国的反潜战能力，主要指美国的反潜飞机（P-3C，其次是舰载直升机）和核动力攻击潜艇。中国人用来搅乱美国人反潜战全局的一个可能手段是，投入大量的潜艇，其中包括20多艘虽然噪声很大，但不可小觑的老式潜艇（"汉"级核动力攻击潜艇，以及"罗密欧"级和"明"级常规动力潜艇）。大概算起来，中国海军在一场能由其自主决定发起时间，并使其舰员做好充分准备的战役中，大约能够部署20余艘现代化核动力攻击潜艇和常规潜艇，外加同样数量的老式潜艇。[28]要牢记，新型"基洛"级潜艇所搭载的反舰巡航导弹具有远程攻击能力，这意味着，如果能够远程获得目标信息并将其传递给"发射器"，那么这些潜艇并不需要进入距目标100海里的范围内实施攻击。这样一来，美国的核动力攻击潜艇和 P－3C 反潜机要想"净化"其航母攻击群前方的海区，就不得不大大扩展其搜索范围。新型的"商"级核动力攻击潜艇有着较高的航速和几乎不受限制的水下续航力，假如它又有适当的降噪性能，那么就能在首批远程高速弹道导弹或巡航导弹攻击并削弱了敌方防御体系之后，迅速接近目标，发射其短程亚音速反舰导弹。

台湾在反潜战中的作用值得注意。台湾现有的反潜能力微不足道，假如台湾能够如愿从美国获得热议中的 P－3C 反潜巡逻机，其反潜能力会在可以预见到的未来得到改善，但是其反潜作战能力的质量如何，却要取决于台湾海军能否认真学习利用 P－3C 进行反潜战的技术，而这可不是一项轻而易举就能完成的任务。如果台湾海军能做到这一点，则其 P－3C 飞机可能多少有助于在东海以及其他海域解决中国人民解放军海军制造的巨大反潜难题。[29]倘若东京做出向这方面投入兵力的政治决策，那么日本海上自卫队也能提供某种形式的援助。

依此看来，中国正在成长和改进的多元化潜艇舰队已经在该地区的复杂濒海水域超越了美国、日本和台湾地区现有的，甚至是未来的反潜能力。这些水域一般有利于潜艇躲避探测。[30]不过，对于中国海军来说，在开阔水域中活动可能还是比较冒险的，除非他们已经如愿达到了新的隐形技术水准。当年苏联潜艇就未能成功地躲避探测，这个缺点成了导致冷战结束的一个重要因素。

2. 寻找一个方法，绕过美国核动力攻击潜艇优势

刚才提到的反潜作战似乎是中国海军新型"商"级潜艇最有可能扮演的角色。由于中国海军在水下作战方面的经验无法与美国海军相比，因此，它似乎不太可能使用仅有的几艘新型核动力攻击潜艇（这些潜艇对中国人来说非常珍贵，但是其性能和隐形能力肯定比不上美国的核动力攻击潜艇）来撕破航母攻击群的潜艇保护屏障，中国人认为这一屏障是存在的。到目前为止，中国承认水下作战的优势在美国，因而选择了避免与美国优势潜艇对决的策略。

中国选择了大力发展陆基弹道导弹的道路，以此对海上舰艇形成威胁。这样，在中国对航母攻击群的第一波打击中，美国的潜艇就无法起到阻挠作用，或者无法给这种打击造成麻烦。在进攻台湾的时候，如果这一弹道导弹理念尚未达到操作水平，不能使用，或者无法执行，那么搭载 SS－N－27B 的新型"基洛"级潜艇、携带反舰巡航导弹的许多其他潜艇，以及海军航空兵日益强大的轰－6、歼轰－7 和苏－30MK2（下文中将详细介绍）

等，都是避开美国水下作战优势的备选武器。问题在于，虽然"商"级核动力攻击潜艇已入列舰队，但是似乎不能指望这些潜艇能与美国的核动力攻击潜艇进行直接对抗。在支撑中国海上变革宏图的海军发展计划中，包含了大力发展潜艇舰队的计划，其中既有常规潜艇，又有核动力潜艇。这就对敌对国海军形成了严重的潜艇威胁，尽管目前还不能对美国的潜艇战优势构成挑战。

3. 足以让华盛顿却步

在台海作战的背景下，中国海军对美国海军实施攻击作战的烈度和持久度很可能取决于北京对台湾政府脆弱状态的判断结果——那将是一个处于全部攻击手段（从弹道导弹和陆地攻击巡航导弹到飞机、特种部队、各种类型的信息战，还有很多很多其他手段）沉重打击下的台湾。要记住，拒阻或迟滞美军介入的主要目的是要使台北相信：等待援助是无济于事的，投降和谈判（根据北京开出的条件）才是唯一明智的选择。因此，成功对抗美军的重大意义在于它能削弱台北的作战意志。如果美国不积极介入，那么这场冲突就能成功地结束，而这样的结果对中国人民解放军来说是最美好的。至少北京可以有这样的期待：由于美国领导人对中国的现代化军事力量心存忐忑，致使他们延迟或者阻止航母攻击群接近台湾海区。

4. 中国海军及其导弹支援部队的其他备选攻击手段

让我们从战略层面的思考回归到作战层面来吧。如果发生战斗，那么中国人就会在美国航母攻击群，也许还有地区性基地的空防体系被削弱以后，向逼近他们的美国海军力量，也许还会向该地区的其他美军部队，发射空射反舰巡航导弹。于是，在中国的一整套备选攻击手段中，这一"层次"的任务可能由解放军的海军航空兵来执行。它使用从俄罗斯新采购的飞机（苏－30MK2）、国产远程轰－6轰炸机（载有新型反舰导弹的一个新型号）和同样装备了新型反舰巡航导弹的歼轰－7海上拦截飞机来发射强有力的新型空射反舰巡航导弹，[31] 从中国大陆向海上延伸攻击数百海里（有的情况下可能比这还要远很多）。（请注意，在上面这个句子里，"新"这个字眼出现了多少次，而且每次都用得恰如其分。）此外，中国空军的一些飞机也具有类似的作战性能。哪怕在最低限度上，美国海军也要为这种攻击所带来的损伤而担忧，而且，一旦它确实蒙受损失，就可能不得不撤退，因为他们知道还会陆续发生一系列后续攻击。毫无疑问，北京希望能确保台北不会对这样的事态发展趋势视而不见。

如果不喜欢伤亡的华盛顿和摇摇欲坠的台北仍然执迷不悟，拒不屈服的话，那么水面作战舰艇将是备选攻击手段中的最后一个层次。在这种情况下，可能从新型的，或者升级的驱逐舰和护卫舰上发射非常强大的反舰巡航导弹，实施清剿式攻击。从杀伤火力的角度来看，这些水面舰艇将以俄罗斯进口的"现代"级驱逐舰为马首（至少已有 4 艘，也许以后还会增多）。该级别的驱逐舰装备了规避能力非常强的 SS－N－22"日炙"超音速反舰巡航导弹。[32]

虽然中国最强大的战斗舰艇来自俄罗斯，但是多数现代化水面战斗舰艇一直是而且仍然是国产的。中国已经建造，或者正在建造足够的新型现代化驱逐舰和护卫舰，组建了几个现代化水面战斗群。每个战斗群都能够利用致命的反舰巡航导弹（尽管是亚音速的）发动远程攻击。中国海军正在利用舰对空导弹系统构建良好的舰队防空体系[33]（终于开始克服它的一个由来已久的缺点）。于是形成了中国海军海上变革中的两个意义更为重大的特点：一是中国能够建造现代化军舰的主要构件；二是中国能为其海军提供某种程度的舰队防空能力。

为了简洁地描述水面作战舰队的现代化程度，可以这样说：中国人正在建造，或者大幅度升级各个级别的现代化驱逐舰和护卫舰（这些舰艇明显优于台湾的舰艇），这些舰艇的数量要多于此前估计的他们在 10 年内打算购买的战斗舰艇数量。[34]

（八）需要克服的不足之处

目前还不能确定回答的问题是：这样一支无法逃出视线的，而且天生行动缓慢的水面作战部队（驱逐舰和护卫舰），即使装备了性能大大改善的空防系统，到底能不能与哪怕是受损的美国舰队进行实际交战，同时又不会遭到其他美军攻击部队的毁灭性打击？除此之外，对于中国海军来说，还有更多不能确定的问题。如上所述，以上介绍的这些理念来源于对北京正在建设的这支部队所做的分析、解放军的理论研究文章和其他文献资料。在解放军现代化大潮中，北京下定了坚强的决心，执行了昂贵的计划，特别强调海军、空军和导弹部队的建设，以此来完成上述作战任务。但是不要忘记，他们还需要具备监视侦察和目标保障手段。如果这支部队要想拒阻和对抗美国的干涉行动，最好还要具备大面积干扰美军 C4ISR 系统的能力。

为了实现这个目标，中国似乎正极努力地利用空间、陆地、海洋（包括水下）和天空的多维资源来形成多样化的监控能力，对敌对海军舰队实施定位、识别和目标瞄准。[35]中国在这个领域里的发展是滞后的，要想在情报、监视和侦察领域获得真正的成功，可能需要整整 10 年的时间。但是可以猜测，在两三年内可能会拼凑出一种初级的目标保障能力，尽管其性能不可靠，工作也不稳定。换句话说，即将出现这样的危险局面，即美军舰艇和其他敌对国舰艇可能在离中国非常遥远的海区就被探测到，并被有效瞄准。另一个至少同样重要的问题是：中国是否有能力协同、指挥和控制这样的作战。虽然我们在前面说过，中国海军的训练和演习已经变得更加真实和大胆，但是迄今尚未透露过任何信息，或者以其他方式提供过任何证据，表明中国曾在其东方几百海里处进行过对抗模拟航母攻击群的演练（可能有一个例外，那就是 2006 年，有一艘"宋"级潜艇在"小鹰"号航母攻击群的附近突然浮出水面）。作为其威慑方案的一个组成部分，它本该这样做。

中国海军正在采购现代化平台和威慑性武器，这一点是没有疑问的，但是，像我们讨论过的那样，中国海军和解放军的其他重要部队是否能够，以及能够以多快的速度使所有这些作战能力形成真正的战斗力，这还是个很大的疑问。另外，还有一个严重的问题，即北京是否会在某种情况下被迫对台湾采取敌对行动并与美军进行对抗，即使从这支军队本身的观点来看，其作战能力和作战准备尚未达到最佳状态。

此外，中国海军还面临一个重要的限制条件或者局限性。所有这些备选攻击手段复加在一起，将对经验不足的解放军形成一个超级复杂的计划和执行难题。在以上描述的作战背景下，解放军将同时实施两场重大战役：一场是征服台湾的战役，另一场是延迟美军有效干涉的战役。再具体一点说，征服台湾的这场战役将很可能包括以下手段：利用高度精确的弹道导弹和精确制导的陆地攻击巡航导弹进行初始打击，利用激光能或动能杀伤手段进行包括干扰和摧毁（这两种手段在 2006 年秋天和 2007 年年初分别进行了演示或试验）[36]在内的各种形式的反卫星作战，特种部队作战，第五纵队式的破坏行动，信息战（包括计算机网络攻击），大规模空中攻击，以及旨在夺取立足点并最终占领和控制台湾的两栖攻击和空降攻击。

我们已经谈到过，针对美军的战役除了预先（或以此为开端）采用大量手段暂时使美国的 C4ISR 系统失灵以外，还将包括对航母攻击群，也许还有美军在该地区的基地，实施弹道导弹和巡航导弹攻击，利用各种反舰巡航导弹发起潜艇攻击，然后选择某种后续攻击手段（例如反舰巡航导弹）

由空中部队或水面舰艇部队发起攻击。对于缺乏此类作战经验的解放军领导人来说，这将是针对强敌发起的一系列异常艰巨的作战任务。

笔者的估计（应当承认，这不过是一种基于直觉的个人判断，而不是计算结果）是，解放军将迅速战胜台湾，但是面对美军可能会犹豫不决。这是因为（假设他们受命卷入冲突）他们将会遭遇突袭、反制和可能导致战局逆转的其他作战手段。然而，我们也必须牢记，中国最好的战略家和军事家们正在研究这些问题的解决方法，而且北京可能认为，不论这事看起来有多么困难，也必须对台湾采取行动。此外，中国领导人还可能坚信，自己的军队在实战中会发挥出超越其实际能力的强劲有效的战斗力。

二、跳出"台湾问题"

中国人民解放军，特别是中国人民解放军海军，目前似乎将关注点完全地，甚至是过分地，聚焦在台湾问题上面。然而，前面提到的另外两个因素或关注点也必须给予重视。这些因素已经被认真地融入了中国人的战略思维。第一个因素：崛起的中国需要建立一支与其发达大国地位相称的军队。第二个因素完全有理由再次强调：在中国，国民经济发展重于一切，而国民经济的发展又与海洋贸易息息相关。这也是共产党借以保持其执政党地位的一个因素。一旦中国海军将目光从台湾转向其他方面，或者当它决定除了牵扯其全部精力的台湾问题以外还需要考虑些什么问题的时候（甚至是现在），它就会发现，对于中国来说，最应该优先发展的是一种长期作战能力，以确保其海上（和陆地）石油和天然气通道的畅通，并保证进出中国港口的海上货运安全。

（一）最终推出一艘中国航空母舰

我们能否看到这样的前景：中国海军建成了一支建制空中力量（某种类型的航空母舰——虽然不一定类似美国海军的航母），并转向更多的核动力攻击潜艇，从而拥有真正的海基战略核打击能力。一支有能力保护海洋贸易的中国海军几乎肯定要拥有（或需要）某种形式的建制空中力量，这样才能在超越岸基飞机作战距离之外的大洋海区有效地执行任务。这样一支建制空中力量将大幅度提升海军的有效性，对破坏船运的潜在敌对分子形成威慑。有了它，就可能将保护海上通道的任务延伸到南海的最南部，穿越马六甲海峡，甚至进入印度洋，达到中东（以及太平洋）的石油产地。作为石油"管道"，这些海上通道显得越来越重要。在船台上尚未完工的航空母舰"瓦良格"号可能正是中国海军向这个方向转型的开始，它打破了过去几十年里关于中国航母的各种富有想象力的传说和谣言。[37]

（二）远海中的核动力攻击潜艇

另一个正在考虑中的发展方向可能是：建造航程更远，航速更快，并且不依赖岸上基地的潜艇。这个考虑意味着，尽管核动力攻击潜艇的造价高，但是也要优先发展这种潜艇，而不是柴电潜艇，甚至不是绝气推进动力潜艇。这样一来，核动力攻击潜艇可能就成了中国海军战略思维中的领头羊。中国目前正在购买和建造三个级别的常规动力潜艇："基洛"级、"宋"级和"元"级（关于"元"级潜艇推进系统的准确特性还存在各种猜测）。这些潜艇，加上老式的"明"级和仍然在服役的"罗密欧"级潜艇，耗费了大量投资，在未来15年甚至更久的时间内肯定在潜艇舰队中占绝大多数。然而，有必要密切关注中国成功建造的"商"级核动力攻击潜艇，弄清楚北京是否像我们前面提到的那样，感觉有必要建立一支快速的独立艇队，以保护遥远的海上交通线。是否蒸蒸日上的中国会以美国为榜样，扩大其核动力攻击潜艇舰队，为其增添多种作战能力，包括发射陆地攻击巡航导弹和搭载特种部队的能力，或者其他新型作战能力，以便为中国这个新兴大国执行不断增多的各种任务。

三、未来中国海军的特点

中国海军在以多种引人注目的方式迅速发展着。但是，对这支军队成熟度的最大检验也许是上面谈到的那些大胆尝试：建设一支航母海军，并在颇具声望但又不可饶恕的核潜艇领域内跃上一个新台阶（在这个领域内它曾经止步不前）。在建设舰队的建制（舰载）航空兵的努力方面存有多种选择。这支航空兵可以在远海为中国海军舰队提供保护，扩大侦察范围，增强打击能力。尽管周边国家对可能推出的航母部队表现出强烈关注，但是，在很大程度上，中国海军新型核动力潜艇（"金"级弹道导弹潜艇和"商"级潜艇）计划的成败才可能更全面地影响中国潜艇舰队和中国海军的未来决策。

建制航空兵问题可以某种平实低调的方式来处理，但是当前核动力潜艇计划的执行结果却会为海军的发展定下基调：是跻身于最强海军之列呢，还是在"参与了职业选拔赛"之后，又一次踌躇不前？然而，当我们想到一批特别聪明能干的年轻中国海军军官正在开始其军旅生涯的时候，这一前景无论如何都颇具启发意义。今天的这些初级军官至少能够看到一个良好的职业发展前景，在一支拥有全球作战能力的"真正的海军"中当一名海军飞行员或者核动力潜艇军官，当然，也可以在现代化水面作战舰艇上当一名军官。他们现在面临的职业挑战和受到的尊重也大致可与美军初级指挥军官相比拟。与几年前相比，这件事本身就反映出一个本质上的变化。那时的海军航空兵精锐部队连一线的（而且是岸基的）苏－30都捞不着飞。举个例子，他们只能驾驶相当老旧的歼－8，从海南的陵水海军机场起飞去拦截笨拙的美军侦察机——全世界都知道2001年4月1日发生的这起事件。[38]

同样是海军的核心兵种，过去在潜艇上服役时所遭遇的问题与岸基航空兵相比毫不逊色。在许多人看来，那时在中国潜艇上服役与其说是从事一种职业，还不如说是在开玩笑。新型中国潜艇部队所取得的一切成就都焕发出极大的感染力，激励着中国海军其他兵种的职业精神，也让他们重新找回了自豪感。虽然中国海军还算不上该国海上变革宏图中的一个羽翼丰满的成员，但是它已经在空中、海上，特别惹眼的是在水下，具备了取得这一地位的强大潜力。

四、浸没在海上亚洲新地区主义浪潮中的海上中国

新中国所处的新亚洲正变得越来越重视海洋，萌生了越来越强烈的地区主义思潮。换一个说法，本文所感兴趣的亚洲是一个临海的亚洲，一个国际化的亚洲，也是通过重要海上交通线连接起来的一大串港口城市。中国对这个亚洲做出了重大贡献。正如艾伦·弗罗斯特在她的新书《亚洲的新地区主义》[39]中所描述的那样，拥有这些世界级海运中心的国家越来越呈现出一体化的趋势。根据她的说法，地区性一体化的核心圈子是东盟：由10个国家组成的东南亚国家联盟（印度尼西亚、马来西亚、菲律宾、新加坡、泰国、文莱、柬埔寨、老挝、缅甸和越南）。根据弗罗斯特的模型（借用她所描述的组织形式），比东盟宽泛一些的组合是"东盟＋3"，即在东盟10国[40]的基础上增加了日本、中国和韩国。而比"东盟＋3"更宽泛的组合是东亚峰会，它在"东盟＋3"的基础上又增加了印度、澳大利亚和新西兰。[41]值得注意的是，中国被包含在弗罗斯特所描述的地区性组合之内，而美国却没有——这种情况同样发生在上海合作组织中。

然而，有一个组合却很显眼地把美国囊括在内。关于朝鲜核状况的六方会谈就涉及美国、中国、朝鲜、韩国、日本和俄罗斯。这个组合是地区

主义的一个重要证明，尽管它具有跨太平洋性质，还加入了一个重要的非亚洲国家——美国。当然，所有六方都全力参与了关于朝鲜问题的会谈。然而，不论是有意为之还是无心插柳，总之这些会谈都预示了，或者已经反映出一个新的地区性安全架构，对于除朝鲜以外的其他五方来说尤其如此。有人对美国提出了批评（当时关于东盟地区性组合的问题也提出了同样的批评），因为华盛顿似乎并没有认识到六方会谈的过程已经开创了这一地区性安全新局面——一个将中国包括在内的架构，也是一个促成其他变化的催化剂，相信在这些变化中就包括重新考虑结盟布局，甚至包括朝鲜出席会谈。

五、一个处于最佳状态的未来中国

结束本文的一个好办法是提请读者注意：中国为什么要向海洋大国转型以及这一转型计划带来的后果和机遇——首先谈谈其国内因素，然后探讨外部环境。本文一开始就断言，中国必须成为一个海洋大国。这一变革对中国来说既符合心愿又确有必要，因为国家的连续稳定和统一在很大程度上依赖于连续不断的经济增长，而后者则必须通过不断扩展的、安全可靠的海洋贸易来维持。中国国内已经广泛认同的观点是，需要有安全的海上通道来运输对于经济持续增长来说不可或缺的进出口货物。中国的海军同行曾告诉笔者说，美国海军少将阿尔弗雷德·赛耶·马汉在 19 世纪关于海权和海上贸易的著作现在已成了中国海军军官高级职业军事教育课程的一部分。如此说来，确保海上贸易安全就成为国人共同理解的一个重要因素，它能保证中国社会主体部分的生活水平得到连续改善，进而转换成对中国共产党的社会支持（或者至少没有企图推翻该党的过激行为）。

可以不太夸张地说，中国共产党的领导方法得到了中国人的认可，甚至被中国人所接受，因为在许多人看来，现在的生活与几十年前相比已经相当不错了，而且在几乎所有人看来，至少生活有了一点改善。多数富裕起来的中国人不希望因为他们的政府和国家发生混乱和动荡而冒风险。缺乏耐心和难以管束的中国老百姓都期望其生活方式的上升趋势不要中断。共产党已经完全认识到，不良的发展状态（例如，中国内陆的贫穷落后地区开发不成功、未能保证能源安全，或者未能保护海洋贸易等）可能成为经济逆转的重要因素，最终可能导致党的消亡或国家的分裂。我们西方人可能并不希望共产党有什么好运气，但是也不应该通过搞乱和分裂中国的方式来搞垮它。

在外部环境方面，出于经济方面的考虑，中国已制订并批准了向海洋大国的转型计划，并拨出充足的资金来支持这个转型，其中包括建设一支现代化海军。这样做的结果是，中国能够全面发展其"海洋经济"，扩大海军力量并使其现代化，使其能够为海洋经济服务，维护主权和领土完整，同时执行其他传统的和新型的海军任务。尽管解放军的最高领导长期由地面部队军官担任，中国海军仍然得到了一大笔军费预算。是台湾问题和海军转型这两个因素的综合作用促成了预算的增加。

然而，这一转型带来的某些潜在后果远远不止于延续国民经济增长和维护中国共产党的领导这么简单。作为全球性海洋大国和海军大国，中国将变得更加繁荣强大。在许多人的眼中，这意味着中国会变得更加危险。所以，中国必须保证，一个更加强大的中国实际上不是，而且看起来也不像一个更加危险的中国——如果华盛顿确信北京值得信任，那么它可以成为中国在这方面的合作伙伴。

一个更成熟的中国正在踏上世界舞台，扮演一个新的角色。它可能希望在多个领域内制订与其新身份更加相称的成熟政策。在加强与邻国的海上合作关系方面，缓和对日紧张关系应该是一个合乎常理的步骤。至于台湾问题的解决，一个全球性海洋大国可能更愿意以国际大家庭中负责任的成员这一身份来采取行动，而不是依靠恐吓和军事威胁等手段。中国也许会得出结论：如果采取其他渐进式的做法，将能够避免，甚至逆转台湾人的疏离感，并在自决和客观判断双方最佳利益所在的基础上找到一个双方都能接受的解决方案。这一新的处事方法可能使中国摆脱"台湾问题"的负担，或者转变其形象，从一个可恶的专制暴君转变成招人喜欢的潜在统一伙伴。转型后的中国在处理国内问题时有充分理由显得更加自信，不会再像20年前那样被迫对天安门广场的示威游行采取镇压行动。

当然，如果中国领导人不够大胆，不够开明，就可能畏缩不前，失去广泛展示其新身份的良机；但是如果这样做，他们将会限制自己的发展潜力，不能成功地利用由稳固的经济实力和成熟的海洋大国声望构成的上升潮流，使自己变成真正负责任的地区性利益共享者和全球性大国。当然，如果能够谨慎地利用好这个上升潮流（这才与一个海洋大国地位应有的航海技术相称），那么这个巨大国度的海上扩张将催生出一个新的中国，除了大大提升的海洋和海军实力以外，这个新中国还将为许许多多其他成就而感到骄傲。

注释：

本章中有些资料摘自文章"China's Maturing Navy", Naval War College Review（Spring 2006），90－107。文中关于中国人民解放军海军现代化的描述基本相同，但是新版本内容更丰富，有些章节是重写的或是新的，从而更直接而全面地阐述了本书的主题。

1. 北京对外政策新途径的突出案例是中国在关于朝鲜核武器问题的六方会谈进程中的作用，中方在主持会议并使其顺利进行以及将平壤拉回到谈判桌等方面做出了不懈努力，另一个不为人知的案例是中国在成立上海合作组织（SCO）过程中的关键作用。上海合作组织包括中国、俄罗斯、哈萨克斯坦、吉尔吉斯斯坦、塔吉克斯坦和乌斯别克斯坦等国家。这说明中国希望利用外交和经济手段达到其边境的安全与稳定。冷战期间美国在该地区的盟友包括日本、韩国、菲律宾、泰国、澳大利亚和新西兰等。中国唯一的安全协定是与朝鲜签订的。上海合作组织是北京外交战略的最新产物。它从一个缓解边境争端组织转变成一个反恐和经济组织，印度、伊朗、巴基斯坦和蒙古是上海合作组织的观察员国。美国既不是成员国，也不是观察员国。本章最后还会谈及该组织的分组问题.

2. 关于对中国人民解放军海军、空军和二炮现代化建设的描述，参见作者 2005 年 9 月 15 日在中美经济与安全评论委员会上有关国会山的发言，在下列网址可查到，www. uscc. org，或 www. ifpa. org/pdf/mcvadon. pdf。非美国来源的关于中国人民解放军海军建设项目的详尽而明了的描述，参见，Mikhail Barabanov, "Contemporary Military Shipbuilding in China", Eksport Vooruzheniy, 1 FBIS CEP20050811949014, August 2005. 该文章是准确描述中国人民解放军海军现代化建设的综合性参考资料。

3. C4ISR：指挥、控制、通信、计算机、情报、监视与侦察。

4. 国防部长办公室，提交国会的 2004 年度中国人民解放军军力年度报告，（www. defenselink. mil/pubs/d20040528PRC. pdf），第 6 页写道："中国继续通过一体化指挥与控制网络、新型指挥体系以及改进的 C4ISR 平台发挥其联合作战的潜能。因为在前些年，中国领导人开始意识到大多数的 C4ISR 平台落后西方国家几十年，并鼓励新一代研究人员、工程师和军官努力探索能满足现代战场需要的新途径。采办先进的 C4ISR 技术是中国总体行动的主要目标之一。"

5. David Shambaugh, Modernizing China's Military: Progress, Problems, and Prospects (Berkeley: University of California Press, 2002): "The PLA is still the party's army, all officers above the rank of senior colonel are party members, and the CCP still institutionally penetrates the military apparatus"（32）; "The rules of the game... have changed as a result of several developments：［among Shambaugh's listed developments］—Increased professionalism in the senior officer corps and a concomitant decline in the promotion of officers with backgrounds as political commissars"（46－47）.

6. Paul H. B. Godwin, "China's Defense Establishment: The Hard Lessons of Incomplete Mod-

ernization," in The Lessons of History: The Chinese People's Liberation Army at 75, ed. Laurie Burkitt, Andrew Scobell, and Larry M. Wortzel (Carlisle, PA: U. S. Army War College, Strategic Studies Institute, July 2003), 33. Godwin 声称: "军官现在改为主要从大学毕业生中选拔, 而不是从士兵中提拔, 军衔晋升也要考虑适当的院校教育程度。"

7. Bernard D. Cole, "The organization of the People's Liberation Army Navy (PLAN)," in The People's Liberation Army as Organization: Reference Volume v1.0, ed. James C. Mulvenon and Andrew N. D. Yang (Santa Monica, CA: RAND, 2002), 476. "The PLAN is emulating the U. S. reserve officer – training corps (RoTC) programs for producing well – educated, technically oriented candidate officers. "

8. Xinhua, 17 August 1999, translated in FBIS – CHI – 99 – 0817: "The Chinese navy plans to recruit about 1, 000 officers from non – military universities and colleges yearly beginning this autumn in an effort to meet its need for command and technical talent... [These officers] will account for 40 percent of all naval officers by the year 2010. " This was originally cited in Cole, "organization of the PLAN," 477.

9. Elizabeth Hague, "PLA Leadership in China's Military Regions," in Civil – Military Change in China: Elites, Institutes, and Ideas after the 16th Party Congress, ed. Andrew Scobell and Larry Wortzel (Carlisle, PA: U. S. Army War College, Strategic Studies Institute, September 2004). Two extracts from this chapter illustrate that party loyalty, guanxi (connections), and a reputation for not rocking the boat remain important in promotion decisions: "Several military region commanders have been promoted... to the national level... In all cases they involve a candidate... valuable for a national – level position—even when other factors, such as connections, were a strong factor in a promotion" (247, emphasis original). Further, "Military leaders reflect PLA priorities, even in some cases when what the leader has to offer is continuity rather than new ideas or techniques" (250).

10. 本文作者和另一名长期研究中国人民解放军的美国专家分别从一些知名中国人民解放军海军军官口中获悉其编制体制的改革。

11. 2005 年在山东半岛海域举行了中俄联合军事演习, 美国航空母舰打击群的最有效作战距离是离目标 500 海。北京可能会认为谨慎的做法是在 1 000 海里处应对临近部队。除少数潜艇巡逻外, 中国人民解放军海军似乎更喜欢在近海而不是在日本以南的冲绳岛以外的远海举行演习。

12. 与外国海军举行的演习包括搜救演习、通信演习, 以及至少在一种情况下需要进行海上补给。然而, 明显缺少战术作战。后来与泰国及其他东盟国家举行演习的目的都是为了促进双边关系, 而不是为了提高作战能力。

13. Nikolay Petrov, "Moscow and Beijing Did Not Mention Their Loses [sic] That They Incurred during the Joint Maneuvers," Moscow Kommersant, FBIS CEP20051013330001, 8

September 2005. The following FBIS reports contain left – handed compliments and question PLA competence：“Chinese Army's 'Iron Discipline' Impresses Russian Defense Minister,” Moscow RIANovosti, CEP20050825002002, 25 August 2005；“Russia：Results of Joint Military Exercise with China Assessed,” Moscow Rossiya television, CEP20050927027016, 24 September 2005；“Russian TV Looks at Military Cooperation with China Post – Exercise,” Moscow Zvezda television, CEP20050919027182, 19 September 2005.

14. “China – Russia：PRC Media on Sino – Russian Military Exercises Project Image of Converging Interests in Asia,” FBIS Feature, FEA20050831007588, 31 August 2005。对 2005 年 8 月的中俄联合军事演习的分析主要引用了中俄两军相关将军们的讲话，他们称该演习表明了“中俄两国领导人的主要战略决策”旨在加深两国的“战略合作伙伴关系”——这是 FBIS 分析家们正常描述双边关系时常用的一个短语。

15. Richard Halloran, “Chinese Sub Highlights Underseas Rivalries”, Japan Times, 30 November 2004, 在下列网址查找：japantimes. co. jp/print/opinion/eo2004/eo20041130a1. htm.

16. 国防部长办公室，提交国会的 2004 年度中国人民解放军军力年度报告 12 – 13, www. defenselink. mil/news/Jul2005/d20050719china. pdf。关于 MRBMs，参见，Mark A. Stokes, “Chinese Ballistic Missile Forces in the Age of Global Missile Defense：Challenges and Responses,” in China's Growing Military Power：Perspectives on Security, Ballistic Missiles, and Conventional Capabilities, ed. Andrew Scobell and Larry M. Wortzel (Carlisle, PA：U. S. Army War College, Strategic Studies Institute, September 2002), 113, www. strategicstudiesinstitute. army. mil/pdffiles/PUB59. pdf。DF – 21 系列也称作 CSS – 5。关于 SRBMs，参见同上，116，DF – 15 和 DF – 11 系列也分别称作 CSS – 6 和 CSS – 7.

17. Stokes, “Chinese Ballistic Missile Forces,” 150 (note).

18. 参见 Eric A. McVadon, Recent Trends in China's Military Modernization, written statement prepared for testimony before the U. S. – China Economic and Security Review Commission, 15 September 2005, www. ifpa. org/pdf/mcvadon. pdf. 这些信息均来自许多近些年发表的中文文章的翻译稿，资料来源已为研究人员确认。

19. Adm. Lowell E. Jacoby, Director, Defense Intelligence Agency, Current and Projected National Security Threats to the United States, statement (excerpted) to the Senate Select Committee on Intelligence, 24 February 2004, www. ransac. org/official% 20Documents/U. S. %20Government/Intelligence% 20Community/492004113202AM. html.

20. 关于实现这一概念所面临挑战的分析，参见李杰，弹道导弹是航母的“克星”吗？（上），当代海军，2008：42 –44. 本段“对话”对作者而言似乎不合时代，以前读过其他的一些文章，现在找不到了，但这些文章反应出了中国设计 MaRV 瞄准目标的理论论证工作是成功的，该理论论证工作包括计算机模拟，是利用美国开发用于潘兴 II 弹道导弹的概念来完成理论论证工作的。

21. Barabanov， "Contemporary Military Shipbuilding in China," for an open – source catalogue of PLAN modernization efforts.

22. John R. Benedict， "The Unraveling and Revitalization of U. S. Navy Antisubmarine Warfare," Naval War College Review 58, no. 2 (Spring 2005), 93 – 120. "The recent sale [to China] of eight additional Project 636 Kilos equipped with wake – homing antiship torpedoes and submerged – launch 3M54E Klub – S [the SS – N – 27B] antiship cruise missiles is indicative of the transformation of this submarine force. The Project 636 Kilo 'is one of the quietest diesel submarines in the world' [quoting the U. S. office of Naval Intelligence]；. . . the Klub – S missile has a 220 – kilometer maximum range. . . and a terminal speed of up to Mach 3. Such a capability represents a very formidable threat to American and allied surface units" (102).

23. "Club – S / 3M – 54E/E1 (SS – N – 27) Anti – Ship Cruise Missile," http：//www. sinodefence. com/navy/navalmissile/3m54. asp. 本引文及后续引文均引自公开资料，描述了中国的采办及部署情况。这些公开资料的不同特点也说明了中国人民解放军正在进行现代化建设情况的公开度及其客观准确描述。问题可能是出自不准确的报告，作者常常会通过咨询知识渊博的中国人民解放军军官和通过与敬业的专家交流得以确认。

24. "Russia to Deliver SS – N – 27 to China," Chinese Defence Today, 29 April 2005, www. sinodefence. com/news/2005/news29 – 04 – 05. asp.

25. 关于静噪和传感器问题，参见 Zachary Moss， "Nuclear Submarines Worldwide：Current Force Structure and Future Developments," Bellona Nuclear Naval Vessels, 13 May 2004, www. bellona. no/en/international/russia/navy/northern_ fleet/vessels/34070. html. on employment, see Globalsecurity. org, www. globalsecurity. org/military/library/report/2005/d20050719china. pdf. The U. S. Defense Department, in its 2005 Annual Report to the Congress：The Military Power of the People's Republic of China, states on page 33："China is developing capabilities to achieve local sea denial, including. . . developing the Type – 093 nuclear attack submarine for missions requiring greater at – sea endurance. "

26. "Yuan Class Diesel – Electric Submarine," Chinese Defence Today, www. sinodefence. com/navy/sub/yuan. asp. For the Song class， "Type 039 Song Class Diesel – Electric Submarine," ibid. , www. sinodefence. com/navy/sub/039. asp.

27. Jing – Dong Yuan， "Chinese Responses to U. S. Missile Defenses：Implications for Arms Control and Regional Security," Nonproliferation Review (Spring 2003). 89, cns. miis. edu/pubs/npr/vol10/101/101yuan. pdf.

28. 这是保守估计，是基于作者在过去 15 年的时间对中国人民解放军海军潜艇部队的了解以及近些年与一些有丰富潜艇部队工作经历人的交流。

29. 关于台湾的反潜作战能力及潜力，自 1996 年以来，作者与台湾的海军军官和智囊团进行过多次交流，还数次参观其海军基地。对于反潜作战环境其他方面的判断，作者还是依靠其驾驶 P - 2 和 P - 3 反潜飞机（作者大部分时间是在西太平洋的第七舰队服役）、在太平洋舰队指挥 P - 3C 反潜巡逻机中队以及在冰岛的美国和北约反潜战部队的 30 年反潜作战的经验。

30. 2003 年的反潜战形势描述为"在近海对付柴电潜艇的极少数新型反潜战传感器和武器"，Benedict, Unraveling and Revitalization, 第 97 页，图 2。引用大西洋潜艇与反潜战部队的一位海军中将的话说，"我们的反潜作战能力差"，太平洋舰队司令也警告说："我们需要比现在更强大的反潜作战能力……未来技术是应对不断增加的潜艇威胁的基本要求"，同上，第 99 - 100 页。

31. 关于 Su - 30 飞机，参见 Charles R. Smith, "New Chinese Jets Superior, Eagle Loses to Flanker," NewsMax. com, 26 May 2004, www. newsmax. com/archives/articles/2004/5/26/154053. shtml. 本文章阐述了公开资料报道中国人民解放军海军航空兵的采办以及从俄罗斯采购装备后其反舰能力达到顶点，"中国将从俄罗斯采购 24 架先进的 Su - 30MK2 战斗机。……据报道，中国的新型战斗机将配备先进的反舰打击能力，包括 Kh - 31 超音速反舰导弹……中国人民解放军海军航空兵将部署新一批 Su - 30MK2 战斗机"。关于 B - 6，参见，Robert S. Norris and Hans M. Kristensen, "Chinese Nuclear Forces, 2003," 2003 Bulletin of the Atomic Scientists 59, no. 6 (November/December 2003): 77 - 80, www. thebulletin. org/article _ nn. php? art _ ofn = nd03norris. Using the Chinese designation for B - 6—that is, H - 6—this article states："Although increasingly obsolete as a modern strike bomber, the H - 6 may gain new life as a platform for China's emerging cruise missile capability. The naval air force has used the H - 6 to carry the C - 601/Kraken anti - ship cruise missile for more than 10 years, and Flight International reported in 2000 that up to 25 H - 6s would be modified to carry four new YJ - 63 land - attack cruise missiles." For the FB - 7, see "JH - 7 [Jianhong Fighter-Bomber] [FB - 7]/Fbc - 1," Globalsecurity. org, 27 April 2005, www. globalsecurity. org/military/world/china/jh - 7. htm: "China reportedly is developing an improved version of the FB - 7. The twin - engine FB - 7 is an all - weather, supersonic, medium - range fighter - bomber with an anti - ship mission. Improvements to the FB - 7 likely will include a better radar, night attack avionics, and weapons." 关于 ASCMs，参见 Nuclear Threat Initiative (NTI), China's Cruise Missile Designations and Characteristics, 26 March 2003, www. nti. org/db/china/mimport. htm. 该材料是由蒙特雷国际研究所的防止核扩散研究中心为 NTI 单独生产的。

32. "Naval Forces," Strategy Page, 20 March 2005, www. strategypage. com/htmw/htsurf/articles/20050320. aspx. 该资料声明："现代级驱逐舰的主要武备是 SS - N - 22 Sunburn 反舰巡航导弹，是一种高速掠海导弹，其弹头重量达 660 磅。Sunburn 反舰巡航导弹

是世界上最好的反舰导弹。"引用本文主要是为了阐述该巡航导弹具有致命的打击能力和规避能力，其声誉名扬世界。

33. "Type 052C Luyang－II Class Missile Destroyer，" http：//www. sinodefence. com/navy/surface/type052c＿ luyang2. asp. 两艘052C（北约代号：旅洋II级）防空导弹驱逐舰由上海江南造船厂为中国海军建造。基于052B（旅洋级）多用途驱逐舰的船体设计，052C驱逐舰配备自行开发的四阵列多功能相控阵雷达，与美国的阿利伯克级和日本的金刚级驱逐舰上的宙斯盾AN/SPY－1类似。该舰还配备有HQ－9防空导弹系统，该导弹系统可与俄罗斯的S－300F/Rif在性能上相媲美，该新型反舰巡航导弹（ASCM）代号为YJ－62（C－602）。

34. "中国人民解放军正以前所未有的速度建造和采办其主要水面作战舰艇，最近同时部署了七个新级别的主要舰艇，每年每个级别建造两艘。这些舰艇包括956现代级导弹驱逐舰（DDG）、52B型驱逐舰（旅洋I级）、类似宙斯盾的导弹驱逐舰、052C型驱逐舰（旅洋II级）、54型导弹护卫舰（江凯级）等。"中美经济与安全评论委员会年度报告，2005年版，第三章，第一节，基于专家的证据证明。www. uscc. gov/annual＿ report/2005/chapter3＿ sec1. pdf. 该清单错误地暗示了中国正在建造从俄罗斯引进的现代级驱逐舰，并忽略了051C（旅洲级）驱逐舰，该舰配备有SAM导弹，但缺少类似宙斯盾雷达，还缺少隐身船体设计，与现代级一样，也缺少现代化蒸汽推进系统（而旅洋的两个级别都是采用燃气轮机与柴油机的结合），这样很可能会降低费用。

35. "采办现代化的情报、监视与侦察（ISR）系统仍然是中国军队现代化建设的关键，中国正在自行研制新型设备并辅助引进国外技术及系统以提高其ISR能力。中国引进新的空间系统、空中预警（AEW）飞机、远程无人机（UAVs）及超视距雷达，将大大提高其探测、监视及瞄准西太海域海军行动的能力。从关于中国人民解放军演习的一些文章中得知目前这些系统还需要整合形成一体化，要达到有效的ISR能力还需好多年。"国防部长办公室，2004，43－44。另参见 Richard A. Bitzinger，"Come the Revolution：Transforming the Asia－Pacific's Militaries，" Naval War College Review 58，no. 4（Autumn 2005），42－43，46.

36. Kevin Pollpeter，"Motives and Implications behind China's ASAT Test，" China Brief 7，no. 2（24 January 2007），Jamestown Foundation，有关信息可通过下列网址进行查询，http：//jamestown. org/publications＿ details. php？ volume ＿ id ＝ 422&issue ＿ id ＝ 3983&article＿ id＝2371834. 波尔彼得称："美国政府1月8日透露中国军方进行了一次反卫星导弹试验，目标是一颗老旧的气象卫星。然而，这次反卫星导弹试验只是近来中国采取的数次行动之一。2006年8月，美国国家侦察局局长唐纳德 M·科尔确认美国一颗卫星曾被中国激光照射过。"

37. 关于中国及其航母采办的传奇故事，参见，Ian Storey and You Ji，"China's Aircraft Carrier Ambitions：Seeking Truth from Rumors"，Naval War College Review 57，no. 1

（Winter 2004），77 – 93.

38. 2001 年 4 月 1 日，中国人民解放军海军中校王伟驾机拦截美国 EP – 3 飞机时，两机相撞，王伟跳伞，但未能获救。

39. Ellen L. Frost, Asia's New Regionalism (Boulder, Co：Lynne Rienner Publishers, Inc.，2008)，1 – 3. 弗罗斯特博士是美国国防大学国家战略研究所研究员。她还在国务院和国防部及美国商务代表处担任要职。

40. 以东盟为中心，东盟 + 3 为下一个联合体，以及东亚峰会为外围联合体的中心圈模式得到以东盟 + 3 为基础的东亚合作建设的第二次联合声明的支持。

41. Frost，Asia's New Regionalism，2.

中国探索大国崛起

■ 安德鲁·S. 埃里克森[①]　莱尔·J. 戈尔茨坦[②]

　　中国政府研究《大国崛起》，以探索葡萄牙、西班牙、荷兰、英国、法国、德国、日本、俄罗斯和美国这 9 个国家成为大国的真正原因。《大国崛起》是 2003 年 11 月 24 日在中国共产党中央政治局会议上提出的。根据胡锦涛主席研究大国快速崛起真正原因的指示精神，中国政治局学习了"15世纪以来世界主要国家发展历史考察"。[1] 胡锦涛在这次集体学习会上说："我们要更加重视学习历史知识，善于从中外历史上的成功失败、经验教训中进一步认识和把握历史发展和社会进步的规律，认识和把握时代发展大势，提高治国理政的才干。"[2]

　　这项研究工作于 2006 年完成，征集了中国很多顶尖学者（包括中国社会科学院和北京大学历史部）的研究成果，并采访了几百名国家领导人，制片人还在这 9 个国家进行了现场考察。据说，一些学者还向政治局介绍了他们的研究成果。[3] 中央电视台 2 套播出了这部 12 集电视系列片，一套 8 本

---

　　① 安德鲁·S. 埃里克森博士，美国海军战争学院战略研究部副教授，中国海洋问题研究所（CMSI）的创始人之一，哈佛大学费尔班克中国研究中心的副研究员，以及中美关系公共知识分子计划（2008—2011 年）国家委员会的成员。埃里克森之前是科学应用国际公司（SAIC）的中文翻译和技术分析师。他还曾在美国驻中国大使馆、美国驻香港领事馆、美国参议院及白宫工作过。他精通汉语和日语，游历过亚洲很多地方。埃里克森获得普林斯顿大学国际关系和比较政治学硕士和博士学位，并以优异成绩从阿默斯特大学获得历史与政治学学士学位。他的研究集中于东亚国防外交政策和技术问题，他撰写的文章广泛发表于 "Orbis" "Journal of Strategic Studies" 和 "Joint Force Quarterly" 等期刊上。埃里克森是海军学会出版社出版的系列丛书的主要编者和供稿人："China Goes to Sea"（2009）、"China's Energy Strategy"（2008）、"China's Future Nuclear Submarine Force"（2007）以及海军军事学院纽波特论文集 "China's Nuclear Modernization"。

　　② 莱尔·J. 戈尔茨坦博士，美国罗德岛纽波特海军战争学院战略研究部副教授，美国海军战争学院中国海洋问题研究所所长，精通汉语和俄语。他于 2001 年在普林斯顿大学获博士学位，在约翰·霍普金斯大学获硕士学位。戈尔茨坦博士还曾就职于国防部长办公室。戈尔茨坦教授主要研究中国和俄罗斯问题。他对中国的国防政策，尤其是海军发展方面有着较为深入的研究，其文章发表在 "China Quarterly" "International Security" "Jane's Intelligence Review, Journal of Strategic Studies"。戈尔茨坦教授的第一部关于中国核战略问题研究的专著 2005 年由斯坦福大学出版社出版。

系列丛书出版发行。《大国崛起》在中国播出后备受观众欢迎。[4] 首版十万册系列丛书很快就售完。[5] 中央电视台台长赵化勇说，他组织推出这部系列片是为了"国家的发展，民族的振兴"[6]。本文将分析《大国崛起》和中国从其他国家早期掌控领海和地缘政治经验中所得到的有益启示。[7]

《大国崛起》不是第一部谈论海上发展问题的电视片。1988 年，中央电视台播出了《河殇》，该片围绕黄河早期发展，批评了那些被压迫人们总是温顺地拥抱大地母亲，勉强度日，而不能勇敢地冒险走向深蓝色大海，寻找更自由、更崇高的生活。[8] 这种精神与邓小平提出的"改革开放"相当一致，存有质疑的观众会问："地球的'黄色'文化如何能变成海洋的'蓝色'文化？"[9] 和《大国崛起》一样，《河殇》认为中国能从西方国家中学到不少东西，后来，中国官方认为《河殇》帮助激发了 1989 年的天安门游行活动，随后此片被禁止播放。[10] 在这方面，《大国崛起》客观地分析了外国势力的优越性，认为西方政治体制的发展主要是综合国力，而不像过去宣传马克思列宁主义那样，重点强调西方权力行使的不良影响。[11] 这也同样引起了一些争议，特别是中国左翼强硬派，但可以理解的是，这部系列片的目的不是说过去的错误，而是指导中国大国的发展，这不能与奴隶制或殖民地化相提并论。[12]

《大国崛起》的启示是综合国力依靠经济发展，外贸又能促使经济的发展，而强大的海军能进一步推进经济的发展。要想知道编者是如何得出这一结论的，我们有必要研究系列丛书中有关早期和晚期海权国家的情况，特别是陆权国家努力成为海权大国所取得的不同程度的成功。[13] 当然，我们还可参考中国其他学者和分析家们的观点。

一、早期世界海权国家

我们分析的重点是与陆权国家进行对比，首先研究《大国崛起》是如何叙述世界海权国家的。最早的国家是葡萄牙和西班牙，他们最终受限于把重点放在了帝国。荷兰成为世界经济大国，在某些方面似乎可以成为中国的模式。

（一）葡萄牙、西班牙

中国学者评论葡萄牙和西班牙是最早通过国内统一成为世界大国的，当时其他欧洲国家还没有这种意识，这使他们开始在海上进行扩张。[14] 那时奥斯曼帝国封锁伊比利亚通往香料贸易的通道，强大的经济需要发展海上航线。正如中国空军大校戴旭所说："近代第一个崛起的'大国'葡萄牙，是在 1415 年攻克一个地中海与大西洋交通要道的休达城时，突然对海洋产生兴趣的。"[15]葡萄牙在建造新船和发展航行术方面取得技术突破，帮助其夺控了意大利的贸易，并在 1487 年环航了好望角。这个"国家项目"组织得很有计划性，葡萄牙的未来就依靠占控"海上之路"和"征服大海"。正如中国的影响从海上消失一样，"葡萄牙的航海大发现成为有计划有组织的国家战略"[16]。

西班牙也开始在海上扩张，戴旭大校指出："西班牙是在邻居葡萄牙的强烈刺激下，从欧洲无休无止的陆地征伐中脱身出来，踏上海洋探险和海外征服之路的。"[17]伊莎贝拉女王占领格拉纳达后，西班牙成为葡萄牙的"强大对手"，从而放弃了控制伊比利亚半岛的想法，实现了必要的国内统一，并拥有了必要的"实力"和"决心"。中央电视台系列片说："1492 年 10 月 12 日，大西洋强劲的信风将哥伦布的船队送上了梦寐以求的新大陆，也就此吹开了隔绝各个大陆的无形屏障……从这一天起，来自欧洲的航海家们，用新航线连接起一个完整的'世界'。正是他们，用激情划破了海面幽蓝的平静，满载着贸易货物和火炮利器，在追求财富的雄心鼓荡下，启动了大国的旅程。"[18]西班牙重视并支持哥伦布远航为国家带来巨大的回报："当怀揣着航海计划的哥伦布同西班牙王室讨价还价时，伊莎贝尔女王在谈判中接受了这个普通百姓的利益诉求。为了资助哥伦布的远航，女王甚至卖掉了自己王冠上的珠宝。但是，她由此赢回了更加辉煌的王冠，那是世界霸主的桂冠。"[19]

16 世纪末期，葡萄牙和西班牙开始挥霍他们的大国地位，他们不是重点发展集约型经济，提高国内的生活水平，而是为保护分布广泛的殖民帝国而发动战争，进口昂贵的产品。对中国来说，最明显的教训就是没有强大的海上贸易和国家经济增长，海上发展是不稳定的。戴旭大校指责西班牙的衰败就是因为忽视了海权："西班牙曾经颇有远见地选择了让其受益巨大的海洋发展之路，但由于对海权认识比较肤浅，没有进一步发展出控制海洋的军事理论，其举世无双的无敌舰队因此没有走远，仅仅 17 年之后也重蹈奥斯曼帝国舰队的覆辙。海军败，帝国衰。"[20]北京大学学者叶自成的陆权中心理论在导言中已介绍，他说另一个教训是："西班牙帝国的兴起的确是靠海权而获得成功的，但西班牙的历史也说明，没有强大的陆权，海权不可能长期支撑一个大国的国际地位。"[21]

（二）荷兰

《大国崛起》有针对性地指出，西班牙和葡萄牙是依靠军事力量使他们成为海上大国的，而荷兰是靠商业贸易成为全世界的商业大国。这部系列丛书作者很有可能以此比喻中国要成为海洋强国是商业性的而非军事性。[22]

荷兰的崛起是依靠海上商业贸易的发展，出口的鲱鱼产生可观的利润，从而有机会建造多条运河，并使这个松散的封建都市国家变成了商品"集散地"，鹿特丹成为世界上第一大港。基础设施的复兴反过来使荷兰成为贸易的中介（如葡萄牙黄金和香料）。1800 余艘没有装备武器的荷兰商船——比英国的船更轻、更便宜，并且容量还大，把装载的货物运到欧洲的每一个角落。这种贸易又助长了商业精英们的权势，他们反过来更加支持面向海洋的政策。

如果说荷兰的经验到这里就结束了，中国的经验教训可能是从事贸易，不考虑政治和海军发展。但是，军事技术创新（如火药）使荷兰不可能逃脱欧洲内部的权力斗争。后来，荷兰东印度公司已拥有 15 000 个分支机构和 10 000 多艘商船，贸易额占到世界总贸易额的一半。北京海军研究所一名分析人士指出："17 世纪荷兰享誉世界'海上马车夫'的称号，开辟的殖民地横跨亚洲、非洲、美洲和大洋洲，控制海上航道和 4/5 的世界贸易额。"[23]富有的阿姆斯特丹占控了台湾和印度尼西亚（后者成为殖民地），并垄断了日本的对外贸易。1656 年荷兰使团到达北京，并在清朝皇帝顺治面前行三拜九叩大礼，当时，中国认为荷兰"重大利益就是赚钱"。荷兰经验告诉中国，贸易产生财富和权力，但也需要必要的海上力量做保障。

二、晚期海权国家

《大国崛起》调查结果认为，英国、日本和美国是近代世界海权国家。中国认为英国和美国是成功的典范并拥有宝贵的经验教训，而日本尽管有不可否认的成就，其在海上快速崛起的侵略企图是极大的失败。

（一）英国

《大国崛起》问："究竟是什么原因，让这几个小岛改变了自己，也影响了世界呢？"[24]英国，和后来的美国一样，创新加速了经济增长，使其权势得到快速提升。一名中国军事研究员说："英国……努力发展强大的海军，通过三次战争打败了荷兰。"[25]伊丽莎白一世鼓励私掠船攻打西班牙船队，促进了英国的崛起。1588 年，西班牙的无敌舰队被装有更先进火炮的小型舰队击败，英国—西班牙宗教战争以英国的胜利而告终。西班牙的大国地位保持了50多年，但这次海战胜利明显标志着英国已成为"海洋强国"。

英国《大宪章》政治改革促使其内部整合，促进了经济的快速增长，支撑了英国大国的崛起。海外贸易扩张加速了英国的崛起，英国继续使用海上力量和18世纪的"航海法"，优先选择英国的商业航运，以消除荷兰和法国的海上商业竞争。就这样，英国赢得了"海上竞争"和"大国竞争"，这使伦敦也成了"世界强国"中心。

工业革命，科学技术创新，专利（法规）和自由放任的资本主义使英国成为"世界的工厂"，并使其击败了对手拿破仑统治的法国，他们身穿的军服和其他用品都是英国制造。1852年，英国控制着世界市场，英国生产的铁产品比世界其他地区的总和还要多，煤产量占世界的2/3，纺织品占世界的50%。这些成就发生在英国的鼎盛时期，然而，越来越无利可图的殖民收购造成帝国的过度扩张使英国开始走向衰败。第二次世界大战后，英国决定放弃领土，提高国民生活水平。

叶自成认为英国的崛起不能归因为单纯的海上优势：

> "英国作为第一个具有真正世界意义的世界大国的出现并不仅仅靠海权的发展和海权优势。没有英国陆地空间的大革命、工业革命、议会民主制度等，也不会有英国的世界大国的地位；……今天的英国海权仍然强大，在一定意义上也支撑着英国的大国地位，但由于其陆地空间发展的局限性，英国注定不能成为强大的陆权大国，或者其陆权发展的优势与其他陆权国家相比不具有优势，因而英国正在也必将失去其世界大国的地位。"[26]

中国评价马岛战争（福克兰岛战争）暴露出了皇家海军在这次战争中的明显弱点。[27]

（二）日本

中国分析家评价日本的制度缺陷影响其成为后期的现代化国家，如同德国和俄罗斯，对外侵略政策是日本未能实现其帝国野心的重要原因。中国政策制定者和学者多次反复强调这些经验教训。[28]清华大学国际问题研究所所长阎学通指出，其他国家的协调遏制可能会阻碍一个大国的崛起。[29]然而，《大国崛起》重点论述的是明治维新后，日本君主立宪制度下的国内现代化建设，而不是日本的侵华暴行，明治维新使日本逃避了西方的统治，直到帝国的过度扩张挑起与美国的战争。[30]

在其"一百年的大国之路"上，日本是反对西方殖民主义的第一个亚洲国家。但是，1853 年，彼得大帝打开与日本的贸易并占控太平洋海运航道，日本领导者决定不抵制彼得大帝的黑船队，彼得认为日本最终可能会用国家权力来对抗美国。1868 年，这种"外忧内患"引发了明治维新，开始了迅速、广泛的内部改革。1871 年，49 名高官（占当时日本政府官员一多半）加入横滨使节团，前往欧美各国访问。在德国，日本使节团寻找到了自己国家的发展模式，以政府来主导工业发展，去赶上早期的现代化国家。中国分析家们指出，他们认真地倾听俾斯麦声称，尽管所有外交细节要以礼仪相交，可是这世界仍然以大欺小，以强凌弱。

除了进口大量的工业和军事技术外，日本还支持小企业的发展，尤其是三菱公司，使得该公司 1875 年接管了东京至上海的远洋航线。尽管迅速、广泛的内部改革以"日本帝国宪法"而终结，然而，日本仍落后于西方国家。于是，1889 年，东京开始"通过战争来发展"，以"富国强兵"的口号进行"军国主义重点"。

《大国崛起》强调，海军的发展对日本的扩张主义非常重要：1895 年战争后，日本侵占了台湾，中国纪录片说日本从中国掠去的赔款数额，就相当于它当年国家财政收入的 4 倍多，赔款中的一半以上都投资于海军。这一投资使其赢得了 1905 年俄罗斯—日本战争的胜利。[31] 日本后来又侵占了朝鲜半岛。[32] 第二次世界大战，日本侵略了太平洋和印度洋。[33] 但这一进步很短暂，1945 年，原子弹爆炸，日本在美国战列舰"密苏里"号上签署了投降书。北京航空航天大学战略问题研究中心教授张文木在"现代中国需要新的海权观"一文中说："日本战败在很大程度上是因为日本人在海上侵犯了美国。自从日本丧失了太平洋的制海权，日本也注定走向失败。"[34] 战后日本"和平宪法"降低了日本天皇象征性地位并强加了无条件的军事限制。然而，日本经济快速增长使其在 1968 年成为世界第三大经济强国，今天排名第二。

与张文木的观点相反，叶自成认为日本在第二次世界大战中的惨败是因为其自然的海权想变成陆权：

> 日本离东亚大陆较远，又是单一民族，自然资源也相对缺乏，这一方面容易形成民族的独立性，另一方面又造成了日本民族随波逐流的无根文化特性。前者使日本很早就拒绝加入以中国为中心的东亚体系，后者又使日本民族在发展海权的进程中迷失了方

向，步入歧途，成为亚洲和世界和平的一大祸害，给东亚各国，尤其是给中国、朝鲜和韩国三国造成了巨大的伤害。[35]

然后，"1907 年日本决定海陆齐头并进，同时发展海军和陆军，陆军以击退欧亚大陆的陆权国家俄罗斯为对象，而海军建设则以海权大国美国为假想敌，正是日本的大陆战略和成为拥有大陆的国家战略导致了它的最终失败，日本的变革也以失败告终"[36]。

（三）美国

《大国崛起》认为美国虽然只有 230 多年的历史，但却演绎了大国兴起的罕见奇迹。美国在欧洲文明的基础上，独创性地走出了一条自己的发展道路，世界各地移民的贡献，具有前瞻性宪法的保护和文化产业发展以及自力更生，使其不断繁荣富强。[37]到 1860 年，美国的经济发展水平已超过大多数欧洲国家。内战之后，美国在和平的环境中发展，并逐渐成为一个超级大国。第二次工业革命的创新使美国从一个欧洲技术的学徒变成了拥有自己专利的创新者。[38]1894 年，在其建国 118 年后，美国已成为世界第一经济强国。北京大学教授、中共中央党校国际战略研究所所长王缉思说："美国在 1894 年已成为世界第一大国。"[39]

同时，北京海军研究所一名资深大校说："马汉的海权论直接支持 20 世纪美国的崛起。"[40]中国海军高级研究员徐起同样认为："美国受益于马汉的海权论，并向海洋方向不断前进……，为其成为世界第一流大国奠定了坚固的基础。"[41]中国空军大校戴旭进一步强调："美国人最先提出'海权'一词，也是最先懂得海权奥妙的国家。正是因为掌握了这样一个奥妙，美国通过一系列战争、商业和其他手段，一步步走向超级大国和世界霸权。"[42]中央电视台的系列纪录片没有评论马汉海权论对美国海上力量快速成长的贡献，但系列丛书却叙述了一个章节，并详细评析了马汉著作中的部分内容，重点是他所说的在英国和日本拥有强大海军的同时，"中国也拥有现代化的北洋舰队……，美国海军在世界排名第 12 位，必须奋起追赶（其他国家）"[43]。马汉相信国会为海军建设会投入适当的资金。1890 年，美国海军 5 年内上升为世界第 5 位。1898 年，美国在马尼拉港击溃了西班牙舰队，随后又占领了菲律宾、关岛和波多黎各，美国海上力量优势的提升是毋庸置疑的："500 年前，西班牙人发现了美国这片新大陆。这个新兴的国家打败了它的发现者，首次向世界展示其先进的战舰。在北美洲大陆，这个年轻的国家，怀揣着野心，打量着世界，其飘扬着星条旗的军舰频繁出现在世界的四大洋，显然，世界不能忽视美国的影响。"[44]

　　第一次世界大战进一步促进了美国的经济，大量的欧洲武器和铁产品订单使美国拥有世界 40% 的财富。威尔逊总统试图构建国际秩序失败后，"美国进退自如的政治地理优势却再次显现。它重新把重点放回到美洲大陆，专心打理自己的事务"[45]。第二次世界大战后，美国的海战只是轻描淡写，但取得了胜利："作为第一经济和军事强国，美国的加入对反法西斯战争的胜利无疑是举足轻重的。"[46]在雅尔塔会议制定的世界新秩序下，"美国的工业总产值占到了世界总量的一半以上，并且在全世界范围内建立了以美元为中心的国际金融体系"。使美国享有"领导地位"[47]。华盛顿"还向世界 50 个国家和地区派驻了军队"[48]。美国开始以对自己有利的方式主导国际秩序，在 20 世纪后半叶，成为了超级大国。王缉思还告诫说："战争的确伴随着美国的崛起，但我们不能说美国是通过战争成为大国的，世界大国的崛起必然伴随着战争的概念是错误的。"[49]

　　叶自成认为陆权在美国崛起中的作用不应该被低估："美国首先以其陆权扩张和陆权发展为强国之道，其建国之初建立的政治制度更成为美国日后强大的、坚实的基础。"[50]叶自成说，国家必须根据其自然禀赋发展，这通常能决定海洋或大陆的重点：

　　　　在人类历史上的海陆变脸者少有成功的，美国现在看来也许是一个例外，美国从建国初期到 19 世纪 90 年代主要是一个陆权国家，从 1890 年起，美国开始了其变脸过程，大力发展海军。……美国此后成为海陆权都很强的世界大国……。但是美国过去的成功并不等于以后也会成功，今天的美国似乎正在开始第二次变脸，它不满足于仅仅拥有在美洲大陆的陆权，也想拥有在欧亚大陆的陆权，成为一个既拥有美洲陆权，也拥有欧亚大陆陆权的海陆权大国……。美国能继续成功吗？不能，因为美国的行为已经大大超越其自然禀赋所给予的战略潜力。[51]

　　叶自成预言："如果陆权发展不好，则美国的海外影响必然将大大收缩，美国的所谓霸权也将如风随影，而如果美国的陆权发展不出现大的问题，则其国际影响力可能会维持很久。"[52]

三、陆权国家

　　陆权自然是这本书最关注的，因为焦点是陆权能否转变为海权。所以，这些情况还是值得研究的，看看中国从这次全面调查中能得到什么启示，至少能部分了解中国概念性海权是如何成为大国崛起和其转型前景的因素。

（一）法国

讨论法国历史开始就要强调其自然的陆权。[53]的确，法国这章的标题把法国称作"陆上强权"[54]。路易十四把法国带到了一个鼎盛时期，法国的科学、技术和国力在当时国际秩序中所发挥的作用可与美国今天所扮演的角色相媲美。[55]

法国的海权地位大概是在拿破仑战争时期起来的，据此分析，英国1802 年陷入困境，当时法国关闭了通往英国贸易的荷兰和意大利港口，并给造船厂制定了使法国海军扩大一倍的目标。[56]中国分析家认为，1805 年，英国特拉法加海战胜利是以数量优势获胜，意味着法国结束了在海上与英国抗衡。[57]英国和法国都不能决定性地击败对方，所以，中国分析家认为他们的战争实质上是封锁与反封锁战和经济战。[58]中国海军高级研究员徐起说："18 世纪末，拿破仑试图把英国从欧洲大陆驱逐出去，为了实现这一目标，从南翼进入地中海，试图通过海湾战争截断英国的国外市场和自然资源。"[59]

《大国崛起》引用拿破仑对其哥哥所说的话，他打算"用陆地征服海洋"[60]。在评估拿破仑试图通过切断英国的陆地市场来击败英国时，中国分析家认为，1807—1808 年间，法国不断给英国制造困难。然而，英国海权对当时所谓的大陆制走向具有决定性作用。中国认为，拿破仑的战略是失败的，因为英国拥有很强大的海上力量，其强大的舰队部署在北海、地中海甚至在法国的沿海，而法国尽管战胜了大多数西欧海军，其军事力量对英国仍是无可奈何的。当然，英国的金融和工业实力也是其最终胜利的关键。[61]

在谈论法国时没有进一步提起海权。第一次世界大战后，法国再次发现自己掌控着欧洲的陆权。[62]然而，中国分析家们认为，法国那时候的作用很快就被超越，因为巴黎不再愿意像路易十四或拿破仑时期那样被主宰。而且，法国很快就被希特勒德国击败，并表示决不再战。[63]事实上，用中国的话来说，涉及使用武力，绥靖概念已有其自己的位置。[64]

法国和中国似乎有类似的现代史和文化。和北京一样，冷战后，巴黎走唯一道路，发展"独立的工业体系"以及"航空业和核工业"[65]。

（二）德国

《大国崛起》在叙述德国历史时没有重点谈德国在领海方面的弱点。但分析还是值得注意的，因为中国分析家要吸取的经验教训，一方面可以了解有关国家统一的必要性，另一方面还要注意慎重使用武力。[66]

德国人勇敢、坚韧和善战，很大程度上是因为他们不断历经军事冲突。[67]腓特烈大帝不热衷于国家利益，注意这一逻辑可以证明违反任何条约和发动任何攻击都是正确的。[68]的确，普鲁士军事改革的主题强调普鲁士不是一个军队的国家，而是一个国家的军队。[69]详细讲述德国统一战争后，俾斯麦可以说是德国统一的原则建筑师："总之，德国的统一代表进步的历史事实，因为这是现代化发展的需要，俾斯麦的行为与现代化发展的步伐很一致。"[70]在叙述北京对待台湾未来的意义时，重点强调的是俾斯麦用"铁与面"取得成功，而 1848 年的和平革命却惨遭失败。

分析家们然后解释了德国是如何在 19 世纪后期和 20 世纪初走向刚愎自用和自我毁灭的道路。俾斯麦最先开始注意德国的"军事重点"，他主张通过保持力量均衡来保证整个欧洲的和平，而不是扩张。这与中国当时的外交政策相呼应（至少西方人这么认为）。1890 年，柏林在威廉统治下，德国的外交政策由"大陆政策"转向"世界政策"。这是因为德国领导者渴望"生活空间"，感觉他们生存的土地太小，要为自己争取"阳光下的地盘"。同时，"德国政府不断增加军费开支"。本文还提到了德意志帝国海军元帅阿尔弗雷德·冯·提尔皮茨巨大的海军建设计划。[71]

中国对世界战争的研究发现，早期的德国统一战争使柏林（错误地）相信另一场战争也是短暂的，[72]并对民主规范进行了几乎不加掩饰的批评。分析认为，德国 1914 年参战决定得到广大民众的狂热支持。[73]虽然英德商业竞争是第一次世界大战的起因，但令人惊奇的是没有提到这场战争之前的英德海军大规模军备竞赛。[74]除了说德国潜艇没有达到把英国从战争中驱逐出去的预期目标外，还没有人提到第二次世界大战之前和期间的德国海权。[75]

最后，中国认为德国成为大国的结论是："德国的经济发展，特别是其教育和技术的发展，为我们提供了丰富的经验。然而，德国一旦强大，崛起成为大国，很难找到它的位置，其结果是过分的权力导致扩张、好斗和毁灭。"[76]

人们公认，德国困难的地缘战略形势——地处欧洲的心脏使其受到巨大的压力，[77]但中国从德国学到的主要经验是"永远选择和平发展的道路"[78]。《大国崛起》使中国从德国的历史中吸取了很多经验教训："迄今为止，还没有新兴大国直接打败霸权国的先例。德国的兴衰，就是历史留给所有大国的一个深刻思考。当这个新兴的大国遵循欧洲大国均势原则的时候，它在和平的环境中获得了快速的发展，成为欧洲第一经济强国；但是，当它试图为自己争取阳光下的地盘而发动战车后，则一败涂地。"[79]这点和俾斯麦的好战统一政策之间没有任何矛盾。

（三）俄罗斯

中国对于俄罗斯现代史的研究重点是评析俄罗斯如何由一个传统的陆权国家向海上转型，[80]着重分析了彼得大帝的领导，是他致力要把俄罗斯打造成一个海洋国家。[81]根据俄罗斯这段历史，俄罗斯的强大是因为这座城市靠近河流，周围是人和货物的重要交通要道。作为一个内陆国家，俄罗斯的农业经济受到有限运输线的限制，所以很落后。"转变这种形势的唯一办法是抢占港口，而战争是达到这一目标的唯一选择。"[82]实际上，在彼得大帝在位的 36 年，俄罗斯就进行了 53 次战争。[83]

走向海洋，彼得需要一支强大的军事力量，应对北翼瑞典和南翼奥斯曼帝国的强大力量，中国分析家发现彼得的军事发展很快。[84]彼得在国外的时间（特别是在荷兰）对他发现俄罗斯的弱点至关重要，他支持俄罗斯要接受外国的观点和影响，特别是，他强调研究外国的军事发展，引进外国的军事装备，邀请外国专家，俄罗斯向外多派遣留学生，学习外国的军事方法。[85]文章还描述了彼得成功地借鉴外国的军事政策完成他的军事战略（如 1709 年，俄罗斯击败瑞典的北方战争）。[86]1713 年，彼得在战争中夺得的土地上建立了他的国际化、西方化首都圣彼得堡。

中国分析家们认为，彼得成功战略的关键部分是建立俄罗斯的第一个海军，拥有自己的院校。他在荷兰知道了欧洲国家是如何富强起来的，回国后，他决定在波罗的海设立港口，与西欧进行商业和文化交流。[87]他说："我们国家需要水域，没有出海口就不能生存"[88]。为此，彼得强调进口现代造船和航海技术。1706—1725 年间，俄罗斯拥有 40 余艘战舰和近千余艘小型船只。有了海上力量，俄罗斯不再是只有一只手的国家了，而是双手俱全（陆军和海军）。[89]中国海军高级研究员徐起认为俄罗斯最初的进步是："早在彼得大帝统治时期，俄罗斯发动夺取海上通道的军事斗争，成功夺得了北翼沿岸的港口，并向波罗的海和波斯湾扩张，还争夺了黑海海峡，侵占了巴尔干半岛。"[90]在称赞彼得建设俄罗斯和发展其海上力量的同时，中国分析家们还发现彼得死后，俄罗斯海军全部消失，因为其能力没有得到维持。[91]

本书没有认真研究彼得以后俄罗斯历史上的海权作用，但值得注意的是俄罗斯在拿破仑垮台后成为欧洲的一个陆权强国。[92]1762 年，叶卡捷琳娜二世戴上皇冠登上了沙皇的宝座，她接受了很多彼得的思想，是西方派反对斯拉夫派的支持者，和彼得一样，她扩大俄罗斯的影响力，争夺黑海港口、波兰以及阿拉斯加。这意味着农奴的解放促使了工业化和军事扩张。1856 年的克里米亚战争中，俄国和英、法两国强大的武装舰队对抗，英国和法国使用的是铁甲舰，大口径作战炮，俄国使用的还是木帆，所以被击败。[93]1905 年，俄罗斯惨败在新崛起的日本手里也被提到，但没有详细论述。[94]

和俄罗斯一样，苏联也被称为不断努力奔向大海的国家。[95]1917 年十月革命以后，莫斯科不靠武力，而是靠国力推动国内发展。正如中国分析所说，苏联 20 世纪 70 年代达到鼎盛时期，但它忽视人民的生活标准，把大量资源用于与美国的军备竞赛。[96]大量的学术成就和政策声明表明，中国不会重犯这种错误。[97]中央电视台电视纪录片《大国崛起》执行总编导周艳说："一个国家如果经济不发展是很难起来的。"[98]

苏联不仅在核武器上与美国保持平衡，而且其坦克数量也超过美国。苏联海军游弋在世界三大洋，并开始在全球举行演习，以展示其力量。[99]俄罗斯的情况对北京来说很有吸引力，因为它是一个陆权国家，有类似的政治体制，共同努力转变成海权国家。

叶自成认为，莫斯科的失败似乎是想变成海权大国，其实它是一个陆权国家。"苏联的海军规模一度在世界上位居第二，是英国海军的两倍，但最终，苏联的变革还是以失败告终。苏联的多艘航空母舰被当成废铁卖到国外，成了主题游乐园的载体。苏联海上力量的发展似乎并没有给俄罗斯留下什么可以继承的遗产，俄罗斯现在仍然主要是一个陆权国家。"[100]中国空军大校戴旭有不同的看法：苏联 1991 年解体后，"俄罗斯痛苦地意识到，没有海权，一个国家很难长期强大。"[101]

四、结束语

《大国崛起》是一个大型研究项目，及时、细致和客观地研究了中国面临的最大挑战问题之一：在国际体系中，不进行破坏性战争就能实现中国的崛起。的确，《大国崛起》反映了中国新技术专家治理社会的最好形势，表明意愿借鉴适应中国新形势的外国经验。这项研究工作很深入，很完整（总结了几家训练有素和专业研究团队编写的书籍），并不是粗浅、主观的研究。所有研究成果可概括为 4 个重点：①国内统一；②市场机制；③相关思想、科技和体制创新；④国际和平。

本文不是总结《大国崛起》的研究结果，而是概述对海上力量的研究看法，以评判这项工作如何影响中国未来转变成一个完善的海权国家。虽然《大国崛起》没有直言有关海上力量的研究成果（它本身就是一个令人关注的结论），但实际研究充分关注了这次研究中所披露的海上力量。

在研究英国、美国和日本的崛起时，任何历史研究都似乎在质疑海上力量的作用。我们这里所说的"海上力量"不仅指海军力量，而且还包括支撑其发展的商业和海运。海上力量是贸易的中介、国家安全的资源。某些情况下，海上力量是贸易的主要有用手段（当葡萄牙的陆上贸易被奥斯曼切断后）。然而，精通商业的荷兰痛苦地发现必须保护贸易不受外来威胁。因此，海军力量是需要的，即使贸易本身不需要。

回顾英国历史，不难发现伦敦使用航海法和海军力量摆脱了荷兰和法国的海上商业竞争。《大国崛起》编者认为美国凭借地缘政治优势和必要的海军力量，在海上进退自由。[102]同样，中日战争后，东京在海上扩张的大量投资，在俄日战争中，特别是在对马海峡海战胜利中得到了很大的回报。[103]在研究其他历史战争中，海上力量的作用也得到了肯定。例如葡萄牙，《大国崛起》认为，犹如中国影响在海上消失，"葡萄牙的航海大发现不再是个人的孤立冒险，而成为有计划、有组织的国家战略"[104]。西班牙也一样，马德里愿意支持哥伦布的海上探险被称之为一次风险投资，能为西班牙国力带来巨大盈利。本文在研究其他陆权国家崛起中也提到了海上力量。如拿破仑试图"通过陆地征服海洋"，最后巴黎"别无选择地"在海上与英国争战。[105]有违于更广泛的结论，《大国崛起》高度称赞了俾斯麦的传统（特别是国家统一），批评了德国发展强大海军力量的企图。俄罗斯发展成大国的主要原因是海上转型。实际上，彼得大帝要求建设国际贸易港口是俄罗斯崛起的巨大推动力。然而，《大国崛起》不认为苏联舰队能在世界各大洋活动让人印象深刻，因为莫斯科在与美国军备竞赛中浪费了大量资源。[106]

毫无疑问，《大国崛起》的重大结论是市场的基础价值和国际贸易推动国家发展和国力提升。例如，一位历史学家在研究中说："近五百年来，真正意义上拥有过世界霸权的只有三个国家——荷兰、英国和美国，这三个国家对市场经济进行了接力棒式的创新和发展。"[107]《大国崛起》在研究荷兰崛起一文中清楚地描述了海上商业和国家发展之间的本质联系："17 世纪时，面积只相当于两个半北京的荷兰，凭借一系列现代金融和商业制度的创立，缔造了一个称霸全球的商业帝国。"[108]

《大国崛起》叙述荷兰因为没有坚强的海上力量，其商业很快被英国超越。这一结论可以说，中国的商业力量如果没有国家军事能力，包括海上舰队的支持，是不可能独立发展的。中国军事分析家们认为商业和海军力量是良性循环的："快速发展的海上经济肯定推动高科技海军的发展。另一方面，拥有高新技术的海军可同样保护并推动海上经济的发展。"[109]

总之，《大国崛起》认为发展海上力量是必要的，但不足以支持一个大国的崛起。一个大国的崛起能够支持其海军发展，但是海军发展似乎只有在作为国家经济贸易繁荣发展的一部分才能促进国家强盛，而且大国的崛起可能还要得到国家工业化、创新改革及有效政治体制等因素的支撑。有些国家，如葡萄牙和苏联，努力发展其海上的军事力量来进一步提升国力，但最终失败，因为缺少动态经济行为。中国很明显在避免重犯这种战略错误。实际上，中国的海上商业发展比海军发展快得多。也许中国能最后沿着清代李鸿章的"自强运动"指令——"富与强并重，以富促强，以强保富"[110]。平衡经济和军事发展，中国有可能以最少的外国反对，持续上升为大国。

对中国、美国和世界其他国家来说这是一个积极的迹象。西方分析家和官员们应认可《大国崛起》的研究成果，因为它用可靠的历史研究方法，为中国和平崛起规划道路——一条尽量避免军事冲突的发展道路。但必须重点强调，这项研究成果也许会支持中国新的海上动态发展。关于中国领导人从这套系列丛书中得到的经验教训还应进一步研究。

注释：

文中观点仅为作者本人的观点，并不代表美国海军或美国政府任何其他组织的政策或分析。作者感谢亚历山大·历耶博曼所提出的有益见解。

1. 关于中央政治局分组会议，参见袁正明，中央电视台"大国崛起"节目组. 德国，第五卷，"大国崛起"系列丛书，北京：中国民主法制出版社，2006：205 – 210. 关于胡锦涛主席的指示，参见 Irene Wang, "Propaganda Takes Back Seat in Fêted CCTV Series," South China Morning Post, 27 November 2006, OSC# CPP20061127715018. 参与编著《大国崛起》一书的个人都会最小化或否认这与官方有关。参见《大国崛起》没有特殊政治背景. 南方周末，30 November 2006, OSC#CPP20061205050002. 参见 "The Rise of Nations," China Daily, 25 November 2006, OSC# CPP20061125052001. 至少，必须要承认由中国国家媒体制作的这些系列丛书，有些观点是得益于中国的著

名学者和分析家。

2. Chiang Hsun, "China Explores Secrets of Rise of Great Powers: Institutions, Quality of People, Soft Power", 亚洲周刊, no. 49 (10 December 2006), 68 – 73, OSC # CPP20061207710014.

3. Joseph Kahn, "China, Shy Giant, Shows Signs of Shedding Its False Modesty," New York Times, 9 December 2006, www. nytimes. com.

4. Jiang Shengxin, "Why Has the 'Rise of Great Powers' Attracted Such Widespread Attention—A Wen Hui Bao Staff Reporter Interviews Experts and Scholars Who Shed Light on the Reasons for the Ratings Miracle Wrought by a Documentary," Wen Hui Bao, 11 December 2006, OSC# CPP20061213050001; Dominic Zigler, "Reaching for a Renaissance," Economist, 31 March 2007, 4; Aric Chen, "The Next Cultural Revolution," Fast Company, June 2007, 73.

5. Chiang Hsun, "China Explores Secrets," 68 – 73.

6. Zhao Huayong, "Let History Illuminate our Future Path," "The Rise of Great Powers" (CCTV website), http://finance. cctv. com/special/C16860/01/index. shtml.

7. 关于相关学术成就，参见中国军事科学杂志的系列文章，中国军事科学，20，no. 3 (2007)：李效东，"大国崛起安全战略的历史考察"，39 – 49；王春生，"美国国家安全战略选择探析"，50 – 61；原颖，"法国国家安全战略钩沉"，62 – 72；丁皓，万伟，"从殖民地走向大国的崛起之路——印度国家安全战略选择"，73 – 84. 另参见张文木，"欧美地缘政治格局的历史演变"，中国军事科学，20，no. 1 (2007)：30 – 38；丁一平，李洛荣，龚连娣，世界海军史，北京：海潮出版社，2000.

8. Chen Fong – Ching and Jin Guantao, From Youthful Manuscripts to River Elegy: The Chinese Popular Cultural Movement and Political Transformation 1979—1989 (Hong Kong: Chinese University Press, 1997), 221 – 222.

9. 同上，222.

10. Wang, "Propaganda Takes Back Seat" 系列值得深思的历史系列片还包括："走向共和"，一部59集中国电视纪录片，讲述了清朝的衰败以及中华人民共和国的成立。

11. 《中国青年报》强调向外国学习的愿望，参见徐百柯，"何谓大国？如何崛起？——电视纪录片大国崛起总策划麦天枢访谈"，青年报，2006 – 11 – 29. http://zqb. cyol. com/content/2006 – 11/29/content_ 1591021. htm, OSC# CPP20061130715007.

12. 关于争论的更多信息，参见 Zhang Shunhong, "Worries Emerge and Linger in the Air—After Watching 'The Rise of Great Nations'", Studies on Marxism, January 2007, 111 – 14, OSC# CPP20070726332002; Chiang Hsun, "China Explores Secrets of Rise of Great Powers"; He Sanwei, "opportunity and Right of 'Misinterpretation,'" Southern Weekend, 14 December 2006, OSC# CPP20061214050003.

13. 除非另有说明，本章所引用内容及摘要均引自：中央电视台十二集大型电视纪录片：

"大国崛起"，2006 年。

14. 除非另有说明，本段所引用内容及摘要均引自："大国崛起"第一集：海洋时代，2006 年 11 月 14 日，www. cctv. com.

15. Col. Dai Xu, PLAAF, "The Rise of World Powers Cannot Do without Military Transformation," Global Times, 15 March 2007, OSC# CPP20070326455002.

16. "大国崛起"第十二集：大道行思（结篇），2006 年 11 月 25 日，www. cctv. com. cn, oSC# CPP20061215071001.

17. Dai Xu, "The Rise of World Powers".

18. "Part 12: The Big Way (Final Part)".

19. 同上。

20. Dai Xu, "The Rise of World Powers".

21. Ye Zicheng, "China's Peaceful Development: The Return and Development of Land Power," World Economics & Politics, February 2007, 23 – 31, OSC# CPP20070323329001.

22. 除非另有说明，本段所引用内容及摘要均引自："大国崛起"第二集：小国大业（荷兰），2006 年 11 月 15 日，www. cctv. com.

23. Senior Col. Zhang Wei, "Exploring National Sea Security Theories", China Military Science, January 2007, 84 – 91, OSC# CPP20070621436009.

24. 除非另有说明，本段所引用内容及摘要均引自："大国崛起"第三集：走向现代［英国（上）］，第四集：工业先声［英国（下）］，2006 年 11 月 16 日，17 日，www. cctv. com.

25. Zhang Wei, "Exploring National Sea Security Theories," 84 – 91.

26. Ye Zicheng, "China's Peaceful Development," 23 – 31.

27. 数篇分析文章强调了英国海军航空兵在这次冲突中表现出作战能力的缺陷，参见蒋都庭，海军航空兵，北京：新星出版社，2006，45；张艳明，周丽娅，"马岛战争：美英现代海军发展的分水岭"，海事达观，2006 年 12 月，100.

28. Chen Fenglin, "Rise of Modern Powers and Its Historic Revelations", Foreign Affairs Review, 25 october 2006, OSC# CPP20061218508001.

29. Yan Xuetong, 引自 Wang Haijing, "An International Mirror for a Rising China," Liaowang, no. 50, 11 December 2006, 56 – 57, OSC# CPP20061219715005.

30. 除非另有说明，本段所引用内容及摘要均引自："大国崛起"第七集：百年维新（日本），2006 年 11 月 20 日，www. cctv. com.

31. Yuan Zhengming et al. , Japan, vol. 6, "Rise of Great Powers" Book Series, 136 – 139.

32. 同上，140 – 141.

33. 同上，142.

34. 张文木，"现代中国需要海上力量的新概念"，2007 – 01 – 12. http：//www. people. com. cn/GB/paper68/, OSC# CPP20070201455002.

35. 叶自成，"Geopolitics from a Greater Historical Perspective，"现代国际关系，2007 年 6 月 20 日，OSC# CPP20070712455001.

36. 同上。

37. 除非另有说明，本段所引用内容及摘要均引自："大国崛起"第十集：新国新梦 [美国（上）]，第十一集：危局新政 [美国（下）]，2006 年 11 月 24 日，www. cctv. com.

38. Yuan Zhengming et al. , United States, vol. 8, "Rise of Great Powers" Book Series, 150.

39. "Wang Jisi and Zhou Yan on the Real Story of the Rise of the Great Powers," Sina. com, 22 November 2006, OSC# CPP20061207038001.

40. Zhang Wei, "Exploring National Sea Security Theories," 84 – 91.

41. China Military Science is published by the PLA's Academy of Military Sciences. 除非另有 说明，本段所引用内容及摘要均引自徐起，"21 世纪初海上地缘战略与中国海军的 发展"，中国军事科学，17，no. 4（2004），75 – 81. Translation by Andrew Erickson and Lyle Goldstein published in Naval War College Review 59, no. 4（Autumn 2006），46 – 67.

42. Dai Xu, "The Rise of World Powers. "

43. Yuan Zhengming et al. , United States, vol. 8, "Rise of Great Powers" Book Series, 141.

44. 同上。

45. "'Focus' Program：'Rise of Great Powers'—Episode 11：A New Deal in a Time of Cri- sis（United States, Part 2）", CCTV, 24 November 2006, www. cctv. com. cn, OSC #CPP20061215071003.

46. 同上。

47. 关于第二次世界大战和美国作为大国出现，参见 Yuan Zhengming et al. , United States, vol. 8, "Rise of Great Powers" Book Series, 234 – 238.

48. "'Focus' Program：'Rise of Great Powers'—Episode 11：A New Deal in a Time of Cri- sis（United States, Part 2）," CCTV, 24 November 2006, OSC# CPP20061215071003.

49. "TV Documentary Stimulates More open Attitude to History, China, the World（part two of two parts）," Xinhua, 26 November 2006, OSC# CPP20061126968012.

50. Ye Zicheng, "China's Peaceful Development：The Return and Development of Land Pow- er", World Economics & Politics, February 2007, 23 – 31, OSC#CPP20070323329001.

51. 同上。

52. Ye Zicheng, "Geopolitics From a Greater Historical Perspective".

53. 除非另有说明，本段所引用内容及摘要均引自："大国崛起"第五集：激情岁月 （法国），2006 年 11 月 19 日，www. cctv. com.

54. 唐普. 大国崛起：以历史的眼光和全球的视野解读 15 世纪以来 9 个世界性大国崛起 的历史，北京：人民出版社，2006：185.

55. Yuan Zhengming et al. , France, vol. 4, "Rise of Great Powers" Book Series, 39.

56. Tang Pu, ed. , The Rise of Great Powers, 214.

57. 同上, 215.

58. 同上, 217.

59. 除非另有说明, 本段所引用内容均引自 Xu Qi, "Maritime Geostrategy and the Development of the Chinese Navy," 75－81.

60. Tang Pu, ed. , The Rise of Great Powers, 217.

61. 同上, 217。

62. 同上, 231。

63. 同上, 232。

64. 如, 有位著名中国学者使用了"缓和"一词来描述中国面对台湾问题的政策, 建议北京要么诉诸武力, 要么就成为进一步威吓的受害者。2007 年 3 月的采访。

65. "Part 5: Years of Passion".

66. 除非另有说明, 本段所引用内容及摘要均引自: "大国崛起"第六集: 帝国春秋 (德国), 2006 年 11 月 19 日, www. cctv. com.

67. Tang Pu, ed. , The Rise of Great Powers, 237.

68. 同上, 250。

69. 同上, 251。

70. 同上, 264。

71. 同上, 266。

72. 同上, 268。

73. 同上, 267。

74. 同上, 139。

75. 同上, 273。

76. 同上, 265。

77. 同上, 276。

78. 同上, 277。

79. "Part 12: The Big Way (Final Part)".

80. 除非另有说明, 本段所引用内容及摘要均引自: "大国崛起"第八集: 寻道图强 (俄国), 第九集: 风云新途 (苏联), 2006 年 11 月 22 日和 23 日, www. cctv. com。

81. "Part 12: The Big Way (Final Part)".

82. Tang Pu, ed. , The Rise of Great Powers, 335.

83. Yuan Zhengming et al. , Russia, vol. 7, "Rise of Great Powers" Book Series, 9.

84. Tang Pu, ed. , The Rise of Great Powers, 339.

85. 同上, 337。

86. 同上, 339。

87. 同上，336 – 337。

88. Yuan Zhengming et al., Russia, vol. 7, "Rise of Great Powers" Book Series, 38.

89. 同上，39。

90. 除非另有说明，本段所引用内容均引自：Xu Qi, "Maritime Geostrategy and the Development of the Chinese Navy," 75 – 81.

91. Yuan Zhengming et al., Russia, vol. 7, "Rise of Great Powers" Book Series, 15.

92. Tang Pu, ed., The Rise of Great Powers, 352.

93. 同上，354。

94. 同上，359。

95. Yuan Zhengming et al., Russia, vol. 7, "Rise of Great Powers" Book Series, 39.

96. Tang Pu, ed., Rise of Great Powers, 371.

97. 参见王辑思. 苏美争霸的历史教训和中国的崛起新道路，中国和平崛起新道路，北京：中共中央党校国际战略研究所，2004。

98. "Wang Jisi and Zhou Yan on the Real Story of the Rise of the Great Powers," Sina. com, 22 November 2006, OSC# CPP20061207038001.

99. Tang Pu, ed., The Rise of Great Powers, 372.

100. Ye Zicheng, "Geopolitics from a Greater Historical Perspective".

101. Dai Xu, "The Rise of World Powers".

102. "'Focus' Program："'Rise of Great Powers' —Episode 11: A New Deal in a Time of Crisis (United States, Part 2)," CCTV, 24 November 2006, www. cctv. com. cn, OSC# CPP20061215071003.

103. Yuan Zhengming et al., Japan, vol. 6, "Rise of Great Powers" Book Series, 136 – 139.

104. "Part 12: The Big Way (Final Part)".

105. Tang Pu, ed., Rise of Great Powers, 217.

106. 同上，371。

107. "Part 12: The Big Way (Final Part)".

108. 同上。

109. Liu Jiangping and Zhui Yue, "Management of the Sea in the 21st Century: Whither the Chinese Navy?," Modern Navy, 1 June 2007, 6 – 9, OSC# CPP20070628436012.

110. 杨毅，国家安全战略研究，北京：国防大学出版社，2007：319。这一概念还与另一条自强运动的标语相关（洋务运动或自强运动），"Rich Country, Strong Army"（富国强兵）。日本曾借用这一概念，起初很成功，而后来却导致灾难性战略失败。

中国与海上转型

■ 卡恩斯·洛德[①]

一、从大陆主义中国到共产主义革命

中国正处于一个令世界瞩目的转变过程中。过去数十年来，中国工业经济的迅猛增长是这种转变最为显著的部分。然而，其中最值得注意的却是中国发展方向由陆向海的转变。除了古代明朝声势浩荡的远洋活动之外，中国历代王朝传统上都注重发展陆上力量而非海上力量，这是因为他们千百年来始终面临着来自陆地上的威胁，而且一直为内乱所困扰。[1] 当然，中国广阔的海岸线上也择地而居着一些普通老百姓，他们以出海捕鱼维持生计，但从根本上讲，中国的经济是根源于其土地而发展起来的。就中国人所从事的商业活动而言，他们主要将目光放在广阔且在很大程度上自给自足的国内市场，而这些市场距离便利而错综复杂的水陆交通及许多海港非常近。此外，1840 年以前，中国面临的海上安全威胁远远少于其四处漫延的陆上边境。除了长期存在的海盗外，相邻的几个海洋大国几乎没有对中国形成主要威胁。[2] 从历史来看，中国历代王朝的皇帝所关注的安全威胁主要是来自于亚洲内陆草原游牧民族的抢劫或入侵，这种威胁始终时有时无，而且有时较为严重，中国几个王朝就曾因此屈服于北方游牧民族的铁骑之下。在这种历史和政治地理因素下形成的战略文化因此被称为大陆主义者

① 卡恩斯·洛德博士，美国海军战争学院海军作战研究中心海军战略研究部军事与海军战略学教授。他是在国际战略研究、国际安全组织与管理及政治经济等方面涉猎广泛的政治学家。他曾在美国政府的多个部门供职，其中包括国家安全理事会国际通信及信息政策部主任（1981—1983年）、国家安全事务部副部长助理（1989—1991 年）以及国防大学著名研究员（1991—1993 年）。洛德博士曾在耶鲁大学、弗吉尼亚大学、弗莱彻法律与外交学院教授政治学课程，并担任国家公共政策研究所国际研究部主任，他的主要作品有："The Presidency and the Management of National Security"（1988）、"the Modern Prince: What Leaders Need to Know Now"（2003）和"Losing Hearts and Minds? Strategic Influence and Public Diplomacy in the Age of Terror"（2006）。

的战略文化。[3]

在近乎两个世纪以来，这种战略文化一直禁锢着人们的思想。19世纪，尽管清朝政府新征服了亚洲内陆的大部分土地，疆域得到了扩充，但是面临西方大国现代海军的海上挑战，却显得无能为力。第一次鸦片战争期间（1839—1942年），一支英国舰队开到了中国河流交通网的中心，威逼要封锁通商口岸，从而迫使清政府屈膝求和，英国也趁机从中国手中窃取了香港。19世纪80年代，中国的新生舰队羽翼未丰，惨败于法国之手，标志着中国在印度的传统影响力的终结。19世纪90年代，虽然中国大量采购了许多海军装备，但仍无法与快速现代化的岛国邻邦日本相匹敌，最终在1895年中日甲午战争中屈辱败北，导致台湾沦陷，也使得中国的附属国朝鲜被日本侵占。[4]迫于北方的俄罗斯帝国和西方海上大国的重重压力，清政府被迫同意开放通商口岸，并割地求和。反对帝国主义列强和清政府的群众抵抗运动在1900年"义和团运动"时达到了高潮。义和团运动是一系列自发的反抗西方国家的群众性暴力运动，最后被帝国主义和清政府联合绞杀，致使西方国家长期派兵占驻清朝首都，也使清政府进一步蒙羞。1905年，沙皇俄国和日本为了争夺中国领土及周边水域而爆发日俄战争，中国饱受凌辱却孤立无援。所有这些都大大削弱了清政府的根基，大清帝国摇摇欲坠。1911年清朝覆灭，各地军阀与蒋介石为首的国民党政府、毛泽东领导的共产党以及力图保住从清政府手中割让的领土控制权的日本军队（1931年开始）相互混战。1949年，中国共产党取得了胜利，除了国民党撤退时占领的台湾和部分沿海小岛屿外，基本实现了全国统一。中国内战的结果，不仅从根本上改变了中国的地缘政治和战略地位，也改变了中国共产党领导人考虑国家安全的思想：中国不能再实行"闭关锁国"的政策。不过出于种种原因，直到近期这些变化才体现出中国海上安全活动的转变效果，而这些活动在数十年前就已经被预测到了。

二、中华人民共和国时期的大陆主义

中国安全活动发生缓慢变化的第一个原因是，中国共产党领导层是根据陆上战、常规战和游击战的经验来制定其远景规划的。共产党的领导者中很少有人深入了解海战，或了解对于现代海上（或空中）作战至关重要的先进技术。虽然毛泽东1951年也曾制订了收复台湾的作战计划，但很快就发现这远远超出了中国当前或预期的能力。[5]此外，中国参加了抗美援朝战争，将资源和领导层的注意力都放在了地面作战上。1962年中印边境之战是毛泽东军事战略以大陆为重点的另一个战例。在此次战役中，中国军队在极为不利的地形环境下面对装备不充分的印度军队表现出色，大获全胜。中国在组建现代化海军方面能够取得什么样的成就，这实际上取决于苏联提供技术援助的程度。

第二个因素与中国和苏联共产党之间不断变化的关系相关。中国共产党执政后，立刻（1950 年）与苏联形成了牢固的政治军事联盟。苏联是一个非常重要的新生力量，随着第二次世界大战结束日本被驱逐出中国领土，中苏结盟为中国的陆上边境提供了一定程度的安全保障，这在漫长的中国历史上是很少见的。然而随着时间的发展，这种联盟却远不如最初时那样牢固。很明显的一点就是，20 世纪 60 年代中国面临的最大安全威胁事实上正是来自苏联。1969 年，中国和苏联两个核武大国在西伯利亚发生了可能升级为大规模冲突的小规模边境冲突（当时苏联似乎打算先发制人，对中国的核部队及核设施发动袭击）。直至冷战结束时，两国都陈兵边境，部署了大量的常规部队。由于中国经济发展严重滞后，加之数十年内战所造成的毁灭性后果以及毛泽东在国内政策方面计划不够周密，中国的军事实力发展严重受阻，其陆军不得不成为最迫切发展的军种。此外，一旦苏联对中国的技术援助在 1960 年终止，那么中国人民解放军靠技术来推动的部队在任何时候都不可能很快实现现代化。

第三个因素就是中国地面部队在 1979 年对越反击战中的欠佳表现。虽然这场战争只是 20 世纪 50 年代初发生的朝鲜战争以来中国直接参与的第三次冲突，但似乎再次证实了中国一直以来奉行的向陆战略的特征。这场战争使以毛泽东的继任者、1978 年上台的邓小平[6]为首的中国领导层坚信：中国迫切需要改革和提升其地面部队。因此，邓小平再度强调了中国海军在未来安全态势下，即近海防御中所扮演的适当角色。还有一种可能就是，中国与美国在此期间所签署的协定，也使中国更加放松了对苏联海军在亚洲海域潜在威胁的警惕，而苏联海军所表现的这种威胁原本是不容忽视的。[7]

不过，所有这一切很快就发生了改变。随着冷战结束和苏联解体，中国面临的最大威胁不再是苏联这个欧亚大陆最大的国家，而是在逐步夺取制海权这个过程中所面对的安全问题。例如，首先从 1974 年与越南之间在南海西沙群岛（英文原文用的是法占时期的命名：帕拉塞尔群岛）的争端开始，中国在该地区与不同国家之间的海上领土争端不断升级。其次，台湾岛内政策不断向民主方向演变，也使中国对台湾的政策有所改变。同时，尽管 20 世纪 70 年代中美关系正常化，80 年代两国又达成了准联盟，但美国仍然很乐意充当台湾保护者的角色，这使中国考虑到最终将可能在东亚海域与美国发生冲突。最后，邓小平及其继任者实施的大刀阔斧的改革使中国经济得到飞速发展，也使中国海军全面现代化在中国共产党的军事政策史上首次被列为可实现的目标。

三、中国帝王时代的海上力量

从历史的角度来看中国当前的海上转型，可能会夸大中国战略文化（如果该文化的确存在）中大陆主义色彩浓重的程度。[8]最能证明这点的特例自然当属 15 世纪早期明朝宦官郑和举世闻名的远洋航海。在明朝永乐皇帝及其宠信的宦官郑和的推动下，中国启动了庞大的造船计划，并大力发展海上基础设施。1405—1433 年间，郑和率领船队，七次远下重洋。当时的船队由数百艘大船和数万人组成，悬挂着明朝国旗，一路浩浩荡荡航经马六甲海峡、印度洋、波斯湾和东非。郑和的船队包含装备有大炮的战船和巨型的"宝船"，最大的船长 440 英尺（合 130 余米），排水量达 2 万吨以上。如此规模的船只当时在西方根本没有。[9]然而，这些规模宏大且耗资甚巨的远洋活动似乎并未给明帝国带来想象中的财富，因此在永乐皇帝驾崩后不久，皇室方面就很快断绝了对远洋舰队的支持，明朝的官吏们也以危险和浪费为由强烈反对，在随后的一个世纪中，朝廷逐渐失去了对海外贸易的信心，郑和的海军船队再也无人提及。

尽管如此，有关这一时期的史料记载中对明朝后期对于海权的忽视程度有点言过其实。[10]在此方面，更早的中国海军和海上活动并未得到应有的重视。事实上，南宋朝（1127—1279 年）曾将海港城市杭州定为首都。杭州位于长江下游，是著名的海上交通枢纽，意大利旅行家马可·波罗曾在其游记中对杭州予以高度赞美。杭州规模巨大的造船厂为建立强大的海军提供了支撑。蒙古人灭宋之后，建立的元朝（1271—1368 年）继承了这些海军设施和相应的航海技术，并利用他们对日本、越南和爪哇发动大规模远征行动。事实上，尽管这些远征行动未获成功，但却被认为是整个中世纪规模最大的军事远征行动。在 14 世纪，中国的造船技术和海上军备，以及中国海员在天文、绘图和磁罗经方面的操作技术已经非常先进。此外，明朝还利用强大的海上力量，在西南部击败来犯之敌，首次成功实现自卫。在朱元璋和陈友谅的鄱阳湖决战中，双方参战舰船逾百艘，这些舰船都大于此前或之后的海战中的参战舰船。与海战类似的江河作战通常在海军史料中鲜有记载，但这些战事却对中国的海上历史有着举足轻重的作用。最后，在大明帝国早期历史上，走出中国领海从事商业活动是一件遥不可及的事情（中国领海以外的商业活动并不少见）。

不过，在决定性的方面，这一点是正确的，也就是说，从中国的帝国核心的观点来看，中国从开国伊始就是一个陆上力量为主的大国，到了近代更是如此，这一点始终未变。本部分所提出的需要解答的问题是，中国所坚持的地缘政治和地缘战略及大陆主义战略文化是否会妨碍这个国家发展成为今天的海洋强国，或者这样的战略文化达到何种程度才会产生妨碍。在着手讨论此问题时，我们最好回溯中国历史，仔细审视这个主题。

四、海上转型的地理和技术因素

从一开始我们就指出，地理要素是我们进行分析的基本前提，这是完全有必要的。[11]几乎所有的当代安全研究通常都忽略了地理位置对于国家的战略远景和未来命运的重要性，而认为可以通过现代技术来消除或在很大程度上削弱陆上或海上天然屏障所提供的传统军事优势。当然，这在一定程度上是不可否认的，但这实际上夸大了与以运用军事力量为条件的其他因素相关的技术的重要性。在18世纪，法国和西班牙所建造的舰船在技术上非常先进，有时甚至优于英国，但在无数次与英国舰队的遭遇战中却屡受打击。今天，在谈到地理因素是否成为影响兵力运用的一个重要条件时，我们可以将1982年英国和阿根廷在南大西洋福克兰/马尔维纳斯群岛展开的激烈海战作为参考的基准点。英国在技术和操作方面所占据的巨大优势，对于派遣一支庞大的军事力量远涉重洋数千英里去作战所面临的不利条件而言，几乎于事无补。据称中国对此事件（20世纪上半叶中为数不多的主要海战之一）进行了专门研究，以期了解在广阔遥远的太平洋，美国对一个坚决阻止其"介入"的区域国家投放作战力量的能力的局限性。[12]

在任何情况下，从中国过去进行的海上转型的尝试中，都可以了解许多关于当代中国实施海上转型的前景。这包括过去在此类研究中稍显与众不同的深海远航。然而，事实上我们讨论的那些公元前的战例都有着与众不同的意义，这一点千真万确，因为在整个成功、持久的海上转型的历史记录中最佳案例恰恰发生在这一时代：波斯和罗马。

（一）海上转型成功案例：波斯和罗马

波斯帝国由居鲁士大帝于公元前16世纪创立，是罗马帝国之前最大的古国，后在公元前 14 世纪被亚历山大大帝所征服。波斯帝国和古希腊城邦之间的连年争战，催生了人类历史上最为璀璨的文明的发源，也划时代地见证了我们今天称之为"西方"的崛起。在欧洲学者编撰的关于该时期的史料中，对波斯人的描述和评价并不那么好。尤其值得一提的是，波斯帝国被看做是"东方专制"政体的典型，这与罗马是共和自由的发源地形成了鲜明的对比。然而，事实上波斯是一种新的形式的帝国，与先前古"近东"时代残暴、极权的帝国相比，它和罗马帝国具有更多的相同之处。[13]波斯帝国成功的秘诀之一就是它坚持了包容的帝国思想，对归降的人施恩，将其纳入自己的统治，使整个广袤的疆域进一步实现了稳定。这也是解释波斯人为何能成功实现由陆向海转型的一个重要原因。如果波斯帝国不能与腓尼基人以及东希腊人等海上盟友共同拥有和运用航海技术和优秀的水手，就不可能在公元前 15 世纪初迅速崛起成为东地中海地区的海上和海军强国。此外，还有重要的一点是，这在一定程度上得益于波斯人用于建造并维持足够数量的军舰的大量资源，而且，波斯人还开始为舰上的人员支付薪酬，这样就可以保证为这些庞大的舰队配备足够的人手，而且能在海上待得更久。从这些措施的规模和经济推动力来看，我们发现这与中国有着潜在的相似之处。

罗马的海上转型开始于公元前 3 世纪与迦太基人之间的两次布匿战争之间。[14]迦太基（现在突尼斯附近）最初被腓尼基殖民者所占领，作为一个贸易前哨，随着时间的推移，逐渐成为一个以海上为基地的帝国，统治着整个西地中海地区。罗马虽然是一个天然良港，距海岸线只有数英里远，但罗马数个世纪以来一直以农业为主，新生帝国的疆域也被局限在意大利半岛（可将这些方面与中国比较）。当这块土地上的两个最强大的国家为争夺富饶的西西里岛而不可避免地发生冲突时，罗马也曾求助于其海上盟友，即当时的伊特鲁利亚和意大利南部的希腊（这种情况后来在罗马与海洋国家帕加马和罗德岛之间的关系中重现）。然而在发展本国的海军力量方面，罗马比波斯走得更远。罗马人一贯穷兵黩武，他们建造了庞大的舰队，并利用自己的子民来操作这些舰船，能够也确实向迦太基人公然挑战，直至最后大获全胜。罗马在造船和技术方面似乎总比迦太基略逊一筹，基本的航海技术方面的缺陷使他们一次次地遭受重创。如同许多陆上强国向海上转型的情况一样，罗马帝国的海员主要是随舰出征的陆军士兵，罗马海军采用的战术与陆军战术相差无几。但是，罗马要依靠自身资源而非那些并不可靠的盟友来掌握海上控制权，这一诺言从未动摇。罗马帝国舰队遭遇强风暴损失惨重，适逢国库资金缺乏，罗马的富商主动出资承担了重建罗马舰队的全部费用。最终，罗马人征服了所有对手的海上力量，将地中海变为罗马帝国的内陆湖。在随后的 4 个多世纪，罗马一直延续着这条路线。在罗马帝国统治下的和平时期，整个地中海地区海上贸易一片繁荣，进入了在强国海军保护下的远古的现代化时代。

然而，即使在波斯和罗马这样典型的情形下，也很难决断是否完全实现了海上转型。但至少人们或许会说，在这两个案例中，最初的大陆主义者思想的印记从未被完全抹去。如同他们的对手雅典一样，波斯人从来没有真正将海军用作进攻的手段，而且还尽量避免在开阔水域与敌人交锋。相反，他们更擅长于我们今天所说的海上联合作战，从而为沿着敌方海岸线推进的庞大的波斯军队提供后勤支援和侧翼保护。对于罗马而言，从海上进攻迦太基人屡次失利，使罗马人将他们的重心从西西里（及后来的非洲）战区逐渐转移向陆上行动而非港口。米特拉达梯战争就是这样爆发的。罗马人在建立常设舰队（这只在罗马帝国统治期间发生）和维持海上治安制度方面动作缓慢，这样做的结果之一就是导致西地中海地区长期海盗猖獗，一直延续到公元前 1 世纪。

（二）探究失败的海上转型

除了我们刚才讨论的两个例外情况外，历史记录中对其他国家试图进行海上转型的情况并没有太多的描述。本文所研究的所有其他范例中，各国领导人都为创建和规划海军及海上力量做出了不懈的努力，有时也在某些特定时期内确实获得了成功。但有一点始终没有改变，就是转型的效果似乎从未与这些领导人的努力和付出成正比。至少在一种情况（德意志帝国）下，进军海洋的决策竟然成了一个战略悲剧。到底是什么因素导致了这些失败？

要想正确了解所有这些情况，最重要的是首先要了解政治地理和战略地理方面不争的事实。其次，我们需要从经济角度来考虑治国的艺术，因为这与海洋强国息息相关，同时还要考虑这个国家的资源基础以及受海外商业和贸易影响的程度。再次，要评估由这些或其他因素造成的统治者或统治阶层的战略远景和目标。第四，我们需要考虑与可能对海上转型形成障碍的政治、官僚或文化势力而言，个体领导力在实现海上转型方面所发挥的作用。第五，我们应当考虑海上转型中需要克服的物质和操作方面存在的不利条件。最后，需要注重海军战略和作战艺术的运用。

由于历史记载的证据有限，我们通常不可能都对特定案例中的这些问题做出最终（或临时性）的判断，尤其是对于一些更加远古的案例。正如有些作者提到的，即使大陆主义国家有关其海军和海上活动的文献不够严谨，也不足为奇。还有一点需要指出，对一些时间跨度相当大的案例，包括一些非常漫长的时期（尤其是中国明代、法国和俄国）内的案例，把这些案例拿来做比较是非常困难的。所以，每个案例研究的详细程度也会因此而不同。如果明白这一点，我们仍然可以进行一些启发性和参考性的比较。

1. 政治地理和战略地理

我们所谓的陆上强国会或多或少受其地理位置的负面影响。本书所研究的诸多案例中，俄国（以及后来的苏联）和德国属于前一类，受地理位置的限制尤为明显。俄国海上通道及全球海上交通线极端不便，缺乏天然的不冻良港，并且因疆域广阔而不得不将海军力量分散各地，这一切都成为且始终是最主要的问题。而德国，尽管拥有优良的港口以及中世纪汉萨同盟以来悠久的海上贸易史，但其陆疆边境许多世纪来一直暴露在多个敌手的攻击之下，这一点在德国制定大陆主义国家远景时非常关键。此外，德国走向大洋的通道受非友邻国家所控制的几个瓶颈（特别是英吉利海峡和通向波罗的海的要塞）的制约。[15]俄国和德国这些地理上处于极端不利的大国，往往会实施雄心勃勃的战略计划。因此，像古人一样，彼得大帝成功地将俄国的势力延伸到波罗的海和黑海沿岸，并创建了圣彼得堡，为俄国引入欧洲文化和商业贸易打开了一扇"窗户"。德国开凿了横贯日德兰半岛的基尔运河，使德国摆脱了长期以来依赖于丹麦海峡通航的状态。

在所研究的其他案例中，地理位置的角色更加含糊不清。古希腊重镇斯巴达缺少天然良港，而且无法获得造船的材料，但如同在罗马和中国的案例中提到的一样，对其大陆主义战略方向起到决定性作用的是它的农业经济，以及它所具有的与众不同的文化，那就是致力于培养希腊步兵的格斗术。这种文化反过来又反映了斯巴达的陆上邻邦的政治地理，这些邻邦规模虽小但却势力强大，他们联合起来可以对斯巴达构成严重威胁。[16]奥斯曼帝国在占领君士坦丁堡之前，几乎是一个陆上强国。然而，占领君士坦丁堡不仅为奥斯曼帝国规划海军建设提供了无比优越的战略基地，同时也提供了航海和造船技术，这些都帮助奥斯曼帝国向海上发展，最终将威尼斯排除在爱琴海的版图之外。不过，奥斯曼扩张的主要力量一直保持在巴尔干半岛，长期以来在其漫长的陆疆边境展示多重威慑，使奥斯曼帝国的海军建设成为一种不必要的奢侈。[17]但法国的情况或许最令人费解。法国拥有绵长的海岸线、优良的港口、众多的人口和著名的商业,然而令人感到惊奇的是,尽管法国建立了一个疆域广袤的海外帝国,却没有使自己成为真正意义上的海洋强国。其中明显的一种解释就是至少从路易十四时代开始,法国领袖就一直将全部注意力集中在内陆边境上。或许,这也与法国国家的中央集权化及巴黎不是一个海港城市有一定的关系。此外,对于法国而言,由于存在三处独立的海上边界(一旦英国控制了直布罗陀海峡,这将成为一个特别的问题)以及在任何情况下都无法防御的远在海外的殖民地,所以发展战略上精锐的海军力量或许连奢望都称不上,从本质上讲已经超出了其能力所及。

在所有这些案例中,法国最容易让人联想到中国。这两个国家的共同之处在于,二者不仅拥有优良的港口和通向海洋的便利通道,而且首都均地处内陆,拥有内陆水道体系,这些都减小了国家对远洋贸易的依赖性。此外,像法国一样,中国也有三处相对明显的海洋边界,而每处边界驻扎的舰队在历史上的危急时刻并未能很好地呼应和协作(19世纪80年代中国南海,中国海军在法国海军的进攻下溃不成军,1895年在北部海域爆发的中日甲午战争中惨遭失败,一个主要原因就在于此)。两个国家的海军发展都曾时断时续(至少可以这样说),国家领导层都曾对发展海军力量或进行海上扩张持有怀疑或坚决反对的态度。在这两个案例中,领导层长期以来重点关注陆疆边界面临的威胁或因此而产生的机遇,这可能就是最具说服力的解释。

2. 经济因素

一个大国的地缘战略远景的形成不仅源于其自身所处的地理位置,而且有其经济因素,尤其是自然资源的可利用量和生产方式(主要是农业和商业)。对于基础资源不能自给的国家而言,发展长途贸易对国家生存至关重要,而保护好贸易路线也因此成为确保国家安全的关键。自然资源所创造的财富的累积和生产维持着一定数量的人口,这些人力资源反过来又转化为军事力量。此外,军事力量的强弱取决于这个国家的人力与相应的军事设备或技术的密切结合。在日趋先进的社会中,军事设备和技术方面的自给自足要求拥有工业基础以及人们对技术技能的掌握程度。纵观历史,尤其是在近代,要创建和维持一支海军力量代价高昂。这一点有助于解释为何有些国家地理位置优越却未能成功发展海军。

斯巴达就是我们所讨论的一个明显的例子。[18]斯巴达的封建农业制度无法创造出大量盈余，而且斯巴达人不仅不积极寻求从事商业活动增加财富，反而对此极为仇视。基于此，斯巴达在军事人力方面一直处于极度短缺的状态。由于缺乏强有力的商业海事部门，这个国家也就随之缺少有经验的水手和造船能力。所以，在面临与雅典等海上帝国之间的战争时，斯巴达别无选择，只能寄希望于盟国海军的援助，并最终接受了波斯帝国大量的财政支援。

波斯或许是另一个特殊的例子。波斯之所以能成功转型为海洋强国，其原因主要有二：一是在征服腓尼基人和亚洲希腊人之后，从他们手中获取了航海技术和海上基础设施；二是非常丰富的财富。由于占有广阔的疆域（这一点不是最重要的，主要在于相对有效的管理），加之在东地中海地区的海上贸易优势不断增长，波斯帝国因此收获了丰厚利润。奥斯曼帝国的例子与波斯帝国有一些相似之处（两个帝国都占领过同一区域的大部分地区）。奥斯曼帝国也通过领土征服赚了个钵满盆满，同时还力求确保自己在通往亚洲的陆路贸易（"丝绸之路"）中的核心地位。

从法国、德国、俄国和苏联这四个例子来看，国家财富在极大程度上对创建大规模海军起着决定性的作用。但是，如果同时要保持大规模的地面部队编制，加上商业基础设施和人员航海技术缺乏，以及刚刚讨论过的地缘战略方面的限制因素，要想长期维持或有效部署战略上重要的海军力量，则并非易事。在这种情况下，法国的案例再一次值得探究。在这四个海上转型的案例中，法国可以说从 17 世纪就开始了，其中首要成就在于各种私人利益（渔业、贸易、私掠船巡航和传教）而非法国国家利益作用的结果。事实上，在整个法国历史中，中央机构对法国海军建设和强化海外军事存在表示出不冷不热的态度，他们在很大程度上未能通过条理分明的帝国政策对大量资源进行管理。

3. 战略愿景/目标

纵观历史，一个国家的战略愿景是由其国内和国际形势共同塑造而成的。[19]在多数情况下，影响政治家的国内因素中最主要的就是当前政权或政府形式的存续，这对海上转型具有重要的启示作用。正如我们所看到的，中国历代王朝都是被亚洲内陆的游牧民族颠覆而亡的。在明朝崛起过程中，虽然海军力量发挥了极为重要的作用，但通常构不成威胁，这样一来，中国大陆主义的倾向性大大增强。国内方面其他一些类似的战略目标包括海上勘测和资源开采活动逐渐繁荣，以及具有优越政治地位的贵族或阶层为追求利益而从事商业活动。这些目标都可能为国家采取措施或转型起到强有力的推动作用。然而，国家的战略要求有时会发生冲突，导致政策不一致或战略上出现停滞。在我们所提到的案例中，法国和德国都有这方面的情况，但德国或许是最为贴切的例子。

政权生存的需要会对战略行径产生极其深远的影响，在这方面古斯巴达是一个明显的例子。对于斯巴达的统治阶层而言，斯巴达安全形势的主要需求就是维护支撑其骄奢淫逸生活的农奴制度，尤其是因为农奴（希腊斯巴达的"奴隶"）叛乱已威胁到斯巴达对曾属于麦西尼亚独立城邦的丰疆沃土的统治。这种需求与斯巴达传统外交政策的优先重点相一致：维持其在伯罗奔尼撒半岛的霸权同盟体系，牵制其在当地的主要对手阿戈斯。令人遗憾的是，由于雅典修筑了坚固的防御工事，为自己的城市和港口提供了安全保护，斯巴达单靠发展陆上力量已无法应对日益严重的雅典人的威胁。然而，应对雅典人的海上挑战使斯巴达政权面临严重困难。传统上，仇外的斯巴达政权由于害怕受到外界影响而变得腐化堕落，不愿意让自己的子民走出国门去与外国人交往，但远征雅典帝国的战争却恰恰要求必须这么做。其次，雅典海军的统治使伯罗奔尼撒半岛暴露于海盗的袭击和抢劫之下，最糟糕的是，雅典人在斯巴达领地内的据点可能会爆发农奴叛逃或大规模的叛乱，这是斯巴达所担心的。当这一切真的（在麦西尼亚的皮洛斯城）发生后，斯巴达选择了求和。事实证明，这些恐惧心理在后来斯巴达昙花一现的海上转型中成为非常重要的限制因素。

除了这些需考虑的国内因素之外，当国家面临多种和潜在的冲突挑战时，国家通常很难对其战略目标进行平衡和优化。奥斯曼帝国在面临向巴尔干和爱琴海扩张势力的机遇时，似乎并未充分注意到葡萄牙人对印度洋地区的渗透已经日益威胁到他们对通向亚洲的商路的统治。18世纪初，当路易十四创建了当时世界上最强大的海军时，丝毫没有意识到如何在战略上更好地运用这支舰队，来为法国在欧洲和新大陆的扩张或商业利益提供支撑。与法国的情况相似，19世纪末的德国倾其资源打造一支"风险舰队"，以图与英国的海军优势比肩，但却没有制定任何明确的战略目标，也没有分析这支舰队与肩负保护德国边境重任的地面部队之间轮换使用的可行性，更没有考虑因此而带来的外交方面的不利后果。苏俄一方面力争在欧洲常规军力和核打击能力方面占据优势，同时着手启动规模浩大、费用昂贵的海军建设项目，以对抗美国的全球海军霸主地位。对国家声誉的信仰与任何战略概念一样，都为德国和苏联的海军建设起到了较大的推动作用。且不考虑美苏双方在核方面的竞争结果如何，至少从常规竞争的层面来讲，苏联海军也不可能像第一次世界大战期间德国海军与英国竞争那样，超过美国在海军方面取得的成就。

任何情况下都不能形成这样一种错误的印象：大国通常都会深思熟虑地确定战略目标并通过最佳途径去实现。在古代，君主（如路易十四、彼得大帝、恺撒·威廉等）的虚荣心或个人成见在很大程度上是一个大陆国家突然向海上转型的原因所在。而在近代，更主要的原因是所谓的海军至上主义意识形态的影响。众所周知，阿尔弗雷德·赛耶·马汉关于"海权对历史的影响"的学说对德国海军领导层，实际上对恺撒本身的思想产生了深远的影响。马汉也对日本海军的思想产生了显著而又令人遗憾的影响。[20]今天，世界上认真学习和研究马汉的一个地方就是中国。[21]

4. 领导

我们现在来探讨什么是促成（或阻碍）海上转型的最主要因素。如果大陆主义国家在海上转型过程中遇到了政治、官僚和文化方面的重重阻碍，那么强有力的政治领导对于克服这些阻碍而言至关重要。[22]尽管缺乏直接证据，但在波斯和罗马成功的海上转型中，领导层显然是必不可少的。波斯有其三位精力充沛、才能卓越的国王领导，而罗马则有训练有素的将领的集体领导。而在斯巴达，由于领导层缺乏一致性，导致其海上转型虽然取得短暂成功，但最终功败垂成。在斯巴达成功发展和建设其海军力量的过程中，虽然杰出的个人和卓越的领导者发挥了至关重要的作用，但斯巴达领导层的狭隘思想和傲慢自大导致其战时外交遭到破坏，最终作茧自缚，封死了自己通往海洋帝国的大门。在奥斯曼帝国，穆罕默德二世在其快速、成功的海上转型中扮演了重要角色，但其积极的海军至上主义领导似乎并未持续多久，也未得到充分的制度化。

相反，法国的转型尤其具有启发性。除了黎塞留和路易十四之外，法国君主阶层始终对发展海军或海外帝国的价值很少表示赞赏或理解，这种现象一直延续至拿破仑一世时期。事实就是这样，法国始终未能克服体现其政治和文化特征的海上转型路上的重重阻碍。中央政府（即使在"太阳王"本人的领导下）的懦弱和分裂成为长期存在的问题，皇室贵族普遍反对进行商业贸易和帝国扩张，疲软的财政体制（与英国相比）令海军建设和供应举步维艰，海军与陆军之间的关系一直不协调。

当然，俄罗斯帝国诞生了彼得大帝这样一位空前绝后的领袖，他亲自前往西方做长途旅行，学习掌握先进的海军技术，并建立海上大都市，促进贸易和海军的发展。然而公平地讲，同奥斯曼帝国一样，这种以海军至上主义为导向的领导层并不适应于此后的形势，尽管值得一提的是康斯坦丁大公曾在 19 世纪中期着手实施了海军和海上工业方面的改革。[23]而在德国，如果没有阿尔弗雷德·冯·提尔皮茨海军上将积极大胆的领导和威廉二世的鼎力支持，就不会出现 19 世纪末受马汉的海权学说所推动的规模宏大的海军建设。这件事情最有意义的地方，就是提尔皮茨以增长海军经费和发展海军至上主义战略文化为由而进行的坚持不懈且非常成功的宣传和政治运动。苏联的塞奇·戈尔什科夫海军上将也扮演了同样的角色。[24]就苏联的领导层而言，斯大林是大型蓝水舰队的忠实支持者，并在 20 世纪 30 年代积极干预有关海军条令的辩论，甚至通过肃清辩论双方的官员来达到结束辩论的目的。但是，战后的苏联领导人不像以前那样大力支持海军，尤其是在核武器出现后，人们甚至对继续使用大型水面舰艇的必要性提出质疑。在许多方面，甚至在戈尔什科夫的黄金时代，这位关键人物也被排除在以地面部队和导弹部队为主导的军事权力机构之外。[25]

5. 原材料和操作方面的不利因素

在我们研究的所有案例中，各种原材料和操作方面存在的不利条件会限制、妨碍海上转型，或者对海上转型起到反推作用。假如领导得力，资源投入到位，在没有其他原因的情况下，一般不会对这些不利条件中的多数采取纠正措施。

虽然斯巴达是一个沿海国家，却几乎无法获得其他利益——没有海上通商或重要的基础设施，天然良港寥寥无几，技术熟练的航海人员屈指可数，海军建设所需的木料和其他材料无处可寻，当然，自主解决或消除这些问题的资源也相当匮乏。幸运的是，斯巴达人拥有海上盟友，必要时可以要求他们提供数量众多的舰船，最后，斯巴达人还可以从波斯获得足够的资助，以建造足以与雅典人抗衡的庞大舰队。奥斯曼帝国最初也因缺乏造船技术和其他航海技能而一筹莫展。占领君士坦丁堡之后，奥斯曼人接手了建有重要海上基础设施的战略海军基地，还通过各种手段从欧洲（尤其是意大利）海军设计师那里获得技术援助。然而，他们最大的失败之处就是无力或不愿将划桨船更新换代为远航帆船。虽然划桨船非常适合于地中海的水况，但不适合于外海航行，因此当奥斯曼人深入印度洋去寻求通往亚洲宝库的备用贸易路线时，无法有效抵挡葡萄牙人的攻击。[26]而相比之下，法国在舰船制造的质量方面通常完全可以同英国相匹敌，可是在航海技术方面似乎有所落后。此外，法国人的后勤供应跟不上，海军基础设施力量薄弱，尤其是在西印度群岛。与雄心勃勃的造舰计划相比，德国的基础设施也远远不能满足需求。如同法国，德国似乎长期以来始终不像英国那样在航海技术方面充满信心，这导致他们在舰队作战上采取了过分保守的方式。苏联海军在第二次世界大战中的表现也暴露出了类似问题。

与西方大国相比，从19世纪初到第二次世界大战结束，俄国在技术方面的落后一直是困扰海军发展的核心问题。俄国（以及20世纪二三十年代的苏联）准备从西方进口足够长度的现代海军舰船和技术，但自始至终都遭遇了政治方面的重重阻碍。共产主义革命后，苏联不得不在一段时间内依赖于当时仍有政治嫌疑的前沙皇军官，海军技术和操作方面的熟练人手极为短缺。随着19世纪规模宏大的海军基础设施在波罗的海战区创建，这方面的短缺成为限制俄国黑海地区海军发展的主要因素。

6. 海军战略与作战艺术

这些因素发展到何种程度时，会对大陆主义国家在海战中的实际表现产生负面影响？实施海军战略和军事行动时有哪些模式？

当我们回过头来再看这些成功的案例时，总会有所启发。虽然波斯人和罗马人都能够将自己的国家转型为具有很强战斗力的海洋强国，但公平地讲，他们在海上作战中的表现始终不像雅典、迦太基、英国或美国等具有海洋特色的国家那么出色。波斯海军曾被雅典海军大败于萨拉米斯，于是他们避开直接的舰队与舰队的短兵相接，而采取联合作战的策略，支援远征的陆上兵力。在与迦太基人的舰队连续数次交战失败之后，罗马人也采取了同样的策略。和威尼斯人的战争中，奥斯曼人开战伊始节节失利，后来也避免与威尼斯舰队直接正面对抗，放弃海上控制战略转而采取海上拒止战略，主要将舰队用于运送军队参加两栖作战，以夺取港口和海上要塞。事实上，奥斯曼人开创了与众不同的海战模式，这与他们的大陆主义战略文化非常吻合。尤其值得注意的是他们以夺取地中海近海岛屿为目标的一系列两栖作战和滨海作战行动。这种由制陆权向制海权发展的方式与1949—1955年中国发起战役收复台湾、澎湖列岛、金门和马祖具有相似之处。[27]

1853—1856年，俄国海军在克里米亚战争中与技术上占绝对优势的英、法海军对阵，损失惨重。俄国因此意识到必须在海军战略、作战和舰队结构方面做出重大调整。在康斯坦丁大公改革性的领导之下，俄国转攻为守，不再使用陈旧的战列舰出击，转而另辟蹊径，利用沿海工事、水雷和快速炮艇来保护其暴露的波罗的海侧翼。此外，他们还研制了新一代的现代化巡洋舰／驱逐舰来袭击敌方的海上贸易线。法国在不同时期，有时甚至同时推行三项针对英国的海上战略：通过大规模的横渡海峡入侵行动打击英国本土、将英国卷入海外战场、袭击英国的海上贸易船队。但这些战略均无功而终。19世纪末，一些法国海军思想家（"青年学派"）首次认为，现代条件下，海军在上述第三种战略的基础上采取措施，对于法国这样的非一流海洋强国而言，是最为经济有效的战略。

这种思想预示着德国在两次世界大战中都利用潜艇来对付英法等联盟国家。不过，德国人从未真正的刻意制定过关于使用这种新式致命武器的条令或战略。事实上，德国海军在谋划两次战争时保守地遵循了马汉所描述的关于舰队遭遇战的模式，德国人只有在马汉式战术明显失效的情况下，才采取潜艇袭击敌方商船队的策略。由此可见，在任何一次世界大战中德国人都没有足够数量的潜艇去有效实施这种战略。[28]

苏联早期时代，有两拨人围绕如何发展海军争得不可开交。其中一派坚持建立庞大的马汉式水面舰队，而另一派即"青年学派"则主张采取游击战模式，主要依赖于潜艇、水雷和陆上基地的海军飞机。最后在斯大林的指示下将各方观点融合在一起，但很大程度上仍倾向于大型水面舰队，包括航空母舰和战列舰。这项雄心勃勃的造舰计划随着"二战"的爆发而流产。尽管战后这一提议被再次提上议程，但随着斯大林去世和核武器的出现，苏联领导层绝大多数都认为大型水面舰船已经过时了。这导致最初"青年学派"的战略概念得以复苏，认为应当依靠潜艇和陆基海军航空部队，再辅以能够实施导弹打击的轻型水面部队来打击美国航母，进行沿海防御。然而在20世纪70年代，在具有远见卓识的戈尔什科夫海军上将的有力领导下，历史的钟摆开始偏向建立强大而均衡的海军，包括一支既能在平时保持全球存在、又能在战时与美国及其盟国展开海上常规战争的大型水面作战部队。但是，与"二战"前和"二战"后由一些苏联海军军官提议、斯大林赞成的宏伟造舰计划相比，这一决策从长期来看在经济上更能承受，这是毫无疑问的。无论如何，这种观点随着苏联的解体而变得颇有争议。在20世纪最后的25年中，令苏联人引以为豪的戈尔什科夫舰队时代已逐渐衰退而威风不再，今日的俄罗斯已不再是一个威震于大洋的海洋强国。

五、中国海军现状

此处我们不必对当代中国进行中的海上转型做过多的描述。过去10年来，中国人民解放军海军迅速崛起，中国军力上已能与美国及其地区盟友的海上力量相抗衡，中国的军用和民用造船业飞速上升，本书的其他作者对于这一切都做了详细描述。[29]现在的问题在于如何来解释所取得的这些进展。从开始就必须指出的重要一点是，中国人本身在这方面意见并不完全一致。事实上，中国的国家安全机构内部对于中国向海洋发展的意义和局限性一直存在争议。反对传统的大陆主义倾向，对拥有一支世界级海军所需的知识和经济承受能力表示怀疑，这样的声音仍然不断能听到。关于一些小问题，如是否需要航空母舰或形式上均衡的水面舰队，也激发了相当激烈的争论。但是客观地讲，如今中国的舆论总体而言比历史上任何时候都更有利于海上转型。[30]

我们再来回顾一下对海上转型成功与否起重要影响的各种因素，因为这些因素与中国这个案例的过去和现在有很大关系。正如我们所强调的，地理是一个非理性的自然因素。地理位置很难改变，尽管有时也并非不可能（中国人开凿了京杭大运河，修建了万里长城，在一定程度上改变了地理因素）。可以大胆地说，中国的地理位置根本无法阻止其成为海洋强国，早期帝制中国（如宋代、元代和明代）的海上作为就有力地证明了这一点。相反，还有一些更好的理由能解释为何现代化之前的中国官员通常将海洋看作是一种障碍而非一种通道。[31]气候是很容易被忽略的一个因素，但是中国沿海的台风却会对船运和海上设施造成灾难性的破坏。[32]众所周知，台湾海峡是非常危险的海上通道，其原因之一无疑是长期以来许多人认为台湾不完全是中国领土的一部分，至少从正式的行政管理意义上说是如此。[33]正如当今中国一些评论家不断强调的那样，中国滨海地区为通向世界大洋铺平了一条畅通无阻的通道，这样说也不十分正确；相反，就像中国人今天所看到的，中国的海洋地理位置始终因为一系列"岛链"的存在而处于不利地位，这些"岛链"历史上长期由其他国家所控制，其中第一岛链沿中国海岸线，从日本出发贯穿台湾和菲律宾，直达马来西亚。这些岛链进一步禁锢了当代中国的地缘战略思想。[34]不可否认，这一概念具有一定程度的真实性。[35]

但有一点必须承认，长期以来，中国的主要问题一直是其陆上边界容易受到攻击，这使中国在制定安全政策时不得不优先发展陆军而非海军，同时也制约了军事将领的思想。今天中国不会真正面临这方面的威胁。如今中国与俄罗斯的利益在很大程度上是一致的，但在风云变幻的将来，谁也无法保证这种一致性会继续下去。我们不难想象可能发生冲突的情景，也能回想起人们至今仍牢记在心的中国与其他两个军事邻邦（印度和越南）

之间爆发的战争。然而，更为重要的或许是国内一些少数民族对中国本身的国家完整性形成的威胁。最近西藏（以及藏人聚居的其他省份）爆发的骚乱就清晰地证明了这个问题继续存在。但在更长时期内，更令人担忧的也许还是位于中国边远西部的新疆维吾尔自治区的维吾尔族人，历史已经证明，他们都是一些容易受激进的伊斯兰教义影响的土耳其穆斯林信徒。总体而言，虽然苏联解体可以说使中国北部边境趋于稳定，但也导致了中亚地区形成了几个独立的土耳其人的继承国，从而给中国西部边境的不稳定埋下了伏笔。中国政府对这种情况的担心程度不应低估。

至于经济维度，很明显这是推动当前中国海上转型的一个非常重要的因素，或许是最重要的因素。近年来中国工业的飞速发展使沿海各省出现了前所未有的繁荣，这有助于中国将战略重心进一步从陆疆转向海疆。中国经济的发展催生了新的地缘战略上的弱点，那就是容易受到来自海上的攻击，而美国（和日本）在西太平洋地区大规模驻扎海军使这一不利条件变得更加清晰和具体。此外，中国越来越依赖于从海外进口自然资源尤其是能源，中国领导层对此日益表示担忧。这在一定程度上强烈刺激中国希望完全融入当今全球化的贸易体系当中，而加入全球化贸易体系则对中国海军的发展有重要意义。中国人似乎坚信著名的马汉学说，也认为海上贸易与制海权相辅相成，密不可分。[36]最后，还有一点显而易见且不可忽视，那就是中国通过其工业和商业发展所积累的财富，已经首次应用于建设具有战略竞争力的海军和全球力量投送能力。古代波斯人已经最早证明：有多少财富就可以购买多强的海军。问题在于中国购买这些海军装备是否真的明智，因为这样做会导致国库压力更大，而且可能引发国际方面的敌对反响。[37]

这将我们带回到另一个问题，即中国领导层或统治阶级如何来理解自己当前的状况。我们之前重点强调了政权生存的必要性对任何国家和在任何时候的重要性。有证据充分显示，与过去一样，这也是如今的中国领导层所关心的主要问题。没有一个严格的界线来区分中国对政权生存的关注和对外部安全的关心，因为外部安全通常是指破坏统治王朝的合法性（即中国古语所说的"天命"）并导致其灭亡的外国入侵行为。正如刚才所提出的，中国人也非常担心影响国家秩序和统一的国内威胁。与中国帝王时代一样，当权的中国共产党在这方面也不例外。然而毋庸置疑，当今的中国领导层不同于帝王时代的统治阶级，他们对国内安宁和政权稳固所依赖的经济基础具有更强的敏感性，这尤其反映出其所奉行的马克思列宁主义。

因此，中国领导层长期以来很明确地将优先重点定位于依靠军事现代化来推动国家经济发展。

中国最近对这些优先重点做出了调整，折射出中国领导层为拥有现代军事基础的中国在世界上争得大国地位的决心，这几乎也无人质疑，但这种决心的力度却不容忽视。从清朝开始在西方列强铁蹄下遭受的"百年国耻"，对于中国领导层而言始终是最重要的历史参考点。从这种角度来看，中国由陆向海的战略转变乃是大势所逼，而非自行选择（此方面的例子包括奥斯曼帝国、俄国和德国）。还有一个问题就是中国正在进行的海军和其他现代军事能力建设是否体现了其明确的战略愿景和抉择，还是像苏联那样，只是为了追求成为全球性的超级大国而进行的成败未卜且经济上无力承受的一次尝试。特别对于海军而言，完全有必要试问一下：中国断然决定打破传统去建立一支具有战略竞争力的海军，是否反映了一种连贯的战略？或者反映了与当年德意志帝国挑战英国海上霸主地位相类似的一些东西？目前我们没有把握回答这两个问题中的任何一个，但我们将马上探讨后一个问题。

让我们重新回到之前讨论的"领导"这一话题。从本书所提供的历史调查来看，领导不仅是推动历史上海上转型的主要因素，同时也会产生一定的阻碍作用，这一点是显而易见的。在中国明代，有两个人将航海的黄金时代推到了顶峰，那就是永乐皇帝和他的亲信郑和。明朝后期，由于国家不得不集中精力应对来自内陆的暴乱，以及封建官僚极力反对国家在海上经济方面投入太多，明朝在制海权方面的活动逐渐减少。到了清朝，由于中央政府软弱无能，根本不关心海军建设，因此在面临欧洲列强的海上威胁时，国家官僚机构内部的推崇海军势力已无力完成原先计划的改革和海军建设项目。[38]冷战期间，中国人民解放军以及共产党本身都完全奉行以陆军为核心的政策。直至冷战临近结束，中国人民解放军海军才获得了发展。从很大程度上讲，时任海军司令、后又任军委副主席的刘华清将军为此做出了不懈的努力。如今，很多迹象表明，中国海军在政治领导人眼中的地位有所提高，海军内部（某种程度上也包括军外）的海洋展望也已实现制度化。然而，最好不要完全忽视中国长达数个世纪的大陆主义文化以及解放军内部残留的陆军偏见。这一因素将会影响中国的战略决策，尤其是在中国领导人清楚意识到国家大部分边境并不够牢固的情况下。

此处我们不必赘言使先前的中国海上转型突然陷入停顿的原材料和操作方面的阻碍因素，因为每一个理由都让人想到当代的中国已经克服了其中的大多数困难，或者至少可以说中国在沿着正确的道路前进。这并不是说中国海军的技术或造船水平已经或很快将与先进的西方国家不相上下，而是说这些领域内不论存在哪些缺陷，都不应成为海上转型这个伟大进程中的绊脚石。值得注意的是，与奥斯曼帝国相比较，中国在19世纪与西方大国的海上冲突中基本上处于不利地位，这是因为它从未制造出一艘真正具有远航能力的海军舰船。与奥斯曼帝国的划桨船一样，中国只是对舢板船做了些改进就用于近海水域（或江河）。而现在，这种天壤之别的差异早已不复存在。当然，近年来中国人（就像古代波斯人和奥斯曼人）不断从其他国家（尤其是俄罗斯）获取先进的海军及其他军种的军事系统，因而受益匪浅，但同时，他们也展示了自己在逆向工程方面的能力，使这些军事系统与自身需求相适应。就在几年前，许多观察人士还纷纷质疑中国是否有能力组建、维持或有效运用一支现代化的潜艇部队。虽然中国海军尚未经受水下战的实战考验，但已经很少有人对这种质疑表示认同。[39]正如我们所见，尽管培训和普遍专业化方面的不足仍然是中国造船业中的主要问题，然而中国已经跃升至全球造船业的显著地位。[40]中国海军也受到类似的不利因素的影响，但中国人民已经完全意识到这些，并下定决心予以调整。[41]

如果仔细推敲当前中国的海军战略和作战艺术，虽然可能使我们偏离主题，但可以获得几点重要结论。首先，有大量证据证明，中国正在进行的海军和海上能力建设具有非常明显但相对有限的战略焦点：台湾问题。中国正处于发展和构建各种能力的过程中，这些能力主要针对一种情境而发展，即台湾宣布独立，在中国采取军事反应的情况下，美国随时准备为台湾提供支援。这种战略在很大程度上依赖于已部署好的短程和中程常规导弹，既可压制台湾的防御力量，同时可以阻止或打击从东面接近台湾的美国航母打击大队，其潜艇部队还可遂行关键性的二级任务。但从另一方面讲，也有一些理由认为中国在用长远眼光看待台湾问题。[42]

如上所述，中国的海军至上主义者都是美国海军战略学家阿尔弗雷德·赛耶·马汉的热心研究者。在19世纪末美国现代化海军刚刚崛起，马汉大力提倡海权，认为制海权是推动大国发展的最主要因素，是国家保护其海外商业利益的必不可少的手段。马汉指出了保护通向海外市场的海上交通线的重要性，并认为航海国家需要建立海外基地网或燃料补充站，以便其海军舰队能有效发挥作用。马汉主张，海洋国家应组建一支由大型军舰组成的强大舰队，能够掌握制海权，并最终在顶级对抗中击败敌方海军。

虽然中国政府没有正式采纳这些观点，但今天中国许多著名的军事作家和学术界人士纷纷对此表示支持，而且这些观点似乎正在对中国的海军规划起着一定的影响作用。尽管中国方面认为，在可预见的将来，他们未必能够或应当准备在太平洋上大型水面部队的短兵相接中挑战美国，但显然有迹象表明，中国正在由重点依赖潜艇和陆基飞机和导弹攻击的战略（这种战略使我们回想起一段时期内法国和苏联相当流行的"青年学派"的方法），逐步转向主要水面作战力量更加均衡的战略。最近值得注意的是，在经过多次内部讨论之后，中国开始对制造航母表示出浓厚兴趣。重要的一点是，至少从部分程度上讲，中国从这种战略转变中新感觉到了一种需要，即同美国一样具备介入人道主义危机的能力。当代中国对明朝郑和的丰功伟绩再次表示出极大兴趣，这有力说明了中国正在日益重视"软实力"维度的海军，但对于以潜艇为核心的海军而言，发展软实力或有效发挥影响则是很困难的。

然而，中国领导层明显与马汉关于保护商业和海上交通线重要性的思想保持一致。随着中国近年来越来越依赖于波斯湾和非洲的石油供应，中国开始担心本国油轮在穿越马六甲海峡和印度洋时遭遇潜在的威胁。[43]依照马汉的理论，中国似乎正在该地区的友好国家境内修建各种设施，尤其在缅甸和巴基斯坦。[44]在巴基斯坦，中国政府还投资10亿美元于瓜达尔援建深水港，该港竣工后可发挥重要的军事作用，这主要取决于中国与巴基斯坦和印度之间的未来关系发展。[45]中国这种所谓的"珍珠链"战略的动机和意图是诸多猜测的起因。[46]中国是否会依照建设朝向中东发展的中国海军力量的需求，来调整其未来海军规划和采购，这种情况目前尚不明朗。[47]但至少可以说，中国坚定地致力于建设此类永久性的海上基础设施，这种新的迹象传达给我们强烈的信息，那就是中国的海上转型已成定局，不容改变。

主张面向海洋的中国评论家们也同样重视海洋，将海洋视为一个资源丰富的宝库，他们对海洋的重视程度也值得注意。准确地说，中国对海洋主权问题非常敏感的原因也在于此。中国在推行影响到东海和南海油气矿藏所有权的领土主张时尤其表现得咄咄逼人。[48]捕鱼权是与这种情况密切相关的另一个方面，但中国似乎还想把作为矿产资源来源的海底矿藏牢牢抓在手中。[49]从更广泛意义来讲，中国的海运贸易急速增长，随之越来越依赖于能源和原材料进口，这可能会刺激中国政府更加积极地保护其海上贸易交通线。

那么，最后应如何评价当代中国向海上转型呢？虽然我也曾听到过许多告诫性的声音，尤其是关于中国大陆主义者在过去所做的不懈努力，因为这关系到对国家内部稳定和内陆边境造成的威胁，但是，我认为可以做出一个合理的结论，那就是中国很可能会转危为安，实现真正的海上转型。如果事实证明确实如此，这将是过去两千多年历史上令人瞩目的一件大事。

然而众所周知，我们在此处列出的一些海上转型的成功案例，如古代波斯和罗马，即使成长为羽翼丰满的海洋强国之后，他们身上仍然残留着最初大陆主义者的一些印痕。在当代中国的案例中，或许最令人感兴趣之处在于，中国的海上转型是否或在多大程度上借鉴了英国或美国等一流海洋强国的经验，或者正像中国人常说的具有明显的"中国特色"。在任何情况下，从根本上改变整个中国和未来几十年全球政治格局的进程永远不会终止，这是历史的必然。

注释：

1. 宋、元、明代和清代早期，海上力量相对而言较为重要，各朝代都不同程度有所发展。明代和清代的海军在当时已经相当强大，海上贸易对中国历史的发展起到了很大的推动作用。

2. 如同本卷中安德鲁·威尔逊所撰章节中说明，海上力量在中国的许多次冲突中发挥的作用至关重要，如壬辰之战、击退蒙古人入侵、永乐篡权以及明朝灭亡等。

3. 有关洞察力且有细微差别的理由，参见 John Curtis Perry， "Imperial China and the Sea，" in Toshi Yoshihara and James R. Holmes, eds., Asia Looks Seaward: Power and Maritime Strategy (Westport, CT: Praeger Security International, 2007), 17 – 31. of particular importance is Perry's stress on the more maritime orientation of southern as opposed to northern China.

4. 参见本卷布鲁斯·埃勒曼所著章节部分的广泛讨论。

5. 毛泽东对进攻台湾作战的信心，一定程度上源自于 1950 年 3—5 月中国共产党军队成功实施的海南岛登陆战役。此战役前夕，共产党曾试图收复金门，但遭失败。就此反思，很明显，与海南相比存在的几个重要原因令共产党难以攻打台湾：缺乏共产党领导的游击队，民族主义者守卫金门的决心，与中国大陆之间全无屏障的水域以及美国海军第七舰队对台湾的保护。

6. 20 世纪 80 年代，邓小平取代了毛泽东亲手提拔的继任者华国锋，但显而易见，邓小平从 1978 年就开始大权在握，从那时起中国开始实施改革开放，尽管当时他只担任国务院副总理。

7. 如伯纳德·科尔在本卷中所建议的那样。

8. Alastair I. Johnston, Cultural Realism: Strategic Culture and Grand Strategy in Chinese His-

tory（Ithaca, NY：Cornell University Press, 1995）；Michael D. Swaine and Ashley J. Tellis, Interpreting China's Grand Strategy：Past, Present, and Future（Santa Monica, CA：RAND, 2000）.

9. Edward L. Dreyer, Zheng He：China and the Oceans in the Early Ming Dynasty, 1405 – 1433（New York：Longman, 2007）.

10. 该争论在本卷中由威尔逊展开。

11. 总体陈述参见 Jakub J. Grygiel, Great Powers and Geopolitical Change（Baltimore：The Johns Hopkins University Press, 2006）, a comparative study of Venice, the ottoman Empire, and Ming China.

12. Lyle J. Goldstein, "China's Falklands Lessons," Survival 50, no. 3（June 2008）, 65 – 82. 很容易被忽视的事实是当今高科技的军队在兵力投送方面需要一定程度的后勤支援，这对于前工业时代的国家来说是不可想象的。关于"二战"时期美国的经验，参见 Worrall R. Carter, Beans, Bullets, and Black Oil（Washington, DC：U. S. Government Printing office, 1953）.

13. 格列高利·吉尔伯特在本卷中予以一定强调。事实上，这一点早已被古希腊人所认可。参见 Xenophon's semifictional account of the founding of the Persian Empire, The Education of Cyrus, trans. Wayne Ambler（Ithaca：Cornell University Press, 2001）.

14. Eckstein, 本卷。

15. 与此最相关的是 Wolfgang Wegener, The Naval Strategy of the World War, ed. Holger H. Herwig（Annapolis, MD：Naval Institute Press, 1989）.

16. 更确切的说，斯巴达在伯罗奔尼撒和希腊的统治地位，事实上是公元前 371 年被底比斯人领导的联盟在留克特拉陆上决战中所推翻。

17. 在本卷中，普力查德进行巧妙分割。Ably dissected by Pritchard in this volume.

18. Strauss, 本卷.

19. Richard Rosecrance and Arthur J. Stein, eds., The Domestic Bases of Grand Strategy（Ithaca, NY：Cornell University Press, 1993）.

20. James Holmes and Toshi Yoshihara, "Japan's Postwar Maritime Thought：If Not Mahan, Who?" Naval War College Review 59, no. 3（Summer 2006）, 23 – 51.

21. 参见 A. T. 马汉著, 安常容, 成忠勤译, 张志云, 卜允德校. 海权对历史的影响, 1660—1783, 北京：解放军出版社, 2006；刘华清, 刘华清回忆录, 2004：432 – 433；丁一平, 李洛荣, 龚连娣, 世界海军史, 北京：海潮出版社, 2000；309, 343 – 348；徐起, "21 世纪初海上地缘战略与中国海军的发展", 中国军事科学, 17, no. 4（2004）, 75 – 81；朗丹阳、刘分良, "海陆之争的历史检视", 中国军事科学, no. 1（2007）, 39 – 46. The publications of James Holmes and Toshi Yoshihara, recognized Western authorities on this subject, include Chinese Naval Strategy in the 21st Century：The Turn to Mahan（London：Routledge, 2007）; "China and the Commons：Angell or Mah-

an?" World Affairs 163, no. 4（Spring 2006）, 1 - 20; "China's 'Caribbean' in the South China Sea," SAIS Review of International Affairs 26, no. 1（Winter - Spring 2006）, 79 -92; "Command of the Sea with Chinese Characteristics," Orbis 49, no. 4（Fall 2005）, 677 -694; "The Influence of Mahan upon China's Maritime Strategy," Comparative Strategy 24, no. 1（January - March 2005）, 23 -51.

22. 有关讨论，参见 Carnes Lord, The Modern Prince: What Leaders Need to Know Now（New Haven: Yale University Press, 2003）.

23. Kipp，本卷。

24. 值得注意的是，戈尔什科夫在 20 世纪 70 年代发表了大量文章，后来均收录在其著作《国家海上力量》中。The Sea Power of the State（New York: Pergamon, 1980）. For a Russian precedent, consider also Konstantin Nikolaevich's promotion of the Imperial Navy through the official journal Morskoi Sbornik（Kipp, pp. 162 above）——事实上，戈尔什科夫后来使用同一份杂志达一个世纪。

25. Vego，本卷。

26. Grygiel，本卷。

27. 中国人在讨论未来可能与台湾作战时，通常会运用"以陆制海"的概念。由于中国没有航空母舰，因此这种概念会使用台海附近机场的飞机，或使用陆基发射的导弹或火炮。

28. Herwig，本卷。

29. 本卷柯林斯和格拉布的调查研究。

30. 关于航母问题，参见 Andrew S. Erickson, "Can China Become a Maritime Power?" in Toshi Yoshihara and James R. Holmes, Asia Looks Seaward: Power and Maritime Strategy（Westport, CT: Praeger Security International, 2007）, 90 - 92, Andrew S. Erickson and Andrew R. Wilson, "China's Aircraft Carrier Dilemma," Naval War College Review 59（Autumn 2006）, 13 -46. For a cogent statement of the case for China's turn to the sea by a PRC offi - cial, 参见, Xu Qi, "Maritime Geostrategy and the Development of the Chinese Navy," 47 -67, 详见 Erickson and Goldstein, Introduction, this volume.

31. 本章及埃勒曼和威尔逊所撰章节指出，从公认的中国史学史（中国和西方对中国海上历史的共同认知）的角度来看，海洋更多情况下被看做是防御外来势力的一种屏障。尽管中央政府将海洋看做一种屏障，但许多商人（有时由中央政府批准或者与中央政府联合）却将其视为商业贸易的高速通道。

32. 1281 年，蒙古/元朝军队大举进攻日本，因遭遇海上飓风"神风"而受挫。虽然古代地中海水域具有很好的保护作用以及这些船只很少冒险离开海岸去远航，但地中海风暴对海军舰船的致命影响却不容忽视。

33. 关于更大问题的讨论，参见 Alan M. Wachman, Why Taiwan? Geostrategic Rationales for China's Territorial Integrity（Stanford, CA: Stanford University Press, 2007）.

34. "岛链"一词因 20 世纪 50 年代初期应对美国部队在东亚的态势而产生，近代由中国海军司令员刘华清所提。参见 Liu Huaqing, The Memoirs of Liu Huaqing, 437; Alexander Huang, "The Chinese Navy's offshore Active Defense Strategy: Conceptualization and Implications," Naval War College Review 47, no. 3 (Summer 1994), 18; Bernard D. Cole, The Great Wall at Sea: China's Navy Enters the Twenty – first Century (Annapolis, MD: Naval Institute Press, 2001), 165 – 168.

35. 1980 年 5 月 18 日，一支由 18 艘舰船组成的远洋特混编队前往斐济群岛地区，执行中国发射的首枚"东风 – 5"/CSS – 4 洲际弹道导弹数据舱回收任务。这是自明朝郑和下西洋之后中国海上力量首次执行大型远航任务，也是首次穿过"第一岛链"进入西太平洋。

36. 参见由两名中国海军军官最近所著的书：郝廷兵，杨志荣，海上力量与中华民族的伟大复兴，北京：国防大学出版社，2005：33 – 37.

37. 在中国研究大国崛起一书关于德意志帝国的叙述中未提及将英国与德国海军军备竞赛视为第一次世界大战的导火索。参见本卷埃里克森及戈尔斯坦的文章。

38. 参见埃勒曼在本卷的中的著作。

39. Andrew S. Erickson, Lyle J. Goldstein, William Murray, and Andrew R. Wilson, eds., China's Future Nuclear Submarine Force (Annapolis, MD: Naval Institute Press, 2007).

40. Collins and Grubb, 本卷。

41. 参见本卷麦克维登所强调中国海军在军官教育和培训方面以及在技术领域，如 C4ISR (指挥、控制、通计算机、情报、监视与侦察) 的不足。

42. 参见 McVadon, this volume, for an overall assessment.

43. John Garofano, "China – Southeast Asia Relations: Problems and Prospects," in Toshi Yoshihara and James R. Holmes, ed., Asia Looks Seaward: Power and Maritime Strategy (Westport, CT: Praeger Security International, 2007), ch. 9.

44. 林锡星，"中缅石油管道设计中的美印因素"，东南亚研究，2007 (5)：34.

45. 关于强调中国援建格瓦达尔的战略意义的文章，参见 Xu Qi, Maritime Geostrategy and the Development of the Chinese Navy.

46. 很显然，"珍珠链"一词最早在美国国防合同商布兹·阿兰·汉密尔顿撰写的报告《亚洲能源的未来》中应用于中国。该报告于 2005 年由美国国防部网络评估办公室授权撰写。参见 Ross Munro, "China's Strategy towards Countries on its Land Borders," final report of study commissioned by the Director of Net Assessment of the office of the Secretary of Defense (McLean, VA: Booz Allen Hamilton, August 2006).

47. 为了研究中国在印度洋没有建成的基地问题的建议，参见 Gurpreet S. Khurana, "China's 'String of Pearls' in the Indian ocean and its Security Implications," Strategic Analysis 32, no. 1 (January 2008), 1 – 39; Andrew Selth, "Burma, China and the Myth of Military Bases", Asian Security 3, no. 3 (September 2007), 279 – 307.

48. Peter Dutton, "Carving up the East China Sea," Naval War College Review 60 (Spring 2007), 49 – 72.

49. Xu Qi, "Maritime Geostrategy and the Development of the Chinese Navy", 62.

索　引

A

阿富汗　28，93

《阿帕米亚和约》　95

《瑷珲条约》　278

《安塔西达斯和约》　68

奥地利　11，138

B

巴比伦　24 – 28，32，38

《巴黎和约》　160

拜占庭帝国　107，108

北洋水师　279，282 – 284，286

波罗的海　153 – 161，163，166，175，177，
178，180，182，185，188，199 – 201，
203，205，208，209，217，218，268，
374，390，396

伯罗奔尼撒战争　50 – 52，56 – 57，60，
63，65，71

布拉底战役　36

布连斯奇条约　269

布匿战争　78，82 – 85，89，90，92，95 –
97，388

C

朝鲜战争　210，214，294，295，299，
304，385

D

《大国崛起》　193，364 – 370，372，373，
375 – 377

《大宪章》　368

东亚峰会　354

F

《凡尔赛和约》　187

福建水师　279，284

福克兰/马尔维纳斯群岛　387

G

庚子赔款　279

工农红军　200

工业革命　271，368，370

《共同防御条约》　307

广东水师　279

"海洋开放"政策　246

H

汉尼拔　85，86，90 – 94，96

汉尼拔战争　92，95

《河殇》　365

黄海海战　284，286

J

江南兵工厂和造船所　316

禁海　6

军备竞赛　151，182，216，373，375，
376

K

克里米亚半岛 154

L

冷战 4，6，55，208，210，216，292，
293，295，303-304，330，348，372，
385，400
里海支队 199，217，218
《里瓦吉亚条约》 281，282
六方会谈 341，354，355

M

马尔维纳斯群岛 151
《马关条约》 286
马汉 4，151，154，174，177，178，
183，187，188，191，202，203，
218，302，303，355，370，394，
395，397，399，401，402

N

《南京条约》 276
年老学派 202-204，207，208，209，
218，219
年轻学派 140，143，203，204，206，
207，208，218，219，293，294

P

鄱阳湖 234，386

R

壬辰卫国战争 244
日本海上自卫队 12，347
日德兰海战 187，188

S

"三线"战略防御计划 317

《圣彼得堡条约》 282
世袭兵役 236
"赎罪日战争" 215

T

太平洋舰队 199，205，218，298，299
提洛同盟 55

W

"瓦尔纳十字军东征" 108
瓦尔纳战争 108
倭寇危机 244-246，248，250，254
《乌特勒支条约》 138

Y

鸦片战争 4，267，270，272，273，275-
278，282，286，287，384
雅典 34-38，50-52，54-63，65-71，
80，83，96，389，392，393，
395，396
亚历山大大帝 65，388
亚历山大二世 160，163
义和团运动 185，384

Z

"珍珠链"战略 402
郑和 2，4，6，192，230，231，237-
241，249，251，254，302，315，
316，330，386，400，402
郑芝龙 251-253，255
中日战争 165，267，376